全国高校土木工程专业应用型本科规划推荐教材

混凝土结构

（按新规范 GB 50010—2010）

郭继武　编著

中国建筑工业出版社

图书在版编目（CIP）数据

混凝土结构/郭继武编著. —北京：中国建筑工业出版社，2011.7

全国高校土木工程专业应用型本科规划推荐教材

ISBN 978-7-112-13351-2

Ⅰ.①混… Ⅱ.①郭… Ⅲ.①混凝土结构-高等学校-教材 Ⅳ.①TU37

中国版本图书馆 CIP 数据核字（2011）第 140936 号

本书参照高校土木工程专业教学大纲和新版《混凝土结构设计规范》（GB 50010—2010）编写。主要讲述混凝土结构基本理论、设计和计算方法。主要内容包括：结构可靠度应用概率论简介，建筑结构荷载，结构概率极限状态计算法。钢筋、混凝土材料的力学性能，受弯、受压、受拉、受扭构件承载力计算，钢筋混凝土构件变形和裂缝计算，预应力混凝土构件计算，钢筋混凝土现浇楼盖、楼梯设计与计算等，全书共分 10 章。书中附录介绍了应用编程计算器解题方法和步骤，编者编写了 23 个主程序和 9 个子程序，基本可满足基本构件计算的要求。

本书适合作为高校土建类专业教材，也可供工程设计、监理和施工技术人员使用。

*　　*　　*

责任编辑：王　跃　郭　栋
责任设计：李志立
责任校对：陈晶晶　刘　钰

全国高校土木工程专业应用型本科规划推荐教材

混凝土结构

（按新规范 GB 50010—2010）

郭继武　编著

*

中国建筑工业出版社出版、发行（北京西郊百万庄）
各地新华书店、建筑书店经销
北京红光制版公司制版
北京盈盛恒通印刷有限公司印刷

*

开本:787×1092 毫米　1/16　印张:18¼　字数:442 千字
2011 年 9 月第一版　2013 年 11 月第三次印刷
定价:**35.00** 元

ISBN 978-7-112-13351-2
(21102)

前　言

《混凝土结构》是参照高校土木工程专业教学大纲和新版《混凝土结构设计规范》(GB 50010—2010) 编写的。本课程是高校土木工程专业的专业基础课，是本专业重点课程之一。主要讲述混凝土结构设计基本原理。内容包括：结构可靠度应用概率论简介，建筑结构荷载，结构概率极限状态计算法。钢筋、混凝土材料的力学性能，受弯、受压、受拉、受扭构件承载力的计算，钢筋混凝土构件变形和裂缝的计算，预应力混凝土构件的计算，钢筋混凝土现浇楼盖、楼梯的设计与计算等，全书共分10章。

编写本书时，笔者力求做到内容由浅入深，循序渐进，理论联系实际，尽量对规范公式、系数的来源和有关条文加以推证和说明。例如：

(1) 在叙述以概率为基础的极限状态设计法时，为了使学生理解这一方法的实质内容，包括可靠度的概念、建筑荷载取值、混凝土和钢筋强度取值等，有必要对概率论的基本知识加以讲解和复习。这样，对概率分布、分位值等内容就不会生疏了。学生在接受荷载标准值、准永久值和频遇值及材料强度标准值等这些概念就可迎刃而解。

(2) 混凝土正截面等效矩形应力图系数是混凝土教学中的一个难点。为了使学生掌握它的确定原则和方法，在教材中用不太多的篇幅把它讲清楚是很有必要的，例如，规范对混凝土强度等级C80的图形系数 α_1 为何取0.94，β_1 为何取0.74。了解了这些系数的来源，无疑对理解问题的物理概念是有帮助的。

(3) 在偏压构件中，新版规范编入了 $P-\delta$ 效应新的计算方法，即 $C_m-\eta_{ns}$ 法，该方法考虑了杆端不同弯矩情形。本教材力求讲清这一方法的物理概念，使读者易于理解和接受。

(4) 本书在叙述剪扭构件混凝土受扭承载力降低系数 β_t 时，运用三角公式推演，有别于一般教材方法。

(5) 在工程设计中，经常遇到双向板的计算。本教材重点介绍了塑性理论方法。并编制了计算系数用表，给出了直接算出配筋面积的计算公式。使计算得以简化。这一方法已为大量工程所证明，它是安全可靠的。

(6) 为了减轻学生学习负担，在教材附录中介绍了用编程计算器解题方法和步骤。笔者编写了23个主程序和9个子程序，基本满足了基本构件计算的要求。

由于笔者水平所限，书中可能有疏漏之处，特别是有些看法仅为一孔之见，尚请广大读者批评指正。

编写本书过程中，参考了公开发表的一些文献和专著，谨向这些作者表示感谢。

目　录

第1章 绪 论

§1-1 混凝土结构的概念

1.1.1 混凝土结构的分类及其应用范围

以混凝土为主制成的结构称为混凝土结构。它又分为以下三类：

1. 素混凝土结构

由无筋或不配置受力钢筋的混凝土制成的结构，称为素混凝土结构。

2. 钢筋混凝土结构

由配置受力的普通钢筋、钢筋网或钢筋骨架的混凝土制成的结构，称为钢筋混凝土结构。

3. 预应力混凝土结构

由配置受力的预应力筋，通过张拉或其他方法建立预加应力的混凝土制成的结构，称为预应力混凝土结构。

混凝土结构在土木建筑工程中应用十分广泛。例如，多、高层民用建筑、单层和多层工业厂房、电视塔、桥梁、水工结构等大多采用钢筋混凝土结构或预应力混凝土结构。

1.1.2 混凝土结构配筋的作用

由建筑材料相关知识知道，混凝土的抗压强度是很高的，而其抗拉强度则很低。例如，强度等级为C30的混凝土，其轴心抗压强度设计值可达14.3N/mm^2，而其轴心抗拉强度设计值为1.43N/mm^2。后者仅为前者的1/10。其他强度等级的混凝土，它们的轴心抗拉强度设计值与轴心抗压强度设计值之比为1/10～1/8。

为了说明配筋在混凝土结构中的作用，现来考察混凝土梁的试验过程。图1-1（*a*）为素混凝土梁，图1-1（*b*）为配有HPB300级2Φ14的钢筋混凝土梁。它们的其余条件相同：混凝土强度等级为C20，截面尺寸为$b \times h = 120\text{mm} \times 180\text{mm}$，计算跨度$l=2000\text{mm}$，在梁的跨中作用集中荷载$F$。

由试验可知，简支梁在集中荷载F作用下，两根梁在中性轴以上产生压应力，在中性轴以下产生拉应力。当梁的荷载F逐渐增加时，由于素混凝土梁抗拉强度低，在梁的下部混凝土开裂后，梁即宣告破坏，它的极限荷载仅为2.96kN；而钢筋混凝土梁受拉区混凝土开裂以后，受拉区混凝土退出工作，拉力完全由钢筋承受，随着梁的荷载F逐渐增加，当钢筋应力达到屈服强度和受压区混凝土达到极限应变时，梁才达到极限状态。它的极限荷载可达21.0kN。由此可见，混凝土梁在梁的受拉区配置受拉钢筋，改变了素混凝土梁的破坏特征，极大地提高了梁的承载力和变形能力。

在钢筋混凝土梁中，由受压区混凝土抵抗压力，受拉区钢筋抵抗拉力，所以，钢筋混

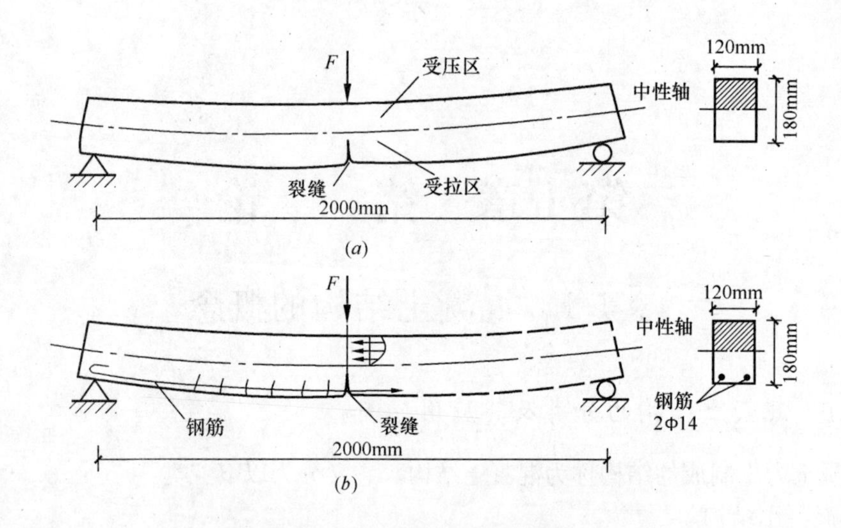

图 1-1 素混凝土梁和钢筋混凝土梁试验

(*a*) 素混凝土梁；(*b*) 钢筋混凝土梁

凝土梁中的两种材料性能都能得到充分地发挥，这正是钢筋混凝梁的优点。

为了使钢筋混凝土梁两种材料共同工作，首先，要求钢筋与混凝土之间有足够的粘结力，使两者不产生相对滑动；其次，还要求钢筋与混凝土有比较一致的温度线膨胀系数 α_t，当温度变化时不致发生较大的相对变形，使共同工作遭到破坏。前一条件可通过采用带肋钢筋或光面钢筋加弯钩的方法加以解决。至于后一条件，由于两种材料的温度线膨胀系数恰好接近，钢筋的 $\alpha_t = 1.2 \times 10^{-5}$℃$^{-1}$，混凝土的 $\alpha_t = 1.0 \times 10^{-5} \sim 1.5 \times 10^{-5}$℃$^{-1}$，这样，就提供了两者共同工作的可能性。

1.1.3 钢筋混凝土结构的优缺点

钢筋混凝土结构的优点主要有：

1. 强度较高

目前，我国生产的混凝土的强度等级可达到 C80，其立方体抗压强度标准值 $f_{cu,k}$ 可达到 80N/mm^2，普通钢筋的抗拉强度设计值 f_y 则可达到 435N/mm^2。因此，钢筋混凝土的强度比砖、石的强度高得多。近代的一些中、高层建筑大多采用钢筋混凝土建造。

2. 耐久性好

混凝土强度高，密实性好，钢筋配置在混凝土中，有一定厚度的保护层加以保护，在正常情况下不易锈蚀，维修费用很少。故钢筋混凝土结构的耐久性好。

3. 可模性好

根据建筑和结构的需要，可浇筑成各种形状和尺寸的钢筋混凝土结构和构件。这将有利于建筑造型，同时也为选择合理的结构形式提供了可能性。

4. 耐火性能好

钢筋混凝土为不燃烧体，以结构厚度或截面最小尺寸为 180mm 为例，其耐火极限可达到 3.5h，比木结构、钢结构耐火性能要好得多。

5. 整体性好

现浇钢筋混凝土结构整体性好。因此，其抗震性能比砌体结构好得多，因此，钢筋混凝土房屋可建得很高。由于其整体性很好，也有利于抵抗振动和冲击波的作用。

钢筋混凝土结构还存在一些缺点，如抗裂性能差、自重大、施工复杂、工序多等。这些缺点可采用轻骨料的高强混凝土和预应力混凝土结构加以克服。

§1-2 混凝土结构发展简况

钢筋混凝土结构自19世纪中叶开始应用，迄今已有150多年了。它的发展可分以下几个阶段：

第1阶段：19世纪50年代～20世纪20年代，是钢筋混凝土结构发展的初级阶段。由于生产技术水平的限制，这时混凝土和钢材的强度还都很低，钢筋混凝土多用于梁、板和柱等构件。钢筋混凝土结构计算理论尚未建立，构件截面承载力按弹性理论计算。

第2阶段：20世纪20～50年代，这一阶段初期至第二次世界大战爆发，开始应用装配式钢筋混凝土结构，出现了预应力混凝土结构和空间结构。钢筋混凝土结构计算开始采用破损阶段计算理论。第二次世界大战以后，混凝土强度和钢材的强度不断提高，钢筋混凝土结构有了很大发展，工业化施工方法广泛采用，结构计算开始采用三系数极限状态设计理论。

19世纪末和20纪初，我国开始采用钢筋混凝土结构建造梁、板和柱等构件。但是，直到新中国成立前夕，钢筋混凝土结构发展十分缓慢，高层建筑寥寥无几。

第3阶段：20世纪50～80年代，这一阶段初期，我国工业蓬勃发展，兴建大量单层工业厂房，装配式钢筋混凝土结构广泛采用。在砖混结构中，钢筋混凝土预制构件，如预应力圆孔板、进深梁等大量采用。这时，国内结构计算采用破损阶段计算理论。进入20世纪80年代，混凝土结构应用范围进一步扩大，预应力混凝土结构广泛采用。结构计算采用极限状态设计理论。

第4阶段：自20世纪80年代起，进入第4阶段。随着我国改革开放进一步发展，城市建设进程加快，高层建筑如雨后春笋般拔地而起。北京、上海等大城市有轨交通纵横交错，混凝土强度和钢材强度进一步提高，钢筋混凝土和预应力混凝土应用范围不断地扩大。这一时期结构设计理论进入一个崭新的阶段，现行《混凝土结构设计规范》(GB 50010—2010)，充分反映了半个世纪以来丰富的结构设计经验及科学研究成果，规范中规定了以概率为基础的极限状态设计法，钢筋混凝土计算理论和设计方法更加完善，使我国混凝土结构设计理论达到了国际先进水平。

§1-3 本课程特点及学习方法

《混凝土结构》课是高校土木工程专业的专业基础课之一。主要讲述混凝土结构基本构件的受力性能、截面设计与计算和构造等基本理论。本课程有以下特点，学习时应加以注意：

1. 钢筋混凝土结构构件是由混凝土和钢筋两种材料组成的，它与材料力学所研究的均匀、连续、各向同性、弹性物体[1]不同，而是非均匀、非连续、非各向同性、非弹性物体。因此，它的计算理论与理想的弹性体有很大的差别。例如：由于混凝土和钢筋的力学性能不同，所以构件中两者截面面积的比值小于或超过某一限值，将导致构件破坏形态发生改变。这是钢筋混凝土结构构件所独有的特点，学习时应当注意。

2. 钢筋混凝土结构构件的计算理论是建立在试验基础上的。因此在学习过程中，要了解构件试验的全过程，包括试验方法、数据分析、试验结论，计算公式建立的理论依据和适用条件等。

3. 钢筋混凝土构件设计，其中截面设计是一个很重要的设计问题。截面设计的步骤是：选择材料强度、截面尺寸，根据已知内力计算配筋。显然，截面设计的结果不是唯一的。这就要求我们，根据已知条件进行综合分析，选择较优方案。通过设计，提高分析和解决问题的能力。

4. 本课程的一些内容是根据国家标准和相关规范编写的，这些规范和标准包括：《混凝土结构设计规范》(GB 50010—2010)、《建筑结构可靠度设计统一标准》(GB 50068—2001)、《建筑结构荷载规范》(GB 50009—2001，2006 年版）和《建筑抗震设计规范》(GB 50011—2010）等。这些标准和规范反映了国家半个世纪以来建筑结构设计的经验及科研成果。它是贯彻国家技术经济政策、设计质量的保证，是结构设计、校核、审图及审批的依据。它是带有约束性和法律性的文件，特别是其中的强制性条文，必须严格执行。因此，在学习过中要了解和正确运用这些标准和规范。

[1] 符合这四个假定的物体称为理想弹性体。

第2章　钢筋混凝土结构极限状态设计法

§2-1　结构可靠度应用概率论简介

2.1.1　概率论基本术语

一、随机现象和随机变量

对于具有多种可能发生的结果，而究竟发生哪一结果不能事先肯定的现象，称为随机现象。表示随机现象各种结果的变量，称为随机变量。例如，作用在结构上的荷载、混凝土和钢筋的强度等，都是随机变量。

二、随机事件

在概率论中，为叙述方便，通常把一个科学试验或对某一事物的某一特征的观察，统称为试验。而把每一可能的结果，称为随机事件，简称事件。

三、频率和概率

在试验中，事件 A 发生的次数 k（又称频数）与试验的总次数 n 之比称为事件 A 发生的频率。

由试验和理论分析可知，当试验次数 n 相当大时，事件 A 出现的频率 $\frac{k}{n}$ 是很稳定的，即频率数值总是在某个常数 p 附近摆动。因此，可用常数 p 表示事件 A 出现的可能性的大小，并把这个数值 p 称为事件 A 的概率，并记作 $P(A)=p$。

四、频率密度直方图

下面通过工程实例说明密度直方图的用法及应用。

【例 2-1】 为了分析某工程混凝土的抗压强度的波动规律性，在浇筑混凝土过程中，制作了 348 个试块并进行了抗压强度试验，获得一批试验数据，见表 2-1。试绘制该工程混凝土强度频率密度直方图。

混凝土的抗压强度分组统计表　　**表 2-1**

组序号	分组强度 x(N/mm^2)	频数 k_i	频率 f_i^*	累积频率 Σf_i^*	频率密度 $f(x)$
1	17.0～18.0	1	0.003	0.003	0.003
2	>18.0～19.0	0	0	0.003	0
3	>19.0～20.0	1	0.003	0.006	0.003
4	>20.0～21.0	6	0.017	0.023	0.017
5	>21.0～22.0	3	0.009	0.032	0.009
6	>22.0～23.0	7	0.020	0.052	0.020
7	>23.0～24.0	10	0.029	0.080	0.029

续表

组序号	分组强度 x(N/mm²)	频数 k_i	频率 f_i^*	累积频率 Σf_i^*	频率密度 $f(x)$
8	>24.0～25.0	25	0.072	0.152	0.072
9	>25.0～26.0	33	0.095	0.247	0.095
10	>26.0～27.0	44	0.126	0.373	0.126
11	>27.0～28.0	57	0.164	0.537	0.164
12	>28.0～29.0	56	0.161	0.698	0.161
13	>29.0～30.0	48	0.138	0.836	0.138
14	>30.0～31.0	28	0.080	0.917	0.080
15	>31.0～32.0	27	0.078	0.994	0.078
16	>32.0～33.0	2	0.006	1.000	0.006
总计	—	348	1.000		

【解】 (1) 找出试验数据中最大值和最小值，并计算出它们的极差，即求出差值：

$$R = x_{\max} - x_{\min} = 33.0 - 17.0 = 16.0\text{N/mm}^2$$

(2) 确定组距和组数

将数据从小到大，分成若干组，组数可根据试验数多少而定，本例选择组距 $C=1\text{N/mm}^2$，于是组数为：

$$K = \frac{R}{C} = \frac{16.0}{1.0} = 16 \text{ 组}$$

(3) 确定各组混凝土强度范围（即确定各组分点数值）

(4) 算出各组数据出现的频数 k_i

(5) 算出各组出现的频率

$$f_i^* = \frac{k_i}{n} \tag{2-1}$$

式中，n 为全部试验数据个数，本例中 $n=348$。

(6) 算出累积频率

$$\Sigma f_i^* = \frac{1}{n}\Sigma k_i \tag{2-2}$$

(7) 计算各组频率密度，即各组频率与组距之比

$$f(x) = \frac{f_i^*}{C} \tag{2-3}$$

(8) 绘频率密度直方图

绘直角坐标系，以横坐标表示混凝土抗压强度，以纵坐标表示频率密度。从各组强度分点绘出一系列高为各组频率密度的矩形（图 2-1），这个图形就是所要求的频率密度直方图（简称直方图）。

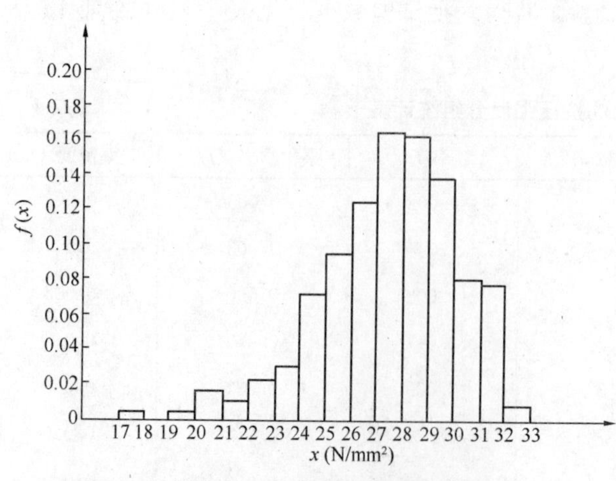

图 2-1 频率密度直方图

由直方图中，可以得出以下几点结论：

1）直方图中任一矩形面积表示随机变量（混凝土强度）ξ 落在该区间（x_i,x_{i+1}）内的概率近似值。

因为直方图中每一矩形面积

$$P^*(x_i < \xi \leqslant x_{i+1}) = f(x) \cdot C = \frac{f_i^*}{C} \cdot C = f_i^* \tag{2-4}$$

等于随机变量 ξ 落在该区间（x_i，x_{i+1}）的频率。所以，可以用来估计随机变量落在那个区间内的概率 $P(x_i < \xi \leqslant x_{i+1})$。

例如：ξ 落在第 5 组内的频率为第 5 组的矩形面积，于是：

$$P(21 < \xi \leqslant 22) = 0.009$$

2）直方图中各矩形面积之和等于 1。

因为

$$\sum_{i=1}^{s} f_i^* = \sum_{i=1}^{s} \frac{k_i}{n} = \frac{1}{n}\sum_{i=1}^{s} k_i$$

式中　k_i ——第 i 组的频数；

s ——试验数据分组数。

而

$$\sum_{i=1}^{s} k_i = n$$

所以

$$\sum_{i=1}^{s} f_i^* = 1 \tag{2-5}$$

3）由直方图可求出随机变量 $\xi \leqslant x_{i+1}$ 的概率近似值。

显然

$$P(\xi \leqslant x_{i+1}) = \sum_{j=1}^{i} f_j^* \tag{2-6}$$

例如：若求混凝土强度 $\xi \leqslant x_{i+1} = 19\text{N/mm}^2$ 的概率近似值，则由上式可得：

$$P(\xi \leqslant 19) = \sum_{j=1}^{i} f_j^* = 0.003 + 0 = 0.003$$

即：混凝土强度小于和等于 19N/mm^2 的概率近似值等于 0.3%。

五、平均值、标准差和变异系数

1. 算术平均值

算术平均值是最常用的平均值，又称为均值，用 μ 表示。

$$\mu = \frac{1}{n}(x_1 + x_2 + \cdots + x_n) = \frac{1}{n}\sum_{i=1}^{n} x_i \tag{2-7}$$

2. 标准差

算术平均值只能反映一组数据总的情况，但不能说明它们的分散程度。因此，引入标准差的概念。它的表达式：

$$\sigma = \sqrt{\frac{1}{n}\sum_{i=1}^{n}(x_i - \mu)^2} \tag{2-8a}$$

不难看出，σ 愈大，这组数据愈分散，即变异性（相互不同的程度）愈大；σ 愈小，这组数据愈集中，即变异性愈小。

为简化计算，式（2-8）可写成：

$$\sigma = \sqrt{\frac{1}{n}\sum_{i=1}^{n} x_i^2 - \mu^2} \tag{2-8b}$$

应当指出，只有当随机变量的试验数据较多时（例如 $n \geqslant 30$），按式（2-8b）计算随机变量总体标准差才是正确的，这是因为随机变量总体试验数据较其部分数据分散程度大的缘故。为此，当 $n < 30$，应将标准差公式（2-8a）予以修正。

$$\sigma = \sqrt{\frac{1}{(n-1)}\sum_{i=1}^{n}(x_i - \mu)^2} \tag{2-9a}$$

$$\sigma = \sqrt{\frac{\sum_{i=1}^{n} x_i^2 - n\mu^2}{(n-1)}} \tag{2-9b}$$

3. 变异系数

标准差只能反映两组数据在同一平均值时的分散程度。此外，标准差是有单位的量。单位不同时，不便比较数据的分散程度。为此，提出变异系数的概念。它是标准差与算术平均值的比值。

$$\delta = \frac{\sigma}{\mu} \tag{2-10}$$

【例 2-2】 表 2-2 为两批（每批 10 根）钢筋试件抗强度试验结果。试判断哪批钢筋质量较好。

钢筋试件抗强度（N/mm²） **表 2-2**

批 号	试 件 号									
	1	2	3	4	5	6	7	8	9	10
第一批	1100	1200	1200	1250	1250	1250	1300	1300	1350	1400
第二批	900	1000	1200	1250	1250	1300	1350	1450	1450	1450

【解】 （1）计算两批钢筋抗拉强度平均值

经计算这两批钢筋抗拉强度平均值相同，均为 $\mu = 1260\text{N/mm}^2$。故可按它们的标准差大小来判断其质量的优劣。

（2）分别计算它们的标准差

第 1 批钢筋：

$$\sum_{i=1}^{10} x_i^2 = 15940000$$

$$\sigma = \sqrt{\frac{\Sigma x_i^2 - n\mu^2}{n-1}} = \sqrt{\frac{15940000 - 10 \times 1260^2}{10-1}} = \sqrt{7111.11} = 84.32\text{N/mm}^2$$

第 2 批钢筋：

$$\sum_{i=1}^{10} x_i^2 = 16322500$$

$$\sigma = \sqrt{\frac{\Sigma x_i^2 - n\mu^2}{n-1}} = \sqrt{\frac{16322500 - 10 \times 1260^2}{10-1}} = \sqrt{49611.11} = 222.74\text{N/mm}^2$$

第 1 批钢筋的标准差小，即其抗拉强度离散性小，故它的质量较好。

【例 2-3】 已知一批混凝土试块的抗压强度标准差 4N/mm^2，平均值 $\mu=30\text{N/mm}^2$，钢筋试件抗压强度标准差 8N/mm^2，平均值 $\mu=300\text{N/mm}^2$，试判断它们离散性。

【解】 (1) 计算混凝土的变异系数

$$\delta=\frac{\sigma}{\mu}=\frac{4}{30}=0.133$$

(2) 计算钢筋的变异系数

$$\delta=\frac{\sigma}{\mu}=\frac{8}{300}=0.026$$

由计算结果可知，混凝土的变异系数大于钢筋的值，故混凝土的离散性大。

2.1.2 概率密度函数、分布函数和特征值

一、概率密度函数

我们知道，频率密度直方图是根据有限次的试验数据绘制的。不难设想，如果试验次数不断增加，分组愈来愈多，组距愈来愈小，则频率密度直方图顶部的折线就会变成一条连续、光滑的曲线。并设它可以用函数 $f(x)$ 表示（图 2-2），这个函数就称为随机变量 ξ 的概率密度函数。

显然，概率密度函数 $f(x)$ 有下列性质：

(1) 随机变量 ξ 在任一区间 (a,b) 内的概率等于在这个区间上曲线 $f(x)$ 下的曲边梯面积，即：

$$P(a\leqslant\xi\leqslant b)=\int_a^b f(x)\mathrm{d}x \qquad (2\text{-}11)$$

式中 ξ——连续型随机变量；

$f(x)$——随机变量 ξ 的概率密度函数（又称分布密度函数），简称分布密度。

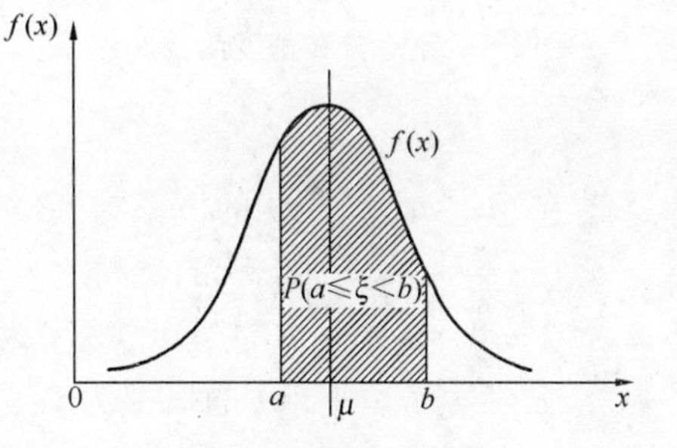

图 2-2 概率密度函数

(2) 概率密度函数 $f(x)$ 为非负的函数，即 $f(x)\geqslant 0$。

(3) 在区间（$-\infty$，$+\infty$）上曲线 $f(x)$ 下的面积等于 1。

$$\int_{-\infty}^{+\infty} f(x)\mathrm{d}x=1$$

(4) 随机变量 $\xi\leqslant x$ 的概率为

$$P(\xi\leqslant x)=\int_{-\infty}^{x} f(x)\mathrm{d}x \qquad (2\text{-}12)$$

二、分布函数

式 (2-12) $P(\xi\leqslant x)$ 是 x 的函数，令：

$$F(x)=P(\xi\leqslant x)=\int_{-\infty}^{x} f(x)\mathrm{d}x \qquad (2\text{-}13)$$

式中，$F(x)$ 称为随机变量 ξ 的概率分布函数，简称分布函数。$F(x)$ 的图形如图 2-3 所示。

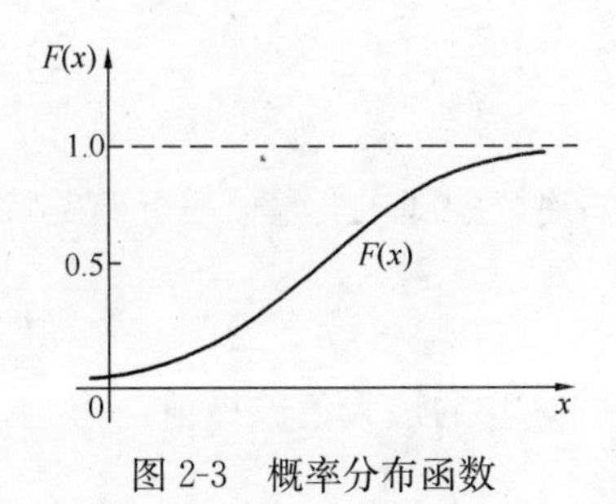

图 2-3 概率分布函数

三、两种常用的概率分布

上面讨论了概率密度函数 $f(x)$ 的性质及其应用，根据概率论可知，对于不同的随机变量 ξ 应采用不同的

$f(x)$ 表示，即选择不同的概率分布。例如：对于材料强度、结构构件自重，它比较符合正态分布；对于楼面上的可变荷载，比较符合极值Ⅰ型分布。现将这两种的概率分布分述如下。

1. 正态分布

正态分布是最常用的概率分布。若随机变量 ξ 的概率密度函数为：

$$f(x)=\frac{1}{\sigma\sqrt{2\pi}}e^{-\frac{(x-\mu)^2}{2\sigma^2}}(-\infty\leqslant x\leqslant\infty) \tag{2-14}$$

则称 ξ 服从参数 μ、σ 的正态分布，记作 $\xi-N(\mu,\sigma)$。其中，μ、σ 分别为 ξ 的平均值和标准差。

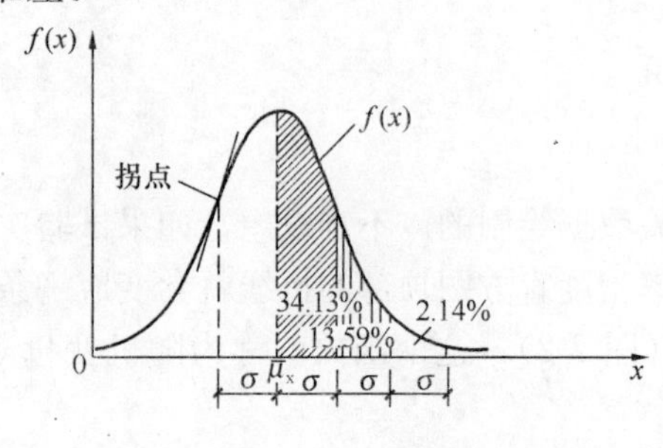

图 2-4　正态分布密度函数曲线

正态分布密度函数曲线简称正态分布曲线（图 2-4）。它有以下特点：

（1）它是一个单峰曲线，峰值在 $x=\mu$ 处，并以直线 $x=\mu$ 为对称轴，曲线在 $x=\mu\pm\sigma$ 处分别有一个拐点，且向左右对称地无限延伸，并以 x 轴为渐近线。

（2）曲线 $f(x)$ 以下，横轴以上的总面积，即变量 ξ 落在区间（$-\infty$，∞）的概率等于 1：

$$P=\int_{-\infty}^{\infty}f(x)\mathrm{d}x=1$$

落在 $(\mu-\sigma,\ \mu+\sigma)$ 的概率为 68.26％；

落在 $(\mu-2\sigma,\ \mu+2\sigma)$ 的概率为 95.44％；

落在 $(\mp\infty,\ \mu\pm1.645\sigma)$ 的概率为 95％；

落在 $(\mp\infty,\ \mu\pm2\sigma)$ 的概率为 97.72％。

（3）标准差 σ 愈大，则曲线 $f(x)$ 愈平缓；σ 值愈小，则缓线 $f(x)$ 愈窄、愈陡。

平均值 $\mu=0$，标准差 $\sigma=1$ 的正态分布，即 $\xi-N(0,1)$，称为标准正态分布（图 2-5）。它的密度函数写成：

$$\varphi(x)=\frac{1}{\sqrt{2\pi}}e^{-\frac{x^2}{2}}(-\infty\leqslant x\leqslant\infty) \tag{2-15}$$

设 $$\Phi(x)=\int_{-\infty}^{x}\varphi(t)\mathrm{d}t=\frac{1}{\sqrt{2\pi}}\int_{-\infty}^{x}e^{-\frac{t^2}{2}}\mathrm{d}t \tag{2-16}$$

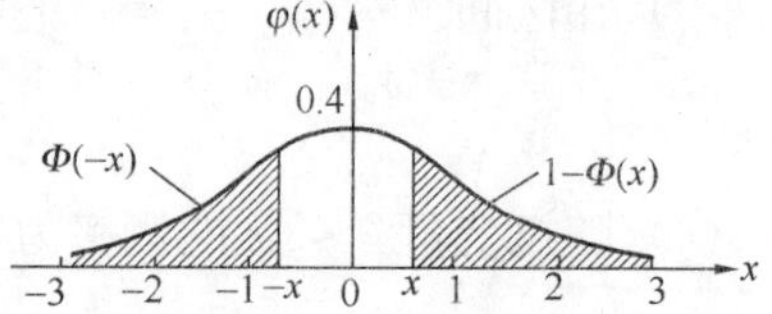

图 2-5　标准正态分布密度函数

由图 2-5 可见，在 $x\sim\infty$ 之间的阴影的面积为 $1-\Phi(x)$，而 $-\infty\sim-x$ 之间的阴影的面积为 $\Phi(-x)$，显然，

$$\Phi(-x)=1-\Phi(x) \tag{2-17}$$

函数 $\Phi(x)$ 已制成表格，可供查用。

正态分布是一种重要的理论分布，它概括了一些常见的连续型随机变量概率分布的特性，因而应用最为广泛。

2. 极值分布

在工程设计中，作用在结构上的荷载数值，人们关心的是它的最大值或极值。为此，必须考虑极值的分布理论。

如果随机变量ξ的概率分布函数为：

$$F_{\mathrm{I}}(x)=e^{-e^{-\frac{x-u}{v}}} \tag{2-18}$$

则称这种指数分布为极值Ⅰ型分布。其中$u=\mu-0.45006\sigma$，$v=\frac{\sigma}{1.28255}$，μ、σ为随机变量ξ的平均值和标准差。对式（2-18）求导，可得极值Ⅰ型密度函数：

$$f(x)=\frac{1}{v}e^{-\frac{x-u}{v}}e^{-e^{-\frac{x-u}{v}}} \tag{2-19}$$

在工程中，一些可变荷载（如楼面荷载、雪荷载及风荷载等）最大值的概率分布，基本上符合极值Ⅰ型分布。

四、分位值

在工程中，通常要求出现的事件不大于或不小于某一数值，这个数值就称为分位值（也称为特征值）。如把不小于或不超过分位值的概率确定为某一数值，则分位值可按下式计算：

$$f_{\mathrm{k}}=\mu\pm\alpha\sigma=\mu(1\pm\alpha\delta) \tag{2-20}$$

式中　f_{k}——分位值（特征值）；

μ——试验数据平均值；

σ——标准差；

δ——变异系数；

α——与分位值取值保证率相应的系数。

分位值也可定义为：

设ξ为随机变量，若f_{k}满足条件：

$$P(\xi\leqslant f_{\mathrm{k}})=p_{\mathrm{k}} \tag{2-21}$$

则称f_{k}为ξ的概率分布的p_{k}分位值（图2-6），而p_{k}称为分位值f_{k}的百分位。

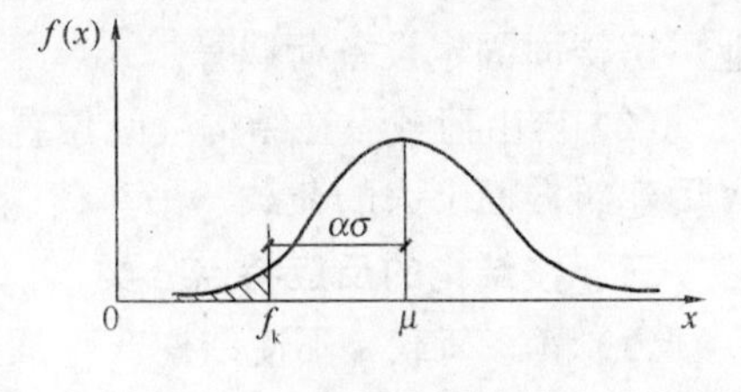

图2-6　概率分布的特征值

在工程中，一般取分位值的保证率为95%。如事件的概率分布为正态分布，则保证率系数$\alpha=1.645$。而事件小于或超越分位值的概率为5%（图2-7）。

【例2-4】　已知一批混凝土试块立方体抗压强度的平均值$\mu=29$，标准差$\sigma=3.6\mathrm{N/mm^2}$。试求该混凝土具有95%保证率的抗压强度。

【解】　混凝土立方体抗压强度概率分布服从正态分布（图2-8），因此，与分位值取值保证率为95%的相应系数$\alpha=1.645$。由式（2-20）算出相应的混凝土立方体抗压强度：

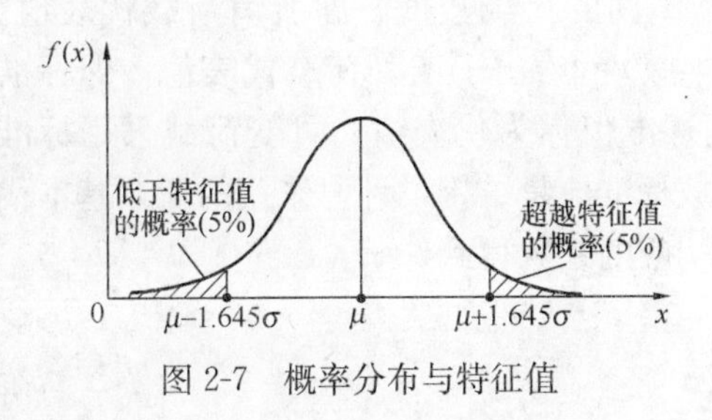

图2-7　概率分布与特征值

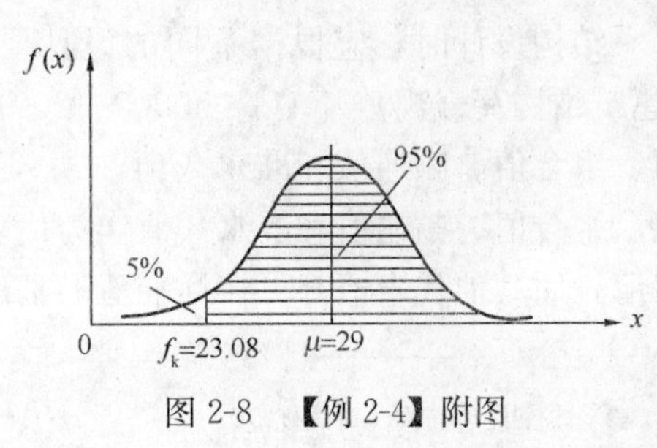

图2-8　【例2-4】附图

$$f_k = \mu - \alpha\sigma = 29 - 1.645 \times 3.6 = 23.08\text{N/mm}^2$$

即低于混凝土立方体抗压强度概率 $f_k = 23.08\text{N/mm}^2$ 的概率为5%。

§2-2 建筑结构荷载

建筑结构在使用期间要承受各种“作用”。这里所指的“作用”包括施加在结构上的集中或分布荷载，以及引起结构外加变形或约束变形的原因（如地震、基础沉降和温度变化等）。前者称为直接作用，习惯上称为荷载；后者称为间接作用。本章仅讨论作用于结构上的荷载。

2.2.1 荷载的分类

结构上的荷载可按下列性质分类；

一、按随时间的变异分类

（1）永久荷载　在结构使用期间内其值不随时间而变化，或其变化与平均值相比可以忽略不计的荷载。例如：结构自重、土压力、预加应力等。永久荷载也叫做恒载。

（2）可变荷载　在结构使用期间内其值随时间而变化，且其变化与平均值相比不可忽略的荷载。例如：楼面使用荷载、风荷载、雪荷载、吊车荷载等。可变荷载也叫做活荷载。

（3）偶然荷载　在结构使用期间内不一定出现的荷载，但它一旦出现，其量值很大且其持续时间很短。例如：爆炸力、撞击力等。

二、按随空间位置的变异分类

（1）固定荷载　在结构空间位置上具有固定分布的荷载。例如：结构构件的自重、工业厂房楼面固定设备荷载等。

（2）自由荷载　在结构空间位置上的一定范围内可以任意分布的荷载。例如：工业与民用建筑楼面上人的荷载、吊车荷载等。

三、按结构的反应特点分类

（1）静态荷载　不使结构产生加速度，或所产生加速度可忽略不计的荷载。例如：结构自重、住宅、办公楼楼面的活荷载等。

（2）动态荷载　使结构产生的加速度不能忽略不计的荷载。例如：吊车荷载、机器的动力荷载、作用在高耸结构上的风荷载等。

2.2.2 荷载代表值

结构设计时，应根据不同的设计要求，采用不同的荷载数值，即所谓荷载代表值。《建筑结构荷载规范》（GB 50009—2001，2006年版）[1] 给出了四种荷载代表值，即标准值、组合值、频遇值和准永久值。永久荷载采用标准值作为代表值，可变荷载采用标准值、组合值、频遇值和准永久值作为代表值。荷载标准值是结构设计时采用的荷载基本代表值，而其他代表值都可在标准值的基础上乘以相应的系数得到。

---

[1] 本书以后简称《荷载规范》。

一、荷载标准值

荷载标准值是指结构在使用期间内，在正常情况下可能出现的最大荷载值。

1. 永久荷载标准值

由于永久荷载的变异性不大，因此其标准值可按结构设计规定的尺寸和材料或构件单位体积（或单位面积）的自重平均值确定。按这种方法确定的永久荷载标准值，一般相当于永久荷载概率分布的 0.5 的分位值，即正态分布的平均值。对于某些重量变异性较大的材料和构件（如屋面保温材料、防水材料、找平层以及现浇钢筋混凝土板等），考虑到结构的可靠性，在设计中应根据该荷载对结构有利或不利，分别取其自重的下限或上限。关于材料单位重，可按《荷载规范》附录 A 采用。

2. 可变荷载标准值

可变荷载标准值应根据荷载设计基准期（为确定可变荷载而选用的时间参数，一般取 50 年）最大荷载概率分布的某一分位值确定（图 2-9）。即：

$$Q_k = \mu + \alpha\sigma = \mu(1 + \alpha\delta) \tag{2-22}$$

式中 Q_k——可变荷载标准值；

μ——设计基准期最大荷载平均值；

σ——设计基准期最大荷载标准差；

α——荷载标准值的保证率系数；

δ——设计基准期最大荷载变异系数。

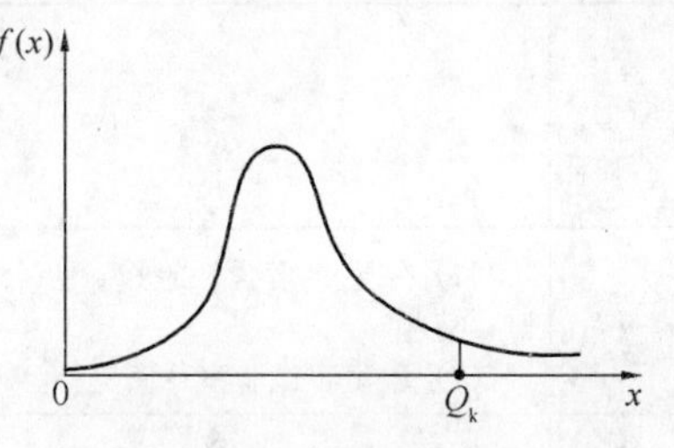

图 2-9 可变荷载标准值的确定

(1) 民用楼面可变荷载标准值

我国有关单位对办公楼、住宅和商店等民用建筑的楼面可变荷载进行了调查，经统计分析表明，在设计基准期内民用楼面最大可变荷载概率分布服从极值 Ⅰ 型分布。同时得到，办公楼、住宅和商店最大荷载平均值分别为 1.047kN/m²、1.288kN/m² 和 2.841kN/m²，标准差分别为 0.302kN/m²、0.300kN/m² 和 0.553kN/m²。

《建筑结构荷载规范》(GBJ 9—1987) 规定，办公楼、住宅和商店楼面可变荷载标准值分别为 1.5kN/m²、1.5kN/m² 和 3.5kN/m²。它们分别相当于设计基准期最大荷载概率分布平均值加 1.5、0.7 和 1.2 倍各自的标准差 σ，于是楼面可变荷载标准值分别为：

办公室 $Q_k = \mu + \alpha\sigma = 1.047 + 1.5 \times 0.302 = 1.50\text{kN/m}^2$

住宅 $Q_k = \mu + \alpha\sigma = 1.288 + 0.7 \times 0.300 = 1.50\text{kN/m}^2$

商店 $Q_k = \mu + \alpha\sigma = 2.841 + 1.2 \times 0.553 = 3.50\text{kN/m}^2$

由式 (2-18) 可算出它们的保证率。例如：对于办公室，其中

$$x = Q_k = 1.5\text{kN/m}^2$$

$$u = \mu - 0.45006\sigma = 1.047 - 0.45006 \times 0.302 = 0.9111\text{kN/m}^2$$

$$v = \frac{\sigma}{1.28255} = \frac{0.302}{1.28255} = 0.2355$$

$$\frac{x-u}{v} = \frac{1.50 - 0.9111}{0.2355} = 2.5006$$

将以上数值代入式 (2-18)，即可求得办公室与 $\alpha = 1.5$ 对应的可变荷载的保证率为：

$$F_{\mathrm{I}}(x) = e^{-e^{-\frac{x-u}{v}}} = e^{-e^{-2.5006}} = 0.921 = 92.1\%$$

亦即办公室可变荷载取 92.1%的分位值。

同样，可求得住宅和商店的可变荷载的保证率分别为 79.1% 和 88.5%。由此可见，1987 年版《荷载规范》可变荷载的保证率是不一致的，其中住宅的可变荷载的保证率偏低较多。考虑到工程界普遍的意见，认为对于建筑工程量较大的办公楼和住宅来说，其可变荷载标准值与国外相比偏低，又鉴于民用建筑的楼面可变荷载今后的变化趋势也难以预测。因此，2001 年版《荷载规范》将办公楼和住宅的楼面可变荷载的最小值均取为 $2.0\mathrm{kN/m^2}$。由式（2-18）可算出它们的保证率，分别为 99.0%和 97.3%。2001 年版《荷载规范》办公楼和住宅可变荷载的保证率有了较大的提高，而商店的楼面活荷载仍保持原标准值。

民用建筑楼面活荷载标准值见表 2-3。

民用建筑楼面均布活荷载标准值及其组合值、频遇值和准永久值系数　　表 2-3

项次	类别	标准值 ($\mathrm{kN/m^2}$)	组合值系数 ψ_c	频遇值系数 ψ_f	准永久值系数 ψ_q
1	（1）住宅、宿舍、旅馆、办公楼、医院病房、托儿所、幼儿园			0.5	0.4
	（2）教室、试验室、阅览室、会议室、医院门诊室	2.0	0.7	0.6	0.5
2	食堂、餐厅、一般资料档案室	2.5	0.7	0.6	0.5
3	（1）礼堂、剧场、影院、有固定座位的看台	3.0	0.7	0.5	0.3
	（2）公共洗衣房	3.0	0.7	0.6	0.5
4	（1）商店、展览厅、车站、港口、机场大厅及其旅客等候室	3.5	0.7	0.6	0.5
	（2）无固定座位的看台	3.5	0.7	0.5	0.3
5	（1）健身房、演出舞台	4.0	0.7	0.6	0.5
	（2）舞厅	4.0	0.7	0.6	0.3
6	（1）书库、档案库、贮藏室	5.0	0.9	0.9	0.8
	（2）密集柜书库	12.0			
7	通风机房、电梯机房	7.0	0.9	0.9	0.8
8	汽车通道及停车库：				
	（1）单向板楼盖（板跨不小于 2m）				
	客车	4.0	0.7	0.7	0.6
	消防车	35.0	0.7	0.7	0.6
	（2）双向板楼盖（板跨不小于 6m×6m）和无梁楼盖（柱网尺寸不小于 6m×6m）				
	客车	2.5	0.7	0.7	0.6
	消防车	20.0	0.7	0.7	0.6
9	厨房：				
	（1）一般的	2.0	0.7	0.6	0.5
	（2）餐厅的	4.0	0.7	0.7	0.7
10	浴室、厕所、盥洗室：				
	（1）第 1 项中的民用建筑	2.0	0.7	0.5	0.4
	（2）其他民用建筑	2.5	0.7	0.6	0.5

续表

项次	类别	标准值 (kN/m²)	组合值系数 ψ_c	频遇值系数 ψ_f	准永久值系数 ψ_q
11	走廊、门厅、楼梯： (1) 宿舍、旅馆、医院病房托儿所、幼儿园、住宅 (2) 办公楼、教室、餐厅、医院门诊部 (3) 当人流可能密集时	 2.0 2.5 3.5	 0.7 0.7 0.7	 0.5 0.6 0.5	 0.4 0.5 0.3
12	阳台： (1) 一般情况 (2) 当人群有可能密集时	 2.5 3.5	0.7	0.6	0.5

注：1. 本表所给各项活荷载适用于一般使用条件，当使用荷载较大或情况特殊时，应按实际情况采用；
2. 第 6 项书库活荷载当书架高度大于 2m 时，书库活荷载尚应按每米书架高度不小于 2.5kN/m² 确定；
3. 第 8 项中的客车活荷载只适用于停放载人少于 9 人的客车；消防车活荷载是适用于满载总重为 300kN 的大型车辆；当不符合本表的要求时，应将车轮的局部荷载按结构效应的等效原则，换算为等效均布荷载；
4. 第 11 项楼梯活荷载，对预制楼梯踏步平板，尚应按 1.5kN 集中荷载验算；
5. 本表各项荷载不包括隔墙自重和二次装修荷载。对固定隔墙的自重应按恒荷载考虑，当隔墙位置可灵活自由布置时，非固定隔墙的自重应取每延米长墙重（kN/m）的 1/3 作为楼面活荷载的附加值（kN/m²）计入，附加值不小于 1.0kN/m²。

设计楼面梁、墙、柱及基础时，表 2-3 中的楼面活荷载标准值在下列情况下应乘以规定的折减系数。

1）设计楼面梁时的折减系数：

①第 1（1）项当楼面梁从属面积超过 25m²时，应取 0.9；

②第 1（2）项当楼面梁从属面积超过 50m²时，应取 0.9；

③第 8 项对单向板楼盖的次梁和槽形板的纵肋，应取 0.8；对单向板楼盖的主梁，应取 0.6；对双向板楼盖的梁，应取 0.8；

④第 9～12 项应采用与所属房屋类别相同的折减系数。

2）设计墙、柱及基础时的折减系数：

①第 1（1）项应按表 2-4 规定采用；

②第 1（2）项应用与其楼面梁相同的折减系数；

③第 8 项对单向板楼盖，应取 0.8；对双向板楼盖和无梁楼盖，应取 0.8；

④第 9～12 项应采用与所属房屋类别相同的折减系数。

活荷载按楼层的折减系数 **表 2-4**

墙、柱、基础计算截面以上的层数	1	2～3	4～5	6～8	9～20	>20
计算截面以上各楼层活荷载总和的折减系数	1.00 (0.90)	0.85	0.70	0.65	0.60	0.55

注：当楼面梁的从属面积超过 25m² 时，应采用括号内的数值。

（2）屋面均布活荷载

房屋建筑的屋面，其水平投影面上的屋面均布活荷载，应按表 2-5 采用。

屋面均布活荷载 **表 2-5**

项 次	类 别	标准值 (kN/m²)	频遇值系数 ψ_c	频遇值系数 ψ_f	准永久值系数 ψ_q
1	不上人的屋面	0.5	0.7	0.5	0
2	上人的屋面	2.0	0.7	0.5	0.4
3	屋顶花园	3.0	0.7	0.6	0.5

注：1. 不上人的屋面，当施工或维修荷载较大时，应按实际情况采用；对不同结构应按有关设计规范的规定，将标准值作 0.2kN/m² 的增减；
2. 上人的屋面，当兼作其他用途时，应按相应楼面活荷载采用；
3. 对于因屋面排水不畅、堵塞等引起的积水荷载，应采取构造措施加以防止；必要时应按积水的可能深度确定屋面活荷载；
4. 屋顶花园活荷载，不包括花圃土石等材料自重。

（3）雪荷载标准值

屋面水平投影面上的雪荷载标准值，按下式计算：

$$s_k = \mu_r s_0 \tag{2-23}$$

式中 s_k——雪荷载标准值（kN/m²）；

μ_r——屋面积雪分布系数，即地面基本雪压换算为屋面雪荷载的换算系数；其值根据不同类型的屋面形式，按《荷载规范》表 6.2.1 采用；

s_0——基本雪压（kN/m²），按《荷载规范》附录 D.4 中附表 D.4 给出的 50 年一遇的雪压采用。

（4）风荷载标准值

垂直于建筑物表面上的风荷载标准值，应按下列公式计算：

1）当计算主要承重结构时

$$w_k = \beta_z \mu_s \mu_z w_0 \tag{2-24}$$

式中 w_k——风荷载标准值（kN/m²）；

β_z——高度 z 处的风振系数，按《荷载规范》式 7.4.2 计算；

μ_s——风荷载体型系数，按《荷载规范》表 7.3.1 采用；

μ_z——风压高度变化系数，按《荷载规范》表 7.2.1 采用；

w_0——基本风压（kN/m²），按《荷载规范》附录 D.4 中附表 D.4 给出的 50 年一遇的风压采用，但不得小于 0.3kN/m²。

2）当计算围护结构时

$$w_k = \beta_{gz} \mu_{sl} \mu_z w_0 \tag{2-25}$$

式中 β_{gz}——高度 z 处阵风系数，计算直接承受风压的幕墙构件（包括门窗）风荷载的风系数应按《荷载规范》表 7.5.1 确定；

μ_{sl}——局部风压体形系数，按《荷载规范》7.3.3 条规定采用。

二、荷载组合值

当考虑两种或两种以上可变荷载在结构上同时作用时，由于所有荷载同时达到其单独出现的最大值的可能性很小，因此，除主导荷载（产生荷载效应最大的荷载）仍以其标准值作为代表值外，对其他伴随的荷载应取小于标准值的组合值为其代表值。

可变荷载组合值可写成：

$$Q_c = \psi_c Q_k \tag{2-26}$$

式中 Q_c——可变荷载组合值；

Q_k——可变荷载标准值；

ψ_c——可变荷载组合值系数，民用建筑楼面和屋面均布活荷载组合值系数分别见表 2-3 和表 2-5；雪荷载组合值系数可取 0.7；风荷载组合值系数可取 0.6。

三、荷载频遇值

荷载频遇值是正常使用极限状态按频遇组合[1]设计时采用的一种可变荷载代表值。其值可根据在设计基准期内达到或超过该值的总持续时间与设计基准期的比值为 0.1 的条件确定。

可变荷载频遇值可按下式计算：

$$Q_f = \psi_f Q_k \tag{2-27}$$

式中 Q_f——可变荷载频遇值；

ψ_f——频遇值系数；民用建筑楼面和屋面均布活荷载频遇值系数分别见表 2-3 和表 2-5；雪荷载频遇值系数可取 0.6；风荷载频遇值系数可取 0.4；

Q_k——可变荷载标准值。

四、荷载准永久值

荷载准永久值是正常使用极限状态按准永久组合和按频遇组合设计时采用的一种可变荷载代表值。

在进行结构构件变形和裂缝验算时，要考虑荷载长期作用对构件刚度和裂缝的影响。永久荷载长期作用在结构上，故取荷载标准值。可变荷载不像永久荷载那样，在设计基准期内全部作用在结构上。因此，在考虑荷载长期作用时，可变荷载不能取其标准值，而只能取在设计基准期内经常作用在结构上的那部分荷载。它对结构的影响类似于永久荷载，这部分荷载就称为荷载准永久值。可变荷载准永久值，根据在设计基准期内荷载达到和超过该值的总持续时间与设计基准期的比值为 0.5 的条件确定（见图 2-10）。

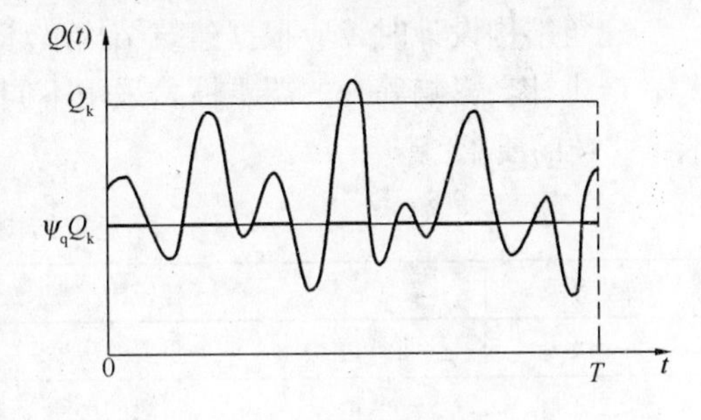

图 2-10 荷载准永久值的确定

可变荷载准永久值可写成：

$$Q_q = \psi_q Q_k \tag{2-28}$$

式中 Q_q——可变荷载准永久值；

Q_k——可变荷载标准值；

ψ_q——准永久值系数，民用建筑楼面和屋面均布活荷载准永久值系数分别见表 2-3 和表 2-5；雪荷载准永久值系数应按雪荷载分区Ⅰ、Ⅱ和Ⅲ的不同，分别取 0.5、0.2 和 0；雪荷载分区应按《荷载规范》附录 D.4 中表 D.4 采用，亦可由附录 D.5 中附图 D.5.2 直接查出；风荷载准永久值系数可取 0。

---

[1] 关于正常使用极限状态和荷载效应组合的意义见§2-4。

§2-3 建筑结构设计使用年限和安全等级

2.3.1 建筑结构设计使用年限

随着我国市场经济的发展，建筑市场迫切要求明确建筑结构设计使用年限。《建筑结构可靠度设计统一标准》（GB 50068—2001）首次正式提出了“设计使用年限”，明确了设计使用年限是设计规定的一个时期。在这一规定时期内，只需进行正常维护而不需进行大修即可按预期目的使用，完成预定的功能。

《建筑结构可靠度设计统一标准》（GB 50068—2001）规定，结构设计使用年限遵循表2-6的标准。

建筑结构设计使用年限分类 表2-6

类别	设计使用年限（年）	示例	类别	设计使用年限（年）	示例
1	5	临时性建筑	3	50	普通房屋和构筑物
2	25	易于替换的结构构件	4	100	纪念性建筑和特别重要的建筑结构

2.3.2 建筑结构的安全等级

建筑结构设计时，应根据建筑结构破坏可能产生的后果（危及人的生命，造成经济损失，产生社会影响等）的严重性，采用不同的安全等级。建筑结构安全等级的划分，应符合表2-7的要求。

建筑结构的安全等级 表2-7

安全等级	破坏后果	建筑物类型	安全等级	破坏后果	建筑物类型
一级	很严重	重要的房屋	三级	不严重	次要的建筑物
二级	严重	一般的房屋			

注：1. 对特殊的建筑物，其安全等级应根据具体情况另行确定；

2. 地基基础设计安全等级及按抗震要求设计的建筑安全等级，尚应符合国家现行有关规范的规定。

应当指出，建筑物中各类结构构件的安全等级，宜与整个结构的安全等级相同。对其中部分结构构件的安全等级可进行调整，但不得低于三级。

§2-4 建筑结构概率极限状态设计法

2.4.1 结构的功能及其极限状态

一、结构的功能

任何结构在规定的时间内，在正常条件下，均应满足预定功能的要求。这些功能的要求是：

(1) 安全性　建筑结构应能承受在正常施工和正常使用过程中可能出现的各种作用(如荷载、温度变化、基础沉降等)，以及应能在偶然事件（如爆炸、强烈地震等）发生时及发生后，保证必须的整体稳定性。

(2) 适用性　建筑结构在正常使用过程中，应有良好的工作性能。例如，构件应具有足够的刚度，以避免在荷载作用下产生过大的变形或振动。

(3) 耐久性　建筑结构在正常维护条件下，应能完好地使用到设计所规定的年限。例如：不致出现混凝土保护层剥落和裂缝过宽而使钢筋锈蚀。

结构安全性、适用性和耐久性，总称为结构的可靠性。

结构的可靠性以可靠度来度量。所谓结构可靠度，是指在规定的时间内（一般取50年)，在规定的条件下（指正常设计、正常施工和正常使用)，完成预定功能的概率。因此，结构可靠度是结构可靠性的一种定量描述。

二、结构功能的极限状态

整个结构或结构的一部分，超过某一特定状态就不能满足设计规定的某一功能要求，此特定状态称为该功能的极限状态。

建筑结构设计的目的就在于，以最经济的效果，使结构在规定的时间内，不超过各种功能的极限状态。我国《建筑结构可靠度设计统一标准》(GB 50068—2001) 考虑到结构的安全性、适用性和耐久性的功能，将结构的极限状态分为以下两类。

1. 承载能力极限状态

这种极限状态对应于结构或结构构件达到最大承载力或达到不适于继续承载的变形。

当结构或结构构件出现下列情况之一时，应认为超过了承载能力极限状态：

(1) 整个结构或结构的一部分作为刚体失去平衡，如结构或结构构件产生滑移或倾覆。

(2) 结构构件或连接因材料强度不足而破坏（包括疲劳破坏)，或因过度塑性变形而不适于继续承受荷载。

(3) 结构转变为机动体系。

(4) 结构或结构构件丧失稳定（如压曲等)。

2. 正常使用极限状态

这种极限状态对应于结构或结构构件达到正常使用或耐久性能的某项规定限值。

当结构或结构构件出现下列情况之一时，应认为超过了正常使用极限状态：

(1) 影响正常使用或外观的变形。

(2) 影响正常使用或耐久性能的局部损坏（包括裂缝)。

(3) 影响正常使用的振动。

(4) 影响正常使用的其他特定状态。

由上不难看出，承载能力极限状态是考虑有关结构安全性功能的，而正常使用极限状态则是考虑结构适用性和耐久性的功能的。由于结构或结构构件一旦出现承载能力极限状态，它就有可能发生严重的破坏，甚至倒塌，造成人身伤亡和重大经济损失。因此，应当把出现这种极限状态的概率控制得非常严格。而结构或结构构件出现正常使用极限状态，要比出现承载能力极限状态的危险性小得多，还不会造成人身伤亡和重大经济损失。因此，可以把出现这种极限状态的概率略微放宽一些。

2.4.2 极限状态设计法

如前所述，结构的极限状态分为两类：承载能力极限状态和正常使用极限状态。

在进行结构设计时，就应针对不同的极限状态，根据结构的特点和使用要求给出具体的标志及限值，以作为结构设计的依据。这种以相应于结构各种功能要求的极限状态作为结构设计依据的设计方法，就称为“极限状态设计法”。

一、失效概率与可靠指标

按极限状态设计的目的，在于保证结构安全可靠，这就要求作用在结构上的荷载或其他作用（如地震、温度影响等）对结构产生的效应❶（如内力、变形、裂缝）不超过结构在到达极限状态时的抗力（如承载力、刚度、抗裂等），即：

$$S \leqslant R \tag{2-29}$$

式中 S——结构的荷载或其他作用效应❶；

R——结构的抗力。

将式（2-29）写成

$$Z = g(S,R) = R - S \tag{2-30}$$

式（2-30）称为“极限状态方程”。其中，$Z = g(S,R)$ 称为功能函数。S、R 称为基本变量。显然：

当 $Z > 0$（即 $R > S$）时，结构处于可靠状态；

当 $Z < 0$（即 $R < S$）时，结构处于失效状态；

当 $Z = 0$（即 $R = S$）时，结构处于极限状态。

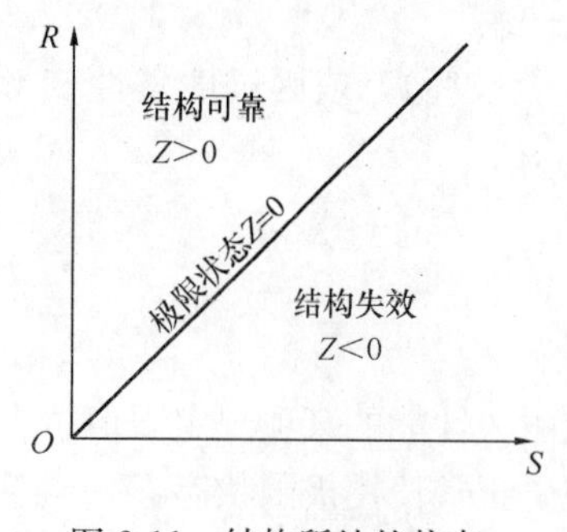

图 2-11 结构所处的状态

结构所处的状态见图 2-11。由此可见，通过结构功能函数 Z 可以判别结构所处的状态。

应当指出，由于决定效应 S 的荷载，以及决定结构抗力 R 的材料强度和构件尺寸都不是定值，而是随机变量，故 S 和 R 亦为随机变量。因此，在结构设计中，保证结构绝对安全可靠是办不到的，而只能做到大多数情况下结构处于 $R \geqslant S$ 失效状态的失效概率足够小，我们就可以认为结构是可靠的。

下面建立结构失效概率的表达式。

设基本变量 R、S 均为正态分布，故它们的功能函数

$$Z = g(R,S) = R - S \tag{2-31}$$

亦为正态分布（见图 2-12）。

在图 2-12 中，$Z < 0$ 的一侧表示结构处于失效状态，而 $f_Z(Z)$ 的阴影面积则为失效概率，即：

---

❶ 为叙述简便，以下简称荷载效应。

$$p_f = P(Z < 0) = \int_{-\infty}^{0} f_Z(Z)\mathrm{d}Z \tag{2-32}$$

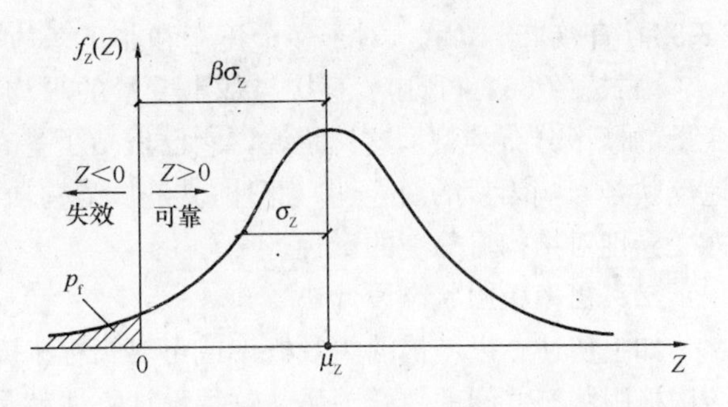

图 2-12 结构构件 p_f 与 β 之间的关系

设变量 Z 的平均值

$$\mu_Z = \mu_R - \mu_S \tag{2-33}$$

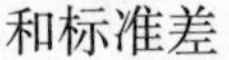
和标准差

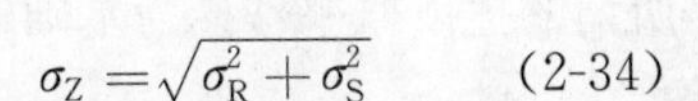

$$\sigma_Z = \sqrt{\sigma_R^2 + \sigma_S^2} \tag{2-34}$$

式中 μ_R、μ_S ——结构抗力和荷载效应平均值；

σ_R、σ_S ——结构抗力和荷载效应标准差。

将式（2-32）写得具体一些，于是：

$$p_f = \frac{1}{\sqrt{2\pi}}\int_{-\infty}^{0} \frac{1}{\sigma_Z} e^{-\frac{(Z-\mu_Z)^2}{2\sigma_Z^2}} \mathrm{d}Z \tag{2-35}$$

为计算方便，将式（2-35）中的被积函数进行线性变换，即将一般正态分布变换成标准正态分布。为此，设 $t = \frac{Z-\mu_Z}{\sigma_Z}$，则得 $\mathrm{d}t = \frac{\mathrm{d}Z}{\sigma_Z}$，即得 $\mathrm{d}Z = \sigma_Z \mathrm{d}t$，积分上限由原来的 $Z = 0$ 变成 $t = \frac{0-\mu_Z}{\sigma_Z} = -\frac{\mu_Z}{\sigma_Z}$，

令

$$\beta = \frac{\mu_Z}{\sigma_Z} = \frac{\mu_R - \mu_S}{\sqrt{\sigma_R^2 + \sigma_S^2}} \tag{2-36}$$

将上列关系代入式（2-35），并注意到式（2-16）和式（2-17），得：

$$p_f = \frac{1}{\sqrt{2\pi}}\int_{-\infty}^{-\beta} e^{-\frac{t^2}{2}} \mathrm{d}t = \Phi(-\beta) = 1 - \Phi(\beta) \tag{2-37}$$

式（2-37）就是所要建立的失效概率表达式。由式中可以看出，β 值与失效概率 p_f 在数字上具有一一对应关系，两者也具有相对应的物理意义。若已知 β 值，则可求得 p_f 值，参见表 2-8。由于 β 值愈大，p_f 值愈小，即结构愈可靠。因此，β 值称为“可靠指标”。

可靠指标 β 与失效概率 p_f 的对应关系 **表 2-8**

β	p_f	β	p_f
1.0	1.59×10^{-1}	3.0	1.35×10^{-3}
1.5	6.68×10^{-2}	3.5	2.33×10^{-4}
2.0	2.28×10^{-2}	4.0	3.17×10^{-5}
2.5	6.21×10^{-3}	4.5	3.40×10^{-5}

由于以 p_f 度量结构的可靠度具有明确的物理意义，能较好地反映问题的本质，这已为国际所公认。但是，计算 p_f 在数学上比较复杂，而计算 β 比较简单，且表达上也较直观。因此，现有国际标准、其他国家标准以及我国《建筑结构可靠度设计统一标准》（GB 50068—2001）都采用可靠指标 β 代替失效概率 p_f 来度量结构的可靠度。

当已知两个正态分布的基本变量 R 和 S 的统计参数：μ_R、μ_S 及 σ_R、σ_S 后，即可按式

(2-36) 直接求出β值。对于多个正态和非正态基本变量的情况，其基本概念仍相同。

由式 (2-36) 可见，β直接与基本变量的平均值和标准差有关，而且还可以考虑基本变量的概率分布类型。这就是说，它已概括了各有关基本变量的统计特性，从而可较全面地反映各影响因素的变异性。此外，β是从结构功能函数Z出发，综合地考虑了荷载和抗力变异性对结构可靠度的影响。

二、概率极限状态设计法

如上所述，以结构的失效概率或可靠指标来度量结构可靠度，并建立了结构可靠度与结构极限状态之间的数学关系，这种设计方法就是所谓的“以概率理论为基础的极限状态设计法”，简称“概率极限状态设计法”。

按概率极限状态设计法设计，当验算结构的承载力时，一般是根据结构已知各种基本变量的统计特性（如平均值、标准差等），求出可靠指标β，使之大于或等于设计规定的可靠指标$[\beta]$，即：

$$\beta \geqslant [\beta] \tag{2-38}$$

当设计截面时，一般是已知各种基本变量的统计特性，然后根据设计规定的可靠指标$[\beta]$求出所需的结构构件的抗力平均值，再求出抗力标准值，最后选择结构构件的截面尺寸。

设计规定的可靠指标$[\beta]$简称设计可靠指标，理论上应根据各种结构构件的重要性、破坏性质（脆性、延性）及失效后果以优化方法分析确定。

限于目前的条件，并考虑到规范、标准的连续性，不使其出现大的波动，原《建筑结构设计统一标准》(GBJ 68—84)（“简称 84 标准”），对设计可靠指标$[\beta]$采用了“校准法”确定。所谓“校准法”就是通过对现有的结构构件可靠度的反演计算和综合分析，确定今后设计时所采用的结构构件可靠指标$[\beta]$的方法。

为了确定结构构件承载能力的设计可靠指标，“84 标准”选择了 14 种有代表性的构件进行了分析，分析表明，对这 14 种构件，按 20 世纪 70 年代编制的设计规范计算，它们的设计可靠指标$[\beta]$总平均值为 3.30。其中，属于延性破坏的构件平均值为 3.22。这就是我国现行建筑结构可靠度的一般水准。

根据这一校准结果，对于承载力极限状态，“84 标准”规定，安全等级为二级的属延性破坏的结构构件取$[\beta]=3.2$，属脆性破坏的结构构件取$[\beta]=3.7$；对其他安全等级，β值在此基础上分别增减 0.5，与此值相应的 50 年内的失效概率p_f运算值约差一个数量级。

《建筑结构可靠度设计统一标准》(GB 50068—2001) 规定，结构构件承载能力极限状态的设计可靠指标$[\beta]$，不应小于表 2-9 的数值。

结构构件承载能力极限状态的设计可靠指标 [β] **表 2-9**

破坏类型	安全等级		
	一级	二级	三级
延性破坏	3.7	3.2	2.7
脆性破坏	4.2	3.7	3.2

由上可见，采用“校准法”，根据我国 20 世纪 70 年代编制的规范的平均可靠指标来确定今后设计时采用的可靠指标，其实质是从总体上继承现有的可靠度水准。这是一种稳

妥可行的办法，这种方法也为其他国家广为采用。

结构构件正常使用极限状态的设计可靠指标，我国《建筑结构可靠度设计统一标准》（GB 50068—2001）规定，根据其作用效应的可逆程度宜取 0～1.5。ISO 2394：1998 规定，对可逆的正常使用极限状态，其设计可靠指标取为 0；对不可逆的正常使用极限状态，其设计可靠指标取为 1.5。

这里的不可逆的正常使用极限状态是指，产生超越状态的作用被移掉后，仍将永久保持超越状态的一种极限状态；可逆的正常使用极限状态是指，产生超越状态的作用被移掉后，将不再保持超越状态的一种极限状态。

【例 2-5】 某结构钢拉杆受永久荷载作用，其轴向力 N_G 服从正态分布，其平均值 $\mu_{N_G}=125kN$，标准差 $\sigma_{N_G}=9kN$。截面承载力 R 亦服从正态分布，其平均值 $\mu_{R_G}=180kN$，标准差 $\sigma_{R_G}=14.3kN$。若拉杆的设计可靠指标要求 $[\beta]=3.2$，试校核该拉杆的可靠度，并计算失效概率。

【解】 本题为两个正态分布的基本变量 S 和 R 的情形。其状态方程为：

$$Z=g(R,S)=R-S=0$$

因此，可直接采用式（2-36）计算 β 值。于是：

$$\beta=\frac{\mu_R-\mu_S}{\sqrt{\sigma_R^2+\sigma_S^2}}=\frac{180-125}{\sqrt{14.3^2+9^2}}=3.26>[\beta]=3.2$$

故该拉杆可靠度符合要求。

钢拉杆的失效概率按式（2-37）计算

$$p_f=\frac{1}{\sqrt{2\pi}}\int_{-\infty}^{-\beta}e^{-\frac{t^2}{2}}dt=\Phi(-\beta)=1-\Phi(\beta)=1-\Phi(3.26)=1-0.9994=0.6\times10^{-3}$$

其中 $\Phi(3.26)=0.9994$，由标准正态分布函数表查得。

三、极限状态设计实用表达式

如上所述，按概率极限状态设计法设计时，一般是已知各种基本变量统计特性，然后根据设计可靠指标，按照相应的公式，求出所需要的结构构件的抗力平均值，进而求出抗力标准值，最后选择截面尺寸。

显然，直接根据设计可靠指标 $[\beta]$ 按极限状设计法进行设计，特别是对于基本变量多于两个又非服从正态分布，极限状态方程又非线性时，计算工作量是相当繁琐的。

长期以来，工程界已习惯于采用基本变量的标准值和分项系数进行结构构件设计。考虑到这一习惯，并为了应用上的简便，《建筑结构可靠度设计统一标准》（GB 50068—2001）给出了以各基本变量标准值和分项系数形式表示的极限状态设计实用表达式。其中，分项系数是根据下列原则经优选确定的：在各项标准值已给定的情况下，要选择一组分项系数，使按实用表达式设计与按概率极限状态设计法设计，结构构件可靠指标的误差最小。

1. 按承载能力极限状态设计

《建筑结构可靠度设计统一标准》（GB 50068—2001）规定，进行承载能力极限状态设计时，应采用荷载效应的基本组合或偶然组合，并按下列设计表达式进行设计：

$$\gamma_0 S\leqslant R \tag{2-39}$$

式中 γ_0——结构重要性系数，对安全等级为一级、二级、三级的结构构件可分别取1.1、1.0、0.9；

S——荷载效组合设计值；

R——结构构件抗力设计值。

（1）基本组合

对于基本组合，荷载效应组合的设计值 S 应从下列组合中取最不利值确定：

1）由可变荷载效应控制的组合：

$$S = \gamma_G S_{Gk} + \gamma_{Q1} S_{Q1k} + \sum_{i=2}^{n} \gamma_{Qi} \psi_{ci} S_{Qik} \tag{2-40}$$

式中 γ_G——永久荷载的分项系数，当其作用效应对结构不利时，对由可变荷载效应控制的组合，应取1.2；对由永久荷载效应控制的组合，应取1.35；当其作用效应对结构有利时，一般情况下应取1.0；

γ_{Qi}——第 i 个可变荷载的分项系数，其中 γ_{Q1} 为可变荷载 Q_1 的分项系数，一般情况下取1.4；对于标准值大于 $4kN/m^2$ 的工业房屋的楼面可变荷载，取1.3；

S_{Gk}——按永久荷载标准值 G_k 计算的荷载效应；

S_{Qik}——按可变荷载标准值 Q_{ik} 计算的荷载效应；其中，$S_{Q_{1k}}$ 为诸可变荷载效应中起控制作用者；

ψ_{ci}——第 i 个可变荷载组合系数，当风荷载与其他可变荷载组合时，采用0.6；其他情况，采用1.0；

n——参与组合的可变荷载数。

2）由永久荷载效应控制的组合：

$$S = \gamma_G S_{Gk} + \sum_{i=1}^{n} \gamma_{Qi} \psi_{ci} S_{Qik} \tag{2-41}$$

对于一般排架、框架结构，基本组合可采用简化规则，并按下列组合值中取最不利值确定：

1）由可变荷载效应控制的组合：

$$S = \gamma_G S_{Gk} + \gamma_{Q1} S_{Q1k} \tag{2-42}$$

$$S = \gamma_G S_{Gk} + 0.9 \sum_{i=1}^{n} \gamma_{Qi} S_{Qik} \tag{2-43}$$

2）由永久荷载效应控制的组合：

由永久荷载效应控制的组合，仍按式（2-41）采用。

式（2-40）、式（2-41）中的 $\gamma_G S_{Gk}$ 和 $\gamma_{Qi} S_{Qik}$ 分别称为永久荷载效应的设计值和可变荷载效应的设计值。

（2）偶然组合

对于偶然组合，荷载效应组合的设计值宜按下列规定确定：偶然荷载代表值不乘分项系数；与偶然荷载同时出现的其他荷载，可根据观测资料和工程经验采用适当的代表值。各种情况下荷载效应的设计值公式，应符合专门规范的规定。

2. 按正常使用极限状态设计

按正常使用极限状态设计时，应根据不同的设计要求，分别采用荷载效应的标准组合、频遇组合和准永久组合，使荷载效应的设计值（变形、裂缝、振幅和加速度等）符合下式的要求：

$$S_d \leqslant C \tag{2-44}$$

式中 S_d——荷载效应组合的设计值；

C——结构或结构构件达到正常使用要求的规定限值（变形、裂缝、振幅和加速度等）。

（1）标准组合　主要用于当一个极限状态被超越时将产生严重的永久性损害的情况。组合时永久荷载采用标准值效应，对参加组合的可变荷载，除效应最大的主导荷载采用标准值效应外，其余的可变荷载均采用组合值效应。荷载效应组合的设计值按下式计算：

$$S_d = S_{Gk} + S_{Q1k} + \sum_{i=2}^{n} \psi_{ci} S_{Qik} \tag{2-45}$$

式中 ψ_{ci}——可变荷载 Q_i 的组合值系数，可由表 2-3 查得。

（2）频遇组合　主要用于当一个极限状态被超越时将产生局部损害、较大的变形或短暂的振动等情况。组合时永久荷载采用标准值效应，对参加组合的可变荷载，除效应最大的主导荷载采用频遇值效应外，其余的可变荷载均采用准永久值效应。荷载效应组合的设计值应按下式计算：

$$S_d = S_{Gk} + \psi_{f1} S_{Q1k} + \sum_{i=2}^{n} \psi_{qi} S_{Qik} \tag{2-46}$$

式中 ψ_{f1}——可变荷载 Q_1 的频遇值系数，可由表 2-3 查得；

ψ_{qi}——可变荷载 Q_i 的准永久值系数，可由表 2-3 查得。

（3）准永久组合　主要用于当长期效应是决定性因素时的一些情况。组合时永久荷载采用标准值效应，可变荷载均采用准永久值效应。荷载效应组合的设计值应按下式计算：

$$S_d = S_{Gk} + \sum_{i=1}^{n} \psi_{qi} S_{Qik} \tag{2-47}$$

§2-5　混凝土结构的耐久性

2.5.1　混凝土结构的环境类别

混凝土结构暴露的环境类别，应按表 2-10 的要求划分。

混凝土结构的环境类别　　表 2-10

项次	环境类别	条　件
1	一	室内干燥环境； 无侵蚀性静水浸没环境
2	二 a	室内潮湿环境； 非严寒和非寒冷地区的露天环境； 非严寒和非寒冷地区与无侵蚀性的水或土壤直接接触的环境； 严寒和寒冷地区的冰冻线以下与无侵蚀性的水或土壤直接接触的环境

续表

项次	环境类别	条件
3	二 b	干湿交替环境； 水位频繁变动环境； 严寒和寒冷地区的露天环境； 严寒和寒冷地区冰冻线以上与无侵蚀性的水或土壤直接接触的环境
4	三 a	严寒和寒冷地区冬季水位变动区环境； 受除冰盐影响环境； 海风环境
5	三 b	盐渍土环境； 受除冰盐作用环境； 海岸环境
6	四	海水环境
7	五	受人为或自然的侵蚀性物质影响的环境

注：1. 室内潮湿环境是指构件表面经常处于结露或湿润状态的环境；

2. 严寒和寒冷地区的划分应符合现行国家标准《民用建筑热工设计规范》GB 50176 的有关规定；

3. 海岸环境和海风环境宜根据当地情况，考虑主导风向及结构所处迎风、背风部位等因素的影响，由调查研究和工程经验确定；

4. 受除冰盐影响环境是指受到除冰盐盐雾影响的环境；受除冰盐作用环境是指被除冰盐溶液溅射的环境以及使用除冰盐地区的洗车房、停车楼等建筑；

5. 暴露的环境是指混凝土结构表面所处的环境。

2.5.2 结构混凝土材料的耐久性基本要求

设计使用年限为 50 年的混凝土结构，其混凝土材料宜符合表 2-11 的规定。

结构混凝土材料的耐久性基本要求表 **表 2-11**

环境等级	最大水胶比	最低强度等级	最大氯离子含量（%）	最大碱含量（kg/m^3）
一	0.60	C20	0.30	不限制
二 a	0.55	C25	0.20	3.0
二 b	0.50（0.55）	C30（C25）	0.15	
三 a	0.45（0.50）	C35（C30）	0.15	
三 b	0.40	C40	0.10	

注：1. 氯离子含量系指其占胶凝材料总量的百分比；

2. 预应力混凝土中的最大氯离子含量含量为 0.06%，其最低混凝土强度等级宜按表中的规定提高两个等级；

3. 素混凝土构件的水胶比及最低强度等级的要求可适当放松；

4. 有可靠工程经验时，二类环境中的最低混凝土强度等级可降低一个等级；

5. 处于严寒和寒冷地区二 b、三 a 环境中的混凝土应使用引气剂，并可采用括号中的有关参数；

6. 当采用非碱活性骨料时，对混凝土中的碱含量可不作限制。

【例 2-6】 某办公楼屋盖预制圆孔板，计算跨度 l_0 =3.14m，板宽 1.20m，屋面材料作法：二毡三油上铺小石子，20mm 厚水泥砂浆找平层。60mm 加气混凝土保温层，板底 20mm 厚水泥砂浆抹灰。屋面活荷载标准值为 0.50kN/m²，雪荷载标准值为 0.30kN/m²。

试确定相应于荷载效应基本组合时，屋面板最大弯矩设计值。

【解】 （1）标准值

1）永久荷载

二毡三油、小石子	0.35kN/m²
20mm 厚水泥砂浆找平层	20×0.02=0.40kN/m²
60mm 加气混凝土保温层	60×0.06=0.36kN/m²
预制圆孔板	2.00kN/m²
20mm 厚板底抹灰	20×0.02=0.40kN/m²
	3.51kN/m²

作用在板上的线荷载标准值　　3.51×1.20=4.21kN/m

2）可变荷载

因为屋面活荷载大于雪荷载，故取活载计算，其线荷载标准值：

$$q_k=0.50\times1.20=0.60\text{kN/m}$$

（2）荷载效应（弯矩）设计值

经比较，本题由永久荷效应控制组合，故 $\gamma_g=1.35$，而 $\gamma_{Q1}=1.4$，$\psi_{c1}=0.7$。将这些数值代入式（2-41），得：

$$\begin{aligned}M_{max}&=\gamma_G S_{Gk}+\gamma_{Q1}\psi_{c1}S_{Q1}\\&=1.35\times\frac{1}{8}\times4.21\times3.14^2+1.4\times0.7\times\frac{1}{8}\times0.6\times3.14^2\\&=7.73\text{kN}\cdot\text{m}\end{aligned}$$

【例 2-7】 某教学楼一外伸梁，跨度 $l=6$m，$a=2$m。作用在梁上的永久荷载标准值 $g_k=16.17$kN/m，可变荷载标准值 $q_k=7.20$kN/m（图 2-13）。试求 AB 跨最大弯矩设计值。

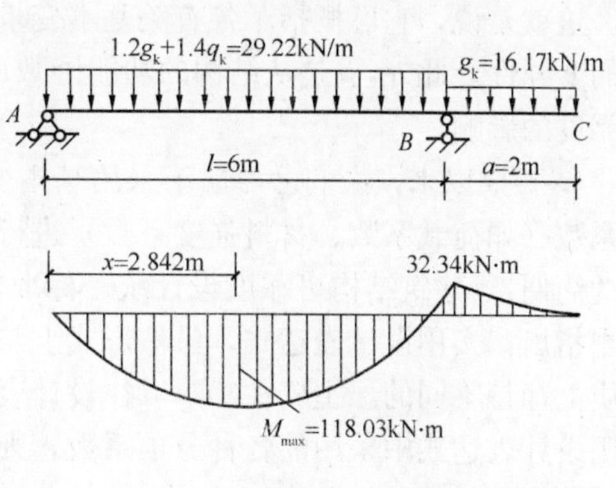

图 2-13　【例 2-7】附图

【解】 （1）荷载最不利位置和分项系数

为了求得 AB 跨最大弯矩设计值，可变荷载应仅布置在跨内，且 BC 跨的永久荷载分项系数应取 1.0，而 AB 跨的永久荷载分项应取 1.2。

（2）荷载设计值

永久荷载设计值

AB 跨：　　$\gamma_g g_k=1.2\times16.17=19.14\text{kN/m}$

BC 跨：　　$\gamma_g g_k=1.0\times16.17=16.17\text{kN/m}$

可变荷载设计值

$$\gamma_{Q1}q_1=1.4\times7.20=10.08\text{kN/m}$$

AB 跨总的线荷载

$$p=\gamma_G g_k+\gamma_{Q1}q_1=19.14+10.08=29.22\text{kN/m}$$

(3) AB 跨最大弯矩设计值

$$M_x = R_A x - \frac{1}{2}px^2 = 83.05x - \frac{1}{2} \times 29.22x^2$$

$$\frac{dM_x}{dx} = 83.05 - 29.22x = 0$$

解得：

$$x = 2.842\text{m}$$

于是，AB 跨最大弯矩设计值：

$$M_{max} = 83.05 \times 2.842 - \frac{1}{2} \times 29.22 \times 2.842^2 = 118.03\text{kN} \cdot \text{m}$$

小　　结

1. 结构设计的目的在于，以最经济的手段，使结构在规定的时间内，具备预定的各种功能——安全性、适用性和耐久性，统称为可靠性。结构的可靠性用可靠度来度量。它的定义是："结构在规定的时间内，在规定的条件下，完成预定功能的概率"。

2. 结构能够完成预定功能的概率也称为"可靠概率"，一般用 p_s 表示；相对地，结构不能完成预定功能的概率称为"失效概率"，用 p_f 表示。显然，$p_s + p_f = 1$。因此，可以用 p_s 或者 p_f 来度量结构的可靠度。《建筑结构可靠度设计统一标准》（GB 50068—2001）采用的是后者。但是，计算 p_f 在数学上比较复杂，所以，各个国家的设计标准都以可靠指标 β 代替代 p_f 来度量结构的可靠度。

3. β 直接与基本变量的平均值和标准差有关，而且还可考虑基本变量的概率分布和类型。这就是说，它已概括了各有关基本变量的统计特性，从而可较全面地反映各种影响因素的变异性。此外，β 是从结构的功能函数出发，综合地考虑了荷载和抗力变异性对结构可靠度的影响。

4. 长期以来，人们已习惯于采用基本变量（如荷载标准值、材料强度标准值）和分项系数（如荷载系数、材料强度系数）进行结构构件设计。考虑到这一习惯，并为了应用上的简便，《建筑结构可靠度设计统一标准》（GB 50068—2001）给出了实用设计表达式。应当指出，实用设计表达式，虽然形式上与我国以往采用过的多系数设计表达式相似，但实质上却是不同的。主要在于，以往设计表达式中采用的各种系数是根据经验确定的，而实用设计表达式中采用的各种分项系数，则是根据基本变量的统计特性，以结构可靠度的概率分析为基础经优选确定的，它们起着相当于 β 值的作用。采用实用设计表达式后，结构的具体设计方法仍与传统的设计方法相同，并不直接涉及统计参数和概率运算。

5. 荷载效应基本组合用于结构按承载能力极限状态设计；荷载效应标准组合、频遇组合和准永久组合用于结构按正常使用极限状态设计（如结构构件变形、裂缝计算）。前者表达式中含荷载分项系数，后者表达式中不含荷载分项系数。

思　考　题

2-1　结构应满足哪些功能要求？什么是结构的可靠性？什么是可靠度？

2-2　什么是结构功能的极限状态？

2-3　什么是结构承载能力的极限状态？什么是结构正常使用的极限状态？

2-4　结构的失效概率 p_f 与可靠指标 β 有何关系？

2-5　什么是荷载标准值、组合值和准永久值？

习　题

【2-1】 某办公楼楼面永久荷载引起板的弯矩标准值 $M_{Gk}=13.23\text{kN}\cdot\text{m}$，楼面可变荷载引起板的弯矩标准值 $M_{Lk}=3.80\text{kN}\cdot\text{m}$，试求基本组合时板的弯矩设计值。

【2-2】 试分别求习题[2-6]标准组合和准永久组合时，板的弯矩设计值。

【2-3】 试求[例 2-7]基本组合时支座 B 的最大负弯矩 $M_{B,max}$ 的设计值。

第3章　钢筋和混凝土材料的力学性能

混凝土结构，除素混凝土结构外，是由钢筋、混凝土两种受力性能不同的材料组成的。为了掌握混凝土结构的受力特征和计算原理，必须了解混凝土和钢筋的力学性能。

§3-1　混凝土的力学性能

3.1.1　混凝土强度

1. 立方体抗压强度

按照标准方法制作养护的边长为150mm的立方体试块（图3-1*a*），在28d龄期，用标准试验方法测得的抗压强度，叫做立方体抗压强度。用符号 f_{cu} 表示。

根据混凝土立方体抗压强度标准值[❶]的数值，我国《混凝土结构设计规范》（GB 50010—2010），以下简称《混凝土设计规范》规定，混凝土强度等级分为14级：C15、C20、C25、C30、C35、C40、C45、C50、C55、C60、C65、C70、C75、C80。其中C（concrete）表示混凝土，C后面的数字表示混凝土立方体抗压强度标准值，单位为 N/mm^2。

素混凝土结构的混凝土强度等级不应低于C15；钢筋混凝土结构的混凝土强度等级不应低于C20；采用强度等级400MPa及以上的钢筋时，混凝土强度等级不应低于C25。

承受重复荷载的钢筋混凝土构件，混凝土强度等级不应低于C30。预应力混凝土结构的混凝土强度等级不宜低于C40，且不应低于C30。

试块放在压力机上、下垫板之间加压时，使其纵向受压而缩短，而其横向将伸长。由于压力机垫板与试块上、下表面之间摩擦力的影响，垫板好像起了“箍”的作用，将试块上、下端箍住（图3-1*b*），阻碍试块上、下端的横向变形。而试块中间部分“箍”的影响减小，混凝土比较容易发生横向变形。随着荷载的增加，试块中间部分的混凝土首先鼓出剥落，形成对顶的两个角锥体，其破坏形态如图3-1（*c*）所示。

混凝土立方体抗压强度 f_{cu} 是混凝土强度的基本代表值，其他强度可由它换算得到。

2. 轴心抗压强度

在工程中，钢筋混凝土轴心受压构件，例如：柱、屋架的受压腹杆等，它们的长度比其横截面尺寸大得多。因此，钢筋混凝土轴心受压构件中的混凝土强度，与混凝土棱柱体轴心抗压强度接近。所以，计算这类构件时，混凝土强度应采用棱柱体轴心抗压强度，简称轴心抗压强度。

混凝土轴心抗压强度，按照标准方法制作养护的截面为150mm×150mm，高度为

---

❶ 混凝土立方体抗压强度标准值的确定方法见3.1.2。

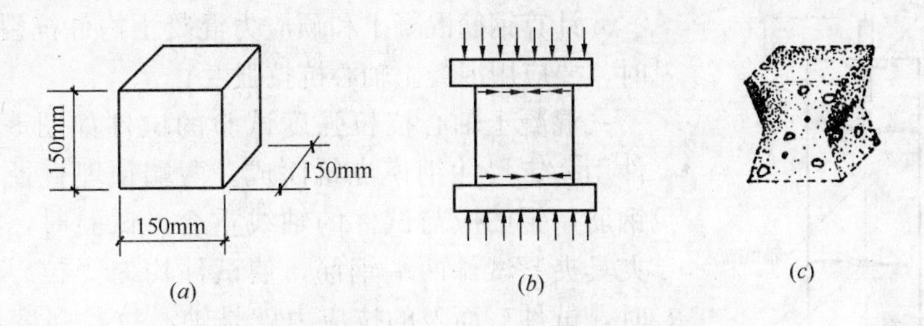

图 3-1　混凝土立方体抗压强度试验

600mm 的棱柱体（图 3-2）经 28d 龄期，用标准试验方法测得的抗压强度，用符号 f_c 表示。

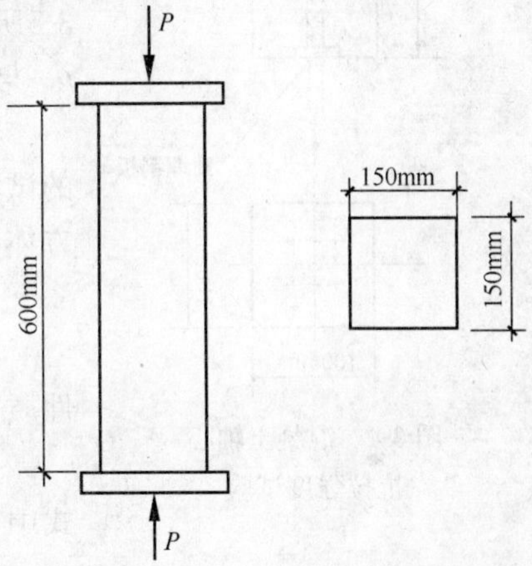

早期我国所做的 394 组棱柱体抗压强度试验，结果如图 3-3 所示。由图中可见，混凝土轴心抗压强度平均值 μ_{f_c} 与立方体抗压强度平均值 $\mu_{f_{cu}}$ 的关系成线性关系：$\mu_{f_c} = \alpha_{c1}\mu_{f_{cu}}$；其次，考虑到结构构件中混凝土强度与试件的差异，根据经验，并结合试验数据分析，为安全计，对试件强度乘以修正系数 0.88。此外，由于强度等级 C40 以上的混凝土在受压时强度破坏时有明显的脆性性质，故它们的轴心抗压强度平均值，应再乘以强度降低系数 α_{c2}。于是，轴心抗压强度平均值可写成：

$$\mu_{f_c} = 0.88 \times \alpha_{c1}\alpha_{c2}\mu_{f_{cu}} \tag{3-1}$$

图 3-2　混凝土轴心抗压强度试验

式中　α_{c1}——轴心抗压强度平均值与立方体的比值，对 C50 及以下的混凝土取 0.76，对 C80 取 0.82，中间按线性插入法取值；

α_{c2}——考虑混凝土脆性的强度降低系数，对 C40 及其以下的混凝土取 1.0，对 C80 取 0.87，中间按线性插入法取值。

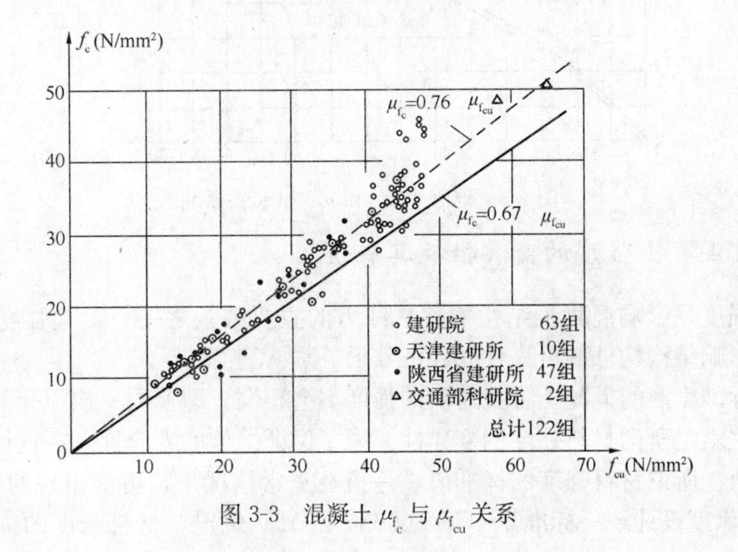

图 3-3　混凝土 μ_{f_c} 与 $\mu_{f_{cu}}$ 关系

3. 轴心抗拉强度

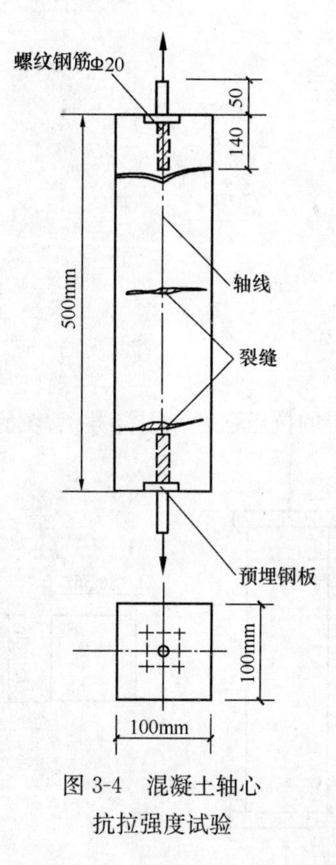

图 3-4 混凝土轴心抗拉强度试验

计算钢筋混凝土和预应力混凝土构件抗裂或裂缝宽度时，要应用混凝土轴心抗拉强度。

混凝土轴心抗拉强度试验的试件如图 3-4 所示。试件用一定尺寸钢模浇筑而成。两端预埋直径 20mm 变形钢筋，钢筋应与试件的轴线重合。试验时，将拉力机的夹具夹紧试件两端钢筋，使试件均匀受拉。当试件破坏时，试件截面上的拉应力就是轴心抗拉强度，用符号 f_t 表示。

我国早期进行的 72 组轴心抗拉强度试验结果，如图 3-5所示。由图中可以看出，混凝土轴心抗拉强度平均值 μ_{f_t} 与立方体抗压强度平均值 $\mu_{f_{cu}}$ 之间成非线性关系。

根据近年 11 组高强度混凝土的试验数据，再加上早期的试验结果，经回归统计得到轴心抗拉强度平均值 μ_{f_t} 与立方体的抗压强度平均值之间的表达式为

$$\mu_{f_t} = 0.395\mu_{f_{cu}}^{0.55} \tag{3-2a}$$

同样，考虑到结构构件与试件的差异和混凝土的脆性性质，需对上式进行修正：

$$\mu_{f_t} = 0.88 \times \alpha_{c2} 0.395\mu_{f_{cu}}^{0.55} \tag{3-2b}$$

式中，符号意义同前。

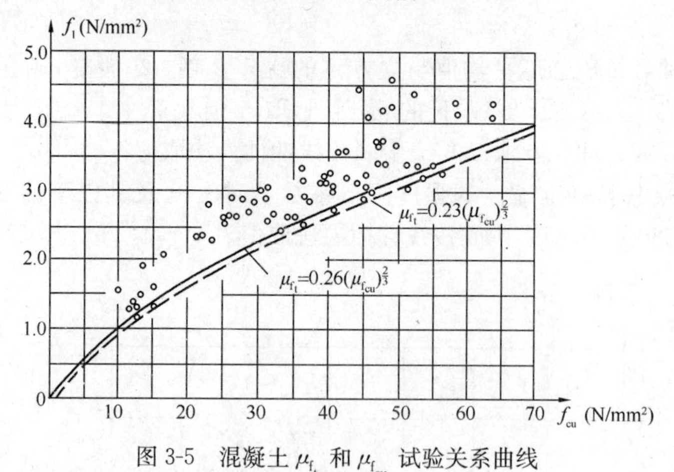

图 3-5 混凝土 μ_{f_t} 和 $\mu_{f_{cu}}$ 试验关系曲线

3.1.2 混凝土强度的变异性及其取值

混凝土强度是影响混凝土结构构件承载力的主要因素之一。对其强度的取值合理与否，将直接影响结构构件的可靠性和经济效果。

按同一标准生产的混凝土各批之间的强度不会相同，即使同一次搅拌的混凝土其强度也有差别，这就是所谓材料强度的变异性。为了保证结构的安全性，在设计时应采用材料强度的标准值。所谓材料强度的标准值，是指在正常情况下，可能出现的最小材料强度。《建筑结构可靠度设计统一标准》（GB 50068—2001）规定，材料强度的标准值应根据材

料强度概率分布某一分位值确定。材料强度概率分布一般采用正态分布。

1. 混凝土强度标准值

《混凝土设计规范》规定，混凝土强度标准值取其平均值减去 1.645 倍的标准差，即取混凝土强度概率分布 0.05（百分位）的分位值（图 3-6）。这时混凝土强度的保证率为 95%。例如：对于强度等级为 C20 的混凝土，其立方体抗压强度标准值不应低于 20N/mm²，即：

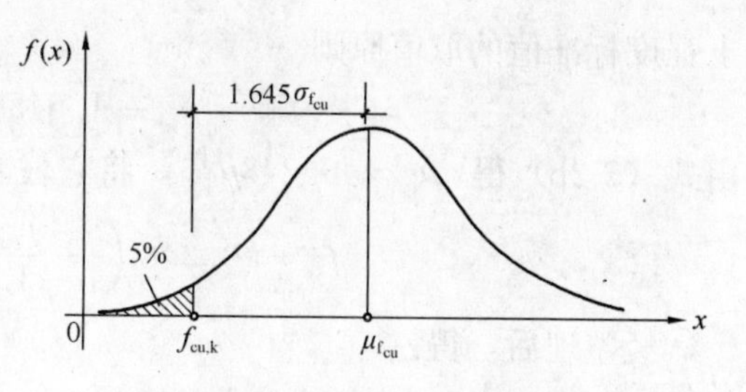

图 3-6　混凝土强度标准值的取值

$$f_{\mathrm{cu,k}} = \mu_{f_{\mathrm{cu}}} - 1.645\sigma_{f_{\mathrm{cu}}} \geqslant 20\mathrm{N/mm^2} \tag{3-3}$$

式中　$f_{\mathrm{cu,k}}$——混凝土立方体抗压强度标准值；

$\mu_{f_{\mathrm{cu}}}$——混凝土立方体抗压强度平均值；

$\sigma_{f_{\mathrm{cu}}}$——混凝土立方体抗压强度标准差。

根据上述混凝土强度标准值的取值原则，以及关系式（3-1）和式（3-2b），可以分别推算出混凝土轴心抗压强度标准值和轴心抗拉强度标准值。

（1）混凝土轴心抗压强度标准值

现以混凝土强度等级 C20 为例，说明轴心抗压强度标准值的计算方法。根据混凝土强度标准值的取值原则

$$f_{\mathrm{cu,k}} = \mu_{f_{\mathrm{cu}}} - 1.645\sigma_{f_{\mathrm{cu}}} = \mu_{f_{\mathrm{cu}}}(1 - 1.645\delta) \tag{3-4}$$

$$f_{\mathrm{ck}} = \mu_{f_{\mathrm{c}}} - 1.645\sigma_{f_{\mathrm{c}}} = \mu_{f_{\mathrm{c}}}(1 - 1.645\delta) \tag{3-5}$$

由式（3-1）得 $\mu_{f_{\mathrm{c}}} = 0.67\mu_{f_{\mathrm{cu}}}$。将它代入式（3-5），并考虑到式（3-4），则得：

$$f_{\mathrm{ck}} = 0.67\frac{f_{\mathrm{cu,k}}}{1 - 1.645\delta}(1 - 1.645\delta)^{❶}$$

即：

$$f_{\mathrm{ck}} = 0.67 f_{\mathrm{cu,k}} \tag{3-6}$$

于是，C20 混凝土轴心抗压强度标准值为：

$$f_{\mathrm{ck}} = 0.67 f_{\mathrm{cu,k}} = 0.67 \times 20 = 13.4\mathrm{N/mm^2}$$

《混凝土设计规范》取 $f_{\mathrm{ck}} = 13.4\mathrm{N/mm^2}$。

混凝土轴心抗压强度标准值见表 3-1。

混凝土轴心抗压强度标准值（N/mm²）　　**表 3-1**

强度	混凝土强度等级													
	C15	C20	C25	C30	C35	C40	C45	C50	C55	C60	C65	C70	C75	C80
f_{ck}	10.0	13.4	16.7	20.1	23.4	26.8	29.6	32.4	35.5	38.5	41.5	44.5	47.4	50.2

（2）混凝土轴心抗拉强度标准值

现仍以混凝土强度等级 C20 为例，说明轴心抗拉强度标准值的计算方法。根据混凝

❶ 在推导公式时，假定同一等级的混凝土有相同的变异系数，即$\frac{\sigma_{f_{\mathrm{cu}}}}{\mu_{f_{\mathrm{cu}}}} = \frac{\sigma_{f_{\mathrm{c}}}}{\mu_{f_{\mathrm{c}}}} = \delta$。

土强度标准值的取值原则

$$f_{tk} = \mu_{f_t} - 1.645\sigma_{f_t} = \mu_{f_t}(1 - 1.645\delta) \tag{3-7}$$

由式（3-2b）得，$\mu_{f_t} = 0.348\mu_{f_{cu}}$，将它代入式（3-7），并考虑到式（3-4），则得：

$$f_{tk} = 0.348\left(\frac{f_{cu,k}}{1-1.645\delta}\right)^{0.55}(1-1.645\delta)$$

经整理后，得：

$$f_{tk} = 0.348(f_{cu,k})^{0.55}(1-1.645\delta)^{0.45} \tag{3-8}$$

根据我国1979～1980年全国10个省市和自治区的混凝土强度的统计调查结果，各种强度等级混凝土的变异系数，如表3-2所示。

混凝土变异系数 δ 表3-2

混凝土强度等级	C15	C20	C25	C30	C35	C40	C45
变异系数 δ	0.21	0.18	0.16	0.14	0.13	0.12	0.12
混凝土强度等级	C50	C55	C60	C65	C70	C75	C80
变异系数 δ	0.11	0.11	0.10	0.10	0.10	0.10	0.10

由表3-2查得，C20混凝土的变异系数 $\delta = 0.18$，于是，C20混凝土轴心抗拉强度标准值为：

$$f_{tk} = 0.348(f_{cu,k})^{0.55}(1-1.645\delta)^{0.45}$$
$$= 0.348\times 20^{0.55}(1-1.645\times 0.18)^{0.45} = 1.543$$

《混凝土设计规范》取 $f_{tk} = 1.54\text{N/mm}^2$。

混凝土轴心抗拉强度标准值见表3-3。

混凝土轴心抗拉强度标准值（N/mm^2） 表3-3

强度	混凝土强度等级													
	C15	C20	C25	C30	C35	C40	C45	C50	C55	C60	C65	C70	C75	C80
f_{tk}	1.27	1.54	1.78	2.01	2.20	2.39	2.51	2.64	2.74	2.85	2.93	2.99	3.05	3.11

2. 混凝土强度设计值

《混凝土设计规范》规定，混凝土结构构件按承载能力计算时，应采用基本组合或偶然组合，混凝土强度应采用设计值。

混凝土强度设计值，等于混凝土强度标准值除以混凝土的材料分项系数 γ_c。《混凝土设计规范》规定，$\gamma_c = 1.40$。它是根据可靠指标及工程经验并经分析确定的。

混凝土轴心抗拉强度设计值，参见表3-4。

混凝土轴心抗压强度设计值（N/mm^2） 表3-4

强度	混凝土强度等级													
	C15	C20	C25	C30	C35	C40	C45	C50	C55	C60	C65	C70	C75	C80
f_c	7.2	9.6	11.9	14.3	16.7	19.1	21.1	23.1	25.3	27.5	29.7	31.8	33.8	35.9

混凝土轴心抗拉强度设计值，参见表3-5。

混凝土轴心抗拉强度设计值（N/mm²） **表 3-5**

强度	混凝土强度等级													
	C15	C20	C25	C30	C35	C40	C45	C50	C55	C60	C65	C70	C75	C80
f_t	0.91	1.10	1.27	1.43	1.57	1.71	1.80	1.89	1.96	2.04	2.09	2.14	2.18	2.22

3.1.3 混凝土弹性模量、变形模量、泊松比和剪变模量

计算混凝土构件变形和预应力混凝土构件预应力时，需要应用混凝土的弹性模量。但是，在一般情况下，混凝土的应力和应变呈曲线变化，见图 3-7。因此，混凝土的弹性模量并不是常数，那么怎样定义混凝土的弹性模量？又如何取值呢？

1. 混凝土弹性模量

通过一次加载的混凝土关系 σ-ε 曲线原点的斜率，叫做原点弹性模量，以符号 E_c 表示。由图 3-8 看出：

$$E_c = \tan\alpha_0 \tag{3-9}$$

式中 E_c ——原点弹性模量；

α_0 ——通过混凝土 σ-ε 曲线原点处的切线与横坐标轴的夹角。

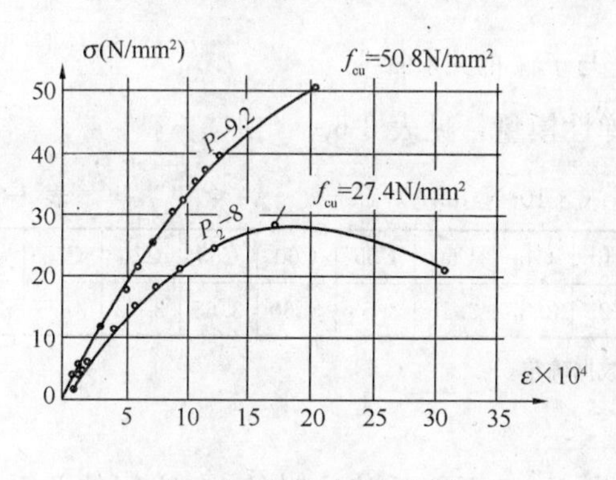

图 3-7 混凝土 σ-ε 曲线

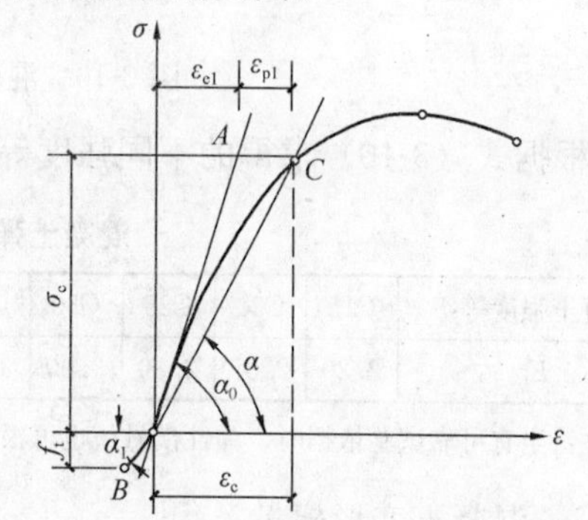

图 3-8 混凝土棱柱体一次加载的 σ-ε 曲线

但是，E_c 的准确值不易从一次加载的 σ-ε 曲线上求得。《混凝土设计规范》规定的 E_c 值是在重复加载 σ-ε 曲线上求得的。试验采用棱柱体试件，选用应力 $\sigma=(0.4\sim0.5)f_c$，反复加载 5～10 次。由于混凝土是弹塑性材料，每次卸载至零时，变形不能完全恢复，尚存有塑性变形。随着荷载重复次数的增加，每次卸载的塑性变形将逐渐减小。试验表明，重复加载次数达到 5～10 次后，塑性变形已基本稳定。σ-ε 关系基本接近直线（图 3-9），并平行于相应原点弹性模量的切线。因此，我们可以取 $\sigma=(0.4\sim0.5)f_c$ 重复加载 5～10 次后的 σ-ε 直线的斜率，作为混凝土的弹性模量 E_c 。

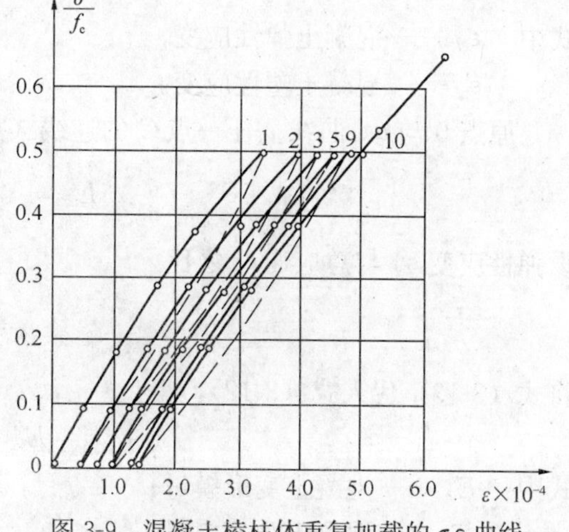

图 3-9 混凝土棱柱体重复加载的 σ-ε 曲线

《混凝土设计规范》对不同强度等级混凝土所做的试验结果，如图 3-10 所示，并给出了弹性模量的计算公式：

$$E_c = \frac{10^5}{2.2 + \frac{34.7}{f_{cu,k}}} \tag{3-10}$$

式中 E_c ——混凝土弹性模量（N/mm^2）；

$f_{cu,k}$ ——混凝土立方体抗压强度（N/mm^2）。

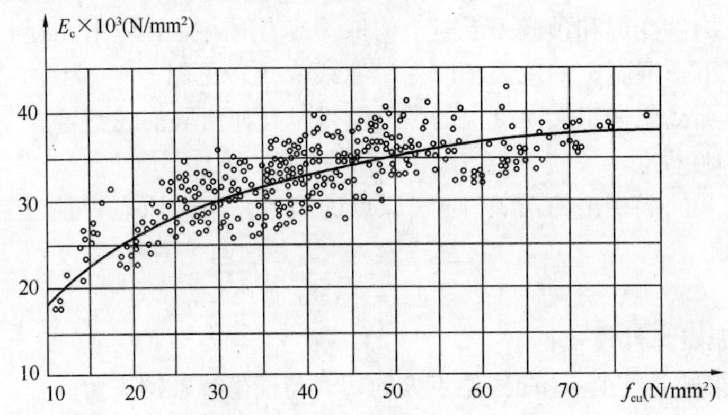

图 3-10 混凝土 E_c 与 $f_{cu,k}$ 的关系曲线

根据式（3-10）求得的不同强度等级的弹性模量，见表 3-6。

混凝土弹性模量（$\times 10^4 N/mm^2$） **表 3-6**

混凝土强度等级	C15	C20	C25	C30	C35	C40	C45	C50	C55	C60	C65	C70	C75	C80
E_c	2.20	2.55	2.80	3.00	3.15	3.25	3.35	3.45	3.55	3.60	3.65	3.70	3.75	3.80

注：当有可靠试验依据时，弹性模量值也可根据实测数据确定。

2 混凝土变形模量

当应力 σ 较大，超过 $0.5f_c$ 时，弹性模量 E_c 已不能反映这时的 σ-ε 之间的关系。为此，我们给出变形模量的概念。σ-ε 曲线上任一点 C 的应变 ε_c 由两部分组成（图 3-8）：

$$\varepsilon_c = \varepsilon_{el} + \varepsilon_{pl} \tag{3-11}$$

式中 ε_{el} ——混凝土弹性应变；

ε_{pl} ——混凝土塑性应变。

原点 0 与 σ-ε 曲线上任一点 C 的连线（割线）的斜率，称为变形模量，即：

$$E'_c = \tan\alpha = \frac{\sigma_c}{\varepsilon_c} \tag{3-12}$$

设弹性应变 ε_{el} 与总应变 ε_e 之比

$$\nu = \frac{\varepsilon_{el}}{\varepsilon_c} \tag{3-13}$$

将式（3-13）代入式（3-12），得：

$$E'_c = \nu E_c \tag{3-14}$$

式中 E'_c ——混凝土变形模量；

E_c ——混凝土弹形模量；

ν——混凝土弹性系数。

混凝土弹性系数 ν 反映了混凝土的弹性性质，它随应力 σ 的增加而减小，变形模量降低。

当 $\sigma = 0.5f_c$ 时，ν 的平均值为 0.85；当 $\sigma = 0.8f_c$ 时，ν 的平均值为 0.4～0.7。

3. 混凝土泊松比

混凝土泊松比是指试件在短期一次加载（纵向）作用下横向应变与纵向应变之比，即：

$$\mu_c = \frac{\varepsilon_x}{\varepsilon_y} \tag{3-15}$$

式中 μ_c——混凝土泊松比；

ε_x、ε_y——分别为混凝土的横向应变和纵向应变。

试验结果表明，当试件压应力较小时，μ_c 值为 0.15～0.18；当试件接近破坏时，μ_c 值可达 0.50 以上。《混凝土设计规范》取 $\mu_c = 0.2$。

4. 混凝土剪变模量（亦称剪切变形模量）

由材料力学可知，剪变模量可按下式计算：

$$G_c = \frac{E_c}{2(1+\mu_c)} \tag{3-16}$$

式中 G_c——混凝土剪变模量。

其余符号意义同前。

若取 $\mu_c = 0.20$，则 $G_c = 0.417$，《混凝土设计规范》取 $G_c = 0.4E_c$。

3.1.4 混凝土的收缩与徐变

1. 混凝土的收缩

混凝土在空气中结硬过程中体积减小的现象称为收缩。我国铁道科学研究院对混凝土的自由收缩进行了试验，试验结果参见图 3-11。由图中可以看出，收缩随时间而增长。初期收缩发展较快，一个月约完成全部收缩量的 50%。三个月后增长减慢，一般两年后就趋于稳定。由图还可以看出，采用蒸汽养护时，混凝土的收缩量要小于常温下的数值。

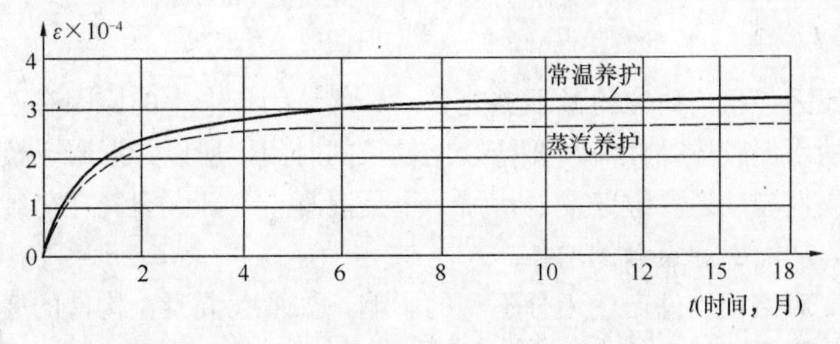

图 3-11 混凝土收缩随与时间的关系

一般认为，产生收缩的主要原因是由于混凝土硬化过程中，化学反应产生的凝结收缩和混凝土内的自由水蒸发产生的收缩。

混凝土的收缩对钢筋混凝土和预应力混凝土构件会产生十分有害的影响。例如，混凝土构件受到约束（如支座）时，混凝土的收缩会使构件产生拉应力。拉应力过大，就会使构件产生裂缝，以致影响结构的正常使用；在预应力混凝土构件中，混凝土收缩将引起预应力损失等。因此，应当设法减小混凝土的收缩，避免对结构产生有害的影响。

试验表明，混凝土的收缩与下列一些因素有关：

(1) 水泥用量愈多，水灰比愈大，收缩愈大；

(2) 强度高的水泥制成的混凝土构件收缩大；

(3) 骨料的弹性模量大，收缩小；

(4) 在结硬过程中养护条件好，收缩小；

(5) 混凝土振捣密实，收缩小；

(6) 使用环境湿度大，收缩小。

2. 混凝土的徐变

混凝土在长期不变荷载作用下，变形随时间继续增长的现象，叫做混凝土的徐变。徐变特性主要与时间有关。图 3-12 表示当棱柱体应力 $\sigma = 0.5f_c$ 时的徐变与时间的关系曲线。由图中可见，当加荷至 $\sigma = 0.5f_c$ 时，其加荷载瞬间产生的应变为瞬时应变 ε_{el} 。当荷载保持不变时，随着荷载作用时间的增加，应变也继续增长，这就是徐变应变 ε_{cr} 。徐变开始时增长较快，以后逐渐减慢，经过较长时间趋于稳定。

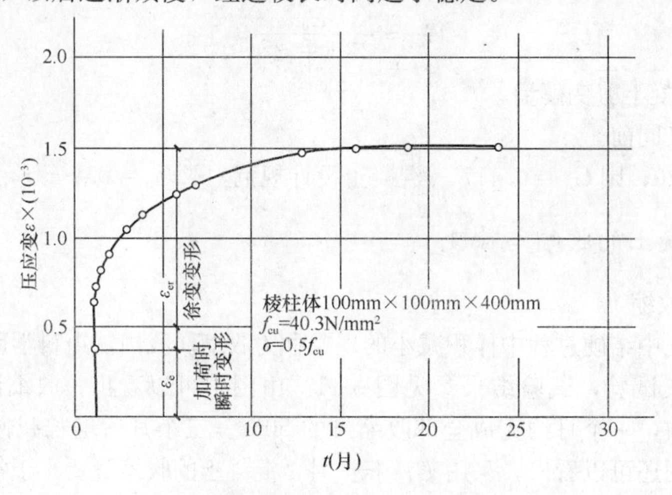

图 3-12　混凝土的徐变与时间的关系曲线

产生徐变的原因，目前研究得尚不够充分。一般认为，产生的原因有两个：一个是混凝土受荷后产生的水泥胶体黏性流动要持续比较长的时间，所以，混凝土棱柱体在不变荷载作用下，这种黏性流动还要继续发展；另一个是混凝土内部微裂缝在荷载长期作用下将继续发展和增加，从而引起裂缝的增长。

混凝土的徐变对结构构件产生十分不利的影响，如增大混凝土构件的变形、在预应力混凝土构件中引起预应力损失等。

试验表明，徐变与下列一些因素有关：

(1) 水泥用量愈多，水灰比愈大，徐变愈大。当水灰比在 0.4～0.6 范围变化时，单位应力作用下的徐变与水灰比成正比；

(2) 增加混凝土骨料的含量，徐变减小。当骨料的含量由 60%增大到 75%时，徐变将减小 50%；

(3) 养护条件好，水泥水化作用充分，徐变就小；

(4) 构件加载前混凝土的强度愈高，徐变就愈小；

(5) 构件截面的应力愈大，徐变愈大。

§3-2 钢筋的种类及其力学性能

3.2.1 钢筋的种类及化学成分

建筑用的钢筋，要求具有较高的强度与良好的塑性，便于加工和焊接。为了检查钢筋的这种性能，就要掌握钢筋的化学成分、生产工艺和加工条件。

1. 钢筋的种类

建筑工程所用的钢筋，按其加工工艺不同分为两大类：

(1) 普通钢筋

用于混凝土结构构件中的各种非预应力钢筋，统称为普通钢筋。这种钢筋为热轧钢筋。是由低碳钢或普通合金钢在高温下轧制而成。按其强度不同分为：HPB300、HRB335（HRBF335）、HRB400（HRBF400、RRB400）、HRB500（HRBF500）四级。其中，第一个字母表示生产工艺，如H表示热轧（Hot-Rolled），R表示余热处理（Remained heat treatment）；第二个字母表示钢筋表面形状，如P表示光圆（Plain round），R表示带肋（Ribbed）；第三个字母B（Bar）表示钢筋。在HRB后面加字母F（Fine）的，为细精粒热轧钢筋。英文字母后面的数字表示钢筋屈服强度标准值，如400，表示该级钢筋的屈服强度标准值为400 N/mm^2。

细精粒热轧钢筋是《混凝土设计规范》为了节约合金资源，新列入的具有一定延性的控轧HRBF系列热轧带肋钢筋。

考虑到各种类型钢筋的使用条件和便于在外观上加以区别。国家标准《钢筋混凝土用钢　第1部分：热轧光圆钢筋》（GB 1499.1—2008）规定，HPB300级钢筋外形轧成光面，故又称光圆钢筋。国家标准《钢筋混凝土用钢　第2部分：热轧带肋钢筋》（GB 1499.2—2007）规定，HRB335、HRB400、RRB400级钢筋外形轧成肋形（横肋和纵肋）。横肋的纵截面为月牙形，故又称月牙肋钢筋。月牙肋钢筋（带纵肋）表面及截面形状如图3-13所示。

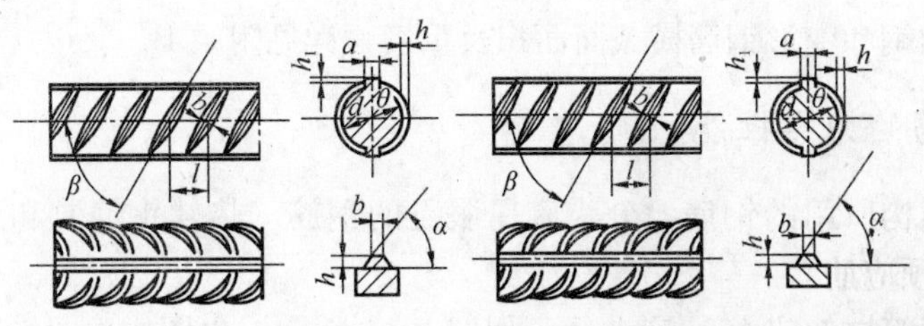

图3-13　月牙肋钢筋（带纵肋）[1] 表面及截面形状

---

[1] 带肋钢筋通常带有纵肋，也有不带纵肋的。图中符号意义参见国家标准《钢筋混凝土用钢　第2部分：热轧带肋钢筋》（GB 1499.2—2007）。

余热处理钢筋是在钢筋热轧后经淬火，再利用芯部余热回火处理而形成的。经这样处理后，不仅提高了钢筋的强度，还保持了一定延性。

(2) 预应力钢筋

用于混凝土结构构件中施加预应力的消除应力钢丝、钢绞线、预应力螺纹钢筋和中强度预应力钢丝，统称为预应力钢筋。

消除应力钢丝分为光面钢丝、螺旋肋钢丝。光面钢丝是将钢筋冷拔后，校直，再经中温回火消除应力并经稳定化处理而成的钢丝。螺旋肋钢丝是将低碳钢或低合金钢热轧成盘条，经冷轧缩径后再冷轧成有肋钢丝。

钢绞线是用冷拔钢丝在绞线机上绞扭而成。以一根直径稍粗的直钢丝为中心，其余钢丝则围绕其进行螺旋状绞合，再经低温回火处理而成。

预应力螺纹钢筋是《混凝土设计规范》新增加的一种大直径预应力钢筋品种，外形轧成肋形，横肋为螺纹状。

2. 钢筋的化学成分

钢筋的化学成分主要是铁，但铁的强度低，需要加入其他化学元素来改善其性能。加入铁中的化学元素有：

(1) 碳（C）——在铁中加入适量的碳，可以提高其强度。钢依其含碳量的多少，可分为低碳钢（含碳量≤0.25%）、中碳钢（含碳量 0.26%～0.60%）和高碳钢（含碳量>0.6%）。在一定范围内提高含碳量，虽能提高钢筋的强度，但同时却使其塑性降低，可焊性变差。在建筑工程中，主要使用低碳钢和中碳钢。

(2) 锰（Mn）、硅（Si）——在钢中加入少量锰、硅元素可以提高钢的强度，并能保持一定的塑性。

(3) 钛（Ti）、钒（V）——在钢中加入少量的钛、钒元素可以显著提高钢的强度，并可提高其塑性和韧性，改善焊接性能。

在钢的冶炼过程中，会出现清除不掉的有害元素：磷（P）和硫（S）。它们的含量多了，会使钢的塑性变差，容易脆断，并影响焊接质量。所以，合格的钢筋产品应该限制两种元素的含量。国家标准《钢筋混凝土用钢　第 2 部分：热轧带肋钢筋》（GB 1499.2—2007）规定，磷的含量≤0.045%，硫的含量≤0.045%。

含有锰、硅钛和钒的合金元素的钢，叫做合金钢。合金钢元素总含量<5%的合金钢，叫做低合金钢。

各种直径的圆钢和变形钢筋横截面面积及重量，详见附录 B。

3.2.2　钢筋的力学性能

钢筋混凝土结构所用的钢筋，分为有屈服点的钢筋（热轧钢筋）和无屈服点的钢筋（钢丝和钢绞线等预应筋）。

有屈服点的钢筋拉伸应力-应变曲线，如图 3-14 所示。由图中可见，在应力达到 σ 点以前，应力与应变成正比，a 点上的应力称为比例极限；应力达到 b 点，钢筋开始屈服，即应力基本保持不变，应变继续增长，直到 c 点。b 点称为屈服上限；c 点称为屈服下限。由于 b 点应力不稳定，所以，一般以屈服下限 c 点作为钢筋屈服强度或屈服点。c 点以后的应力和应变呈现出一个水平段 cf，称为屈服台阶或流幅。在屈服台阶，钢筋几乎按理想塑性状态工作。超过屈服台阶终点 f 后，应力与应变的关系又获得相应增长性质，应力-应变曲线又表现为上升曲线，这时钢筋具有弹性和塑性两重性质。这种性质一直维持到 d 点，钢筋产生颈缩现象，应力-应变曲线呈现下降。d 点所对应的应力，称为极限强度。应力达到曲线 e 时，钢筋被拉断。

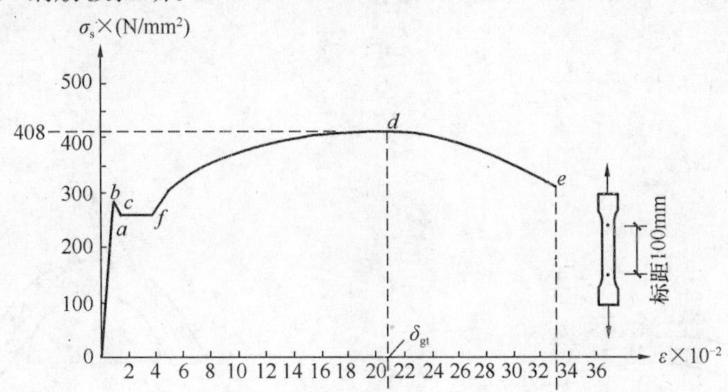

图 3-14 有屈服点钢筋的 σ-ε 曲线

与应力-应变曲线 e 点对应的应变值，反映钢筋拉断前的塑性变形程度，因此，可用它来表示钢筋的塑性变形性能指标，称为延伸率。由于它包含了颈缩区断口变形极限拉应变，故不能正确地反映变形能力。近年来，国际上采用对应于最大应力（极限强度）的应变 δ_{gt} 来反映钢筋拉断前的塑性变形程度，δ_{gt} 称为均匀延伸率。我国新版《混凝土设计规范》也采用了 δ_{gt} 来表示钢筋的塑性变形性能指标，见附录 A 附表 A-11。

在钢筋混凝土结构计算中，对具有屈服点的钢筋，均取屈服点作为钢筋强度限值。这是因为：构件内的钢筋应力达到屈服点后它将产生很大的塑性变形；即使卸载，这部分变形也不能恢复。这就会使结构构件出现很大的变形和裂缝，以致影响结构正常使用。

没有屈服点的钢筋，它的极限强度高，但延伸率小（图 3-15）。虽然这种钢筋没有屈服点，但我们可以根据屈服点的特征，为它在塑性变形明显增长处找到一个假想的屈服点（或称条件屈服点），并把该点作为这种没有明显屈服点钢筋可资利用的应力上限。通常取残余塑性应变为 0.2%的应力 $\sigma_{0.2}$ 作为假想屈服点。由试验得知，$\sigma_{0.2}$ 大致相当于钢筋极限强度 σ_b 的 0.85，即：

$$\sigma_{0.2} = 0.85\sigma_b \tag{3-17}$$

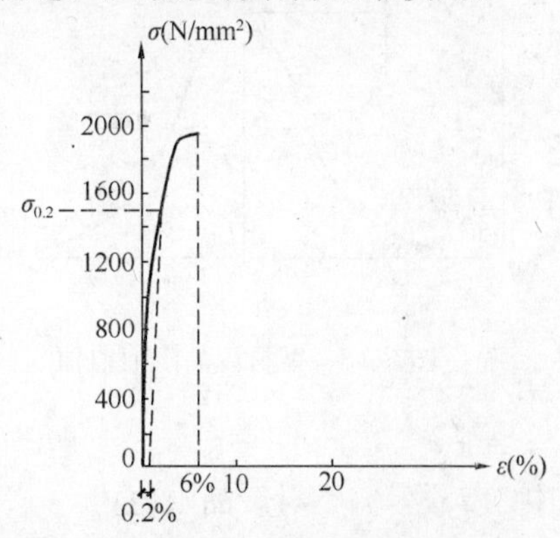

图 3-15 无屈服点钢筋的 σ-ε 曲线

钢筋屈服台阶的大小，随钢筋品种而异。屈服台阶大的钢筋，延伸率大，塑性好，配有这种钢筋的钢筋混凝土结构构件，破坏前有明显预兆；无屈服台阶或屈服台阶小的钢筋，延伸率小，塑性差，配有这种钢筋的构件，破坏前无明显预兆，破坏突然，属于脆性破坏。

图 3-16 所示为不同强度等级的热轧钢筋和钢丝的 σ-ε 曲线。由图可见，钢筋随强度的提高，其塑性性能明显降低。

钢筋受压时的屈服强度与受拉时基本相同。

冷弯是检验钢筋塑性性能的另一项指标。为使钢筋在加工、使用时不开裂、弯断或脆断，应对钢筋试件进行冷弯试验，参见图 3-17。试验时要求钢筋绕一辊轴弯转而不产生裂缝、鳞落或断裂现象。弯转角 α 愈大、辊轴直径愈小，钢筋的塑性愈好。

国家标准《钢筋混凝土用钢　第 2 部分：热轧带肋钢筋》（GB 1499.2—2007）对有屈服点的力学性能指标（屈服点、抗拉强度、伸长率和冷弯性能）均作出了规定，可作为钢筋检验的标准。

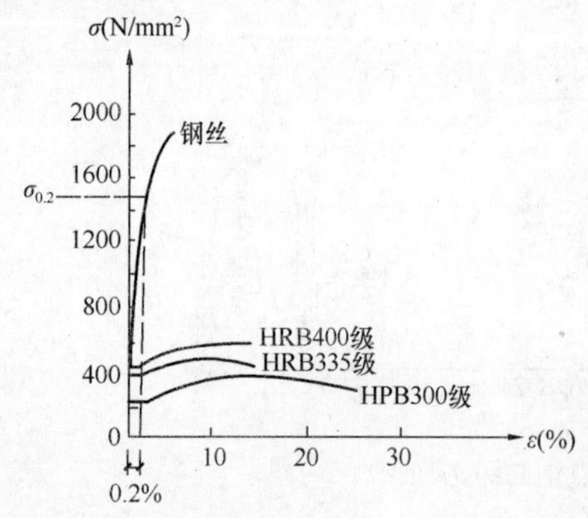

图 3-16　不同强度钢筋和钢丝的 σ-ε 曲线

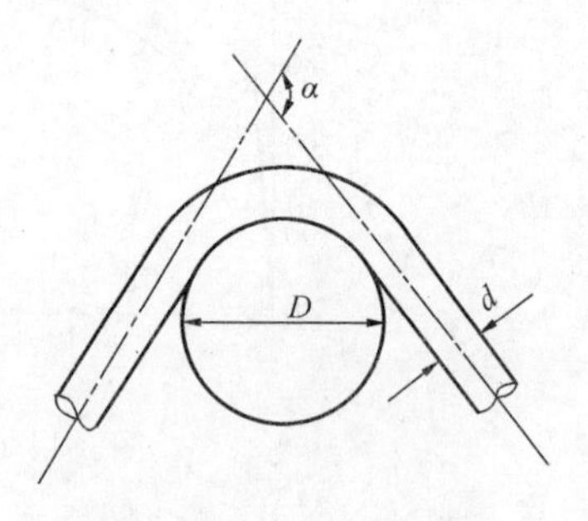

图 3-17　钢筋冷弯试验

3.2.3　钢筋的强度的变异性及其取值

钢筋强度也是随机变量。按同一标准不同时间生产的钢筋，各批之间的强度不会完全相同，即使同一炉钢轧成的钢筋，其强度也有差异，即材料具有变异性。因此，在结构设计中，钢筋应采用强度标准值。

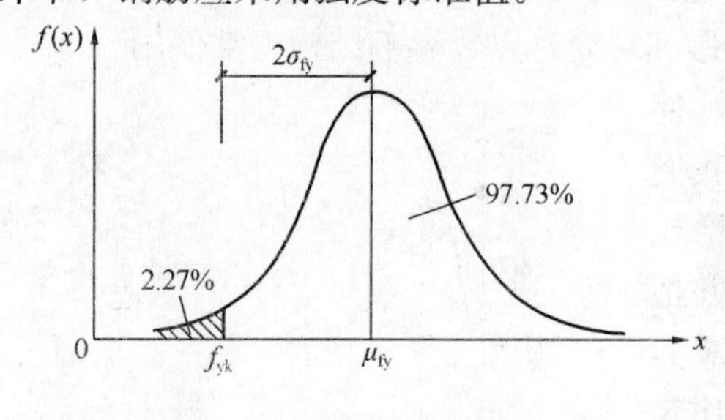

图 3-18　钢材废品限值取值

1. 钢筋强度标准值

为了保证钢材的质量，国家有关标准规定，产品出厂前要进行抽样检查，检查的标准为"废品限值"。对热轧钢材，废品限值是根据钢材的屈服强度的统计资料，既考虑了使用钢材的可靠性，又考虑了钢厂的经济核算而制定的标准。这一标准相当于钢筋的屈服强度平均值减 2 倍的标准差（见图 3-18）：

$$f_{yk} = \mu_{f_y} - 2\sigma_{f_y} \tag{3-18}$$

式中　f_{yk} ——钢材废品限值；

μ_{f_y} ——钢材屈服强度平均值；

σ_{f_y} ——钢材屈服强度标准差。

当发现某批钢材的实测屈服强度低于废品限值时，即认为是废品，不得按合格出厂。例如：国家冶金工业标准规定，对 HPB300 级钢筋，其废品限值为 300N/mm^2；对 HRB335 级钢筋，其废品限值为 335N/mm^2。由式（3-18）可知，国家有关标准规定的废品限值的保证率为 97.73%。这一保证率已高于《建筑结构可靠度设计统一标准》（GB 50068—2001）规定的保证率 95%。《混凝土设计规范》规定，对普通钢筋强度标准值 f_{yk} 仍按强度的 95%保证率确定。

对预应力钢筋（钢绞线、钢丝和预应力螺纹钢筋），取其极限抗拉强度 σ_b（废品限值）作为抗拉强度标准值，用 f_{ptk} 表示。

普通钢筋的强度标准值按表 3-7 采用；预应力钢筋的强度标准值按表 3-8 采用。

普通钢筋的强度标准值 **表 3-7**

牌号	符号	公称直径 d（mm）	屈服强度标准值 f_{yk}（N/mm²）	极限强度标准值 f_{stk}（N/mm²）
HPB300	Φ	6～22	300	420
HRB335 HRBF335	Φ Φ^F	6～50	335	455
HRB400 HRBF400 RRB400	Φ Φ^F Φ^R	6～50	400	540
HRB500 HRBF500	Φ Φ^F	6～50	500	630

预应力钢筋强度标准值 **表 3-8**

种类		符号	公称直径 d（mm）	屈服强度标准值 f_{pyk}	极限强度标准值 f_{ptk}
中强度预应力钢丝	光面 螺旋肋	ϕ^{PM} ϕ^{HM}	5、7、9	620	800
				780	970
				980	1270
预应力螺纹钢筋	螺纹	ϕ^T	18、25、32、40、50	785	980
				930	1080
				1080	1230
消除应力钢丝	光面 螺旋肋	ϕ^P ϕ^H	5	—	1570
				—	1860
			7	—	1570
			9	—	1470
				—	1570
钢绞线	1×3 （三股）	ϕ^S	8.6、10.8、12.9	—	1570
				—	1860
				—	1960
	1×7 （七股）		9.5、12.7、15.2、17.8	—	1720
				—	1860
				—	1960
			21.6	—	1860

注：强度为 1960MPa 级的钢绞线作后张预应力配筋时，应有可靠的工程经验。

2. 钢筋强度设计值

《混凝土设计规范》规定，混凝土结构构件按承载能力计算时，应采用基本组合或偶然组合，钢筋强度应采用设计值。

钢筋强度设计值 f_y，等于其强度标准值 f_{yk} 除以材料分项系数 γ_s。对于延性较好的普通钢筋，γ_s 取 1.1；但对 500MPa 级的钢筋，为了适当提高其安全储备，γ_s 取 1.15；对于强度延性稍差的预应力钢筋，γ_s 取 1.2。

普通钢筋的抗拉强度设计值 f_y 和抗压值强度设计值 f'_y，按表 3-9 采用；预应力筋的抗拉强度设计值 f_{py} 和抗压值强度设计值 f'_{py}，按表 3-10 采用。

普通钢筋强度设计值 **表 3-9**

牌　号	抗拉强度设计值 f_y	抗压强度设计值 f'_y
HPB300	270	270
HRB335、HRBF335	300	300
HRB400、HRBF400、RRB400	360	360
HRB500、HRBF500	435	410

预应力筋钢筋强度设计值 **表 3-10**

种　类	极限强度标准值 f_{ptk}	抗拉强度设计值 f_{py}	抗压强度设计值 f'_{py}
中强度预应力钢丝	800	510	410
	970	650	
	1270	810	
消除应力钢丝	1470	1040	410
	1570	1110	
	1860	1320	
钢绞线	1570	1110	390
	1720	1220	
	1860	1320	
	1960	1390	
预应力螺纹钢筋	980	650	410
	1080	770	
	1230	900	

注：当预应力筋的强度标准值不符合表 3-10 的规定时，其强度设计值应进行相应的比例换算。

3.2.4 钢筋在最大力下总伸长率

普通钢筋及预应力筋在最大力下总伸长率 δ_{gt} 应不小于表 3-11 规定的数值。

普通钢筋及预应力筋在最大力下总伸长率限值 **表 3-11**

钢筋品种	普通钢筋			预应力筋
	HPB300	HRB335、HRBF335、HRB400、HRBF400、HRB500	RRB400	
δ_{gt}（%）	10.0	7.5	5.0	3.5

3.2.5 钢筋的弹性模量

钢筋的弹性模量 E_s 取其比例极限内的应力与应变的比值。各类钢筋的弹性模量，按

表 3-12 采用。

钢筋的弹性模量（$\times10^5\text{N/mm}^2$） **表 3-12**

项次	钢筋种类	弹性模量 E_s
1	HPB300 钢筋	2.10
2	HRB335、HRB400、HRB500、HRBF335、HRBF400、HRBF500、RRB400 钢筋，预应力螺纹钢筋	2.00
3	消除应力钢丝、中强度预应力钢丝	2.05
4	钢绞线	1.95

注：必要时，可采用实测的弹性模量。

§3-3 钢筋与混凝土的粘结、锚固长度

3.3.1 钢筋与混凝土的粘结

钢筋混凝土构件在外力作用下，在钢筋与混凝土接触面上将产生力剪应力，当剪应力超过钢筋与混凝土之间的粘结强度时，钢筋与混凝土之间将发生相对滑动，而使构件早期破坏。

钢筋与混凝土之间的粘结强度，实质上，是钢筋与混凝土处于极限平衡状态时两者之间产生的极限剪应力，即抗剪强度。粘结强度的大小和分布规律，可通过钢筋抗拔试验确定，试件如图 3-19（*a*）所示。钢筋受到拉力作用下，在钢筋与混凝土接触面上产生剪应力 τ 。当它不超过粘结强度 τ_f 时，钢筋就不会拔出。

现在来分析钢筋与混凝土之间的粘结强度及其分布规律。假设钢筋在拉力作用下，钢筋与混凝土处于极限平衡状态。从距试件端部 x 处，切取一钢筋微分体来加以分析，由平衡条件可得：

$$\Sigma X = 0\ ,\ (\sigma_s - d\sigma_s - \sigma_s)\ \frac{1}{4}\pi d^2 + \tau_f \pi d \cdot dx = 0$$

式中 d——钢筋直径；

σ_s——钢筋应力。

经整理后，得 x 点处粘结强度

$$\tau_f = \frac{d}{4} \cdot \frac{d\sigma}{dx} \qquad (3\text{-}19)$$

在抗拔试验中，只要测得钢筋应力分布规律（图 3-19*b*），即可按式（3-19）求得各点的粘结强度 τ_f 值，从而绘出 τ_f 的分布图（图 3-19*c*）。

当钢筋处于极限平衡状态时，作用在钢筋上的外力，应等于钢筋与混凝土之间在长度 l 范围内的粘结强度总和，即：

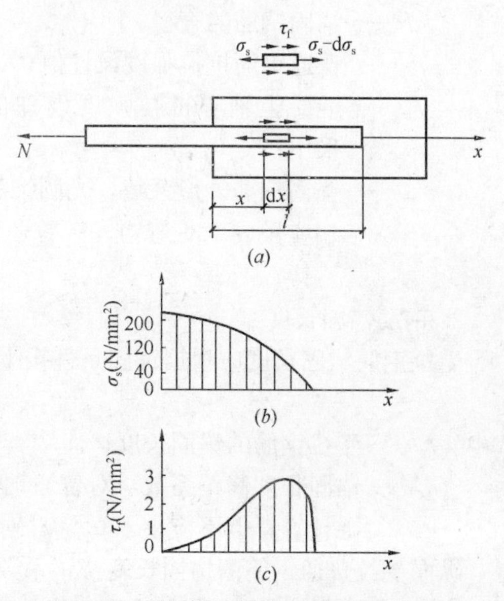

图 3-19 钢筋与混凝土之间的粘结强度

$$N=\pi d\int_0^l \tau_f \mathrm{d}x=\bar{\tau}_f.\pi dl$$

其中 $\bar{\tau}_f$ ——为平均粘结强度。

因为 $$N=\sigma_{s,max}\cdot\frac{1}{4}\pi d^2$$

所以 $$\bar{\tau}_f=\frac{1}{4l}d\cdot\sigma_{s,max} \tag{3-20}$$

式中 $\sigma_{s,max}$ ——拔出时钢筋最大拉应力。

试验表明，钢筋与混凝土之间的粘结强度与混凝土立方体抗压强度和钢筋的表面特征有关，参见图 3-20。对于光圆钢筋，$\bar{\tau}_f=1.5\sim3.5\text{N/mm}^2$；带肋钢筋，$\bar{\tau}_f=2.5\sim6.5\text{N/mm}^2$。

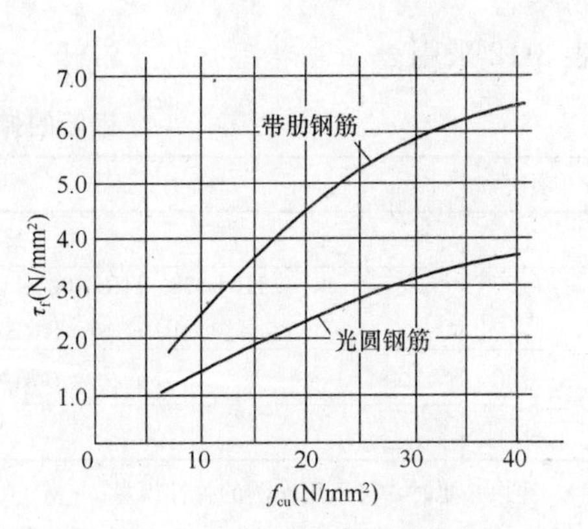

图 3-20 粘结强度与混凝土立方体抗压强度之间的关系

3.3.2 钢筋锚固长度

1. 基本锚固长度

当钢筋最大应力 σ_{smax} 与屈服强度 f_y 相等时，按式（3-21）可算得钢筋埋入混凝土中的长度，把它称为钢筋基本锚固长度，用 l_{ab} 表示。

$$l_{ab}=\frac{d\cdot f_y}{4\bar{\tau}_f} \tag{3-21}$$

将不同种类的钢筋屈服强度 f_y 和不同混凝土强度等级的粘结强度 $\bar{\tau}_f$，代入式（3-21）中，可求得钢筋锚固长度理论值。《混凝土设计规范》将式（3-21）中的 $\bar{\tau}_f$ 换算成混凝土抗拉强度 f_t 和与钢筋外形有关的系数 α，经可靠度分析并考虑我国经验，便可得到《混凝土设计规范》受拉钢筋的基本锚固长度公式：

有 $$l_{ab}=\alpha\frac{d\cdot f_y}{f_t} \tag{3-22}$$

式中 l_{ab} ——受拉钢筋的基本锚固长度；

d ——锚固钢筋的直径；

f_y ——普通钢筋抗拉强度设计值；

f_t ——混凝土轴心抗拉强度设计值，当混凝土强度等级高于 C60 时，按 C60 采用；

α ——锚固钢筋外形系数，光圆钢筋 $\alpha=0.16$；带肋钢筋 $\alpha=0.14$。光圆钢筋末端应做成 180°弯钩。弯后平直段长度不应小于 $3d$，但作受压钢筋时可不做弯钩。

2. 钢筋锚固长度

受拉钢筋锚固长度应根据锚固条件按下列公式进行计算，且不应小于 200mm：

$$l_a=\zeta_a l_{ab} \tag{3-23}$$

式中 l_a——受拉钢筋的锚固长度；

ζ_a——锚固长度修正系数，对普通钢筋应按下列规定采用，当多于一项时，可按连乘计算，但不应小于 0.60；对预应力筋，可取 1.0。

纵向受拉普通钢筋的锚固长度修正系数 ζ_a，应按下列规定采用：

(1) 当带肋钢筋的公称直径大于 25mm 时，取 1.10；

（2）环氧树脂涂层带肋钢筋，取1.25；

（3）施工过程中易受扰动的钢筋，取1.10；

（4）当纵向受力钢筋的实际配筋面积大于其设计计算面积时，修正系数取设计计算面积与实际配筋面积的比值；但对有抗震设防要求及直接承受动力荷载的结构构件，不应考虑此项修正；

（5）锚固钢筋的保护层厚度为$3d$时修正系数可取0.80，保护层厚度为$5d$时修正系数可取0.70，中间按内插取值，此处d为锚固钢筋的直径。

当纵向受拉普通钢筋末端采用弯钩或机械锚固措施时，包括弯钩或锚固端头在内的锚固长度（投影长度）可取为基本锚固长度l_{ab}的60%。弯钩和机械锚固的形式（图3-21）和技术要求，应符合表3-13的要求。

钢筋弯钩和机械锚固的形式和技术要求 **表3-13**

锚固形式	技术要求
90°弯钩	末端90°弯钩，弯钩内径$4d$，弯钩直段长度$12d$
135°弯钩	末端135°弯钩，弯钩内径$4d$，弯钩直段长度$5d$
一侧贴焊锚筋	末端一侧贴焊长$5d$同直径钢筋
两侧贴焊锚筋	末端两侧贴焊长$3d$同直径钢筋
焊端锚板	末端与厚度d的锚板穿孔塞焊
螺栓锚头	末端旋入螺栓锚头

注：1. 焊缝和螺纹长度应满足承载力要求；

2. 螺栓锚头和焊接锚板的承压净面积不应小于锚固钢筋截面积的4倍；

3. 螺栓锚头的规格应符合相关标准的要求；

4. 螺栓锚头和焊接锚板的钢筋净间距不宜小于$4d$，否则应考虑群锚效应的不利影响；

5. 截面角部的弯钩和一侧贴焊锚筋的布筋方向，宜向截面内侧偏置。

混凝土结构中的纵向受压钢筋，当计算中充分利用其抗压强度时，锚固长度不应小于相应受拉锚固长度的70%。

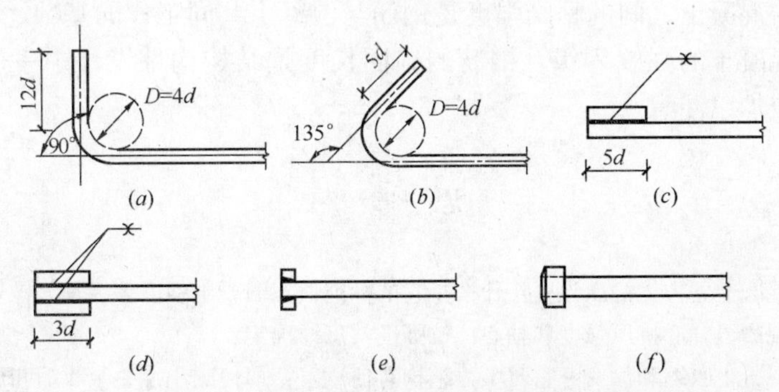

图3-21　弯钩和机械锚固的形式和技术要求

（a）90°弯钩；（b）135°弯钩；（c）一侧贴焊锚筋；

（d）两侧贴焊锚筋；（e）穿孔塞焊锚板；（f）螺栓锚头

小　结

（1）关于混凝土强度，本章介绍了立方体抗压强度、轴心抗压强度和轴心抗拉强度。

混凝土强度等级是根据立方体抗压强度标准值确定的，立方体抗压强度标准值系指按照标准方法制作养护的边长为150mm的立方体，在28d龄期用标准方法测得的具有95%保证率的抗压强度。它是混凝土各种力学指标的基本代表值。

（2）混凝土强度标准值等于混凝土强度平均值减去1.645倍标准差，它具有95%的保证率；钢筋强度标准值等于钢筋强度平均值减去2倍标准差，它具有97.73%的保证率。混凝土和钢筋强度设计值分别等于其标准值除以各自的材料分项系数。混凝土强度标准值和强度设计值可直接由附录A附表A-1和附表A-2查到。

（3）混凝土的弹性模量用通过混凝土应力-应变曲线原点的切线表示，其值可由公式计算，或由附录A附表A-3查到。钢筋的弹性模量等于其比例极限内的应力与应变之比，各种钢筋的弹性模量可由附录A附表A-8查到查得。

（4）混凝土在空气中结硬时体积减小的现象，称为收缩；混凝土在长期荷载用下应变随时间增长的现象，称为徐变。混凝土的收缩和徐变对混凝土结构受力有一定的影响，在工程中应采取措施，减小混凝土的收缩和徐变。

（5）建筑工程所用的钢筋，按其加工工艺不同分为两大类：普通钢筋和预应力筋。前者按其强度分为HPB300、HRB335、HRB400、RRB400和HRB500四级，而后者按其加工工艺分为中强度预应力钢丝、消除应力钢丝、钢绞线和预应力螺纹钢筋四种。

（6）对有屈服点的钢筋，取其屈服强度作为它的强度标准值 f_{yk}；其材料分项系数 $\gamma_s = 1.10$，故它的抗拉强度设计值 $f_y = f_{yk}/\gamma_s$；对没有屈服点的钢筋，对传统的消除应力钢丝、钢绞线，取抗拉极限强度 $\sigma_b = f_{ptk}$（f_{ptk} 又称为极限强度标准值）的0.85作为它的条件屈服点 f_{pyk}，材料分项系数 $\gamma_s = 1.20$，故它的抗拉强度设计值 $f_{py} = f_{pyk}/\gamma_s = 0.85 f_{ptk}/1.2 = f_{puk}/1.41$，保持了原规范的数值；对新增的中强度预应力钢丝和预应力螺纹钢筋，按上述原则计算并考虑工程经验适当调整，其强度设计值列于表3-10。

（7）钢筋与混凝土之间的粘结强度是钢筋与混凝土共同工作的基础。粘结强度取决于钢筋的种类、混凝土的强度等级。钢筋的锚固长度是结构构件设计中一个十分重要的问题，在设计时应加以注意。

思 考 题

3-1　什么是混凝土立方体抗压强度？什么是它的标准值？混凝土强度等级是怎样划分的？

3-2　什么是混凝土轴心抗压强度和轴心抗拉强度？怎样确定？

3-3　什么是混凝土收缩和徐变？它对工程结构有何危害？如何减小混凝土收缩和徐变？

3-4　简述钢筋的种类及其应用范围。

3-5　什么是没有屈服点钢筋的条件屈服强度？怎样确定？

3-6　怎样确定受拉钢筋的基本锚固长度？它的数值与哪些因素有关？

第4章　受弯构件承载力计算

§4-1　概　　述

在工业与民用建筑中，梁、板是典型的受弯构件。钢筋混凝土梁、板，按制作工艺可分为现浇和预制两类。图4-1（*a*）为现浇钢筋混凝土楼盖，楼板是以梁作为支承的多跨连续板，而梁是以墙作为支承的简支梁；图4-1（*b*）为现浇雨篷，它是以墙或梁作为支承的悬臂板；图4-1（*c*）为预制圆孔板，它是以墙或梁作为支承的简支板。

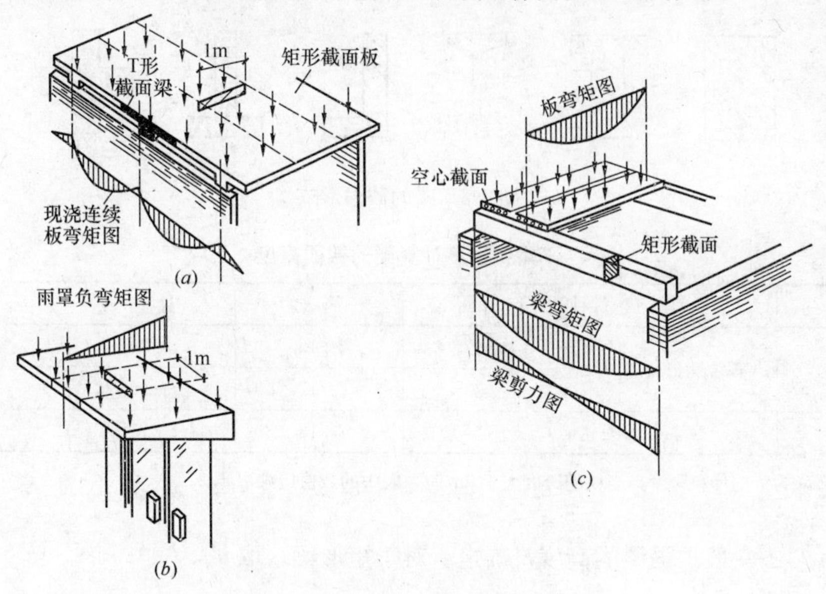

图4-1　梁板受力示意图

（*a*）现浇钢筋混凝土肋形楼盖；（*b*）现浇雨罩；（*c*）预制空心板

在荷载作用下，在这些受弯构件截面内将产生弯矩和剪力。试验和理论分析表明，它们的破坏有两种可能：一种情况是由于弯矩而引起的破坏，破坏截面与梁的轴线垂直，称为正截面破坏（图4-2 *a*）；另一种情况是由于剪力和弯矩而引起的破坏，破坏截面与

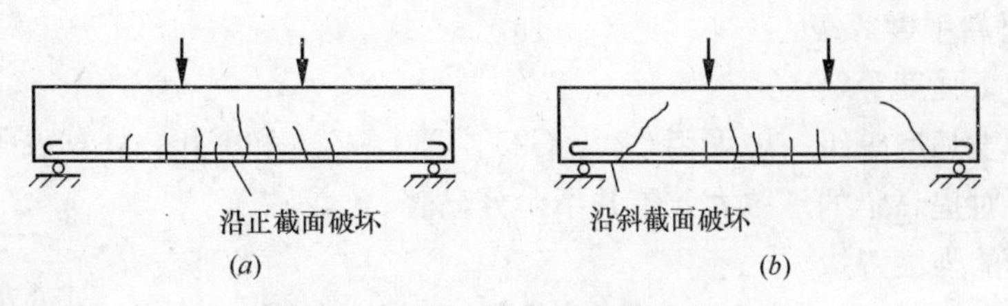

图4-2　受弯构件截面的破坏形式

（*a*）沿正截面破坏；（*b*）沿斜截面破坏

梁的轴线倾斜，称为斜面截面破坏（图 4-2 *b*）。因此，设计钢筋混凝土受弯构件时，要进行正截面和斜截面的承载力计算。

§4-2 梁、板的一般构造

4.2.1 梁的截面形式和配筋

1. 梁的截面形式和尺寸

梁的截面形式有矩形、T 形、I 形、L 形和倒 T 形以及花篮形等（图 4-3）。梁的截面尺寸要满足承载力、刚度和抗裂度三方面的要求。梁的截面尺寸从刚度条件考虑，根据经验，简支梁、连续梁、悬臂梁的截面高度可按表 4-1 采用。

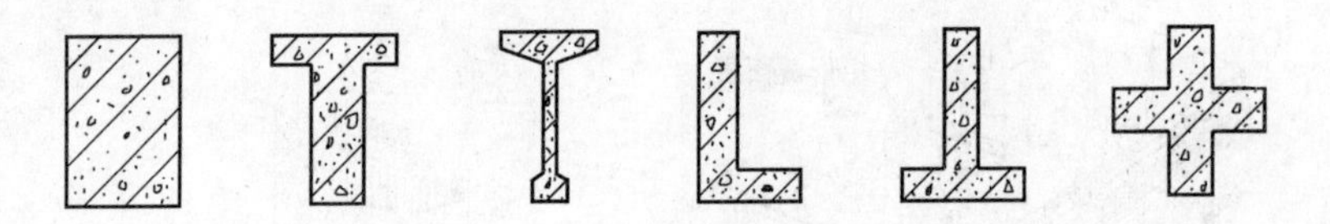

图 4-3 梁的截面形式

不需作挠度计算梁的截面高度 **表 4-1**

项次	构件种类		简 支	连 续	悬 臂
1	现浇肋形楼盖	次梁	$l_0/15$	$l_0/20$	$l_0/8$
		主梁	$l_0/12$	$l_0/15$	$l_0/6$
2	独立梁		$l_0/12$	$l_0/15$	$l_0/6$

注：表中 l_0 为梁的计算跨度，当梁的跨度大于 9m 时，表中的数值应乘以 1.2。

梁的宽度 b 一般根据梁的高度 h 确定。对于矩形梁，取 $b=\left(\frac{1}{2.5}\sim\frac{1}{2}\right)h$；对于 T 形梁，取 $b=\left(\frac{1}{3}\sim\frac{1}{2.5}\right)h$。

为了施工方便，并有利于模板定型化，梁的截面尺寸应按统一规格采用。一般取为：

梁高 h =150mm、180mm、200mm、250mm，大于 250mm 时，则按 50mm 进级。

梁宽 b=120mm、150mm、180mm、200mm、220mm、250mm，大于 250mm 时，则按 50mm 进级。

2. 梁的材料强度等级

（1）混凝土强度等级

梁的混凝土强度等级一般采用 C20、C25、C30、C35 和 C40。计算表明，提高混凝土的强度等级，对提高梁的承载力效果并不十分显著。

（2）钢筋的强度等级

梁的钢筋强度等级一般采用热轧钢筋 HRB335、HRB400、RRB400 级。在工程中，宜优先选择 HRB400 级钢筋。这种钢筋不仅强度高，而且粘结性能也好。

3. 梁的配筋形式

现以图 4-4 所示简支梁为例，说明梁内的钢筋的形式：

(1) 纵向受力钢筋①[1]

纵向受力钢筋主要是用来承受由弯矩在梁内产生的拉力，所以，这种钢筋要放在梁的受拉一侧。钢筋直径一般采用 14～25mm。当梁高 $h>300$mm 时，不应小于 10mm；当梁高 $h<300$mm 时，不应小于 8mm。为了便于施工和保证混凝土与钢筋之间具有的粘结力，钢筋之间要有足够净距。《混凝土设计规范》规定，梁内下部纵向受力钢筋的水平方向的净距不小于 25mm，同时不小于钢筋的直径 d；上部纵向受力钢筋的水平方向净距不小于 30mm 和 1.5 d（图 4-7）。梁的下部纵向钢筋配置多于两层时，两层以上的钢筋水平方向的中距应比下面两层的中距增大一倍。各层之间的净距不小于 25mm 和直径 d。

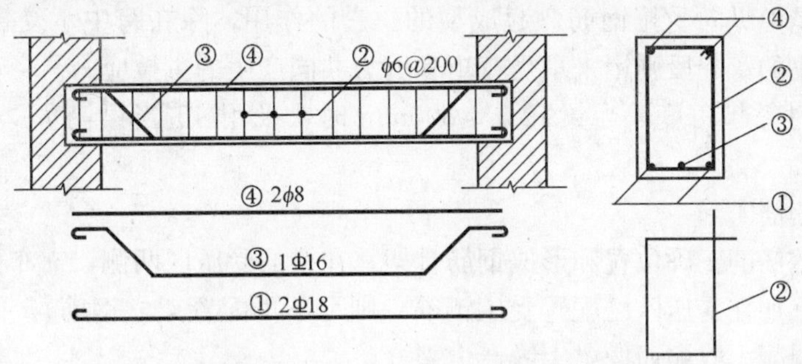

图 4-4　梁的配筋形式

(2) 箍筋②

箍筋主要用来承受由剪力和弯矩共同作用，在梁内产生的主拉应力。同时，箍筋通过绑扎或焊接，把它和纵向钢筋连系在一起，形成一个空间的骨架。

箍筋的直径和间距应由计算确定。如按计算不需设置箍筋时，对截面高度大于300mm 的梁，仍应按构造要求，沿梁全长设置箍筋；对截面高度为 150～300mm 的梁，可仅在构件的端部各 1/4 跨度范围内设置箍筋；对截面高度为 150mm 以下的梁，可不设置箍筋。

当梁中配有计算需要的纵向受压钢筋时，箍筋应做成封闭式的（图 4-5d）；箍筋的间距在绑扎骨架中，不应大于 15d，在焊接骨架中，不应大于 20d（d 为为纵向受压钢筋的最小直径）。同时，在任何情况下，均不应大于 400mm。当一层内的纵向受压钢筋多于 5 根且直径大于 18mm 时，箍筋间距不应大于 10d。

箍筋最小直径与梁的截面高度有关。对截面高度大于 800mm 的梁，其箍筋直径不宜小于 8mm；对截面高度为 800mm 及其以下的梁，其箍筋直径不宜小于 6mm；对截面高度为 250mm 及其以下的梁，其箍筋直径不宜小于 4mm。当梁中配有计算需要的纵向受压钢筋时，箍筋直径尚不应小于 $d/4$（d 为纵向受压钢筋的最大直径）。

为了保证纵向受力钢筋可靠地工作，箍筋的肢数一般按下面规定采用：

当梁的宽度 $b \leqslant 150$ mm 时，采用单肢（图 4-5a）。

当梁的宽度 150mm$< b \leqslant$350mm 时，采用双肢（图 4-5 b）。

---

[1] 这里的①为图 4-4 中钢筋编号。

当梁的宽度 $b>350$mm 时，或在一层内纵向受拉钢筋多于 5 根，或纵向受压钢筋多于 3 根，采用四肢（图 4-5 *c*）。

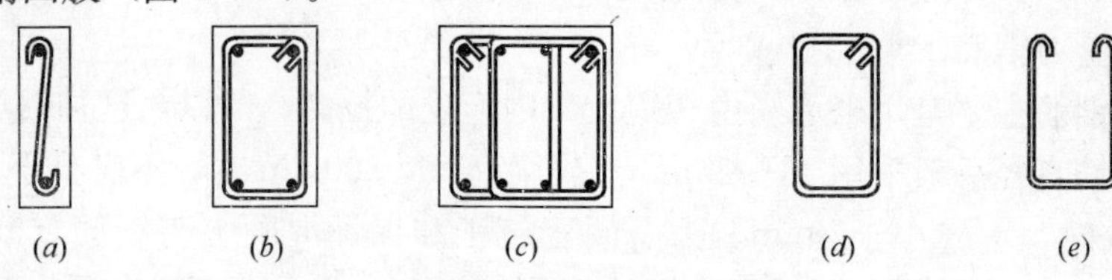

图 4-5　梁的箍筋形式和肢数

（*a*）单肢箍；（*b*）双肢箍；（*c*）四肢箍；(*d*) 封闭箍；(*e*) 开口箍

(3) 弯起钢筋③

这种钢筋是由纵向受拉钢筋弯起成型的。它的作用，除在跨中承受弯矩产生的拉力外，在靠近支座的弯起段则用来承受弯矩和剪力共同产生的主拉应力。

弯起钢筋的弯起角度，当梁高 $h\leqslant800$mm 时，采用 45°当梁高 $h>800$mm 时，采用 60°。

(4) 架立钢筋④

为了固定钢筋的正确位置和形成钢筋骨架，在梁的受压区两侧，需布置平行于受力纵筋的架立钢筋（如在受压区已配置受压钢筋，则可不再配置架立钢筋）。此外，架立钢筋还可防止由于混凝土收缩而使梁上缘产生裂缝。

架立钢筋的直径与梁的跨度有关，当梁的跨度小于 4m 时，架立钢筋的直径不宜小于 6mm；当梁的跨度等于 4～6m 时，不宜小于 8mm；跨度大于 6m 时，不宜小于 10mm。

4.2.2　板的厚度和和配筋

1. 板的厚度

板的厚度要满足承载力、刚度和抗裂度三方面的要求。从刚度条件考虑，板的厚度可按表 4-2 确定，同时也不小于表 4-3 的要求。

不需作挠度计算板的厚度表　　**表 4-2**

项次	支座的构造特点	板的厚度
1	简支	$l_0/30$
2	弹性约束	$l_0/40$
3	悬臂	$l_0/12$

注：表中 l_0 为板的计算跨度。

现浇板的最小厚度（mm）　　**表 4-3**

屋面板	一般楼板	密肋楼板	车道下楼板	悬臂板
50	60	50	80	70（根部）

2. 板的材料强度

(1) 混凝土强度等级

板的混凝土强度等级一般采用 C20、C25、C30、C35 等。

(2) 钢筋的强度等级

板的钢筋强度等级，一般采用热轧钢筋 HRB335、HRB400 级。在工程中，宜优先选择 HRB400 级钢筋。这种钢筋不仅强度高，而且粘结性也好。当用于板的配筋时，与光圆钢筋 HPB300 相比，可以有效减小板的裂缝。

3. 板的配筋形式

这里仅叙述受力类似于梁的梁式板的配筋。这种板的受力特点是，主要沿板的一个方向弯曲。故仅沿该方向配筋。

梁式板的抗主拉应力能力较高，一般不会发生斜裂缝破坏。故梁式板中仅配纵向受力钢筋和分布钢筋。纵向受力钢筋沿跨度方向受拉区布置；分布钢筋则沿垂直受力钢筋方向布置，参见图 4-6。

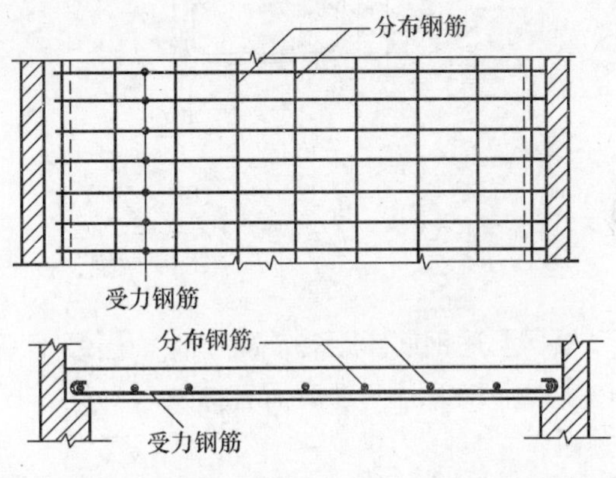

图 4-6 梁式板的配筋

板中的受力钢筋直径一般采用 8～12mm，对于大跨度板，特别是基础板，直径可采用 14～18mm 或更粗的钢筋。钢筋间距，当板厚 $h \leqslant 150$mm 时，不宜大于 200mm；当板厚 $h > 150$mm 时，不宜大于 $1.5h$，且不宜大于 250mm。为了保证施工质量，钢筋间距也不宜小于 70mm。

梁式板中分布钢筋的直径不宜小于 6mm。梁式板中单位长度上的分布钢筋截面面积，不宜小于单位长度上受力钢筋截面面积 15%，且不宜小于该方向板截面面积的 0.15%，其间距不宜大于 250mm。对集中荷载较大的情况，分布钢筋截面面积应适当增加，其间距不宜大于 200mm。

4.2.3 梁、板的混凝土保护层及截面有效高度

为了防止钢筋锈蚀和保证钢筋和混凝土的粘结，梁、板都应具有一定厚度的混凝土保护层。《混凝土设计规范》规定，不再按传统的以纵向受力钢筋的外缘，而以最外层钢筋（包括箍筋、构造钢筋、分布钢筋等）的外缘计算保护层厚度。设计使用年限为 50 年的混凝土结构，混凝土保护层的最小厚度应按附录 C 附表 C-1 的规定采用。且不小于受力钢筋的直径 d。规范同时规定，当有充分依据并采取下列措施时，可适当减小混凝土保护层的厚度：

（1）构件表面有可靠的防护层，如表面抹灰及其他各种有效的保护性涂料层；

（2）采用工厂化生产的预制构件；

（3）在混凝土中掺加阻锈剂或采用阴极保护处理等防锈措施；

（4）当对地下室墙体采取可靠的建筑防水做法或防护措施时，与土层接触一侧钢筋的保护层厚度可适当减少，但不应小于 25mm。

对于室内干燥环境的梁、板保护层最小厚度，梁、板受力纵筋净距或间距可按图 4-7 采用。

在计算梁、板受弯构件承载力时，因为受拉区混凝土开裂后，拉力完全由钢筋承担。这时梁、板能发挥作用的截面高度，应为受拉钢筋截面形心至梁的受压区边缘的距离，称为截面有效高度。见图 4-7（a）、（b）。

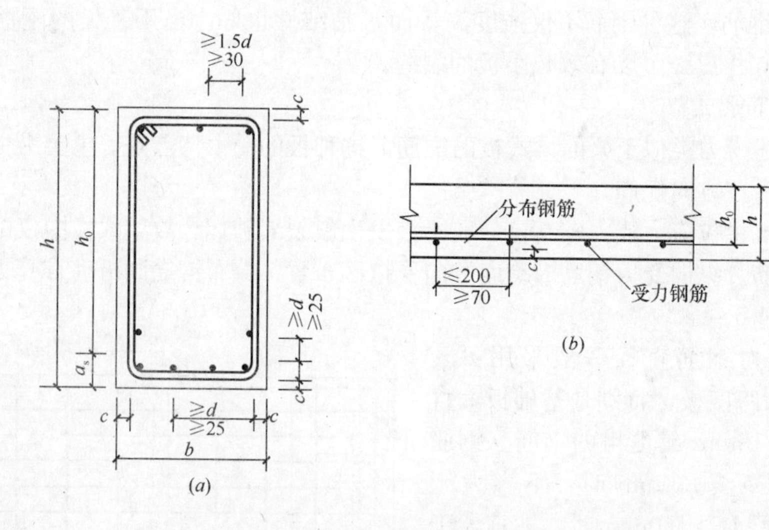

图 4-7　梁、板保护层及有效高度

（a）梁；（b）板

根据上述钢筋净距和混凝土保护层最小厚度的规定，并考虑到梁、板常用钢筋直径和室内干燥环境，且构件表面有抹灰时，梁、板截面的有效高度 h_0 和梁、板的高度 h 有下列关系：

对于梁：　　$h_0 = h - 35\text{mm}$（一层钢筋）；

或　　　　　$h_0 = h - 60\text{mm}$（两层钢筋）；

对于板：　　$h_0 = h - 20\text{mm}$。

§4-3　受弯构件正截面承载力的试验研究

为了建立受弯构件的正截面承载力公式，必须通过试验，了解钢筋混凝土构件截面的应力、应变分布规律，以及构件的破坏过程。

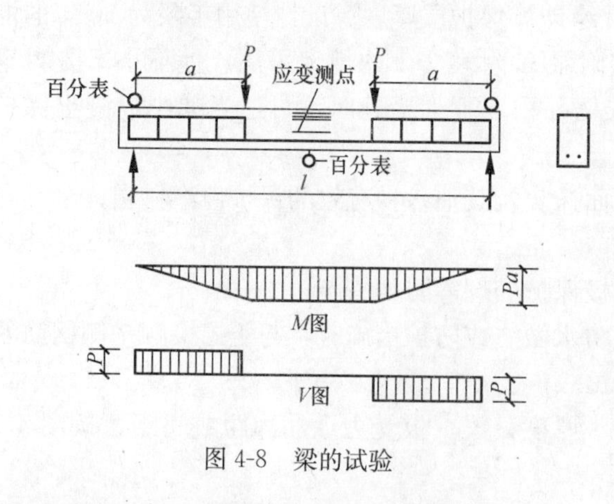

图 4-8　梁的试验

图 4-8 为钢筋混凝土简支梁。为了消除剪力对正截面应力分布的影响，采用两点对称加载方式。这样，在两个集中荷载之间，就形成了只有弯矩而没有剪力的“纯弯段”。我们所需要的正截面破坏过程的一些数据，就可以从纯弯段实测得到。试验时，荷载从零逐级施加，每加一级荷载后，用仪表测量混凝土纵向纤维和钢筋的应变及梁的挠度。并观察梁的外形变化，直至梁破坏为止。

根据梁的配筋多少，钢筋混凝土梁分为：适筋梁、超筋梁和少筋梁。试验表明，它们的破坏特征是很不同的，现分述如下：

4.3.1 适筋梁

适筋梁的破坏过程可分为三个阶段（图 4-9）：

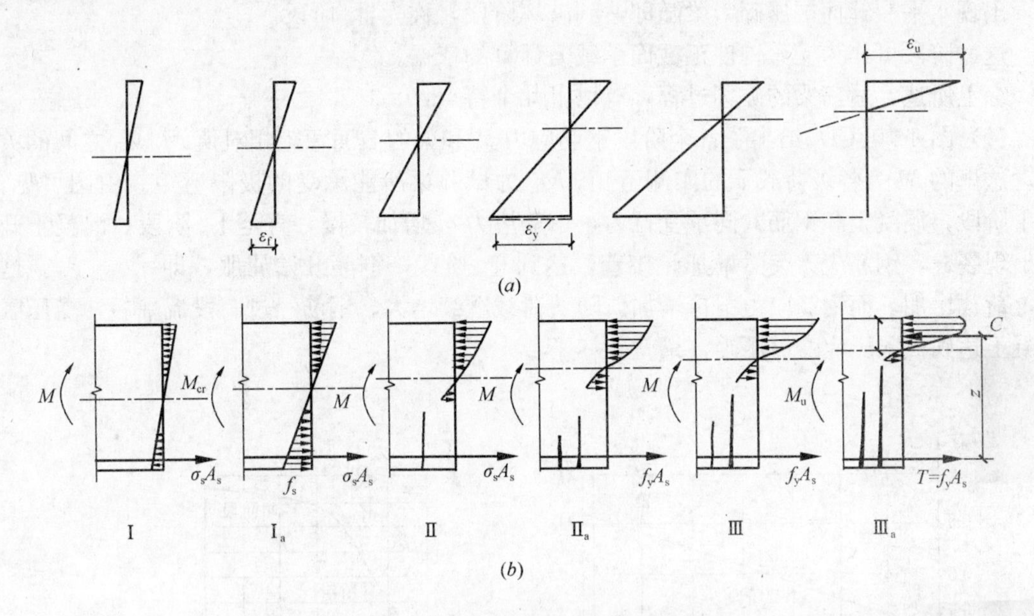

图 4-9 适筋梁破坏过程的三个阶段

（a）应变图；（b）应力图

1. 第Ⅰ阶段——从开始加载至混凝土开裂前的阶段

当刚开始加载时，梁的纯弯段弯矩很小，因而截面的应力也很小。这时，混凝土处于弹性工作阶段，梁的截面应力和应变成正比。受压区与受拉区混凝土的应力图形均为三角形。受拉区的拉力由混凝土和钢筋共同承担。这个阶段称为弹性阶段。

随着荷载的增加，当梁的受拉边缘的混凝土的应力接近其抗拉强度时，应力和应变关系表现出塑性性质，即应变比应力增加为快，受拉区应力图形呈曲线变化。受压区的压应力仍远小于混凝土的抗压强度，应力图形呈三角形化。当荷载继续增加时，受拉区边缘的应变接近混凝土受弯时极限拉应变，梁的受拉边缘处于即将开裂状态。这时，第Ⅰ阶段达到最后阶段，称为$Ⅰ_a$阶段。

这一阶段可作为受弯构件抗裂验算的依据。

2. 第Ⅱ阶段——混凝土开裂至钢筋屈服前阶段

荷载稍许增加，受拉区边缘的应变达混凝土极限拉应变，梁出现裂缝，随着荷载继续增加，裂缝向上开展，横截面中性轴上移。开裂后的混凝土不再承担拉应力，拉力完全由钢筋承担。受压区混凝土由于应力增加，而表现出塑性性质，这时，压应力呈现曲线变化。继续增加荷载直至钢筋接近屈服强度。这时，第Ⅱ阶段达到最后阶段，称为$Ⅱ_a$阶段。

这一阶段可作为受弯构件裂缝宽度验算的依据。

3. 第Ⅲ阶段——钢筋屈服至构件破坏阶段

荷载增加，钢筋屈服，梁的试验进入第Ⅲ阶段，随着荷载进一步增加，钢筋应力将保持不变，而其应变继续增加，裂缝急剧伸展，横截面中性轴继续上移。虽然这时钢筋的总拉力不再增大，但由于受压区高度不断减小。因此，混凝土压应力迅速增大，混凝土塑性性质更加明显，受压区的应力图形更加丰满。当受压区边缘的应变达到混凝土极限压应变时，出现水平裂缝而被压碎，梁随即达到破坏阶段，称为Ⅲ$_a$阶段。

这一阶段可作为受弯构件正截面承载力计算的依据。

综上所述，适筋梁的破坏过程，有以下几个特点：

(1) 图 4-10 (a) 给出了各个阶段钢筋应力 σ_s 和梁的截面弯矩相对值 M/M_u 之间的关系。这里的 M 为各级荷载下的实测弯矩；M_u 为试验梁所能承受的极限弯矩。由图可见，第Ⅰ阶段，混凝土和钢筋共同承受拉力，钢筋应力 σ_s 增加较慢，直至Ⅰ$_a$阶段，混凝土开始出现裂缝，钢筋应力突然增加。接着，达到Ⅱ$_a$阶段，钢筋开始屈服，即 $\sigma_s = f_y$。这时，荷载增加，而钢筋应力不再增加。随着荷载继续增大，钢筋经过一段流幅后，受压区混凝土达到极限压应变被压碎，梁就破坏了。

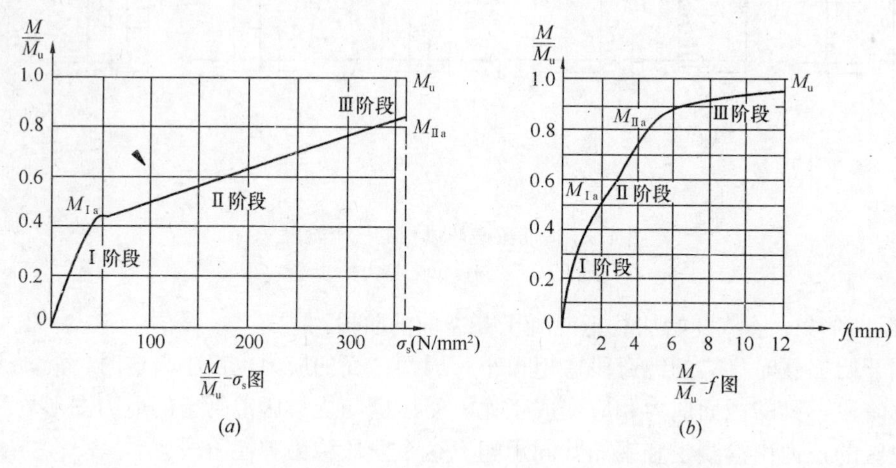

图 4-10 $\frac{M}{M_u}-\sigma_s$ 图及 $\frac{M}{M_u}-f$ 图

(2) 由大量试验记录表明，在各阶段中，梁的截面应变成直线分布，见图 4-9 (a)。因此，在建立正截面承载力计算公式时，可采用平截面假设。

(3) 在梁的加载过程中，梁的挠度与荷载不成比例关系，见图 4-10 (b)。由图可见，在第Ⅰ阶段挠度增加较慢；到达第Ⅱ阶段，由于受拉区混凝土开裂退出工作，所以，挠度增加较快；在第Ⅲ阶段，由于钢筋出现流幅，裂缝向上迅速开展，挠度急剧增大；最后，梁发生破坏。

由上可见，由于适筋梁在破坏前裂缝开展很宽，挠度较大，这就给人们以破坏的预兆，这种破坏称为塑性破坏。由于适筋梁受力合理，可以充分发挥材料强度。因此，在工程中都把梁设计成适筋梁。

4.3.2 超筋梁

受拉钢筋配得过多的梁，称为超筋梁。这种梁在试验中发现，由于钢筋过多，所以，梁在破坏时，钢筋应力还没有达到屈服强度，受压区混凝土则因达到极限压应变而破坏。破坏时梁的受拉区裂缝开展不大，挠度也小。破坏是突然发生的，没有明显预兆。这种破坏称为脆性破坏（图 4-11）。同时，由于钢筋应力未达到屈服强度，即 $\sigma_s < f_y$，钢筋强度未被充分利用，因而也是不经济的。因此，在工程中不许采用超筋梁。

4.3.3 少筋梁

梁内受拉钢筋配得过少，以致这样的梁开裂后的承载能力，比开裂时梁的承载力还要小。这样的梁称为少筋梁。梁加载后，在受拉区混凝土开裂前，截面上的拉力主要由混凝土承受，一旦出现裂缝，钢筋应力突然增加，拉力完全由钢筋承担，由于钢筋配置过少，钢筋应力立即达到屈服强度。并迅速进入强化阶段，甚至钢筋被拉断而使梁破坏（图 4-12）。因此，在工程中不许采用少筋梁。

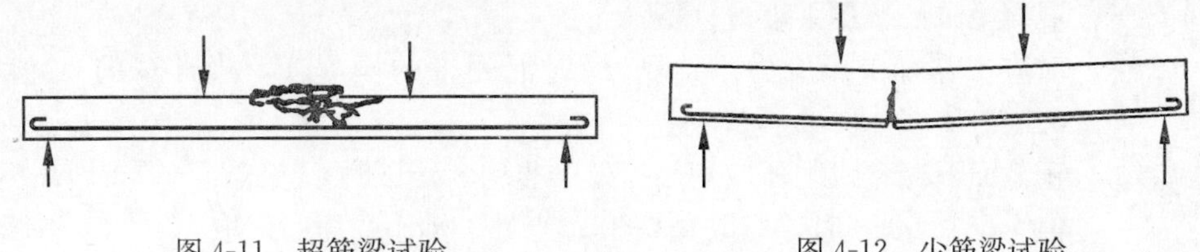

图 4-11 超筋梁试验　　　　图 4-12 少筋梁试验

§4-4 单筋矩形截面受弯构件正截面承载力计算的基本理论

仅在受拉区配置纵向受拉钢筋的矩形截面受弯构件，称为单筋矩形截面受弯构件。

4.4.1 基本假设

如前所述，钢筋混凝土受弯构件的承载力计算，是以适筋梁Ⅲa 阶段作为计算依据的。为了建立基本公式，现采用下列一些假定：

(1) 构件发生弯曲变形后，正截面应变仍保持平面，即符合“平截面假定”。

试验表明，当量测混凝土和受拉钢筋的应变的标距选用得足够大（跨过一条或几条裂缝）时，则在试验全过程中，所测得的平均应变沿截面高度分布是符合平截面假定的（4-9*a*）。应当指出，严格说来，在破坏截面的局部范围内，受拉钢筋应变和受压混凝土应变，并不保持直线关系。但是，构件的破坏总是发生在构件一定长度区段内的，所以，采用一定大小的标距所量测的平均应变仍是合理的。因此，平截面的假定是可行的。

(2) 拉力完全由钢筋承担，不考虑受拉区混凝土参加工作。

由于混凝土的抗拉强度很低，在Ⅲa 阶段应力作用下，混凝土早已开裂退出工作。所以，假定拉力完全由钢筋承担，不考虑受拉区混凝土参加工作，是符合实际情况的。

(3) 采用理想的混凝土受压应力-应变（$\sigma_c - \varepsilon_c$）关系曲线作为计算的依据。

由于受弯构件受压混凝土的 $\sigma_c - \varepsilon_c$ 关系曲线较为复杂。因此，《混凝土设计规范》在分析了国外规范所采用的混凝土 $\sigma_c - \varepsilon_c$ 曲线及试验资料基础上，将 $\sigma_c - \varepsilon_c$ 关系曲线简化成图 4-13 所示的理想化曲线，它的表达式可写成：

当 $\varepsilon_c \leqslant \varepsilon_0$ 时（上升段）

$$\sigma_c = f_c\left[1-\left(1-\frac{\varepsilon_c}{\varepsilon_0}\right)^n\right] \tag{4-1a}$$

当 $\varepsilon_0 < \varepsilon_c \leqslant \varepsilon_{cu}$ 时（水平段）

$$\sigma_c = f_c \quad (4\text{-}1b)$$

$$n = 2 - \frac{1}{60}(f_{cu,k} - 50) \quad (4\text{-}2)$$

$$\varepsilon_0 = 0.002 + 0.5(f_{cu,k} - 50) \times 10^{-5} \quad (4\text{-}3)$$

$$\varepsilon_{cu} = 0.0033 - (f_{cu,k} - 50) \times 10^{-5} \quad (4\text{-}4)$$

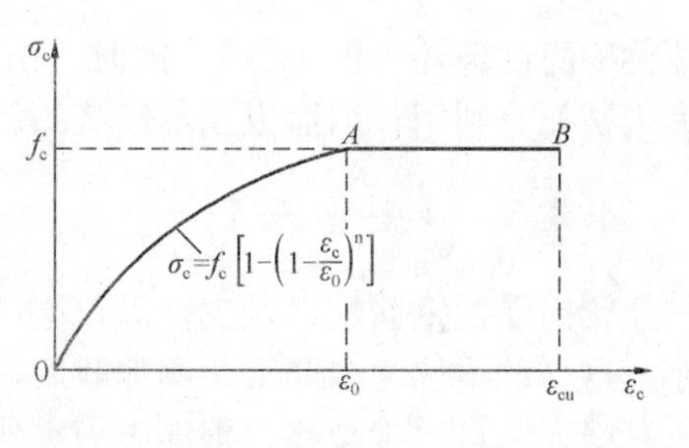

图 4-13 混凝土应力-应变曲线

式中 σ_c——对应于混凝土压应变 ε_c 时的混凝土压应力；

ε_c——混凝土压应变；

f_c——混凝土轴心抗压强度设计值；

ε_0——对应于混凝土压应力刚达到 f_c 时混凝土的压应变，当计算的 ε_0 值小于 0.002 时，应取 0.002；

ε_{cu}——正截面混凝土极限压应变，当处于非均匀受压时，按式（4-4）计算，当 ε_{cu} 值大于 0.0033 时，应取 0.0033；当处于轴心受压时，取 ε_0；

$f_{cu,k}$——混凝土立方体抗压强度标准值；

n——系数，当计算的 n 值大于 2.0 时，应取 2.0。

（4）纵向钢筋的应力取钢筋应变与其弹性模量的乘积，但其绝对值不应大于其相应的强度设计值，纵向钢筋的极限拉应变取为 0.01。

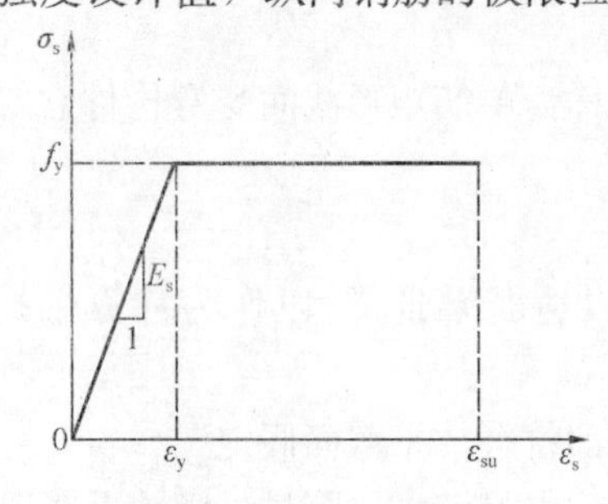

图 4-14 钢筋应力-应变曲线

这一假定表明钢筋应力-应变（$\sigma_s - \varepsilon_s$）关系可采用弹性-全塑性曲线（图 4-14）。它的表达式可写成：

当 $\varepsilon_s \leqslant \varepsilon_y$ 时（上升段） $\sigma_s = E_s\varepsilon_s$ (4-5a)

当 $\varepsilon_s \geqslant \varepsilon_y$ 时（水平段） $\sigma_s = f_y$ (4-5b)

式中 σ_s——相应于钢筋应变为 ε_s 时的钢筋应力；

E_s——钢筋弹性模量；

ε_y——钢筋的屈服应变；

f_y——钢筋的屈服强度设计值。

对纵向受拉钢筋的极限拉应变取 $\varepsilon_{su}=0.01$，这是构件达到承载能力极限状态的标志之一。对有明显屈服点的钢筋，它相当于已进入屈服台阶；对无明显屈服点的钢筋，这一取值限制了强化强度。同时，也是保证结构构件具有必要的延性条件。

4.4.2 受弯承载力基本方程

根据上面的假设，单筋矩形截面梁达到承载能力极限状态（即适筋梁Ⅲ$_a$ 阶段）时的应力和应变分布，如图 4-15 所示。

由图 4-15（b）可见，梁的截面受压边缘混凝土极压应变 $\varepsilon_{cu}=0.0033$，钢筋拉应变大于或等于钢筋的屈服应变，即 $\varepsilon_s \geqslant \varepsilon_y$。设混凝土受压区高度为 x_c，则受压区任一高度 t 处的混凝土压应变为：

$$\varepsilon_c = \frac{t}{x_c}\varepsilon_{cu} \quad (4\text{-}6)$$

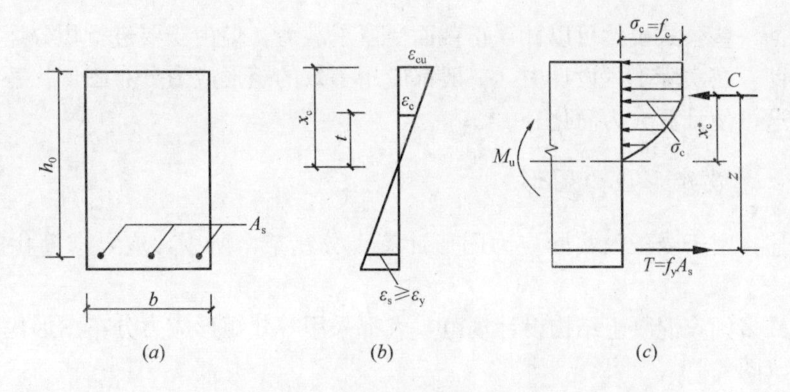

图 4-15　单筋矩形截面梁的分析

（a）梁的横截面；（b）应变分布图；（c）应力分布图

而受拉钢筋的应变：

$$\varepsilon_s = \frac{h_0 - x_c}{x_c}\varepsilon_{cu} \tag{4-7}$$

式中　t——受压区任一高度；

x_c——受压区高度；

h_0——梁的有效高度。

由图 4-15（c）可见，截面混凝土压应力呈曲线分布，其应力值按式（4-1a）、式（4-1b）计算，其合力 C 可按下式计算：

$$C = \int_0^{x_c} \sigma_c\ (\varepsilon_c) \cdot b\mathrm{d}t \tag{4-8}$$

合力 C 的作用点至中性轴的距离为：

$$x_c^* = \frac{\int_0^{x_c} \sigma_c\ (\varepsilon_c) \cdot bt\,\mathrm{d}t}{C} \tag{4-9}$$

现求钢筋的拉力 T。设受拉钢筋的面积为 A_s，这时钢筋的应力 $\sigma_s = f_y$，于是：

$$T = A_s f_y \tag{4-10}$$

根据截面内力平衡条件，$\Sigma X = 0$，得：

$$\int_0^{x_c} \sigma_c\ (\varepsilon_c) \cdot b\mathrm{d}t = A_s f_y \tag{4-11}$$

和 $\Sigma M = 0$，得：

$$M_u = Cz \tag{4-12a}$$

或

$$M_u = Tz \tag{4-12b}$$

其中　M_u——单筋矩形正截面受弯承载力设计值；

z——混凝土压应力的合力 C 与钢筋拉力 T 之间的距离，称为内力臂：

$$z = (h_0 - x_c + x_c^*) \tag{4-13}$$

或进一步写成：

$$M_u = \int_0^{x_c} \sigma_c\ (\varepsilon_c) \cdot b(h_0 - x_c + t)\mathrm{d}t \tag{4-14}$$

$$M_u = A_s f_y z \tag{4-15}$$

利用上面一些公式虽然可以计算正截面受弯承载力，但由于要进行积分运算，计算很不方便。因此，在实际工程设计中，一般都应用等效的矩形应力分布图形代替曲线的应力分布图形，这可使计算大为简化。

4.4.3 等效矩形应力图形

如上所述，由于受压区实际应力图形计算十分复杂，所以，应寻求简化的方法进行计算。

我国和许多国家混凝土结构设计规范，大都采用等效矩形应力分布图形代替曲线的应力分布图形（图 4-16）。

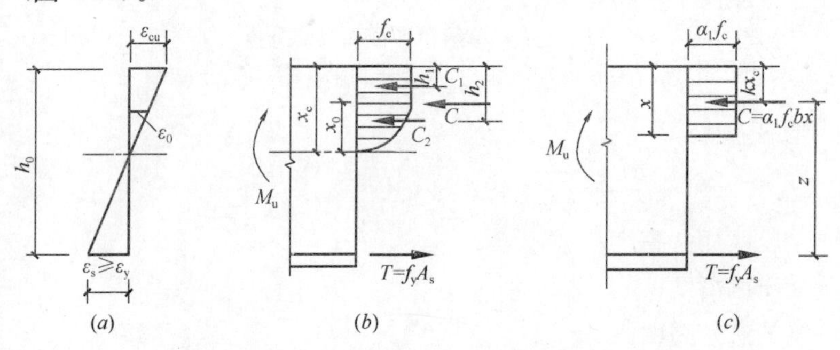

图 4-16 单筋矩形梁的应力和应变图

（a）截面应变图；（b）截面应力图；（c）等效矩形应力图

等效矩形应力图形应满足以下两个条件：

(1) 等效矩形应力图形的面积与曲线图形面积（二次抛物线加矩形的面积）应相等，即两者的合力大小应相等；

(2) 等效矩形应力图形的形心与曲线图形的形心位置应一致，即两者的合力作用点位置应相同。

下面来确定等效矩形应力图形代换的一些参数：

设曲线应力图形的受压区高度为 x_c，矩形应力图形的受压区高度为 x，令：

$$x = \beta_1 x_c \tag{4-16}$$

曲线应力图形的最大应力值为 $\sigma_0 = f_c$；矩形应力图形的压应力值为 $\alpha_1 f_c$（图 4-16*d*）。同时，设曲线应力图形和矩形应力图形形心至受压区边缘的距离为 kx_c。于是，根据图 4-16 的几何关系，即可求出两个图形参数。

为了简化计算，《混凝土设计规范》将所求得的两个系数取整，则得：

当混凝土的强度等级不超过 C50 时，$\alpha_1 = 1.0$，$\beta_1 = 0.8$；当混凝土的强度等级为 C80 时，$\alpha_1 = 0.94$，$\beta_1 = 0.74$；当混凝土的强度等级为 C50～C80 时，α_1、β_1 值可按线性内插法取值，也可按表 4-4 采用。

受压区等效矩形应力图形系数 **表 4-4**

混凝土强度等级	≤C50	C55	C60	C65	C70	C75	C80
α_1	1.00	0.99	0.98	0.97	0.96	0.95	0.94
β_1	0.80	0.79	0.78	0.77	0.76	0.75	0.74

下面说明受压区等效矩形应力图形系数 α_1 和 β_1 的来源。现以混凝土强度等级 C80 为例计算如下：

现考察曲线应力图形（图 3-16*b*），它是由抛物线和矩形两部分图形组成的. 设抛物线的高度为 x_0，则矩形的高度为 $x_c - x_0$。由图 4-16（*a*）、（*b*）的几何关系，得：

$$\frac{\varepsilon_{cu}}{\varepsilon_0} = \frac{x_c}{x_0} \tag{4-17}$$

由式（4-4）得：

$$\varepsilon_{cu} = 0.0033 - (f_{cu,k} - 50) \times 10^{-5} = 0.0033 - (80 - 50) \times 10^{-5} = 0.003$$

由式（4-3）得：

$$\varepsilon_0 = 0.002 + 0.5\,(f_{cu,k} - 50) \times 10^{-5} = 0.002 + 0.5 \times (80 - 50) \times 10^{-5} = 0.00215$$

将上列数值代入式（4-16），经整理后，可求得抛物线图形高度表达式：

$$x_0 = \frac{\varepsilon_0}{\varepsilon_{cu}} x_c = \frac{0.00215}{0.003} = 0.717 x_c \tag{4-18}$$

于是，矩形应力图形高度表达式：

$$x_c - x_0 = x_c - 0.717 x_c = 0.283 x_c \tag{4-19}$$

由图 4-16（*b*）的几何关系，可求得矩形应力图形的面积，再乘以梁的截面宽度 b，即可得到该压应力图形的合力：

$$C_1 = b\,(x_c - x_0)\,f_c = 0.283 b x_c f_c$$

同时，可求出相应于抛物线的压应力图形的合力，由于它是曲线图形，故其面积需按积分方法求得。为此，将抛物线方程（4-1a）进行坐标变换，由式（4-16）得：

$$\varepsilon_0 = \frac{x_0}{x_c} \varepsilon_{cu} \tag{4-20}$$

将式（4-19）、式（4-20）代入式（4-1a），化简后得：

$$\sigma_c = f_c \left[1 - \left(1 - \frac{t}{x_0} \right)^n \right] \tag{4-21}$$

式（4-21）的图象如图 4-17（*a*）所示。它是以梁的中性轴和纵向对称面交点为原点，以受压区混凝土压应力 σ_c 为纵坐标，以梁的高度方向的几何尺寸 x 为横坐标的直角坐标系表示的抛物线方程的图象。其中，指数 n 按式（4-2）计算：

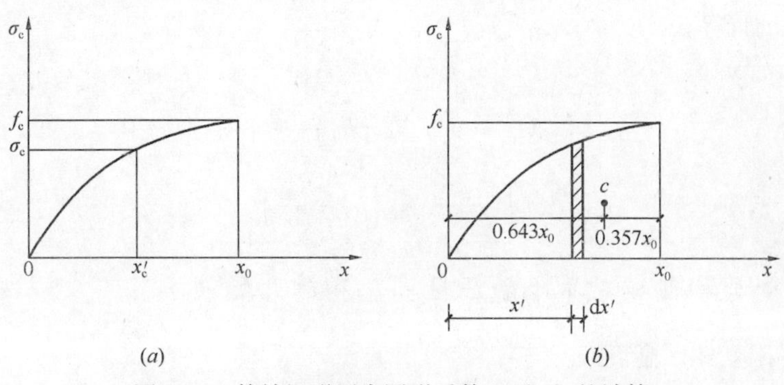

图 4-17　等效矩形压力图形系数 α_1 和 β_1 的计算

$$n = 2 - \frac{1}{60}(f_{cu,k} - 50) = 2 - \frac{1}{60} \times (80 - 50) = 1.5$$

抛物线形的面积乘以梁的宽度 b，即为相应于该图形压应力的合力：

$$C_2 = b\int_0^{x_0} \sigma_c \mathrm{d}t = b\int_0^{x_0} f_c\left[1 - \left(1 - \frac{t}{x_0}\right)^{1.5}\right]\mathrm{d}t \tag{4-22}$$

$$= 0.6bf_c x_0 = 0.6bf_c \times 0.717x_c = 0.430bx_c f_c$$

其作用点，即抛物线图形面积的形心，它与纵轴 σ_c 之间的距离（图 4-17 *b*）为：

$$x^* = \frac{b}{C_2}\int_0^{x_0} tf_c\left[1 - \left(1 - \frac{t}{x_0}\right)^{1.5}\right]\mathrm{d}t = 0.643x_0 \tag{4-23}$$

而作用点距抛物线面积的右端的距离为：

$$x_0 - x^* = (1 - 0.643)x_0 = 0.357x_0 \tag{4-24}$$

显然，合力 C_1 和 C_2 作用线距受压区的边缘的距离（图 4-16 *b*）分别为：

$$h_1 = \frac{1}{2}(x_c - x_0) = \frac{1}{2} \times 0.283x_c = 0.142x_c \tag{4-25}$$

$$h_2 = (x_c - x_0) + 0.357x_0 = 0.283x_c + 0.357 \times 0.717x_c = 0.539x_c \tag{4-26}$$

现求压应力总的合力 C 和它的作用点：

$$C = C_1 + C_2 = 0.283bx_c f_c + 0.430bx_c f_c = 0.713bx_c f_c$$

$$0.5x_c = \frac{C_1h_1 + C_2h_2}{C} = \frac{0.283bx_c f_c \times 0.142x_c + 0.430bx_c f_c \times 0.539x_c}{0.713bx_c f_c}$$

$$= 0.3814x_c$$

由此，得等效矩形应力图形受压区高度

$$x = 2 \times 0.3814x_c = 0.763x_c$$

将它与式（4-15）加以比较，可知图形系数理论值为 $\beta_1 = 0.763$ 。《混凝土设计规范》取 $\beta_1 = 0.74$。

等效矩形应力的合力应等于曲线应力的合力，故：

$$\alpha_1 f_c bx = 0.713bx_c f_c \tag{4-27}$$

于是，得图形系数理论值为：

$$\alpha_1 = \frac{0.713x_c}{x} = \frac{0.713x_c}{\beta_1 x_c} = \frac{0.713}{0.763} = 0.935$$

《混凝土设计规范》取 $\alpha_1 = 0.94$ 。

这样，根据混凝土等效矩形应力图形（图 4-16 *d*），就可很方便地建立受弯构件正截面受弯承载力的计算公式：

$$\Sigma X = 0, \qquad \alpha_1 f_c bx = f_y A_s \tag{4-28}$$

$$\Sigma M = 0, \qquad M_u = \alpha_1 f_c bx\left(h_0 - \frac{x}{2}\right) \tag{4-29}$$

或

$$M_u = f_y A_s\left(h_0 - \frac{x}{2}\right) \tag{4-30}$$

4.4.4 受弯构件相对界限受压区高度和最大配筋率

1. 相对界限受压区高度

为了保证受弯构件适筋破坏，不出现超筋情况，必须把配筋率控制在某一限值范围内。为了求得这个限值，现来考虑适筋梁发生破坏时的截面应变分布情况。

一般情况下，当构件为适筋梁时，发生破坏时的截面应变分布如图 4-18 中的直线 ac 所示。这时，受拉钢筋应变 ε_s 已经超过屈服应变 ε_y，受压边缘混凝土达到极限压应变 $\varepsilon_{cu}=0.0033$，由应变图三角形比例关系，得：

$$\frac{x_c}{h_0}=\frac{\varepsilon_{cu}}{\varepsilon_{cu}+\varepsilon_s} \tag{4-31}$$

注意到 $x=\beta_1 x_c$，于是上式可写成：

$$\xi=\frac{x}{h_0}=\frac{\beta_1\varepsilon_{cu}}{\varepsilon_{cu}+\varepsilon_s} \tag{4-32}$$

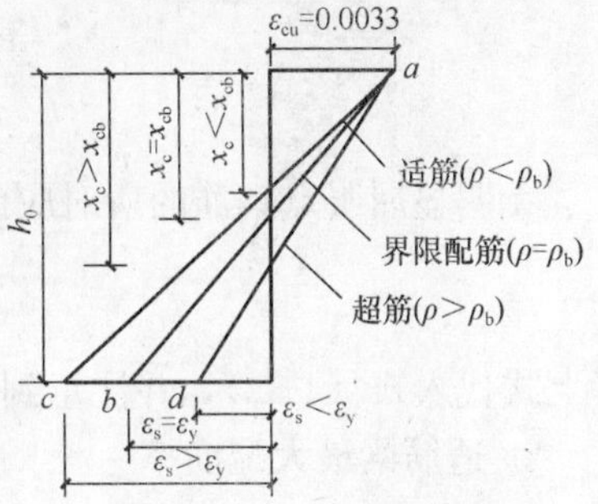

图 4-18 不同配筋率 ρ 时钢筋应变 ε_s 的变化

注意到式（4-28）得：

$$\xi=\frac{x}{h_0}=\frac{f_yA_s}{\alpha_1 f_c bh_0}=\rho\frac{f_y}{\alpha_1 f_c} \tag{4-33}$$

式中 ξ——相对受压区高度；

ρ——梁的配筋率，即钢筋的面积与梁的有效截面面积之比。

$$\rho=\frac{A_s}{bh_0} \tag{4-34}$$

由图 4-18 可以看出，随着配筋率 ρ 的提高，钢筋应变 ε_s 将逐渐减小。当 ρ 增大到某一限值 ρ_{max}（即图 4-18 中的 ρ_b），ε_s 减小到恰好等于屈服应变 ε_y 时，这时钢筋刚好屈服，同时受压区边缘混凝土也达到极限应变 ε_{cu}，这种破坏状态通常称为“界限破坏”。界限破坏时的应变分布图，如图 4-18 中的 ab 线所示。若配筋率 ρ 再提高，则钢筋应变 ε_s 将进一步减小，以致它小于屈服应变，即 $\varepsilon_s<\varepsilon_y$，使梁变成超筋梁。这种破坏状态下梁的应变分布图，如图 4-18 中 ad 线所示。

综上所述，界限破坏时 $\varepsilon_s=\varepsilon_y$，并注意到，$\varepsilon_y=\dfrac{f_y}{E_s}$，把它们代入式（4-32），则得界限破坏时相对压区高度：

$$\xi_b=\frac{x_b}{h_0}=\frac{\beta_1}{1+\dfrac{f_y}{E_s\varepsilon_{cu}}} \tag{4-35}$$

式中 ξ_b——相对界限受压区高度；

x_b——界限受压区高度。

对不同强度等级的混凝土和有明显屈服点钢筋的受弯构件，按式（4-35）可算出相对界限受压区高度，见表 4-5。

受弯构件相对界限受压区高度 ξ_b **表 4-5**

钢筋类别	混凝土强度等级						
	≤C50	C55	C60	C65	C70	C75	C80
HPB300	0.576	0.566	0.556	0.547	0.537	0.528	0.518
HRB335	0.550	0.541	0.531	0.522	0.521	0.503	0.493
HRB400，RRB400	0.518	0.508	0.499	0.490	0.481	0.472	0.463
HRB500	0.482	0.473	0.464	0.455	0.447	0.438	0.429

对无明显屈服点的钢筋，混凝土受弯构件的相对界限受压区高度，应按下式计算：

$$\xi_b = \frac{\beta_1}{1 + \frac{0.002}{\varepsilon_{cu}} + \frac{f_y}{E_s \varepsilon_{cu}}} \tag{4-36}$$

无明显屈服点钢筋的所对应的应变为：

$$\varepsilon_y = 0.002 + \frac{f_y}{E_s} \tag{4-37}$$

将上式代入式（4-32），并注意到界限破坏时 $\varepsilon_s = \varepsilon_y$ ，经整理后即可得到式（4-36）。

2. 适筋梁最大配筋率

由式（4-33）可见，当界限破坏时 $\xi = \xi_b$ 和 $\rho = \rho_{max}$ ，于是得最大配筋率计算公式：

$$\rho_{max} = \xi_b \frac{\alpha_1 f_c}{f_y} \tag{4-38}$$

对不同强度等级的混凝土和有明显屈服点的不同类别钢筋的受弯构件，按式（4-38）可算出相应的最大配筋率，见表 4-6。

受弯构件适筋时最大配筋率 ρ_{max}（%） **表 4-6**

钢筋类别	混凝土强度等级													
	C15	C20	C25	C30	C35	C40	C45	C50	C55	C60	C65	C70	C75	C80
HPB300	1.54	2.05	2.54	3.05	3.56	4.07	4.50	4.93	5.25	5.55	5.83	6.07	6.28	6.47
HRB335	1.32	1.76	2.18	2.622	3.07	3.51	3.89	4.24	4.52	4.77	5.01	5.21	5.38	5.55
HRB400，RRB400	1.03	1.38	1.71	2.06	2.40	2.74	3.05	3.32	3.54	3.74	3.92	4.08	4.21	4.34
HRB500	0.80	1.06	1.32	1.59	1.85	2.12	2.34	2.56	2.73	2.88	3.02	3.14	3.23	3.33

由图 4-18 可见，根据相对受压区高度 ξ 或配筋率 ρ 的大小，可判断受弯构件正截面破坏的类型。若 $\xi \leqslant \xi_b$ 或 $\rho \leqslant \rho_{max}$ ，则属于适筋破坏；若 $\xi > \xi_b$ 或 $\rho > \rho_{max}$ ，则属于超筋破坏。

4.4.5 受弯构件适筋时最小配筋率

为了保证受弯构件不发生少筋破坏，必须控制其截面的配筋率不小于某一限值，这个配筋率称为受弯构件适筋时的最小配筋率 ρ_{min} 。

试验表明，梁的配筋率小于适筋时的最小配筋率。当它出现第一条裂缝时，该截面的钢筋立即超过钢筋的屈服强度，钢筋超过全部流幅进入强化阶段，甚至被拉断。这时，梁的极限弯矩小于开裂弯矩，即 $M_u < M_{cr}$ 。

图 4-19（a）是由试验记录到的荷载-挠度（即 P-f ）图及破坏过程。由图中可见，这根梁的极限荷载 P_u 小于开裂荷载 P_{cr} 。

最小配筋率 ρ_{min} 是少筋梁和适筋梁的界限配筋率。其值可根据适筋梁Ⅲ$_a$ 阶段的正截面承载力与同样截面、同一强度等级的素混凝土梁承载力（即出现裂缝时的弯矩 M_c ）相等的条件确定。

下面来建立最小配筋率 ρ_{min} 的计算公式。

矩形截面素混凝土梁的正截面开裂弯矩 M_c ，可根据适筋梁Ⅰ$_a$ 阶段截面应力图形（受拉应力图形即矩形），利用力矩平衡条件求得（图 4-19 c ）：

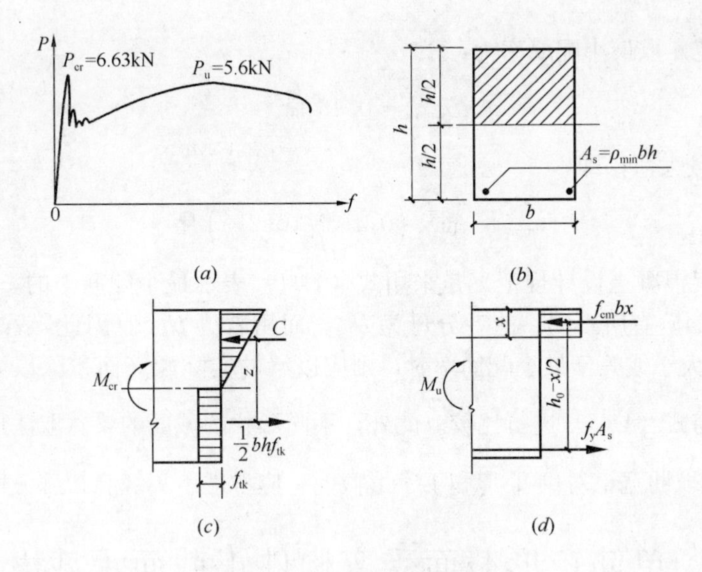

图 4-19　最小配筋率计算附图

(a) 少筋梁 P-f 图；(b) 梁的截面；(c) 素混凝土梁；(d) 配有 ρ_{min}的钢筋混凝土梁

$$\Sigma M = 0, \qquad M_c = Tz = \frac{1}{2}bhf_{tk}\left(\frac{1}{4}h + \frac{2}{3}\times\frac{h}{2}\right) = 0.292bh^2f_{tk} \tag{4-39}$$

配有最小配筋率 ρ_{min} 的钢筋混凝土梁受弯正截面承载力，可按式（4-30）计算：

$$M_u = f_{yk}A_s\left(h_0 - \frac{x}{2}\right)$$

因为配筋率很小，由式（4-33）可知，受压区高度 x 会很小，假设取 $\frac{1}{2}x = 0.05h_0$ 。于是，式（4-30）可写成：

$$M_u = 0.95f_{yk}A_s h_0 = 0.95\frac{A_s}{bh}f_{yk}bh_0h \tag{4-40}$$

$$M_u = 0.95\rho_{min}f_{yk}bh_0h$$

其中

$$\rho_{min} = \frac{A_s}{bh} \tag{4-41}$$

式（2-39）和式（2-40）采用材料强度标准值，是考虑到计算更接近素混凝土梁实际开裂弯矩和钢筋混凝土梁实际极限弯矩。

根据最小配筋率的确定条件：$M_u = M_c$ ，即式（4-39）与式（4-40）相等，并取 $h_0 = 0.95h$ 。则得：

$$\rho_{min} = 0.324\frac{f_{tk}}{f_{yk}} \tag{4-42}$$

因为《混凝土设计规范》是用材料强度设计值表示最小配筋率 ρ_{min} 的。为此，取 $f_{tk} = 1.4f_{tk}, f_{yk} = 1.1f_y$ ，于是，$\frac{f_{tk}}{f_{yk}} = \frac{1.4f_t}{1.1f_y} = 1.273\frac{f_t}{f_y}$ 。将它代入式（4-42），经整理后，得

$$\rho_{min} = 0.413\frac{f_t}{f_y} \tag{4-43}$$

考虑到材料强度的离散性，混凝土收缩、温度应力的不利影响，以及过去的经验，

《混凝土设计规范》取最小配筋率为：

$$\rho_{\min} = 0.45\frac{f_t}{f_y} \tag{4-44}$$

和0.2%值中的较大值，即：

$$\rho_{\min} = \max\left(0.45\frac{f_t}{f_y}, 0.2\%\right) \text{❶} \tag{4-45}$$

应当指出，《混凝土设计规范》是采用式（4-41）表示最小配筋率的。它和梁的配筋率的定义式（4-34）有所不同，前者分母为 bh ，而后者为 bh_0 。因此，若验算梁的受拉钢筋配筋率是否大于或等于最小配筋率时，则应以梁的实际配筋面积除以梁的全截面积，即 $\rho=\frac{A_s}{bh}$ ，再与式（4-45）进行比较。此外，不同形状的截面的梁宽取法也应予以注意，对T形截面，应取肋宽；对倒T形和工字形截面，应考虑下翼缘悬挑部分面积参加工作。

§4-5 单筋矩形截面受弯构件正截面承载力计算

4.5.1 基本计算公式及其适用条件

1. 基本计算公式

在§4－4中介绍了受弯构件正截面承载力的基本方程。在进行构件承载力计算时，必须保证构件具有足够的可靠度。因此，要求由荷载设计值在构件内产生的弯矩小于或等于由式（4-29）或式（4-30）所确定的构件承载力设计值。

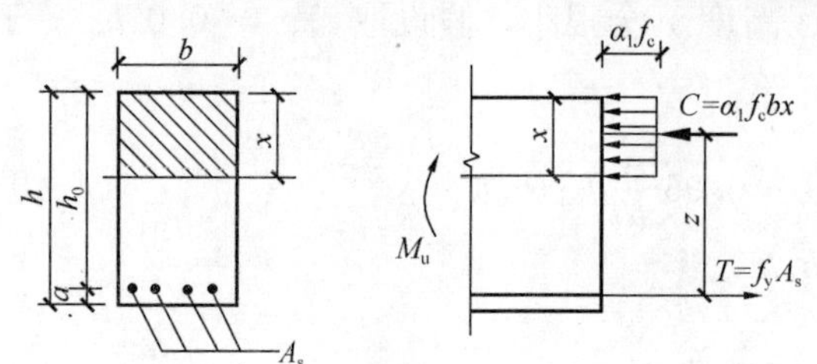

图4-20 单筋矩形截面受弯构件正截面承载力计算

这样，根据图4-20及§4-4中的式（4-28）～式（4-30），即可写出单筋矩形截面受弯构件正截面承载力基本计算公式：

$$\alpha_1 f_c bx = f_y A_s \tag{4-46}$$

$$M \leqslant M_u = \alpha_1 f_c bx\left(h_0 - \frac{x}{2}\right) \tag{4-47}$$

或 $$M \leqslant M_u = f_y A_s\left(h_0 - \frac{x}{2}\right) \tag{4-48}$$

式中 M——弯矩设计值；

M_u——正截承载力设计值；

α_1——混凝土受压区等效矩形应力图形系数；

f_c——混凝土轴心抗压强度设计值；

b——构件截面宽度；

x——混凝土受压区高度；

❶ 对于基础板的最小配筋率，可取0.15%；对于一般板（悬臂板除外）的受拉钢筋，当采用400MPa、500MPa的钢筋时，其 $\rho_{\min}$ 应允许采用0.15%和 $0.45f_t/f_g$ 中的较大者。

f_y ——钢筋抗拉强度设计值；

A_s ——受拉区纵向钢筋截面面积；

h_0 ——构件截面的有效高度。

2. 适用条件

为了保证受弯构件适筋破坏，上列公式必须满足下列条件：

(1) 防止超筋破坏

$$x \leqslant x_b = \xi_b \cdot h_0 \tag{4-49}$$

或

$$\xi \leqslant \xi_b \tag{4-50}$$

其中

$$\xi = \frac{x}{h_0} = \frac{A_s f_y}{\alpha_1 f_c b h_0} \tag{4-51}$$

或

$$\rho = \frac{A_s}{bh_0} \leqslant \rho_{max} = \xi_b \frac{\alpha_1 f_c}{f_y} \tag{4-52}$$

(2) 防止少筋破坏

$$\rho = \frac{A_s}{bh} \geqslant \rho_{min} \tag{4-53}$$

将界限受压高度 x_b 代入式 (4-30)，可求得单筋矩形截面所能承受极限弯矩：

$$M_{umax} = \alpha_1 f_c b h_0^2 \xi_b (1 - 0.5\xi_b) \tag{4-54}$$

4.5.2 基本计算公式的应用

1. 计算表格的编制

受弯构件正截面承载力计算公式 (4-46) ～式 (4-48)，在设计中，一般都不直接应用。因为式 (4-47) 为 x 的二次方程，计算很不方便。因此，《混凝土设计规范》根据基本计算公式编制了实用计算表格，可供设计应用，现将表格的编制原理叙述如下：

将式 (4-47) 改写成

$$M = \alpha_1 f_c b h_0^2 \frac{x}{h_0}\left(1 - 0.5\frac{x}{h_0}\right) = \alpha_1 f_c b h_0^2 \xi (1 - 0.5\xi)$$

令

$$\alpha_s = \xi (1 - 0.5\xi) \tag{4-55}$$

则

$$M = \alpha_1 f_c \alpha_s b h_0^2 \tag{4-56}$$

由此

$$\alpha_s = \frac{M}{\alpha_1 f_c b h_0^2} \tag{4-57}$$

由式 (4-55) 得：

$$\xi = 1 - \sqrt{1 - 2\alpha_s} \tag{4-58}$$

由式 (4-51)，可算出钢筋面积：

$$A_s = \xi \cdot b h_0 \frac{\alpha_1 f_c}{f_y} \tag{4-59}$$

将式 (4-48) 改写成：

$$M = f_y A_s h_0 \left(1 - 0.5\frac{x}{h_0}\right) = f_y A_s h_0 (1 - 0.5\xi)$$

令

$$\gamma_s = 1 - 0.5\xi \tag{4-60}$$

或

$$\gamma_s = \frac{1 + \sqrt{1 - 2\alpha_s}}{2} \tag{4-61}$$

则 $$M = f_y A_s \gamma_s h_0 \tag{4-62}$$
于是，钢筋面积也可按下式计算：

$$A_s = \frac{M}{\gamma_s h_0 f_y} \tag{4-63}$$

现来分析一下式（4-56）和式（4-62）的物理概念。由材料力学可知，对于弹性匀质材料的矩形截面梁，其承载力计算式为 $M = W[\sigma] = \frac{1}{6}bh^2[\sigma]$，把它和式（4-56）加以比较就可看出，$\alpha_s bh_0^2$ 相当是钢筋混凝土受弯构件的抵抗矩，但它不是常数，而是 ξ 的函数。此外，由式（4-62）可以看出 $\gamma_s h_0$ 为截面的内力臂 z，γ_s 称为内力臂系数。它也是 ξ 的函数。

因为 α_s、γ_s 都是 ξ 的函数，故可将它们的关系编成表格，见表 4-7，供设计中应用。在表 4-7 中，常用的钢筋所对应的相对界限受压区高度 ξ_b 值用黑线示出。因此，只要计算出来的相对受压区高度 ξ 不超出黑线范围，即表明由基本计算公式计算结果已满足不超筋的要求，即已满足式（4-49）～式（4-52）的条件。

钢筋混凝土矩形和 T 形截面受弯构件正截面承载力计算系数表 **表 4-7**

ξ	γ_s	α_s	ξ	γ_s	α_s
0.01	0.995	0.010	0.32	0.840	0.269
0.02	0.990	0.020	0.33	0.835	0.276
0.03	0.985	0.030	0.34	0.830	0.282
0.04	0.980	0.039	0.35	0.825	0.289
0.05	0.975	0.049	0.36	0.820	0.295
0.06	0.970	0.058	0.37	0.815	0.302
0.07	0.965	0.068	0.38	0.810	0.308
0.08	0.960	0.077	0.39	0.805	0.314
0.09	0.955	0.086	0.40	0.800	0.320
0.10	0.950	0.095	0.41	0.795	0.326
0.11	0.945	0.104	0.42	0.790	0.332
0.12	0.940	0.113	0.43	0.785	0.338
0.13	0.935	0.122	0.44	0.780	0.343
0.14	0.930	0.130	0.45	0.775	0.349
0.15	0.925	0.139	0.46	0.770	0.354
0.16	0.920	0.147	0.47	0.765	0.360
0.17	0.915	0.156	0.48	0.760	0.365
0.18	0.910	0.164	0.482	0.759	0.366
0.19	0.905	0.172	0.50	0.750	0.375
0.20	0.900	0.180	0.51	0.745	0.380
0.21	0.895	0.188	0.518	0.741	0.384
0.22	0.890	0.196	0.52	0.740	0.385
0.23	0.885	0.204	0.53	0.735	0.390
0.24	0.880	0.211	0.54	0.730	0.394
0.25	0.875	0.219	0.550	0.725	0.399
0.26	0.870	0.226	0.56	0.720	0.403
0.27	0.865	0.234	0.576	0.712	0.410
0.28	0.860	0.241	0.58	0.710	0.412
0.29	0.855	0.248	0.59	0.705	0.416
0.30	0.850	0.255	0.60	0.700	0.420
0.31	0.845	0.262	0.614	0.693	0.426

注：当混凝土强度等级为 C50 以下时，表中 ξ_b = 0.576、0.550、0.518 和 0.482 分别为 HPB300 级、HRB335、HRB400 级和 HRB500 级钢筋的界限相对受压区高度。

2. 实用计算步骤

进行单筋矩形截面受弯构件承载力计算时，一般会遇到两种情况：截面设计和截面复核。

(1) 截面设计

【已知】 截面弯矩设计值 M，材料强度等级及其强度设计值 f_c、f_t 和 f_y，构件截面尺寸 $b \times h$。

【求】 钢筋截面面积并选择钢筋直径及根数。

【解】

第1步 根据已知的弯矩设计值 M、截面尺寸 $b \times h$ 和混凝土轴心抗压强度 f_c，按式（4-57）算出系数：

$$\alpha_s = \frac{M}{\alpha_1 f_c b h_0^2}$$

第2步 查表4-7，若 α_s 值位于表4-7中相应钢筋级别的水平线以下（即 $\xi > \xi_b$），则说明截面尺寸偏小，应重新选择截面尺寸，或提高混凝土强度等级，或采用双筋截面。

第3步 若 α_s 值位于表中水平线以上（即 $\xi \leqslant \xi_b$），则可根据 α_s 值查出系数 ξ 或 γ_s，然后，按式（4-59）或式（4-63）算出钢筋截面面积：

$$A_s = \xi \cdot b h_0 \frac{\alpha_1 f_c}{f_y}$$

$$A_s = \frac{M}{\gamma_s h_0 f_y}$$

第4步 选择钢筋直径及根数，并按式（4-53）检查适筋梁的条件，即验算 $A_s \geqslant \rho_{min} bh$ 条件。

(2) 截面复核

【已知】 截面尺寸 $b \times h$，混凝土轴心抗压和抗拉强度设计值 f_c、f_t，钢筋强度设计值 f_y，截面面积 A_s，截面承受的弯矩设计值 M。

【求】 构件截面受弯承载力 M_u，并验算构件是否安全。

【解】

第1步 验算最小配筋率条件 $\rho = \dfrac{A_s}{bh} \geqslant \rho_{min}$，是否满要求；若不满足，则说明所给受弯构件为少筋构件。这时应重新设计截面。

第2步 根据 A_s、f_y、$b \times h$ 和 f_c 按式（4-51）算出：

$$\xi = \frac{A_s f_y}{\alpha_1 f_c b h_0}$$

第3步 若 ξ 值位于表4-7水平线以上，则查出 γ_s 值，根据式（4-62）算出构件截面受弯承载力 M_u：

$$M_u = \gamma_s h_0 A_s f_y$$

若 ξ 值位于表4-7水平线以下（$\xi > \xi_b$），则构件截面最大受弯承载力：

$$M_{umax} = \alpha_1 f_c b h_0^2 \xi_b (1 - 0.5\xi_b)$$

第4步 验算构件是否安全，若 $M_u \geqslant M$ 或 $M_{umax} \geqslant M$，则构件安全；否则，不安全。

【例 4-1】 钢筋混凝土矩形截面简支梁，计算跨度 6m，承受均布荷载，其中永久荷载标准值 9.8kN/m（不包括梁重）；可变荷载标准值 7.8 kN/m。混凝土强度等级为 C20，采用 HRB335 级钢筋。结构安全等级为二级，环境类别属于一类（图 4-21*a*）。

试确定梁的截面尺寸和纵向受拉钢筋。

【解】 （1）确定材料强度设计值

由附录 A 表 A-3 查得，当混凝土强度等级 C20 时，$f_c = 9.6\ \mathrm{N/mm^2}$，由附录表 A-8 查得，钢筋为 HRB335 级时，$f_y = 300\ \mathrm{N/mm^2}$。

（2）确定梁的截面尺

由表 4-1，选取梁高

$$h = \frac{1}{12}l = \frac{1}{12} \times 6000 = 500\mathrm{mm}$$

梁宽取

$$b = \frac{1}{2.5}h = \frac{1}{2.5} \times 500 = 200\mathrm{mm}$$

（3）内力计算

永久荷载分项系数为 1.2；可变荷载分项系数为 1.4。结构重要性系数 $\gamma_0 = 1.0$，钢筋混凝土单位重取 $2.5\mathrm{kN/m^3}$。作用在梁上的总线荷载设计值：

$$q = (9.8 + 0.2 \times 0.5 \times 25) \times 1.2 + 7.8 \times 1.4 = 25.68\mathrm{kN/m}$$

梁内最大弯矩设计值：

$$M = \gamma_0 \frac{1}{8}ql^2 = 1.0 \times \frac{1}{8} \times 25.68 \times 6^2 = 115.6\ \mathrm{kN \cdot m} = 115.6 \times 10^6\ \mathrm{N \cdot mm}$$

（4）配筋计算

梁的有效高度

$$h_0 = h - 35 = 500 - 35 = 465\mathrm{mm}$$ [1]

按式（4-57）计算

$$\alpha_s = \frac{M}{\alpha_1 f_c b h_0^2} = \frac{115.6 \times 10^6}{1 \times 9.6 \times 200 \times 465^2} = 0.278$$

根据 $\alpha_s = 0.278$，由表查出 $\gamma_s = 0.833$，把它代入式（4-63），得

$$A_s = \frac{M}{\gamma_s h_0 f_y} = \frac{115.6 \times 10^6}{0.833 \times 465 \times 300} = 994.8\mathrm{mm^2}$$

查附录 A 表 A-2，选 3Φ22（$A_s = 1140\ \mathrm{mm^2}$）。

（5）检查最小配筋率条件

$$\rho = \frac{A_s}{bh} = \frac{1140}{200 \times 500} = 1.14\% > \max\left(0.20\%, 0.45\frac{f_t}{f_y}\right) = 0.20\%$$

符合要求。

配筋布置见图 4-21（*b*）。

【例 4-2】 钢筋混凝土矩形截面简支梁，承受弯矩设计值 $M = 148\ \mathrm{kN \cdot m}$，梁的截面尺寸为 200mm×400mm。混凝土强度等级为 C30，采用 HRB400 级钢筋。结构安全等级为二级，环境类别属于二 a 类。

---

[1] 本书例题均按构件表面有抹灰考虑，故混凝土保护层厚度取得较小。

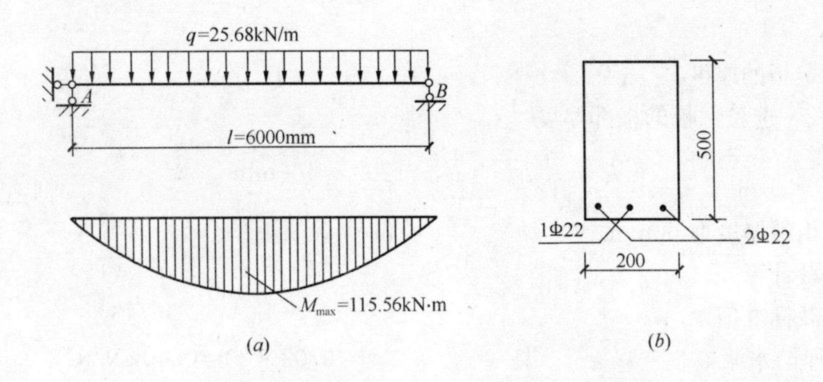

图 4-21 【例 4-1】附图

试确定梁的截面尺寸和纵向受拉钢筋。

【解】 (1) 确定材料强度设计值

由附录 A 表 A-3 查得，混凝土强度等级 C30 时，$f_c = 14.3\ \text{N/mm}^2$，$f_t = 1.43\ \text{N/mm}^2$。由附录 A 表 A-8 查得，钢筋为 HRB400 级时，$f_y = 360\ \text{N/mm}^2$。

(2) 配筋计算

梁的有效高度

$$h_0 = h - 35 = 400 - 35 = 365\ \text{mm}$$

按式 (4-57) 计算

$$\alpha_s = \frac{M}{\alpha_1 f_c b h_0^2} = \frac{148 \times 10^6}{1 \times 14.3 \times 200 \times 365^2} = 0.388$$

按式 (4-58) 计算

$$\xi = 1 - \sqrt{1 - 2\alpha_s} = 1 - \sqrt{1 - 2 \times 0.388} = 0.526 > \xi_b = 0.518$$

属于超筋，一般采取增大截面尺寸，重新计算。

【例 4-3】 试设计图 4-22 (a) 所示钢筋混凝土雨篷板。板的悬挑长度 $l_0 = 1200\text{mm}$。各层作法如图示。作用于板自由端的施工活荷载标准值 $F = 1\text{kN/m}$ (沿板宽方向)，混凝土强度等级为 C25，采用 HRB335 级钢筋。结构安全等级为二级。环境类别属于二 a 类。

试确定梁的截面尺寸和纵向受拉钢筋。

【解】 (1) 确定材料强度设计值

由附录 A 表 A-3 查得，混凝土强度等级 C25 时，$f_c = 11.9\text{N/mm}^2$，$f_t = 1.27\ \text{N/mm}^2$。由附录 A 表 A-8 查得，钢筋为 HRB335 级时，$f_y = 300\text{N/mm}^2$。

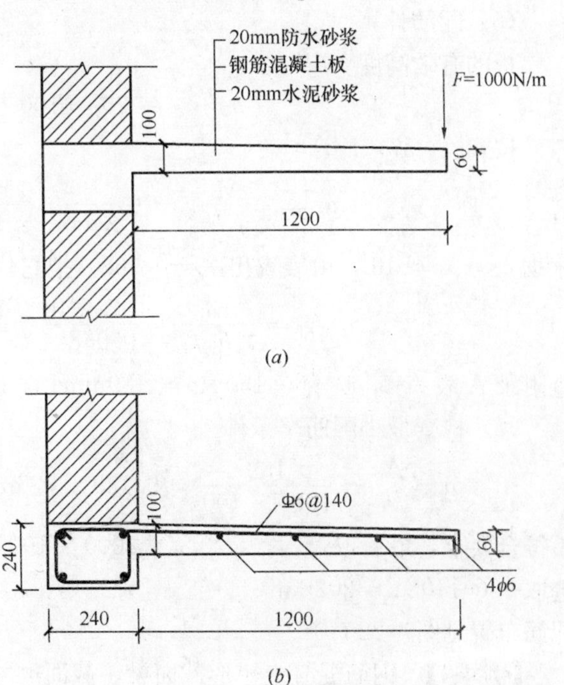

图 4-22 【例 4-3】附图

（2）确定板的厚度

由表 4-2，选悬臂板的根部厚度

$$h=\frac{1}{12}l_0=\frac{1}{12}\times 1200=100\text{mm}$$

板的自由端厚度取 60mm。

（3）荷载计算

板上恒载标准值

20mm 厚防水浆	$0.02\times 20=0.40\text{kN/m}^2$
板重（取平均板厚 80mm）	$0.08\times 25=2.00\text{kN/m}^2$
20mm 厚底板抹灰	$0.02\times 20=0.40\text{kN/m}^2$
	2.80kN/m^2

取 1m 板宽进行计算

$$q=2.80\times 1=2.80\text{kN/m}$$

板上活荷载标准值

$$F=1\text{kN/m}$$

（4）内力计算

板的固定端截面最大弯矩设计值

$$M=\gamma_0\left(\frac{1}{2}ql_0^2\gamma_G+F\cdot l_0\gamma_Q\right)$$

$$=1.0\left(\frac{1}{2}\times 2.80\times 1.2^2\times 1.2+1\times 1.2\times 1.4\right)=4.10\text{kN}\cdot\text{m}$$

（5）配筋计算

板的有效高度

$$h_0=h-25=100-25=75\text{mm}$$

按式（4-57）计算

$$\alpha_s=\frac{M}{\alpha_1 f_c bh_0^2}=\frac{4.10\times 10^6}{1\times 11.9\times 1000\times 75^2}=0.0613$$

根据 $\alpha_s=0.0613$，由表查出 $\gamma_s=0.968$，把它代入式（4-63），得

$$A_s=\frac{M}{\gamma_s h_0 f_y}=\frac{4.10\times 10^6}{0.968\times 75\times 300}=188.2\text{mm}^2$$

查附录 A 表 A-2，选 ϕ6@150 $A_s=189\text{mm}^2>188.2\text{mm}^2$

（6）检查最小配筋率条件

$$\rho=\frac{A_s}{bh}=\frac{189}{1000\times 100}=0.189\%<\max\left(0.20\%,0.45\frac{f_t}{f_y}\right)=0.20\%$$

不符合要求，最后取 $A_s=0.20\%\times 1000\times 100=200\text{mm}^2$。

选取 ϕ8@140 $A_s=202\text{mm}^2$

配筋布置见图 4-22（*b*）。

【例 4-4】 钢筋混凝土矩形截面梁，截面尺寸为 200mm×450mm。混凝土强度等级为 C25，配有 HRB335 级纵向受拉钢筋 4 Φ 16（$A_s=804^2$）。承受弯矩设计值 $M=80$ kN·

m。结构安全等级为二级，环境类别属于一类。

试验算梁的承载力。

【解】 (1) 确定材料强度设计值

由附录A表A-3查得，混凝土强度等级C25时，$f_c = 11.9\text{N/mm}^2$，$f_t = 1.27\text{N/mm}^2$。由附录A表A-8查得，钢筋为HRB335级时，$f_y = 300\text{N/mm}^2$。

(2) 验算最小配筋率条件

$$\rho = \frac{A_s}{bh} = \frac{804}{200 \times 450} = 0.89\% > \max\left(0.2\%, 0.45\frac{f_t}{f_y}\right) = 0.2\%$$

符合适筋条件。

(3) 确定梁的有效高度

$$h_0 = h - \left(c + \frac{d}{2}\right) = 450 - \left(20 + \frac{16}{2}\right) = 422\text{mm}$$

(4) 按式(4-51)计算

$$\xi = \frac{A_s f_y}{\alpha_1 f_c b h_0} = \frac{804 \times 300}{1 \times 11.9 \times 200 \times 422} = 0.240$$

由表4-7查得 $\gamma_s = 0.88$

(5) 按式(4-62)计算

$$M_u = f_y A_s \gamma_s h_0 = 300 \times 804 \times 0.88 \times 422 = 88.51 \times 10^6\ \text{kN} \cdot \text{m} > 80 \times 10^6\ \text{kN} \cdot \text{m}$$

梁的极限承载力大于弯矩设计值，故此梁安全。

§4-6 双筋矩形截面受弯构件正截面承载力计算

4.6.1 概述

当梁需要承受较大弯矩，而增大截面尺寸有困难，或提高混凝土的强度等级不能收效时，可采用双筋截面梁。即在梁的受压区设置受压钢筋，以提高梁的承载能力(图4-23)。但是，在受压区配置受压钢筋协助混凝土承受压力是不经济的，故不宜在工程中广泛采用。

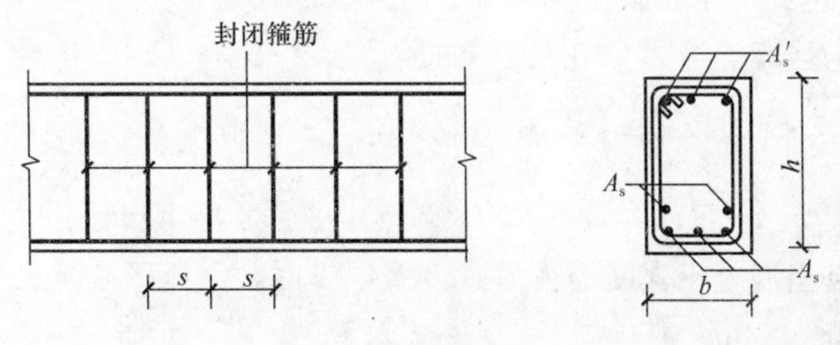

图4-23 双筋截面梁

由试验可知，只要满足适筋梁条件，双筋截面梁的破坏特征与单筋截面适筋梁的塑性破坏特征基本相似。即受拉钢筋首先屈服，随后受压区边缘的混凝土达到极限应变而被压碎。

试验表明，当梁内配置一定数量的封闭箍筋，能防止受压钢筋过早地压屈时，受压钢筋就能与混凝土一起共同变形。此外，试验还表明，只要受压区高度满足一定条件，受压钢筋就能和混凝土同时达到各自的极限变形。这时混凝土被压碎，受压钢筋将屈服。

下面讨论双筋矩形截面梁受压区高度所应满足的条件。

设受压钢筋的合力至受压区的边缘距离为 a'_s（图 4-24），受压钢筋的应变为 ε'_s，由于受压钢筋与混凝土共同变形的缘故，受压钢筋处混凝土纤维的应变 ε'_s 与受压钢筋的应变 ε'_s 相同。根据图 4-24 所示应变图形中三角形比例关系，得：

$$\varepsilon'_s = \varepsilon'_c = \frac{x_c - a'_s}{x_c}\varepsilon_{cu}$$

或
$$\varepsilon'_s = \left(1 - \frac{a'_s}{x_c}\right)\varepsilon_{cu} \tag{4-64}$$

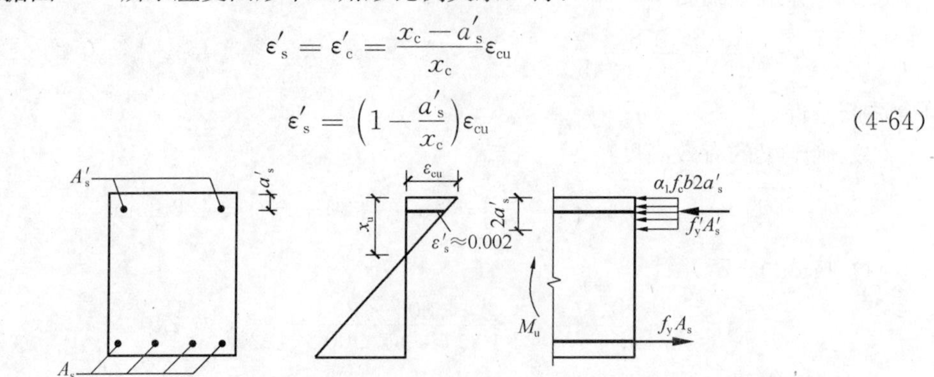

图 4-24　受压区高度的计算

由式（4-15）可知：

$$x_c = \frac{x}{\beta_1}$$

将上式代入式（4-64），得：

$$\varepsilon'_s = \left(1 - \frac{\beta_1 a'_s}{x}\right)\varepsilon_{cu} \tag{4-65}$$

由上式可见，受压区高度 x 愈小，受压钢筋的应变 ε'_s 愈小。即钢筋的压应力：

$$\sigma'_s = E_s \varepsilon'_s \tag{4-66}$$

愈小。也就是说，受压钢筋愈不容易发挥其作用。

现在来考察，若取 $x = 2a'_s$ 作为受压区高度的最不利条件。那么，这时受压钢筋的应力 σ'_s 是多少？是否达到受压屈服强度？为了回答这个问题，将 $x = 2a'_s$ 代入式（4-65），并注意到：当混凝土强度等级为 C50 及以下时，$\beta_1 = 0.8$，$\varepsilon_{cu} = 0.0033$，得：

$$\varepsilon'_s = \left(1 - \frac{0.8a'_s}{2a'_s}\right) \times 0.0033 = 0.6 \times 0.0033 = 0.00198$$

于是，
$$\sigma'_s = E_s \varepsilon'_s = 2 \times 10^6 \times 0.00198 \approx 400\text{N/mm}^2$$

即当 $x = 2a'_s$ 时，且当混凝土强度等级为 C50 及以下时，受压区混凝土被压碎时，受压钢筋的应力值 σ'_s 为 400N/mm^2。

因此，当 $x = 2a'_s$ 时，且当混凝土强度等级为 C50 及以下时，钢筋受压强度设计值可按下列规定采用：

（1）当钢筋受压强度设计值 $f'_y \leqslant 400\text{N/mm}^2$ 时，取钢筋受压强度设计值 f'_y；

（2）当钢筋受压强度设计值 $f'_y > 400\text{N/mm}^2$ 时，取钢筋受压强度设计值 $f'_y = 400\text{N/mm}^2$。

4.6.2 基本计算公式

根据上面的分析，双筋矩形截面梁破坏时的应力状态，可取图 4-25 所示的图形。

为方便分析，将双筋矩形截面应力图形分成两部分叠加而成。一部分由受压混凝土的压力与相应受拉钢筋 A_{s1} 的拉力组成；另一部分由受压钢筋 A'_s 与相应的一部分受拉钢筋 A_{s2} 的拉力组成。

这样，双筋矩形截面受弯构件正截面承载力设计值可写成：

$$M_u = M_{u1} + M_{u2} \qquad (4\text{-}67)$$

式中 M_{u1}——受压混凝土的压力与相应受拉钢筋 A_{s1} 的拉力组成的受弯承载力设计值；

M_{u2}——受压钢筋 A'_s 的压力与相应受拉钢筋 A_{s2} 的拉力组成的受弯承载力设计值。

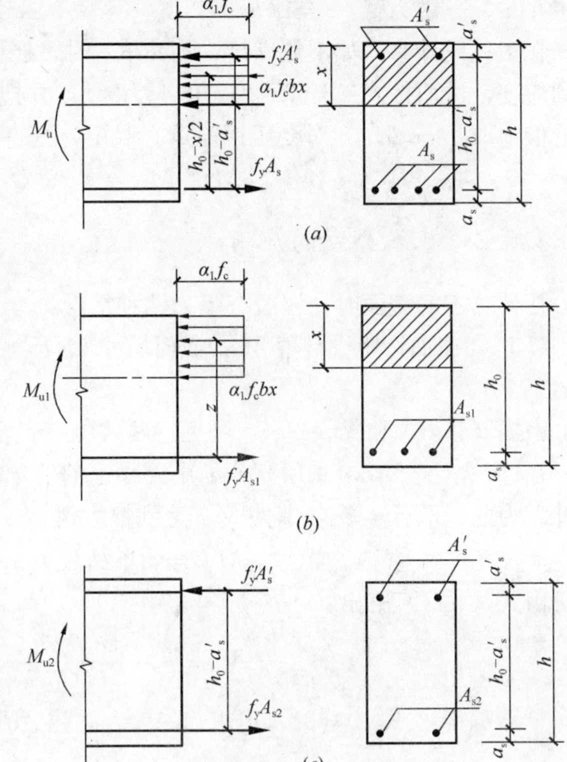

图 4-25 双筋矩形截面受弯构件正截面应力图形

(*a*) 整个截面；(*b*) 第 1 部分截面；(*c*) 第 2 部分截面

受拉钢筋的总面积为：

$$A_s = A_{s1} + A_{s2} \qquad (4\text{-}68)$$

根据平衡条件，对两部分可分别写出以下基本公式：

第 1 部分 $\alpha_1 f_c bx = f_y A_{s1}$ (4-69)

$$M_{u1} = \alpha_1 f_c bx \left(h_0 - \frac{x}{2}\right) \qquad (4\text{-}70)$$

第 2 部分

$$f'_y A'_s = f_y A_{s2} \qquad (4\text{-}71)$$

$$M_{u2} = f'_y A'_s (h_0 - a'_s) = f_y A_{s2} (h_0 - a'_s) \qquad (4\text{-}72)$$

综合上述两部分，双筋矩形截面正截面受弯承载力基本公式为：

$$\alpha_1 f_c bx + f'_y A'_s = f_y A_s \qquad (4\text{-}73)$$

$$M \leqslant M_u = \alpha_1 f_c bx \left(h_0 - \frac{x}{2}\right) + f'_y A'_s (h_0 - a'_s) \qquad (4\text{-}74)$$

以上公式的适用条件为：

1. 为了防止出现超筋破坏，应满足：

$$x \leqslant \xi_b h_0 \qquad (4\text{-}75)$$

或

$$\rho_1 = \frac{A_{s1}}{bh_0} \leqslant \rho_{max} = \xi_b \frac{\alpha_1 f_c}{f_y} \qquad (4\text{-}76)$$

或

$$M_{u1} \leqslant \alpha_{1\,c} f_c b h_0^2 \xi_b (1 - 0.5\xi_b) \qquad (4\text{-}77)$$

2. 为了保证受压钢筋达到规定的应力，应满足：

$$x \geqslant 2a'_s \tag{4-78}$$

或

$$z \leqslant h_0 - a'_s \tag{4-79}$$

式中　z——内力臂，$z = \gamma_s h_0$ 。

在工程设计中，如不能满足式（4-78）时，严格说来，应根据平截面假定确定受压钢筋的应变，进而按式（4-66）确定的应力 σ'_s ，并把它代入基本公式计算。为了简化计算，可近似地取 $x = 2a'_s$ ，对受压钢筋重心取矩，则得

$$M \leqslant M_u = f_y A_s (h_0 - a'_s) \tag{4-80}$$

4.6.3　基本公式的应用

在计算双筋截面时，一般有下列两种情况：

1. 已知截面弯矩设计值 M ，截面尺寸 $b \times h$，混凝土强度等级和钢筋级别。求钢筋面积 A_s 和 A'_s 。

由式（4-73）和式（4-74）可见，两式中有三个未知数：x 、A_s 和 A'_s ，不能求得唯一解。在这种情况下，可采用充分利用混凝土的抗弯能力，使总钢筋用量尽量减少作为补充条件。为此，取 $\xi = \xi_b$ ，即使 M_{u1} 达到最大值。

$$M_{u1} = \alpha_1 f_c b h_0^2 \xi_b (1 - 0.5\xi_b) \tag{4-81}$$

则可由式（4-74）解出：

$$A'_s = \frac{M - \alpha_1 f_c b h_0^2 \xi_b (1 - \xi_b)}{f'_y (h_0 - a'_s)} \tag{4-82}$$

将 $x = \xi_b h_0$ 代入式（4-69），可求得 A_{s1} ，并注意到式（4-71），于是总受拉钢筋面积为：

$$A_s = A_{s1} + A_{s2} = \xi_b \frac{\alpha_1 f_c}{f_y} b h_0 + A'_s \frac{f'_y}{f_y} \tag{4-83}$$

2. 已知截面弯矩设计值 M ，截面尺寸 $b \times h$，受压钢筋 A'_s ，混凝土强度等级和钢筋级别。求受拉钢筋面积 A_s 。

由于已知 A'_s ，故：

$$M_{u2} = f'_y A'_s (h_0 - a'_s) \tag{4-84}$$

则

$$M_{u1} = M - M_{u2} \tag{4-85}$$

这时，应验算 $M_{u1} \leqslant \alpha_1 f_c b h_0^2 \xi_b (1 - 0.5\xi_b)$ 条件；若满足，则按单筋矩形截面受弯构件求出 M_{u1} 所需要的钢筋截面面积 A_{s1} 。最后，求出总的受拉钢筋面积：

$$A_s = A_{s1} + A'_s \tag{4-86}$$

若不满足，表示受压钢筋偏小，应按第 1 种情况处理。

【例 4-5】 钢筋混凝土矩形截面梁，截面尺寸为 200mm×500mm。混凝土强度等级为 C20，采用 HRB335 级钢筋。梁承受弯矩设计值 $M = 190$ kN·m。结构安全等级为二级。环境类别属于一类。

试计算梁的纵向受力钢筋。

【解】　(1) 确定材料强度设计值

由附录 A 表 A-3 查得，混凝土强度等级 C20 时，$f_c = 9.6$ N/mm²，$f_t = 1.1$ N/mm²。由附录表 A-8 查得，钢筋为 HRB335 级时，$f_y = 300$N/mm²。

（2）计算单筋截面最大承载力

考虑到弯矩较大，设采用双排钢筋，则：

$$h_0 = h - 60 = 500 - 60 = 440\text{mm}$$

由 4-5 查得 $\xi_b = 0.55$ ，于是

$$M_{\text{umax}} = \alpha_1 f_c b h_0^2 \xi_b (1 - 0.5\xi_b) = 1 \times 9.6 \times 200 \times 440^2 \times 0.55 \times (1 - 0.5 \times 0.55)$$

$$= 148.22 \times 10^6 \text{N} \cdot \text{mm} = 148.22\text{kN} \cdot \text{m} < M = 190\text{kN} \cdot \text{m}$$

不满足要求，故采用双筋截面。

（3）计算受压钢筋面积

按式（4-82）计算：

$$A'_s = \frac{M - \alpha_1 f_c b h_0^2 \xi_b (1 - \xi_b)}{f'_y (h_0 - a'_s)} = \frac{190 \times 10^6 - 148 \times 10^6}{300 \times 440 - 35} = 343.86\text{mm}^2$$

（4）计算总受拉钢筋面积

由式（4-83）得：

$$A_s = \xi_b \frac{\alpha_1 f_c}{f_y} b h_0 + A'_s \frac{f'_y}{f_y} = 0.55 \times \frac{1 \times 9.6}{300} \times 200 \times 440 + 343.86$$

$$= 1892.66\text{mm}^2$$

（5）选配钢筋

受压钢筋 A'_s 选用 2 Φ 16（$A_s = 402\text{mm}^2$）；受拉钢筋 A_s 选用 6 Φ 20($A_s = 1884\text{mm}^2$)。配筋如图 4-26 所示。

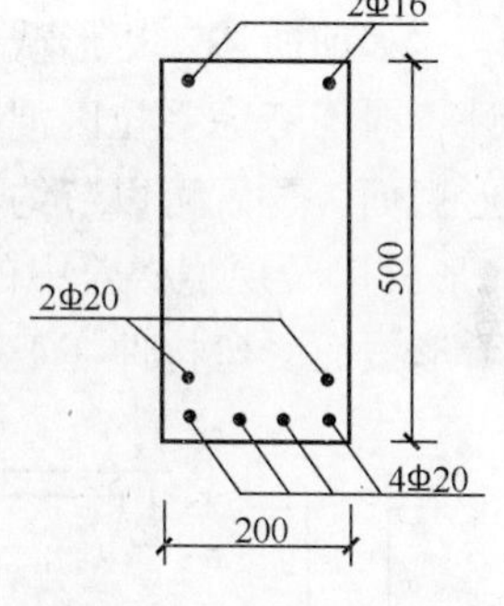

图 4-26 【例 4-5】附图

【例 4-6】 钢筋混凝土矩形截面梁，截面尺寸为 250mm×500mm。混凝土强度等级为 C20，采用 HRB335 级钢筋。受压区已配有 2 Φ 18（$A'_s = 509\text{mm}^2$）受压钢筋。梁承受弯矩设计值 M=130kN·m。结构安全等级为二级，环境类别属于一类。

试计算梁的纵向受拉钢筋。

【解】 （1）确定材料强度设计值

由附录 A 附表 A-3 查得，混凝土强度等级 C20 时，$f_c = 9.6\text{N/mm}^2$，$f_t = 1.1\text{N/mm}^2$。由附录 A 表 A-8 查得，钢筋为 HRB335 级时，$f_y = 300\text{N/mm}^2$。

（2）计算受压钢筋和与其相应的受拉钢筋承受的弯矩值 M_{u2}

设 $a_s = a'_s = 35\text{mm}$

$$h_0 = h - 35 = 500 - 35 = 465\text{mm}$$

由式（4-84）得：

$$M_{u2} = f'_y A'_s (h_0 - a'_s) = 300 \times 509 \times (465 - 35) = 65.66 \times 10^6 \text{ N} \cdot \text{mm}$$

（3）计算受压混凝土压力和与其相应的受拉钢筋承受的弯矩值 M_{u1}

由式（4-85）得：

$$M_{u1} = M - M_{u2} = 130 \times 10^6 - 65.66 \times 10^6 = 64.34 \times 10^6 \text{N} \cdot \text{mm}$$

（4）验算 $\xi \leqslant \xi_b$ 和 $x \geqslant 2a'_s$ 条件，并计算系数

$$\alpha_s = \frac{M_{u1}}{\alpha_1 f_c b h_0^2} = \frac{64.34 \times 10^6}{1 \times 9.6 \times 250 \times 465^2} = 0.124$$

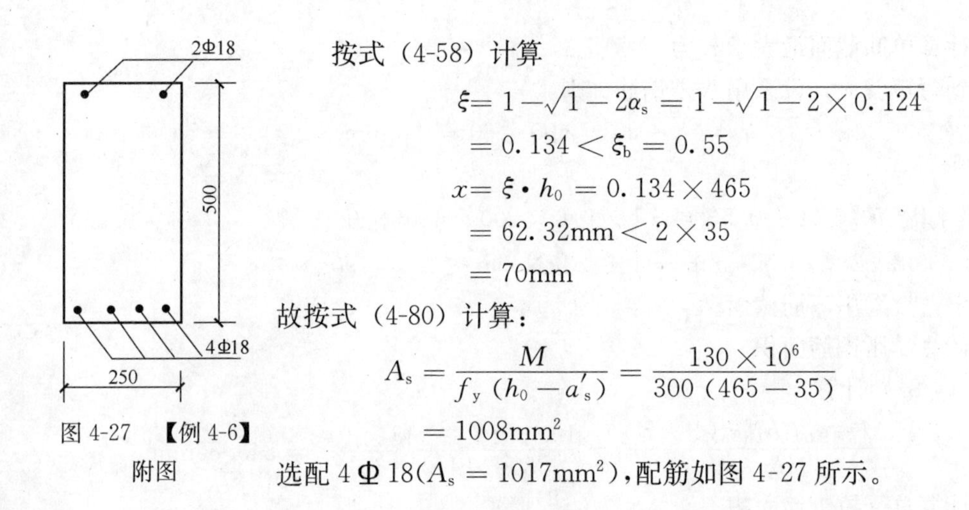

图 4-27 【例 4-6】附图

按式（4-58）计算

$$\xi = 1-\sqrt{1-2\alpha_s} = 1-\sqrt{1-2\times 0.124}$$
$$= 0.134 < \xi_b = 0.55$$
$$x = \xi \cdot h_0 = 0.134\times 465$$
$$= 62.32\text{mm} < 2\times 35$$
$$= 70\text{mm}$$

故按式（4-80）计算：

$$A_s = \frac{M}{f_y\,(h_0 - a'_s)} = \frac{130\times 10^6}{300\,(465-35)}$$
$$= 1008\text{mm}^2$$

选配 4 Φ 18($A_s = 1017\text{mm}^2$)，配筋如图 4-27 所示。

§4-7 T形截面受弯构件正截面承载力计算

4.7.1 概述

如前所述，矩形截面受弯构件正截面承载力计算是按照Ⅲ$_a$阶段进行的。按这一阶段计算时不考虑受拉区混凝土参加工作。因此，如果将受拉区的混凝土减少一部分做成T形截面，这既可以节约材料，又可以减轻构件自重。除独立T形梁外，槽形板、圆孔板、I形梁以及现浇楼盖中的主、次梁的跨中截面等也都按T形截面计算（图 4-28）。因此，T形截面受弯构件在工程中应用十分广泛。

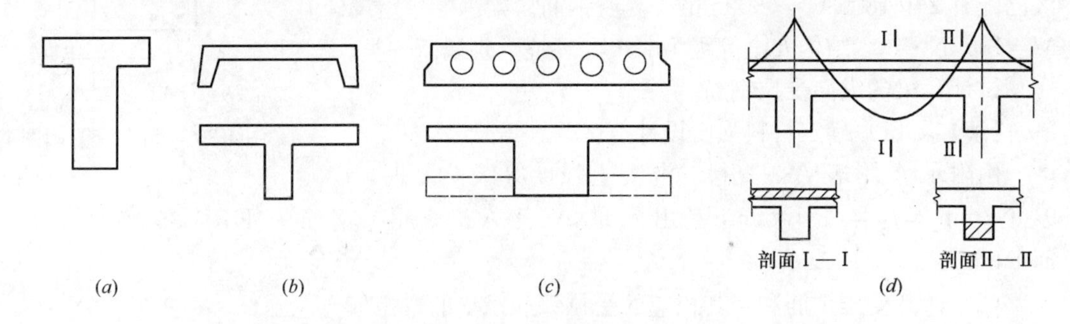

图 4-28 T形截面受弯构件的形式

4.7.2 T形截面的分类及翼缘计算宽度的确定

1. T形截面的分类及其判别

T形截面伸出的部分称为翼缘，中间部分称为肋。翼缘宽度用 b'_f 表示；肋宽用 b 表示；T形截面的总高用 h 表示；翼缘厚度度用 h'_f 表示（图 4-29）。

T形截面根据受力大小，中性轴可能通过翼缘（$x \leqslant h'_f$），也可能通过肋部（$x \geqslant h'_f$）。通常将前者称为第一类T形截面（图 4-29a）；而将后者称为第二类T形截面（图 4-29b）。

为了建立T形截面类型的判别式，首先分析中性轴恰好通过翼缘下边界（$x = h'_f$）时的基本计算公式（图 4-30）。

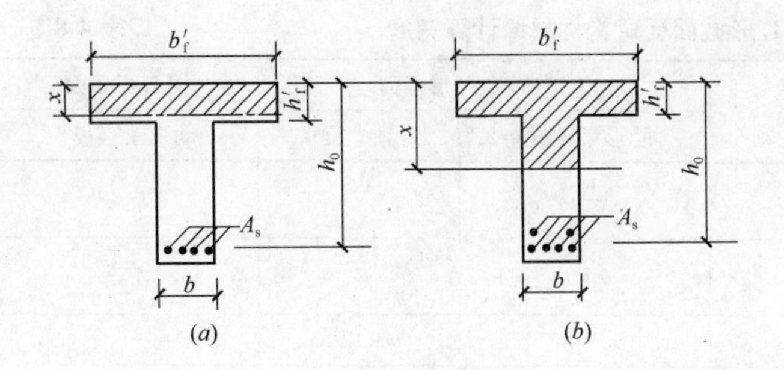

图 4-29　T 形截面的类型

(a) 第一类 T 形截面；(b) 第二类 T 形截面

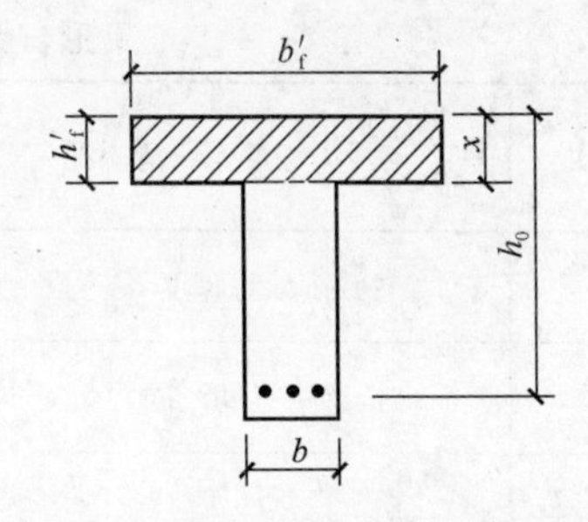

图 4-30　T 形截面的类型的判别

由平衡条件

$\Sigma X=0$，
$$\alpha_1 f_c b'_f x = f_y A_s \tag{4-87}$$

$\Sigma M=0$，
$$M'_u = \alpha_1 f_c b'_f h'_f \left(h'_0 - \frac{h'_f}{2}\right) \tag{4-88}$$

在判断 T 形截面类型时，可能遇到以下两种情况：

(1) 截面设计

这时已知弯矩设计值 M，可用式 (4-88) 来判别类型。

如果

$$M \leqslant M'_u = \alpha_1 f_c b'_f h'_f \left(h'_0 - \frac{h'_f}{2}\right) \tag{4-89a}$$

即 $x \leqslant h'_f$，则属于第一类 T 形截面。

如果

$$M > M_u = \alpha_1 f_c b'_f h'_f \left(h'_0 - \frac{h'_f}{2}\right) \tag{4-89b}$$

即 $X > h'_f$，则属于第二类 T 形截面。

(2) 截面复核

因为这时 $A_s f_y$ 为已知，故可按下式来判别类型。

如果

$$A_s f_y \leqslant \alpha_1 f_c b'_f h_f \tag{4-90}$$

则属于第一类 T 形截面。

如果

$$A_s f_y > \alpha_1 f_c b'_f h_f \tag{4-91}$$

则属于第二类 T 形截面。

2. 翼缘计算宽度的确定

理论分析和试验结果表明，T 形截面受弯构件承受荷载后，受压区翼缘的压应力分布并不均匀，愈接近肋部压应力愈大，愈远离肋部压应力愈小。因此，为了计算方便，假定只在翼缘一定宽度范围内作用压应力，并呈均匀分布，而认为在这个宽度范围以外的翼缘不参加工作。将参加工作的翼缘宽度称为翼缘计算宽度。翼缘计算宽度与受弯构件的跨度 l、翼缘厚度 h'_f 和受弯构件的布置有关。《混凝土设计规范》规定，翼缘计算宽度可按表 4-8 中最小值采用。

T形、倒L形截面受弯构件翼缘计算宽度 　　**表 4-8**

项次	考虑情况		T形截面、I形截面		倒L形截面
			肋形梁（板）	独立梁	肋形梁（板）
1	按计算跨度 l_0 考虑		$\frac{1}{3}l_0$	$\frac{1}{3}l_0$	$\frac{1}{6}l_0$
2	按梁（纵肋）净距 s_n 考虑		$b+s_n$	—	$b+\frac{s_n}{2}$
3	按翼缘高度 h'_f 考虑	$h'_f/h_0\geqslant0.1$	—	$b+12h'_f$	—
		$0.1>h'_f/h_0\geqslant0.05$	$b+12h'_f$	$b+6h'_f$	$b+5h'_f$
		$h'_f/h_0<0.05$	$b+12h'_f$	b	$b+5h'_f$

注：1. 表中 b 为梁的腹板（肋）宽度（图 4-31a）；

2. 如肋形梁在梁跨内设有间距小于纵肋间距的横肋时（图 4-31b），则可不遵守表中项次 3 的规定；

3. 对有加腋的T形和倒L形截面（图 4-31c），当受压区加腋的高度 $h_h\geqslant h'_f$，且加腋的宽度 $b_h\leqslant3h_h$ 时，则其翼缘计算宽度可按表中项次 3 的规定分别增加 $2b_h$（T形截面）和 b_h（倒L形截面）；

4. 独立梁受压区的翼缘板，在荷载作用下如产生沿纵肋方向的裂缝（图 4-31d），则计算宽度取用肋宽 b。

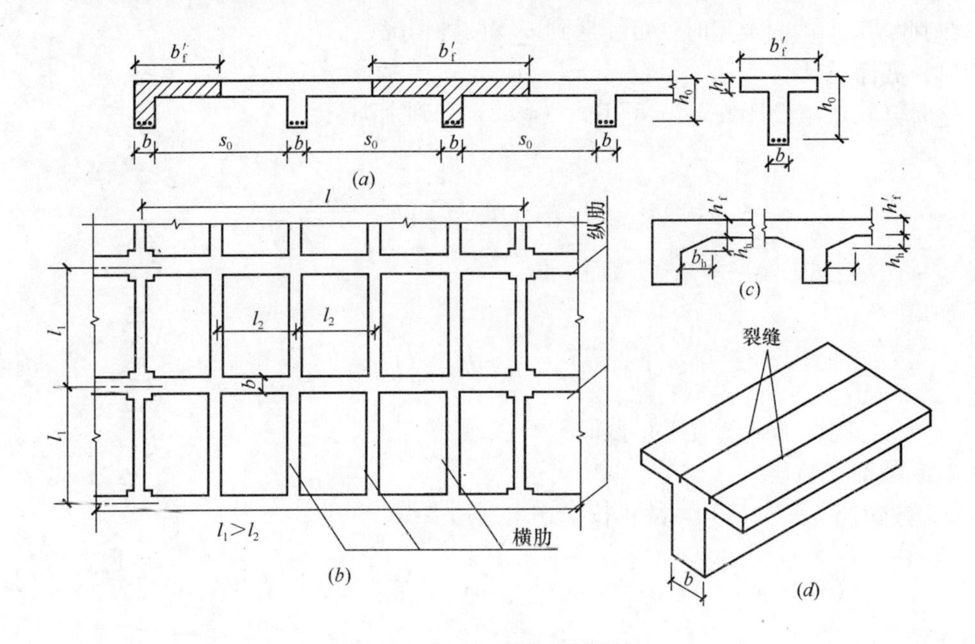

图 4-31　表 4-8 注的说明附图

4.7.3　基本公式及适用条件

1. 第一类T形截面

如前所述，这类T形截面受压区高度 $x\leqslant h'_f$，中性轴通过翼缘，受压区形状为矩形（图 4-32），故可按宽度为 b'_f 的矩形截面计算其承载力。它的计算公式与单筋矩形截面的相同，仅需将计算公式中的 b 改为翼缘计算 b'_f，即：

$$\alpha_1 f_c b'_f x = f_y A_s \tag{4-92}$$

$$M\leqslant M_u=\alpha_1 f_c b'_f x\left(h'_0-\frac{x}{2}\right) \tag{4-93}$$

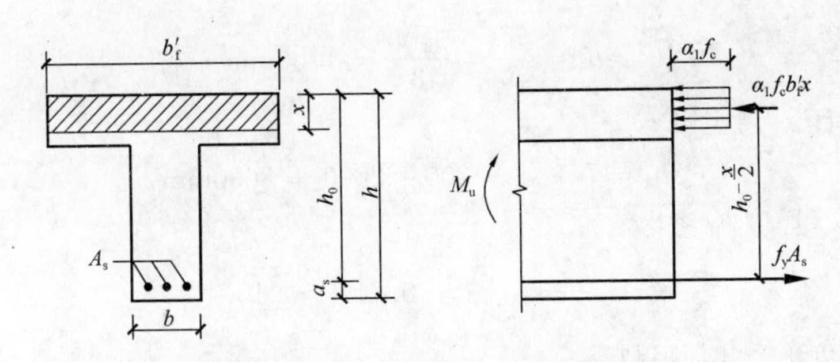

图 4-32 第一类 T 形截面计算简图

基本公式（4-92）、式（4-93）的适用条件为：

(1) $x \leqslant \xi_b h_0$

在一般情况下，翼缘厚度 h'_f 都较小。当中性轴通过翼缘时，x 值均很小，故上面条件都可以满足。故对第一类 T 形截面，这一条件可不验算。

(2) $\rho \geqslant \rho_{max}$

如前所述，《混凝土设计规范》规定，T 形截面的配筋率按下式计算：

$$\rho = \frac{A_s}{bh}$$

式中，b 为肋宽。这是因为最小配筋率是根据钢筋混凝土受弯构件Ⅲ$_a$ 阶段的承载力与同样条件下的素混凝土受弯构件开裂时的承载力相等得出的。由于 T 形截面翼缘悬挑部分对素混凝土受弯构件开裂承载力影响甚小，故计算时用肋宽。

【例 4-7】 某现浇钢筋混凝土肋形楼盖次梁，承受弯矩设计值 $M = 84\ \text{kN}\cdot\text{m}$ 计算跨度 $l_0 = 5.10\text{m}$，板厚为 80mm，梁的截面尺寸为 $b \times h = 200\text{mm} \times 400\text{mm}$，间距 3m（图 4-33）。混凝土强度等级为 C20，采用 HRB335 级钢筋。结构安全等级为二级，环境类别属于一类。

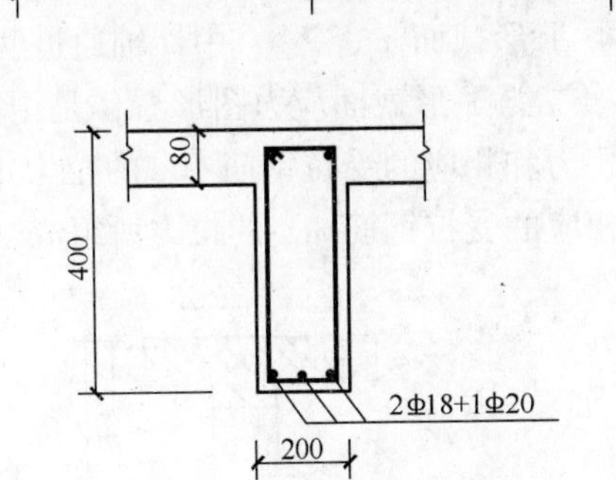

图 4-33 【例 4-7】附图

试计算该次梁的纵向受拉钢筋。

【解】 (1) 确定材料强度设计值

由附录 A 表 A-3 查得，混凝土强度等级 C20 时，$f_c = 9.6\ \text{N/mm}^2$，$f_t = 1.1\ \text{N/mm}^2$。由附录 A 表 A-8 查得，钢筋为 HRB335 级时，$f_y = 300\ \text{N/mm}^2$。

(2) 确定梁的有效高度

设 $a_s = 35\text{mm}, h_0 = h - 35 = 400 - 35 = 365\text{mm}$

(3) 确定翼缘计算宽度

根据表 4-8 可得：

按梁的计算跨度 l_0 考虑

$$b'_f = \frac{l_0}{3} = \frac{5100}{3} = 1700\text{mm}$$

按梁的净距 s_0 考虑

$$b'_f = b + s_0 = 200 + 2800 = 3000\text{mm}$$

按梁的翼缘厚度 b'_f 考虑

$$\frac{h'_f}{h_0} = \frac{80}{365} = 0.219 > 0.10$$

故翼缘计算宽度不受此项限制。

最后，取前两项较小者为翼缘计算宽度，即 $b'_f = 1700\text{mm}$。

（4）判别T形截面类型

$$M'_u = \alpha_1 f_c b'_f h'_f \left(h'_0 - \frac{h'_f}{2}\right) = 1 \times 9.6 \times 1700 \times 80 \times \left(365 - \frac{80}{2}\right)$$

$$= 424 \times 10^6 \text{N} \cdot \text{mm} > M = 84 \times 10^6 \text{N} \cdot \text{m}$$

属于第一类T形截面。

（5）求纵向受拉钢筋截面面积

$$\alpha_s = \frac{M}{\alpha_1 f_c b f h_0^2} = \frac{84 \times 10^6}{1 \times 9.6 \times 1700 \times 365^2} = 0.0386$$

由表4-7查得，$\gamma_s = 0.980$

$$A_s = \frac{M}{\gamma_s h_0 f_y} = \frac{84 \times 10^6}{0.98 \times 365 \times 300} = 783\ \text{mm}^2$$

选配 2Φ18＋1Φ20（$A_s = 823\text{mm}^2$），配筋图参见图4-33。

2. 第二类T形截面

这类T形截面 $x > h_f$，中性轴通过肋部。其应力图形如图4-34（*a*）所示。为便于分析，将第二类T形截面应力图形看作是由两部分组成。一部分由受压翼缘挑出部分的混凝土的压力和相应的受拉钢筋 A_{s1} 的拉力组成（图4-34 *b*）；另一部分是肋部受压混凝土压力和相应的受拉钢筋 A_{s2} 的拉力所组成（图4-34 *c*）。

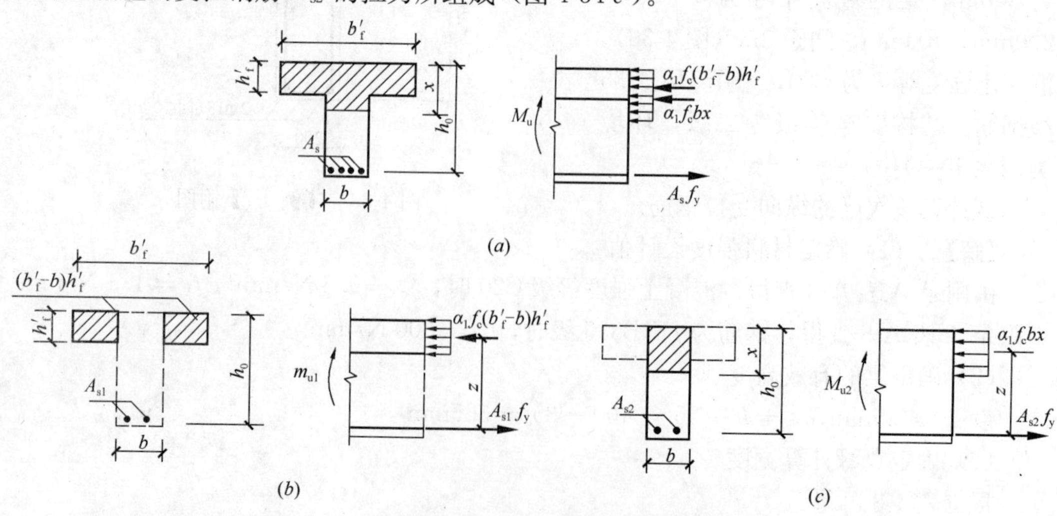

图4-34　第二类T形截面应力图形

（*a*）全部截面；（*b*）第1部分应力；（*c*）第2部分应力

这样，第二类T形截面承载力可写成

$$M_u = M_{u1} + M_{u2}$$

式中 M_{u1} ——翼缘挑出部分的混凝土压力与相应的受拉钢筋 A_{s1} 的拉力形成的弯矩；

M_{u2} ——肋部受压区混凝土的压力与相应的受拉钢筋 A_{s2} 的拉力形成的弯矩。

根据平衡条件，对两部分可分别写出以下基本计算公式：

第一部分

$$\alpha_1 f_c(b'_f - b)h'_f = f_y A_{s1} \tag{4-94}$$

$$M_{u1} = \alpha_1 f_c(b'_f - b)h'_f\left(h_0 - \frac{h'_f}{2}\right) \tag{4-95}$$

第二部分

$$\alpha_1 f_c bx = f_y A_{s2}$$

$$M_{u2} = \alpha_1 f_c bx\left(h_0 - \frac{x}{2}\right) \tag{4-96}$$

这样，整个T形截面的承载力基本计算公式为：

$$\alpha_1 f_c\ (b'_f - b)h'_f + \alpha_1 f_c bx = f_y A_s \tag{4-97}$$

$$M \leqslant M_u = \alpha_1 f_c\ (b'_f - b)h'_f\ \left(h_0 - \frac{h'_f}{2}\right) + \alpha_1 f_c bx\ \left(h_0 - \frac{x}{2}\right) \tag{4-98}$$

上述基本公式应满足下列条件：

（1）不出现超筋破坏

$$x \leqslant \xi_b h_0 \tag{4-99}$$

或

$$\rho_2 = \frac{A_{s2}}{bh_0} \leqslant \xi_b \frac{\alpha_1 f_c}{f_y} \tag{4-100}$$

或

$$M_{u2} \leqslant \alpha_1 f_c bh_0^2 \xi_b (1 - 0.5\xi_b) \tag{4-101}$$

（2）不出现少筋破坏

$$\rho = \frac{A_{s2}}{bh} \geqslant \rho_{min} \tag{4-102}$$

因为T形截面配筋较多，一般都能满足最小配筋率的要求，故不必验算这一条件。

【例 4-8】 钢筋混凝土独立T形梁，梁的截面尺寸为：$b'_f = 600$mm，$b = 30$mm，$h'_f = 100$mm，$h = 800$mm。承受弯矩设计值 $M = 656.06$ kN·m（图 4-35）。混凝土强度等级为C20，采用HRB335级钢筋。结构安全等级为二级，环境类别属于一类。

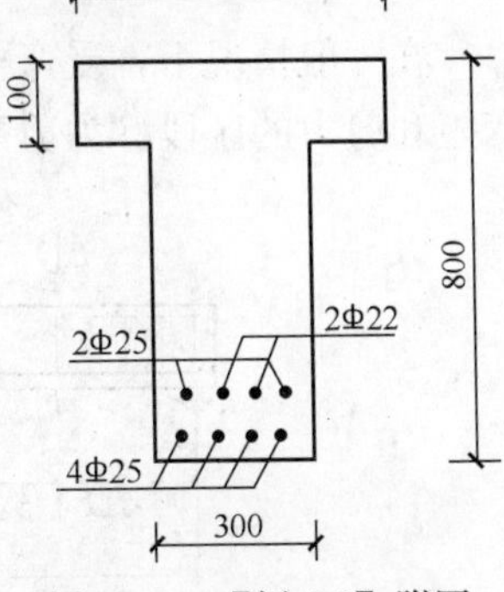

图 4-35 【例 4-8】附图

试计算T形梁的纵向受拉钢筋面积。

【解】 （1）确定材料强度设计值

由附录A表A-3查得，$f_c = 9.6\text{N/mm}^2$，$f_t = 1.1\text{N/mm}^2$。由附录A表A-8查得，$f_y = 300\text{N/mm}^2$。

（2）确定梁的有效高度

设采用双排钢筋，取 $a_s = 60$mm，$h_0 = h - a_s = 800 - 60 = 740$mm

（3）判别T形截面类型

由式（4-88）算得：

$$M'_u = \alpha_1 f_c b'_f h'_f\ \left(h_0 - \frac{h'_f}{2}\right) = 1 \times 9.6 \times 600 \times 100 \times \left(740 - \frac{100}{2}\right)$$

$$= 397.4 \times 10^6 \text{N} \cdot \text{mm} > M = 656.06 \times 10^6 \text{N} \cdot \text{mm}$$

属于第二类 T 形截面。

按式（4-94）得：

$$A_{s1}=\frac{\alpha_1 f_c\ (b'_f-b)h'_f}{f_y}=\frac{1\times 9.6\times(600-300)\times 100}{300}=960\text{mm}$$

（4）求 M_{u1}

按式（4-95）计算：

$$M_{u1}=\alpha_1 f_c(b'_f-b)h'_f\left(h_0-\frac{h'_f}{2}\right)$$

$$=1\times 9.6\times(600-300)\times 100\times\left(740-\frac{100}{2}\right)=198.7\times 10^6\text{N}\cdot\text{mm}$$

（5）求 M_{u2} 和 A_{s2}

$$M_{u2}=M-M_{u1}=656.06-198.7=457.36\text{kN}\cdot\text{m}$$

$$\alpha_s=\frac{M_{u2}}{\alpha_1 f_c b h_0^2}=\frac{457.36\times 10^6}{1\times 9.6\times 300\times 740^2}=0.290$$

由表 4-7 查得 $\gamma_s=0.825$，$\xi=0.35$

$$A_{s2}=\frac{M_{u2}}{\gamma_s h_0 f_y}=\frac{457.36\times 10^6}{0.98\times 365\times 300}=2497.1\text{mm}^2$$

所需总的受拉钢筋面积：

$$A_{s1}+A_{s2}=960+2497.1=3457.1\text{mm}^2$$

选 2 Φ 22＋6 Φ 25（A_s＝3706mm²），见图 4-35。

§4-8　受弯构件斜截面受剪承载力计算

4.8.1　概述

在一般情况下，受弯构件截面除作用有弯矩外，还作用有剪力。受弯构件同时作用有弯矩和剪力的区段称为剪弯段（图 4-36*a*）。弯矩和剪力在构件横截面上分别产生正应力 σ

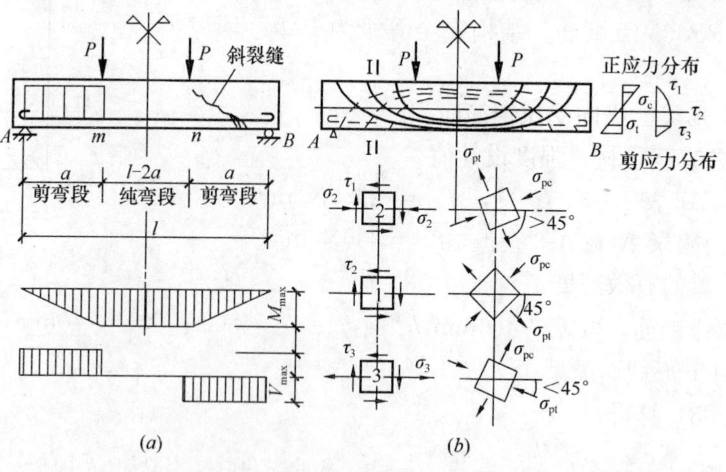

图 4-36　受弯构件斜截面受力分析

（*a*）梁的斜截面形成；（*b*）主应力迹线示意图

和剪应力τ。在受弯构件开裂前，正应力σ和剪应力τ组合起来将产生主拉应力σ_{pt}和主压应力σ_{pc}：

$$\sigma_{pt}=\frac{\sigma}{2}+\sqrt{\frac{\sigma^2}{4}+\tau^2} \tag{4-103a}$$

$$\sigma_{pc}=\frac{\sigma}{2}-\sqrt{\frac{\sigma^2}{4}+\tau^2} \tag{4-103b}$$

主应力的作用方向与梁纵向轴线的夹角α由下式确定：

$$\mathrm{tg}2\alpha=-\frac{2\tau}{\sigma} \tag{4-104}$$

图 4-36（*b*）中实线表示主拉应力迹线；与它垂直的虚线表示主压应力迹线。当荷载较小时，受拉区混凝土出现裂缝前，钢筋应力很小，主拉应力主要由混凝土承担。

随着荷载的增加，构件内的主拉应力σ_{pt}也将增加。当主拉应力超过混凝土的抗拉强度，即$\sigma_{pt}>f_t$时，混凝土便沿垂直主拉应力方向出现斜裂缝，进而发生斜截面受剪破坏。为了防止发生这种破坏，需进行斜截面受剪承载力计算。

4.8.2 受弯构件斜截面受剪承载力的试验研究

为了解决钢筋混凝土受构件斜截面试承载力计算问题，国内外进行了大量的试验研究。试验证明，影响斜截面受剪承载力的因素很多，诸如：混凝土的强度、腹筋（箍筋和弯起钢筋）和纵筋配筋率、截面尺寸和形状、荷载种类和作用方式，以及剪跨比❶等。

试验结果表明，斜截面受剪破坏主要有下列三种破坏形态：

1. 斜压破坏

斜压破坏是指梁的剪弯段中的混凝土被压碎，而腹筋尚未达到屈服强度的破坏（图 4-37*a*）。这种破坏多发生在下列情况：

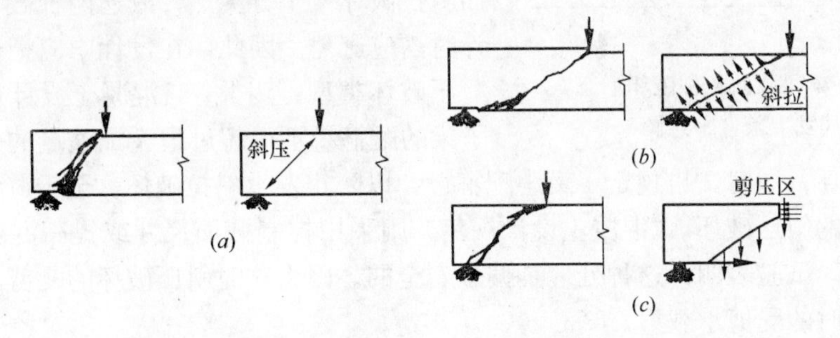

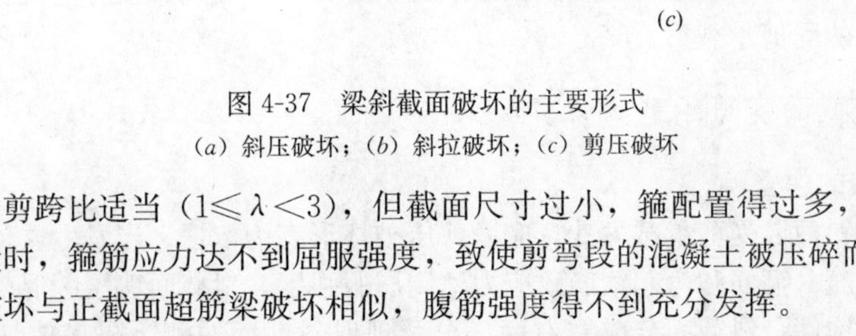

图 4-37 梁斜截面破坏的主要形式

（*a*）斜压破坏；（*b*）斜拉破坏；（*c*）剪压破坏

（1）梁的剪跨比适当（$1\leqslant\lambda<3$），但截面尺寸过小，箍配置得过多，当荷载较大使梁发生斜裂缝时，箍筋应力达不到屈服强度，致使剪弯段的混凝土被压碎而造成梁的斜压破坏。这种破坏与正截面超筋梁破坏相似，腹筋强度得不到充分发挥。

（2）当梁的剪跨比较小（$\lambda<1$）时，这时在梁的剪弯段范围内，横截面上的剪力相对

❶ 集中荷载作用点至支座的距离称为剪跨a，剪跨a与梁的截面有效高度h_0之比称为剪跨比，即$\lambda=\frac{a}{h_0}$。

较大。随着荷载的增加，首先在梁的中性轴附近出现斜裂缝，由于主拉应力随着离开中性轴而很快减小，故斜裂缝宽度开展缓慢。这时，荷载直接由其作用点通过混凝土传给支座。当荷载很大时，这部分混凝土被压碎形成斜压破坏。斜压破坏的形态见图 4-37（a）。

2. 斜拉破坏

当剪跨比较大（$\lambda>3$），且箍筋配置得过少时，在荷载作用下，一旦出现斜裂缝，箍筋应力立即达到屈服强度；这条斜裂缝迅速伸展到梁的受压区边缘，使构件很快裂为两部分而破坏（图 4-37b）。它的破坏情况与正截面少筋梁的破坏相似，这种破坏称为斜拉破坏。

3. 剪压破坏

如剪跨比适当（$1\leqslant\lambda<3$），或虽剪跨比较大（$\lambda>3$），但箍筋配置得适量时，随着荷载的增加，首先在剪弯段受拉区出现垂直裂缝，随后斜向延伸，形成斜裂缝。当荷载增加到一定值时，就会出现一条主要斜裂缝，称为临界斜裂缝。荷载进一步增加，与临界斜裂缝相交的箍筋应力达到屈服强度，由于钢筋塑性变形发展，斜裂缝逐渐扩大，斜截面末端受压区不断缩小，直至受压区混凝土在正应力和剪应力共同作用下混凝土应变达到极限状态而破坏（图 4-37c）。这种破坏称为剪压破坏。

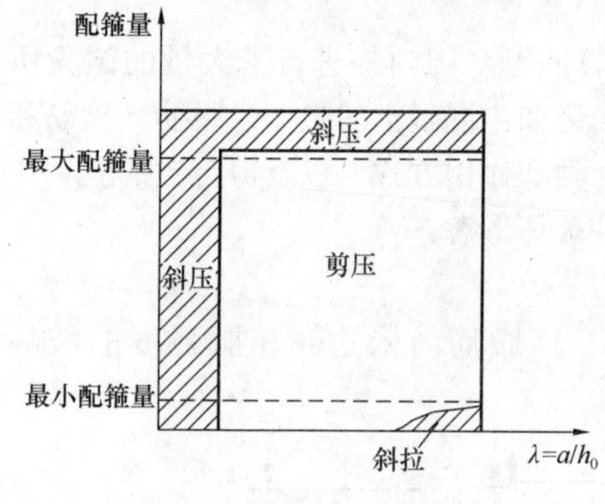

图 4-38　梁斜截面三种破坏形态与其发生条件示意图

综上所述，可以把梁的剪弯段三种破坏形态的条件用图 4-38 表示出来。图中横坐标轴表示剪跨比 $\lambda=a/h_0$；纵坐标轴表示配箍量。由上可知，斜压破坏将发生在配箍量较多或剪跨比较小的情况；斜拉破坏将发生在剪跨比较大，而配箍量过少的情况；其余为剪压破坏。

由于斜压破坏箍筋强度不能充分发挥作用，而斜拉破坏又十分突然，故这两种破坏形态在设计时均应避免。因此，在设计中应把构件控制在剪压破坏类型。为此，《混凝土设计规范》给出了梁的配箍量不得超过最大配箍量的条件，以避免形成斜压破坏；同时，也规定了最小配箍量，以防止发生斜拉破坏。至于避免由于剪跨比过小而发生的斜压破坏，《混凝土设计规范》则采用控制截面尺寸或提高混凝土强度等级来加以保证。试验表明，这种处理是偏于安全的。因为这时斜压破坏的受剪承载力远远高于剪压破坏时的受剪承载力。

4.8.3　斜截面受剪承载力计算公式

1. 基本公式的建立

如前所述，斜截面受剪承载力计算应以剪压破坏形态为依据。当发生这种破坏时，与斜截面相交的腹筋（箍筋和弯起钢筋）应力达到屈服强度，斜截面剪压区混凝土达到极限应变。这时受弯构件沿斜截面分成左右两部分。现取斜截面左侧为隔离体（图 4-39）研究它的平衡条件。

在荷载作用下，设在 BA 斜截面上产生的剪力设计值为 V。当构件发生剪压破坏时，在斜截面 BA 上抵抗剪力设计值的有：剪压区混凝土剪力承载力设计值 V_c、与裂缝相交

的箍筋受剪承载力 V_{sv} 及与裂缝相交的弯起钢筋受剪承载力设计值 V_{sb}。根据平衡条件，可写出构件受剪承载力计算基本公式：

$$\Sigma Y=0 \quad V \leqslant V_u = V_c + V_{sv} + V_{sb} \tag{4-105a}$$

或

$$V \leqslant V_u = V_{cs} + V_{sb} \tag{4-105b}$$

式中 V_u——构件斜截面受剪承载力设计值；

V_{cs}——构件斜截面上混凝土和箍筋受剪承载力设计值。

$$V_{cs} = V_c + V_{sv} \tag{4-105c}$$

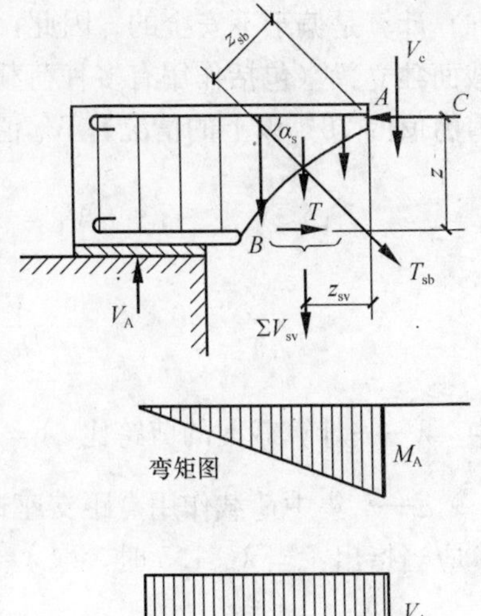

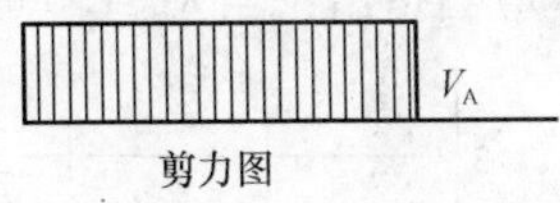

图 4-39　斜截面的受力分析

2. 仅配置箍筋的受弯构件斜截面受剪承载力 V_{cs} 的计算

仅配有箍筋的受弯构件斜截面受剪承载力 V_{cs}，等于斜截面剪压区混凝土受剪承载力 V_c 和与斜截面相交的箍筋的受剪承载力 V_{sv} 之和。试验表明，影响 V_{cs} 的因素很多，而且 V_c 和 V_{sv} 之间又相互影响，很难单独确定它们的数值。目前，对 V_{cs} 是采用理论与试验相结合的方法确定的。

根据对仅配有箍筋梁的斜截面受剪破坏试验的分析，V_{cs} 值可按下列公式计算：

(1) 对承受均布荷载矩形、T形和I形截面的受弯构件

$$V_{cs} = 0.7 f_t b h_0 + f_{yv} \frac{A_{sv}}{s} h_0 \tag{4-106a}$$

或

$$\frac{V_{cs}}{f_t b h_0} = 0.7 + \frac{f_{yv}}{f_t} \rho_{sv} \tag{4-106b}$$

图 4-40　承受均布荷载简支梁试验值与按式 (4-106b) 计算值的比较

式中 f_t——混凝土轴心抗拉强度设计值；

b——梁的宽度；

h_0——梁的截面有效高度；

f_{yv}——箍筋抗拉强度设计值，但取值不应大于 360N/mm^2；

A_{sv}——配置在同一截面内箍筋各肢的全部截面面积，$A_{sv}=nA_{sv1}$；

n——在同一截面内箍筋的肢数；

A_{sv1}——单肢箍筋的截面面积；

ρ_{sv}——箍筋配筋率，$\rho_{sv}=\frac{nA_{sv}}{sb}$；

s——箍筋的间距。

承受均布荷载的简支梁受剪承载力实测相对值 $\frac{V_{cs}}{bh_0 f_t}$ 与按式 (4-106b) 算得的受剪承载力关系曲线如图 4-40 所示。由图中可以看出，按式 (4-106b) 计算是相当安全的。

(2) 对于承受以集中荷载为主的独立梁

试验表明，对于集中荷载作用下的矩形截面独立梁，当剪跨比 λ 比较大时，按式 (4-

106a）计算是偏于不安全的。因此，《混凝土设计规范》规定：对于集中荷载作用下的矩形截面独立梁（包括作用有多种荷载，其中集中荷载对支座截面所产生的剪力值占该截面总剪力值的75%以上的情况），V_{cs}值应按下式计算：

$$V_{cs}=\frac{1.75}{\lambda+1}f_{t}bh_{0}+f_{yv}\frac{A_{sv}}{s}h_{0} \tag{4-107a}$$

或

$$\frac{V_{vs}}{bh_{0}f_{t}}=\frac{1.75}{\lambda+1}+\frac{f_{yv}}{f_{th}}\rho_{sv} \tag{4-107b}$$

式中　λ——计算截面的剪跨比，$\lambda=\frac{a}{h_0}$。当$\lambda<1.5$时，取$\lambda=1.5$；当$\lambda>3$时，取$\lambda=3$；

a——集中荷载作用点距支座边缘的距离。

应当指出：当$\lambda<1.5$时，取$\lambda=1.5$，这一方面是为了避免λ太小使构件过早地出现斜裂缝和形成斜压破坏；另一方面，当$\lambda=1.5$时，式（4-107a）等号右边第一项与式（4-106a）相应项一致。当$\lambda>3$时，计算结果较试验数值偏低，故$\lambda>3$时，取$\lambda=3$。

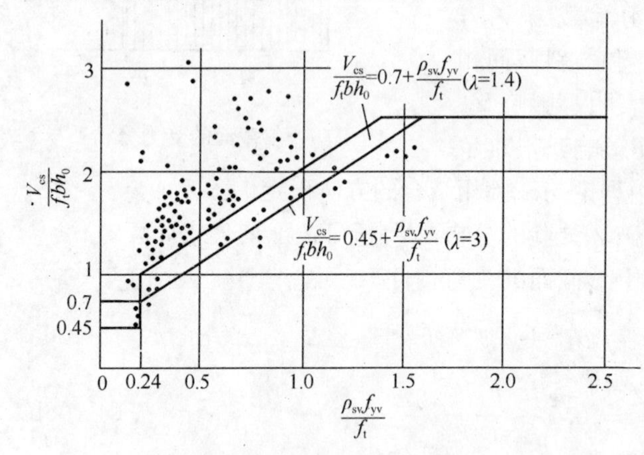

图4-41　承受集中荷载的矩形截面简支梁试验值与按式（4-107b）计算值的比较

承受集中荷载矩形截面简支梁的$\frac{V_{cs}}{f_t bh_0}$试验值，与按式（4-107b）当$\lambda=1.5$和$\lambda=3$时求得值的关系曲线，见图4-41。由图可见，按式（4-107b）确定受剪承载力是十分安全的。

3. 同时配置箍筋和弯起钢筋的斜截面受剪承载力的计算

（1）对承受均布荷载的矩形、T形和I形截面的受弯构件

$$V_{u}=0.7f_{t}bh_{0}+f_{yv}\frac{A_{sv}}{s}h_{0}+0.8f_{y}A_{sb}\sin\alpha_{s} \tag{4-108}$$

式中　A_{sb}——同一弯起平面内的弯起钢筋的截面面积（图4-39）；

α_s——弯起钢筋与梁的纵轴之间的夹角，当梁高$h<800$mm时，α_s取45°；当$h>800$mm时，α_s取60°。

其余符号意义同前。

式（4-108）等号右侧第三项中的0.8，是考虑弯起钢筋与临界斜裂缝的交点有可能过分靠近混凝土剪压区时，弯起钢筋达不到屈服强度而采用的强度低系数。

（2）对于承受以集中荷载为主的独立梁

$$V_{u}=\frac{1.75}{\lambda+1}f_{t}bh_{0}+f_{yv}\frac{A_{sv}}{s}h_{0}+0.8f_{y}A_{sb}\sin\alpha_{s} \tag{4-109}$$

式中，符号意义和λ取值范围与前相同。

4. 计算公式的适用条件

式（4-106a）～式（4-109）是根据斜截面剪压破坏试验得到的。因此，这些公式的适用条件也就是剪压破坏时所应具有的条件。

（1）上限值——最小截面尺寸

由式（4-106a）～式（4-109）可以看出，若无限制地增加箍筋（A_{sv}/s）和弯起钢筋（A_{sb}）就可随意增大梁的受剪承载力。但实际上这是不正确的。试验表明，当梁的截面尺寸过小，配置的腹筋过多或剪跨比过小时，在腹筋尚未达到屈服强度以前，梁腹部混凝土已发生斜压破坏。试验还表明，斜压破坏受腹筋影响很小，主要取决于截面尺寸和混凝土轴心抗压强度。

为了防止斜压破坏，《混凝土设计规范》根据试验结果，对矩形、T形和Ⅰ形截面受弯构件，给出了剪压破坏的上限条件，即截面最小尺寸条件：

当 $\frac{h_w}{b} \leqslant 4$ 时

$$V \leqslant 0.25\beta_c f_c b h_0 \tag{4-110a}$$

当 $\frac{h_w}{b} \geqslant 6$ 时

$$V \leqslant 0.20\beta_c f_c b h_0 \tag{4-110b}$$

当 $4 < \frac{h_w}{b} < 6$ 时，按线性内插法确定。

式中 V ——构件斜截面上最大剪力设计值；

β_c ——混凝土强度影响系数，当混凝土强度等级不超过C50时，取 $\beta_c = 1$；当混凝土强度等级等于C80时，取 $\beta_c = 0.8$；其间按线性内插法确定；

b ——矩形截面宽度，T形截面或Ⅰ形截面的腹板宽度；

h_w ——截面的腹板高度。矩形截面取有效高度 h_0；T形截面取有效高度减去翼缘高度；Ⅰ形截面取腹板净高。

受弯构件斜截面受剪承载力上限条件式（4-110a）和式（4-110b），实际上也就是最大配箍率的条件。例如对于C30的混凝土，将式（4-110a）代入式（4-106b），并注意到 $f_t = 0.1f_c$，即可求得 $\frac{h_w}{b} \leqslant 4$ 时且仅配置箍筋时的最大配箍率：$\rho_{sv,max} = 0.18f_c/f_{yv}$。

在图4-40和图4-41中上面的水平线 $V_{cs}/f_c b h_0 = 0.25$ 表示式（4-110a）规定的上限条件。

（2）下限值——最小配箍率

式（4-106b）和式（4-107b），只有箍筋的含量达到一定数值时才是正确的。如前所述，当只配置箍筋且数量很少时，一旦出现裂缝，就发生斜拉破坏。因此，对构件的箍筋要规定一个下限值，即最小配箍率。

由图4-40和图4-41可以看出，最小配箍率等于：

$$\rho_{sv} = 0.24\frac{f_t}{f_{yv}} \tag{4-111}$$

此外，为了充分发挥箍筋的作用，除满足式（4-111）最小配箍率条件外，尚须对箍筋直径和最大间距加以限制。

箍筋最大间距 s 的限制，见表4-9。

梁内箍筋和弯起钢筋最大间距 s 的限制　　表 4-9

梁高（mm）	$V>0.7f_cbh_0$	$V\leqslant 0.7f_cbh_0$
$150<h\leqslant 300$	150	200
$300<h\leqslant 500$	200	300
$500<h\leqslant 800$	250	350
$h>800$	300	400

4.8.4　斜截面受剪承载力计算步骤

1. 梁的截面尺寸的复核

梁的截面尺寸一般先由正截面承载力和刚度条件确定，然后进行斜截面受剪承载力的计算，这时首先应按式（4-110a）或（4-110b）进行截面尺寸复核。若不满足要求时，则应加大截面尺寸或提高混凝土的强度等级。

2. 确定是否需要进行斜截面受剪承载力计算

若受弯构件所承受的剪力设计值较小，截面尺寸较大或混凝土强度等级较高，当满足下列条件时：

矩形、T形及I形截面梁

$$V\leqslant 0.7f_tbh_0 \tag{4-112}$$

承受集中荷载为主的独立梁

$$V\leqslant \frac{1.75}{\lambda+1}f_tbh_0 \tag{4-113}$$

则不需进行斜截面受剪承载力计算，仅要求按构造配置腹筋；反之，需按计算配置腹筋。

式（4-112）和式（4-113）中符号意义及 λ 取值方法，与式（4-106a）和式（4-107a）相同。

3. 确定斜截面受剪承载力剪力设计值的计算位置

在计算斜截面受剪承载力时，其剪力设计值的计算位置应按下列规定采用：

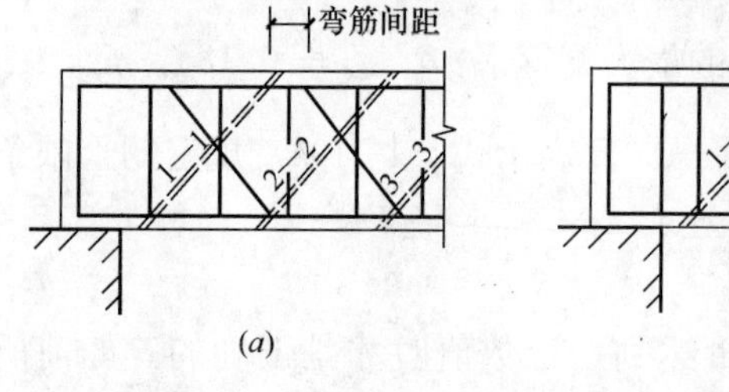

图 4-42　斜截面受剪承载力剪力设计值的计算截面
（a）弯起钢筋；（b）箍筋

（1）支座边缘处的截面（图 4-42a、b 斜截面 1-1）；

（2）受拉区弯起钢筋弯起点处的截面（图 4-42a 截面 2-2 和 3-3）；

（3）箍筋截面面积或间距改变处的截面（图 4-42b 截面 4-4）；

（4）腹板宽度改变处的截面。

4. 计算箍筋的数量

当设计剪力全部由混凝土和箍筋承担时，箍筋数量可按下式计算：

对于矩形，T形及I形截面的一般构件

$$\frac{A_{sv}}{s}\geqslant \frac{V-0.7f_tbh_0}{f_{yv}h_0} \tag{4-114}$$

承受集中荷载为主的独立梁

$$\frac{A_{sv}}{s} \geqslant \frac{V - \frac{1.75}{\lambda+1} f_t b h_0}{f_{yv} h_0} \tag{4-115}$$

求出 $\frac{A_{sv}}{s}$ 后，再选定箍筋肢数 n 和单肢数横截面面积 A_{sv1}，并算出 $A_{sv} = nA_{sv1}$，最后确定箍筋的间距 s。

箍筋除满足计算外，尚应符合构造要求。

5. 计算弯起钢筋数量

若设计剪力需同时由混凝土、箍筋及弯起钢筋共同承担时，先选定箍筋数量，按式（4-106a）或式（4-107a）算出 V_{cs}；然后，按下式确定弯起钢筋横截面面积。

$$A_{sb} = \frac{V - V_{cs}}{0.8 f_y \sin\alpha_s} \tag{4-116}$$

在计算弯起钢筋时，剪力设计值按下列规定采用：

（1）当计算第一排（对支座而言）弯起钢筋时，取用支座边缘处的剪力设计值。

（2）当计算以后每一排弯起钢筋时，取用前一排（对支座而言）弯起钢筋弯起点的剪力设计值。

弯起钢筋除满足计算要求外，其间距尚应符合表 4-9 的要求。

【例 4-9】 矩形截面简支梁，截面尺寸为 200mm×550mm（图 4-43），轴线间距离 l=6.24m，承受均布荷载设计值为 q=46kN/m（包括自重），混凝土强度等级为 C20，经正截面受弯承载力计算，已配置纵向受力钢筋 4Φ20，箍筋采用 HPB300 级钢筋。求箍筋数量。

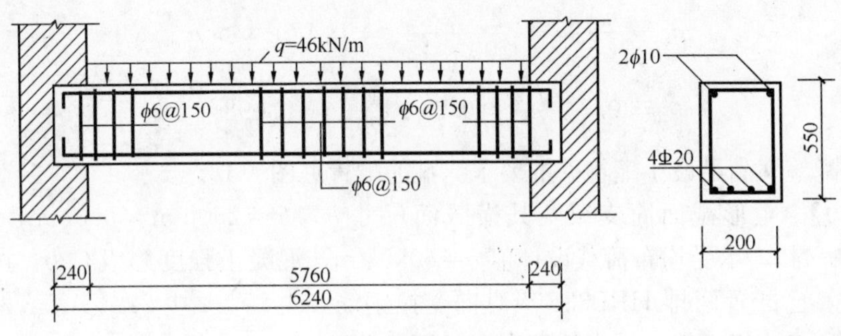

图 4-43 【例 4-9】附图

【解】 （1）计算剪力设计值

最大剪力设计值发生在支座处，而危险截面位于支座边缘处。该处剪力略小于支座处剪力值，可近似地按净跨 l_n 计算。

$$V = \frac{1}{2} q l_n = \frac{1}{2} \times 46 \times 5.76 = 132.48\text{kN}$$

（2）材料强度设计值

由附录 A 附表 A-3 查得 f_t=9.6N/mm²，由附录 A 附表 A-4 查得 f_t = 1.1N/mm²，由附录 A 表 A-8 查得 f_y=270N/mm²。

（3）复核梁的截面尺寸

$$h_0 = 550 - 35 = 515\text{mm}$$

因为，$h_0/b = 515/200 = 2.58 < 4$

由式（4-110a）得：

$$0.25\beta_c f_t bh_0 = 0.25\times1\times9.6\times200\times515 = 247.2\text{kN} > 132.48\text{kN}$$

故截面尺寸符合要求。

（4）验算是否需要按计算配置腹筋

按式（4-112）计算

$$0.7f_t bh_0 = 0.7\times1.1\times200\times515 = 7931\text{N}$$
$$= 79.31\text{kN} < 132.48\text{kN}$$

故应按计算配置腹筋。

（5）计算箍筋数量

根据式（4-114）得：

$$\frac{A_{sv}}{s} \geqslant \frac{V - 0.7f_t bh_0}{f_{yv}h_0} = \frac{132.48\times10^3 - 0.7\times1.1\times200\times515}{270\times515}$$
$$= 0.382\text{mm}^2/\text{mm}$$

选择双肢箍 ϕ6（$A_{sv1} = 28.3\text{mm}^2$），于是箍筋间距为：

$$s \leqslant \frac{A_{sv}}{0.382} = \frac{nA_{sv1}}{0.382} = \frac{2\times28.3}{0.382} = 148\text{mm}$$

采用 $s = 150\text{m}$，并沿梁全长布置。

由于 $V \leqslant 0.25\beta_c f_c bh_0$，故配箍率不会超过最大配箍率。实际配箍率为：

$$\rho_{sv} = \frac{nA_{sv1}}{bs} = \frac{2\times28.3}{200\times150} = 0.189\% > \rho_{min}$$
$$= 0.24\frac{f_t}{f_{yv}} = 0.24\times\frac{1.1}{270} = 0.098\%$$

由此可见，配箍率满足最小配箍率的要求。箍筋配置见图 4-43。

【例 4-10】 矩形截面简支梁，其横截面尺寸 $b\times h = 250\text{mm}\times650\text{mm}$，净跨 $l_n = 6.60\text{m}$（图 4-44），承受均布荷载设计值 $q = 60\text{kN/m}$，混凝土强度等级 C20，按正截面受弯承载力计算已配置两排 HRB335 级纵向受拉钢筋 4 Φ 20+2 Φ 22（$A_s = 2016\text{mm}^2$），箍筋采用 HPB300 级钢筋。试求箍筋和弯起钢筋数量。

【解】 （1）绘制梁的剪力图

支座边缘剪力设计值

$$V = \frac{1}{2}ql_0 = \frac{1}{2}\times60\times6.60 = 198\text{kN}$$

（2）确定材料强度设计值

C20 混凝土：$f_c = 9.6\text{N/mm}^2$，$f_t = 1.1\text{N/mm}^2$，HRB335 级钢筋：$f_y = 300\text{N/mm}^2$，HPB300 级钢筋：$f_y = 270\text{N/mm}^2$

（3）复核梁的截面尺寸

$$h_0 = 650 - 60 = 590\text{mm},\ \frac{h_0}{b} = \frac{590}{250} = 2.36 < 4$$

由式（4-110a）得：

$$0.25\beta_c f_c bh_0 = 0.25\times1.0\times9.6\times250\times590 = 354000\text{N} = 354\text{kN} > 198\text{kN}$$

故截面尺寸符合要求。

（4）验算是否需要按计算配置腹筋

按式（4-112）计算

$$0.7f_t bh_0 = 0.7\times1.1\times250\times590 = 113.58\times10^3\text{N} = 113.58\text{kN} < 198\text{kN}$$

故应按计算配置腹筋。

（5）计算腹筋用量

1）计算箍筋用量

设选用箍筋 $\phi6$，双肢箍，则 $A_{sv1}=28.3\text{mm}^2$，$n=2$。

根据式（4-114）

$$\frac{A_{sv}}{s} \geqslant \frac{V-0.7f_t bh_0}{f_{yv}h_0} = \frac{198\times10^3-0.7\times1.1\times250\times590}{270\times590} = 0.530\text{mm}^2/\text{mm}$$

选用双肢箍 $\phi6$（$A_{sv1}=28.3\text{mm}^2$），于是箍筋间距为：

$$s \leqslant \frac{A_{sv}}{0.530} = \frac{nA_{sv1}}{0.530} = \frac{2\times28.3}{0.530} = 106.8\text{mm}$$

采用 $s=150\text{mm}$，并沿梁全长布置，这时配箍率为：

$$\rho_{sv} = \frac{nA_{sv1}}{bs} = \frac{2\times28.3}{250\times150} = 0.151\% > \rho_{min}$$

$$=0.24\frac{f_t}{f_{yv}} = 0.24\frac{1.1}{270} = 0.098\%$$

2）计算弯起筋用量

按式（4-106a）计算：

$$V_{cs} = 0.7_t bh_0 + f_{yv}\frac{A_{sy}}{s}h_0$$

$$=0.7\times1.1\times250\times590+270\times\frac{2\times28.3}{150}\times590$$

$$=173.68\times10^3\text{N} = 173.68\text{kN}$$

计算第一排弯起钢筋，截面 1-1 的剪力 $V=198000\text{N}$，按式（4-116）计算

$$A_{sb} = \frac{V-V_{cs}}{0.8f_y\sin\alpha_s} = \frac{198000-173680}{0.8\times300\times\sin45^\circ} = 143.33\text{mm}^2$$

将纵向钢筋弯起 1 Φ 22，$A_{sb}=380.1\text{mm}^2>143.33\text{mm}^2$，故满足要求。

弯起 1 Φ 22 以后，还需验算弯起钢筋弯起点处截面 2-2 的受剪承载力。设第一根钢筋的弯起终点至支座边缘距离为 100mm＜250mm（见表 4-9），则弯起钢筋起点至支座边缘距离为 600＋100＝700mm。于是，可由三角形比例关系求得截面 2-2 的剪力：

$$V_2 = \frac{3.3-0.7}{3.3}V_1 = 0.788\times198 = 156.02 < 173.68\text{kN}$$

由上面计算可知，2-2 截面的受剪承载力满足要求，故不需再进行计算。

梁的腹筋配置情况见图 4-44。

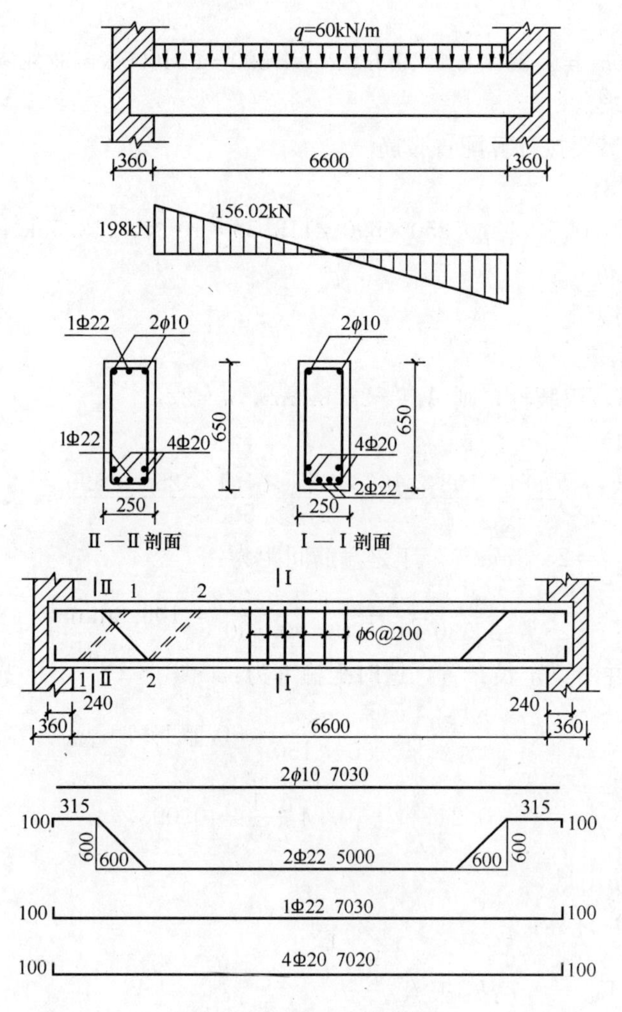

图 4-44 【例 4-10】附图

【例 4-11】 矩形截面简支梁，承受如图 4-45 所示的均布荷载设计值 q=8kN/m 和集中荷设计值 P=100kN，梁的截面尺寸 $b\times h$=250mm×600mm，净跨 l_n=6.000mm。混凝土强度等级为 C25（f_c=11.9N/mm²，f_t = 1.27N/mm²），箍筋采用 HPB300 级钢筋（f_y=270N/mm²）。

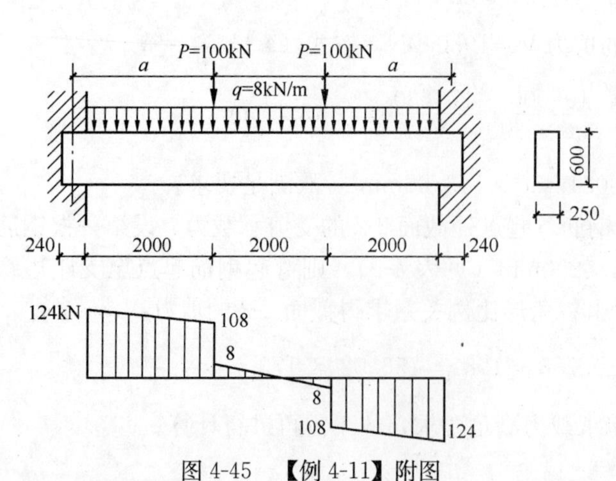

图 4-45 【例 4-11】附图

试确定箍筋的数量。

【解】 （1）计算剪力设计值

由均布线荷载在支座边缘处产生的剪力设计值为：

$$V_q=\frac{1}{2}ql_0=\frac{1}{2}\times 8\times 6=24\text{kN}$$

由集中荷载在支座边缘处产生的剪力设计值为：

$$V_p=100\text{kN}$$

在支座处总剪力为：

$$V=V_q+V_p=24+100=124\text{kN}$$

集中荷载对支座截面产生的剪力值占该截面总剪力值的百分比：100/124＝80.7％＞75％，故应按集中荷载作用下相应公式计算斜截面受剪承载力。

（2）复核截面尺寸

纵向受力钢筋按两层考虑，故：

$$h_0=h-60=600-60=540\text{mm}\quad \frac{h_0}{b}=\frac{540}{250}=2.16>4$$

根据式（4-110a）得：

$$0.25\beta_c f_c b h_0=0.25\times1\times11.9\times250\times540=401.6\times10^3\text{N}>V=124\times10^3\text{N}$$

截面尺寸满足要求。

（3）验算是否需按计算配置箍筋

剪跨比　$\lambda=a/h_0=2/0.54=3.70>3$，取 $\lambda=3$。

按式（4-113）得：

$$\frac{1.75}{\lambda+1}f_t b h_0=\frac{1.75}{3+1}\times1.27\times250\times540=75\times10^3\text{N}<V=124\times10^3\text{N}$$

故应按计算配置箍筋。

（4）计算箍筋数量

按式（4-115）计算箍筋数量

$$\frac{A_{sv}}{s}\geqslant\frac{V-\frac{1.75}{\lambda+1}f_t b h_0}{f_{yv}h_0}=\frac{124000-\frac{1.75}{3+1}\times1.27\times250\times540}{270\times540}=0.336\text{mm}^2/\text{mm}$$

选用双肢箍 $\phi8$，即 $n=2$，$A_{sv1}=50.3\text{mm}^2$，于是箍筋间距为：

$$s=\frac{nA_{sv1}}{0.336}=\frac{2\times50.3}{0.336}=299\text{mm}$$

采用 $s=250\text{mm}$，沿梁全长布置。

（5）验算最小配箍率条件

$$\rho_{sv}=\frac{nA_{sv1}}{bs}=\frac{2\times50.3}{250\times250}=0.16\%>\rho_{min}$$

$$=0.24\frac{f_t}{f_{yv}}=0.24\frac{1.27}{270}=0.112\%$$

由此可见，配箍率满足最小配箍率的要求。箍筋配置见图 4-45。

§4-9　纵向受力钢筋的切断与弯起

梁内纵向受力钢筋是根据控制截面的最大弯矩设计值计算的。若把跨中控制截面承受正弯矩的全部钢筋伸入支座，或把支座控制截面承受负弯矩的全部钢筋通过跨中。显然，这样的配筋方案是不经济的。因此，根据需要常将跨中多余的纵筋弯起，以抵抗剪力，而把支座承受负弯矩的钢筋在适当位置处切断。下面来讨论纵筋在什么部位可以弯起和切断，以及钢筋弯起和切断的数量问题。

4.9.1 抵抗弯矩图

所谓抵抗弯矩图，是指梁按实际配置的钢筋绘出的各正截面所能承受的弯矩图形。抵抗弯矩图也叫做材料图。

图 4-46（*a*）表示承受均布荷载的简支梁，图 4-46（*b*）中的曲线为设计弯矩图（简称 *M* 图）。根据跨中控制截面最大弯矩设计值配置了 2 Φ 20＋2 Φ 18 的纵筋，钢筋面积 $A_s=1137\text{mm}^2$，其抵抗弯矩为：

$$M_u=A_s f_y\left(h_0-\frac{f_y A_s}{2\alpha_1 f_c b}\right) \tag{4-117}$$

第 *i* 根钢筋的抵抗弯矩为：

$$M_{ui}=\frac{A_{si}}{A_s}M_u \tag{4-118}$$

式中　A_{si}——第 *i* 根钢筋的面积。

其余符号意义同前。

现以绘制设计弯矩图相同的比例，将每根钢筋在各正截面上的抵抗弯矩绘在设计弯矩图上，便得到如图 4-46（*b*）所示的抵抗弯矩图。

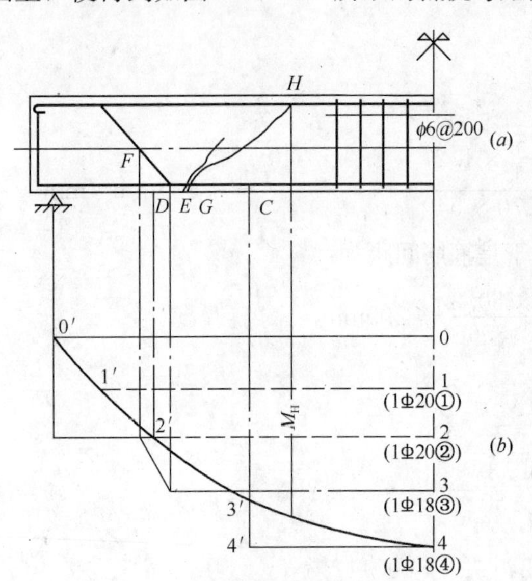

图 4-46　承受均布荷载的简支梁设计弯矩图与抵抗弯矩图

显然，在截面 *C* 处，即 3-3′水平线与 *M* 图交点所对应的截面，可以减少 1 Φ 18（④号钢筋），而其余钢筋便能满足该截面的受弯承载力要求；同样，在截面 *D* 处，即 2-2′水平线与 *M* 图交点所对应的截面，可以再减少 1 Φ 18（③号钢筋）。因此，我们将截面 *C* 称为④号钢筋的不需要点。因为③号钢筋到了截面 *C* 才得到充分利用，故截面 *C* 也称为③号钢筋的充分利用点。同样，截面 *D* 称为③号钢筋的不需要点，同时也是②号钢筋的充分利用点。

一根钢筋的不需要点也叫理论断点。对正截面受弯承载力的要求而言，这根钢筋既然是多余的，理论上就可以把它切断。切断后抵抗弯矩图在该截面将发生突变。例如，在图 4-46（*b*）中，④号钢筋在截面 *C* 切断后，抵抗弯矩图在该处将发生了突变。

当钢筋弯起时，抵抗弯矩图亦将发生变化。如果在图 4-46（*a*）中将③号钢筋在截面 *E* 处弯起，则抵抗弯矩将发生改变。但由于弯起的过程中，弯起钢筋还能抵抗一定的弯矩，所以，不像切断钢筋那样突然，而是逐渐减小的。直到 *F* 点处，弯起钢筋伸进梁的中性轴，进入受压区后，弯起钢筋的抗弯能力才认为消失。因此，在钢筋弯起点 *E* 处抵抗弯矩图的纵标为 03，在弯起钢筋与梁的轴线的交点 *F* 处抵抗弯矩图纵标为 02，在截面 *E*、*F* 之间抵抗弯矩图按斜直线变化（见图 4-46*b*）。

4.9.2 纵向受力钢筋的实际断点的确定

如前所述，就满足正截面受弯承载力的要求而言，在理论断点处即可把不需要的钢筋切断（图 4-46*b*）。但是，受力纵筋这样截断是不安全的。例如，若将④号钢筋在 *C* 截面处切断，则当发生斜裂缝 *GH* 时，*C* 截面的钢筋（2 Φ 20+1 Φ 18）就不足以抵抗斜裂缝处的弯矩 M_H，这是因为 $M_H>M_C$。为了保证斜截面的受弯承载力，就要求在斜裂缝 *GH* 长度范围内有足够的箍筋穿越，以其拉力对 *H* 取矩，来补偿被切断的④号纵筋的抗弯作用。这一条件在设计中一般是不能满足的。为此，通常是将钢筋自理论断点处延伸一段长度 l_w（称为延伸长度）再进行切断（见图 4-47）。这就可以在出现斜裂缝 *GH* 时，④号钢筋仍能起抗弯作用，而在出现斜裂缝 *IH* 时，④号钢筋虽已不起抗弯作用，但这时却已有足够的箍筋穿过斜裂缝 *IH*，其拉力再对 *H* 取矩，就足以补偿④号钢筋的抗弯作用。

显然，延伸长度 l_w 的大小与被切断的钢筋直径有关，钢筋直径越粗，它原来所起的抗弯作用就越大，则所需要补偿的箍筋就越多，因此所需的 l_w 值就越大。此外，l_w 还与箍筋的配置多少有关，配箍率越小，所需 l_w 值就越大。

为安全计，在实际工程设计中，跨中下部受拉钢筋，除必需弯起外，一般是不切断的，都伸入支座。连续梁支座处承受负弯矩的纵向受拉钢筋，在受拉区也不宜切断；当必须切断时，应符合下列规定（图 4-48）：

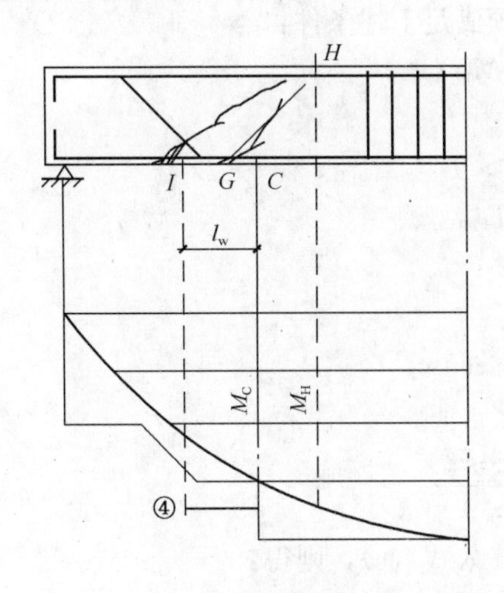

图 4-47 纵向钢筋实际切断点的确定

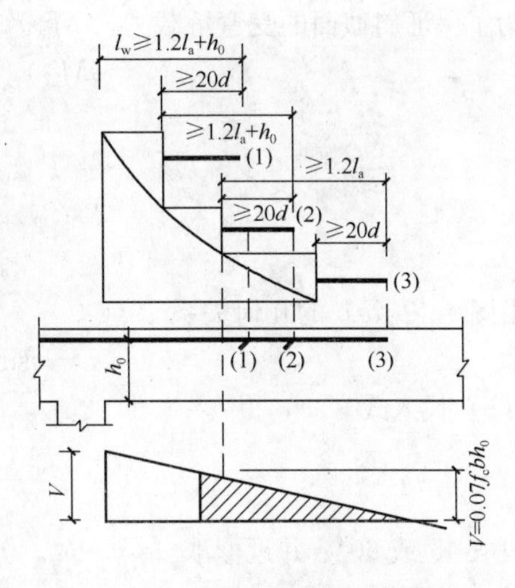

图 4-48 梁内钢筋的延伸长度

(1) 当 $V\leqslant0.7f_tbh_0$ 时，应延伸至按正截面受弯承载力计算不需要该钢筋的截面外不小于 20*d* 处截断，且从该钢筋强度充分利用截面伸出的长度不应小于 $1.2l_a$（l_a 为钢筋锚固长度）；

(2) 当 $V>0.7f_tbh_0$ 时，应延伸至按正截面受弯承载力计算不需要该钢筋的截面外不小于 h_0 且不小于 20*d* 处截断，且从该钢筋强度充分利用截面伸出的长度不应小于 $1.2l_a+h_0$；

(3) 若按上述规定确定的截断点仍位于负弯矩受拉区内，则应延伸至按正截面受弯承载力计算不需要该钢筋的截面以外不小于 $1.3h_0$ 且不小于 20*d* 处截断，且从该钢筋强度充分利用截面伸出的长度不应小于 $1.2l_a+1.7h_0$。

4.9.3 弯起钢筋实际起弯点的确定

弯起钢筋不能在充分利用点起弯，否则亦将不能保证斜截面的受弯承载力。弯起钢筋应伸过充分利用点一段距离 s 后再起弯，且弯起钢筋与梁轴线的交点应在该钢筋理论断点之外。

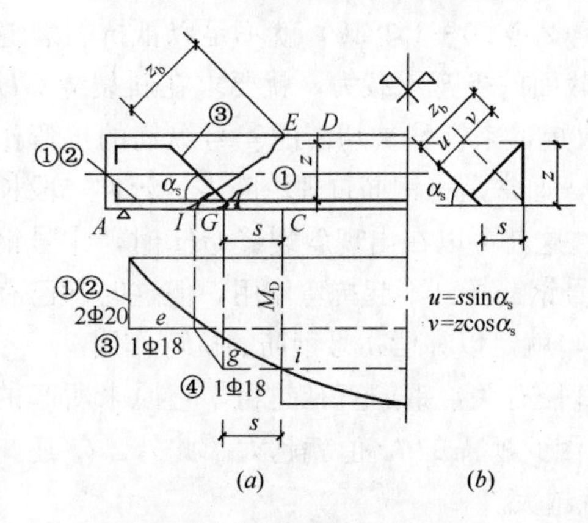

图 4-49 钢筋的弯起点的确定

现以图 4-49（*a*）中③号钢筋弯起为例，说明 s 值的确定方法。

截面 C 是③号钢筋的充分利用点，在伸过一段距离 s 后，③号钢筋（1Φ18）被弯起。显然，在正截面 C 的抵抗弯矩为：

$$(M_{抵})_{正}=T_{(2\Phi20+1\Phi18)}z$$

设有一条斜裂缝 IE 发生在如图 4-49（*a*）所示的位置。作用在斜截面上的弯矩仍为 M_C，这时斜截面的抵抗矩为：

$$(M_{抵})_{斜}=T_{(2\Phi20)}z+T_{(1\Phi18)}z_b$$

为了保证斜截面的受弯承载力，$(M_{抵})_{正}$ 必须满足下述条件：

$$(M_{抵})_{斜}>(M_{抵})_{正}$$

即：

$$T_{(2\Phi20)}z+T_{(1\Phi18)}z_b>T_{(2\Phi20+1\Phi18)}z$$

$$T_{(1\Phi18)}z_b>T_{(1\Phi18)}z \tag{a}$$

或

$$z_b>z$$

由图 4-49（*b*）的几何关系

$$z_b=s\sin\alpha_s+z\cos\alpha_s \tag{b}$$

将式（b）代入式（a），得：

$$s\geqslant\frac{z(1-\cos\alpha_s)}{\sin\alpha_s} \tag{c}$$

α_s 一般取 45°或 60°，并近似取 $z=0.9h_0$。分别代入式（c），则得：

当 $\alpha_s=45°$时，　　　$s=0.37h_0$

当 $\alpha_s=60°$时，　　　$s=0.52h_0$

为简化计算，《混凝土设计规范》规定，统一取弯起钢筋实际起弯点至充分利用点的距离 $s\geqslant0.50h_0$。

§4-10 受弯构件钢筋构造要求的补充

4.10.1 纵向受力钢筋在支座内的锚固

梁的简支端正截面的弯矩 $M=0$，按正截面要求，纵筋适当伸入支座即可。但在主拉应力作用下，沿支座开始发生斜裂缝时，则与裂缝相交的纵筋所承受的弯矩由原来的 M_C 增加到 M_D（图 4-50）。因此，纵筋的拉力将明显增加。若无足够的锚固长度，纵筋就会从支座内拔出，使梁斜截面受弯承载力不足发生破坏。

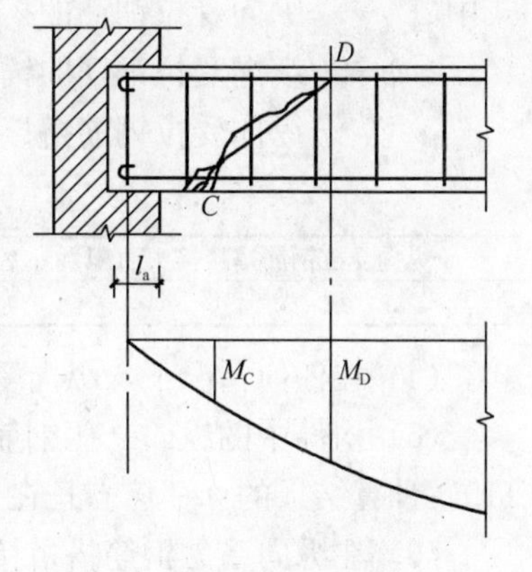

图 4-50　纵向受力钢筋伸入梁的支座内的锚固

《混凝土设计规范》根据试验和设计经验规定，钢筋混凝土简支梁和连续梁简支端的下部纵向受力钢筋，其伸入梁支座范围内的锚固长度 l_{as}（图 4-50）应符合下列规定：

（1）当 $V \leqslant 0.7f_tbh_0$ 时

$$l_{as} \geqslant 5d$$

（2）当 $V \geqslant 0.7f_tbh_0$ 时

带肋钢筋　　$l_{as} \geqslant 12d$

光面钢筋　　$l_{as} \geqslant 15d$

其中，d 为纵向受力钢筋直径。

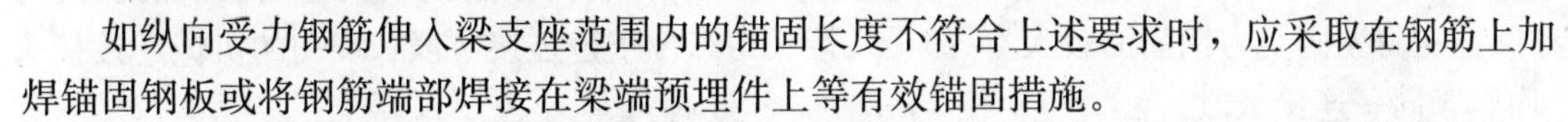

如纵向受力钢筋伸入梁支座范围内的锚固长度不符合上述要求时，应采取在钢筋上加焊锚固钢板或将钢筋端部焊接在梁端预埋件上等有效锚固措施。

简支板下部纵向受力钢筋伸入支座长度 $l_{as} \geqslant 5d$。

4.10.2　钢筋的连接

钢筋的连接分为：机械连接、焊接和绑扎搭接。施工中，宜优先采用机械连接或焊接。机械连接和焊接的类型和质量要求，应符合国家现行有关标准。

受力钢筋的接头宜设置在受力较小处。在同一根钢筋上宜少设接头。

1. 绑扎搭接接

（1）当受拉钢筋的直径 $d \geqslant 28$mm 及受压钢筋的直径 $d \geqslant 32$mm 时，不宜采用绑扎搭接连接。

（2）同一构件中相邻纵向受力钢筋的绑扎搭接接头的位置应相互错开。钢筋绑扎搭接接头连接区段的长度为 1.3 倍搭接长度，凡搭接接头中点位于该连接区段长度内的搭接接头均属于同一连接区段。同一连接区段内纵向钢筋搭接接头面积百分率为该区段内有搭接接头的纵向受力钢筋截面面积与全部纵向受力钢筋截面面积的比值（图 4-51）。

（3）位于同一连接区段内的纵向受拉钢筋搭接接头面积百分率：对梁类、板类构件，不宜大于 25%。当工程中确有必要增大受拉钢筋搭接接头面积百分率时，对梁类构件，不宜大于 50%；对板、墙、柱及预制构件的拼接处，可根据实际情况放宽。

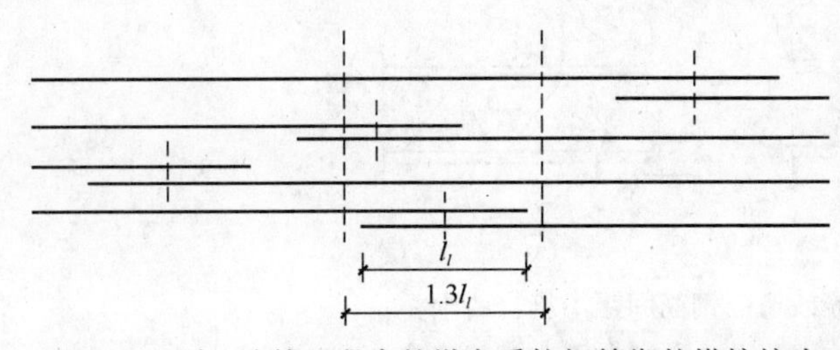

图 4-51　同一连接区段内的纵向受拉钢筋绑扎搭接接头

纵向受拉钢筋绑扎搭接接头的搭接长度，应根据位于同一连接区段内的纵向钢筋搭接接头面积百分率按下列公式计算：

$$l_l = \zeta \cdot l_a \qquad (4\text{-}119)$$

式中　l_l——纵向受拉钢筋的搭接长度；

l_a——纵向受拉钢筋的锚固长度；

ζ——纵向受拉钢筋搭接长度修正系数，按表 4-10 采用。

纵向受拉的搭接长度修正系数　　**表 4-10**

纵向受拉钢筋搭接接头面积百分率	≤25	50	100
ζ	1.2	1.4	1.6

（4）在任何情况下，纵向受拉钢筋绑扎搭接接头的搭接长度均不应小于 300mm。

（5）构件中的纵向受压钢筋，当采用绑扎搭接接头时，其搭接长度不应小于按式（4-119）计算结果的 0.7 倍。且在任何情况下，不应小于 200mm。

（6）在纵向受力钢筋搭搭接长度范围内应配置箍筋，其直径不应小于搭接钢筋较大直径的 0.25 倍。当钢筋受拉时，箍筋间距不应大于搭接钢筋较小直径的 5 倍，且不应大于 100mm；箍筋间距不应大于搭接钢筋较小直径的 10 倍，且不应大于 200mm。当受压钢筋直径 $d \geqslant 25$mm 时，尚应在搭接接头两个端面外 100mm 范围内各设两个箍筋。

2. 机械连接接头

（1）纵向受力钢筋机械连接接头宜相互错开。钢筋机械连接接头连接区段的长度为 $35d$（d 为纵向受力钢筋的较大直径），凡接头中点位于该连接区段长度内的机械连接接头均属于同一连接区段。

在受力较大处设置机械连接接头时，位于同一连接区段内的纵向受拉钢筋接头面积百分率不应大于 50%；纵向受压钢筋接头面积百分率不受限制。

（2）机械连接接头连接件的混凝土保护层厚度宜满足纵向受力钢筋最小保护层厚度的要求。连接件之间的横向净距不宜小于 25mm。

3. 焊接连接接头

纵向受力钢筋焊接接头应相互错开。钢筋焊接接头连接区段的长度为 $35d$（d 为的较大直径），且不小于 500mm。凡接头中点位于该连接区段长度内的焊接接头，均属于同一连接区段。

位于同一连接区段内的纵向受力钢筋的焊接接头面积百分率，对纵向受拉钢筋接头，不应大于 50%；对纵向受压钢筋的接头面积百分率可不受限制。

4.10.3　梁内箍筋和弯起钢筋的最大间距

梁内箍筋和弯起钢筋间距不能过大，以防止在箍筋或弯起钢筋之间发生斜裂缝（图 4-52），从而降低梁的受剪承载力。《混凝土设计规范》规定，梁内箍筋和弯起钢筋间距 s

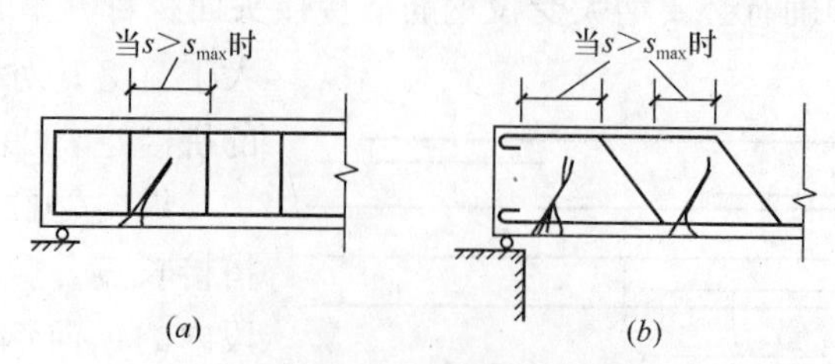

图 4-52　箍筋或弯起钢筋间距不符合要求

（a）斜裂缝未与箍筋相交；（b）斜裂缝未与弯筋相交

不得超过表 4-9 规定的最大间距 s_{max}。

4.10.4 弯起钢筋的构造

弯起钢筋在终弯点处应再沿水平方向向前延伸一段锚固长度（见图 4-53）。这一锚固长度在受拉区和受压区分别不小于 $20d$ 和 $10d$。当不能将纵筋弯起而需单独设置弯筋时，应将弯筋两端锚固在受压区内，不得采用“浮筋”（见图 4-54）。

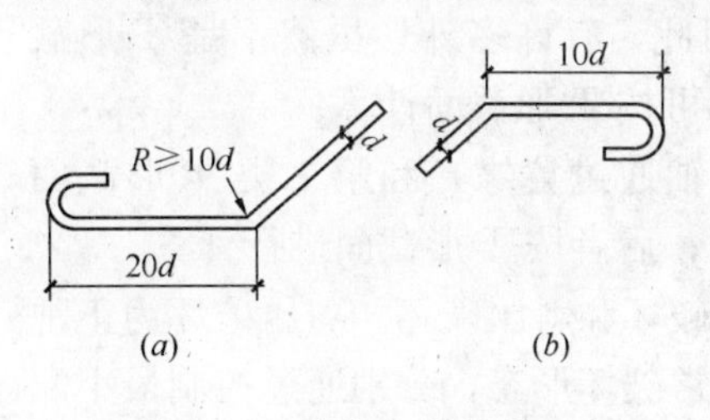

图 4-53 弯起钢筋的锚固

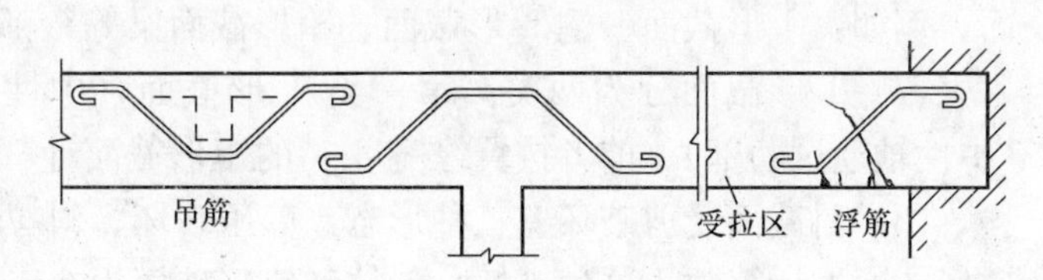

图 4-54 独立弯起钢筋的位置

4.10.5 腰筋与拉筋

当梁的腹板高度 h_w 不小于 450mm 时，在梁的两个侧面应沿高度配置纵向构造钢筋①（腰筋），每侧腰筋（不包括梁上、下部受力钢筋及架力钢筋）的间距。不宜大于 200mm，截面面积不应小于腹板截面面积（bh_w）的 0.1%，但当梁宽较大时可以适当放松。腰筋用拉筋②连系，拉筋间距一般取箍筋间距的 2 倍。设置腰筋的作用，是防止梁太高时由于混凝土收缩和温度变化而产生的竖向裂缝，同时也是为了加强钢筋骨架的刚度，避免浇筑混凝土时钢筋位移。

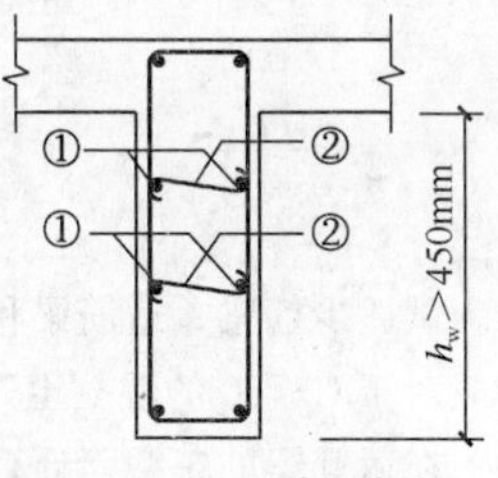

图 4-55 腰筋与拉筋

小 结

（1）钢筋混凝土受弯构件正截面破坏有三种形态：①适筋破坏；②超筋破坏；③少筋破坏。其中适筋破坏为正常破坏；超筋和少筋破坏是非正常破坏，通过限制条件加以避免。

（2）钢筋混凝土受弯构件适筋破坏，可分三个阶段，即第Ⅰ阶段（未裂阶段）、第Ⅱ阶段（裂缝阶段）和第Ⅲ阶段（破坏阶段）。受拉区混凝土开裂和钢筋屈服，是划分三个受力阶段的界限状态。

（3）受弯构件正截面承载力计算是以第Ⅲ阶段末，即$Ⅲ_a$阶段的应力图形作为依据的，计算时认为：①构件发生弯曲变形后正截面仍为平面（即平截面假定）；②不考虑拉区混凝土工作；③受压区混凝土取等效应力图形，并达到抗压强度设计值 f_c；④钢筋应力达到抗拉强度设计值 f_y。

（4）单筋矩形截面受弯构件确定钢筋面积的步骤是：计算系数 $\alpha_s=M/\alpha_1 f_c bh_0^2$，根据

α_s 值由表 4-7 查得系数 γ_s；计算钢筋截面面积 $A_s=M/\gamma_s h_0 f_y$；检查最小配筋率条件 $\rho=A_s/bh\leqslant\rho_{min}$。截面复核的步骤是：验算最小配筋率条件 $\rho\geqslant\rho_{min}$；求出 $\alpha_s=M/\alpha_1 f_c bh_0^2$；由表 4-7 查出 α_s；按相应公式计算 M_u。

（5）受拉区与受压区均设置受力纵向钢筋的梁称为双筋梁。这种梁是不经济的，故在设计中应尽量避免采用。

（6）T 形截面受弯构件正截面承载力计算方法，适用于多种截面形状构件。因为在受弯承载能力计算时，假定受拉区混凝土不参加工作。因此，有许多外形虽然不是 T 形截面，例如：I 形截面、倒 L 形截面、箱形截面梁等，都可按 T 形截面计算。

（7）T 形截面分为两类：第一类 T 形截面（中性轴通过翼缘）和第二类 T 形截面（中性轴通过肋部）。前者按翼缘宽度 b'_f 的矩形截面计算；后者按 T 形截面进行计算。

（8）斜截面受剪破坏有三种形态：剪压破坏、斜拉破坏和斜压破坏。剪压破坏为正常破坏，通过计算防止这种破坏。斜拉和斜压破坏为非正常破坏形态，分别通过控制最小配箍率和限制截面尺寸防止这两种破坏。

（9）保证斜截面受弯承载能力也是受弯构件斜截面设计的一个重要内容。一般通过采取构造措施来实现。如纵向钢筋应伸过其理论断点一定长度后再切断；弯起钢筋可在其理论断点前弯起；但弯起钢筋与梁轴线的交点，应在理论断点之外；弯起点与其充分利用点之间的距离，不应小于 $h_0/2$。

思 考 题

4-1 试述少筋梁、适筋梁和超筋梁的破坏特征。在设计中如何防止少筋梁和超筋梁破坏？

4-2 对于 C≤50 的混凝土处于正截面非均匀受压时，其极限压应变 ε_u 为多少？

4-3 在适筋梁的正截面计算中，如何将混凝土受压区的实际应力图形换算成等效矩形应力图形？

4-4 在受弯构件中，什么是相对界限受压区高度 ξ_b？怎样确定它的数值？它和最大的配筋率 ρ_{max} 有何关系？

4-5 写出钢筋混凝土受弯构件纵向拉钢筋配筋率表达式，它与验算最小配筋率公式 $\rho=\dfrac{A_s}{bh}\leqslant\rho_{min}$ 中的配筋率表达式有何不同？为什么？

4-6 单筋矩形截面的极限弯矩 M_{umax} 与哪些因素有关？

4-7 为什么要求双筋矩形截面的受压区高度 $x\geqslant 2a'_s$（a'_s 为受压钢筋合力至受压区边缘的距离）？若不满足这一条件，怎样计算双筋梁正截面受弯承载力？

4-8 T 形截面有何优点？为什么 T 形截面的配筋率公式中的 b 为肋宽？

4-9 在受弯构件中，斜截面受剪破坏有哪几种破坏形态？它们的特点是什么？以何种破坏形态作为计算的依据？如何防止斜压破坏和斜拉破坏？

4-10 什么是剪跨比？它对梁的斜截面受剪承载力有何影响？在计算中为什么当 $\lambda<1.5$ 时，取 $\lambda=1.5$；当 $\lambda>3$ 时，取 $\lambda=3$？

4-11 为什么说梁的斜截面受剪承载力上限条件式（4-106a）和式（4-106b），实际上就是最大配箍率的条件？

4-12 什么是抵抗弯矩图？什么是钢筋的理论断点和充分利用点？

4-13 为了保证梁的斜截面受弯承载力，纵向受力钢筋弯起时应注意哪些问题？

4-14 在外伸梁和连续梁中，支座负筋截断时应注意哪些要求？

4-15　什么是腰筋？它的作用是什么？设置腰筋有何要求？

4-16　为什么箍筋和弯起钢筋间距要满足一定要求？

4-17　钢筋混凝土简支梁和连续梁的简支端的下部纵向受力钢筋，其伸入支座的锚固长度是多少？

习　题

【4-1】 已知梁的截面尺寸 $b \times h = 250\text{mm} \times 500\text{mm}$，承受弯矩设计值 $M = 90\text{kN} \cdot \text{m}$，混凝土强度等级为 C20，采用 HRB335 级钢筋。结构安全等级为二级，环境类别为一类。求所需纵向钢筋的截面面积。

【4-2】 已知矩形截面简支梁，梁的截面尺寸 $b \times h = 200\text{mm} \times 450\text{mm}$，梁的计算跨度 $l_0 = 5.20\text{m}$，承受均布线荷载：活荷载标准值 10kN/m，恒载标准值 9.5kN/m（不包括梁的自重），采用 C25 级混凝土和 HRB400 级钢筋，结构安全等级为二级，环境类别为一类。试求所需纵向钢筋的截面面积。

【4-3】 图 4-56 所示为钢筋混凝土雨篷。已知雨篷板根部厚度为 80mm，端部厚度为 60mm，计算跨度为 1.3m，各层作法如图所示。板除承受恒载外，尚在板的自由端每米宽作用 1kN/m 的施工活荷载。板采用 C25 级混凝土和 HRB335 级钢筋。结构安全等级为二级，环境类别为二 a 类。

试计算雨篷的受力钢筋。

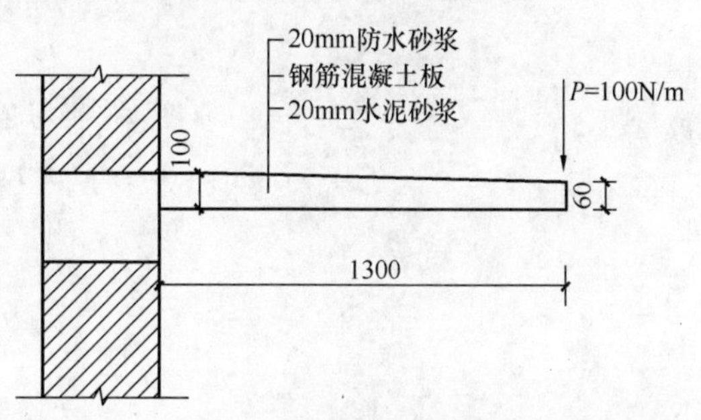

图 4-56　习题【4-3】附图

【4-4】 已知梁的截面尺寸 $b \times h = 200\text{mm} \times 450\text{mm}$，混凝土强度等级为 C20，配置 HRB335 级钢筋 4Φ16（$A_s = 804\text{mm}^2$），若承受弯矩设计值 $M = 70\text{kN} \cdot \text{m}$。结构安全等级为一级，环境类别为一类。试验算此梁正截面承载力是否安全。

【4-5】 现浇肋形楼盖次梁，承受弯矩设计值 $M = 65\text{kN} \cdot \text{m}$，计算跨度为 4800mm，截面尺寸如图 4-57 所示，混凝土强度等级为 C20，采用 HRB335 级钢筋。结构安全等级为二级，环境类别为一类。试确定该次梁的纵向受力钢筋截面面积。

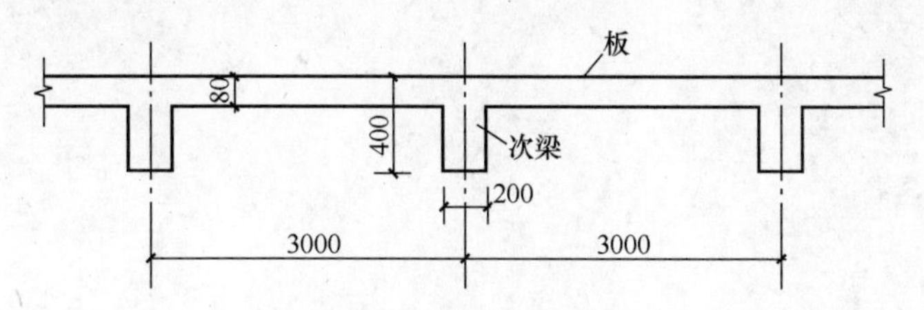

图 4-57　习题【4-5】附图

【4-6】 T 形截面梁，$b'_f = 550\text{mm}$，$h'_f = 100\text{mm}$，$b = 250\text{mm}$，$h = 750\text{mm}$，承受弯矩设计值 $M = 500\text{kN} \cdot \text{m}$。混凝土强度等级采用 C20，钢筋采用 HRB335 级。试求纵向钢筋截面面积。

【4-7】 矩形截面简支梁 $b \times h = 250\text{mm} \times 550\text{mm}$，净度 $l_n = 6000\text{mm}$，承受荷载设计值（包括梁的自重）$q = 50\text{kN/m}$，混凝土强度等级为 C25，经正截面承载力计算，已配 4Φ20 纵筋（图 4-58），箍筋采用

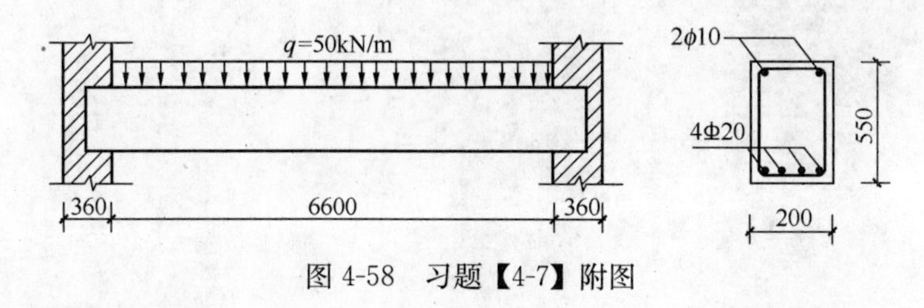

图 4-58　习题【4-7】附图

HPB300 级钢筋。结构安全等级为一级，环境类别为一类。

试确定箍筋数量。

【4-8】 矩形截面简支梁，截面尺寸 $b \times h = 250\text{mm} \times 600\text{mm}$，净跨 $l_n = 6300\text{mm}$，承受均布线荷载设计值 $q = 56\text{kN/m}$（图 4-59），混凝土选采用 C20，经正截面承载力计算已配纵向受力钢筋 4 Φ 20＋2 Φ 22，箍筋采用 HPB300 级钢筋。结构安全等级为一级，环境类别为一类。

试确定箍筋和弯起钢筋的数量。

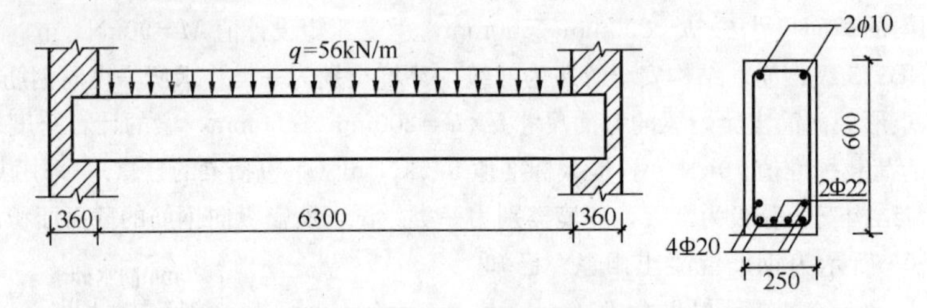

图 4-59　习题【4-8】附图

第5章　受压构件承载力计算

§5-1　概　　述

工业与民用建筑中，钢筋混凝土受压构件应用十分广泛。例如，多层框架结构柱（图5-1*a*）、单层工业厂房柱（图5-1*b*）和屋架受压腹杆（图5-1*c*）等，都属于受压构件的例子。

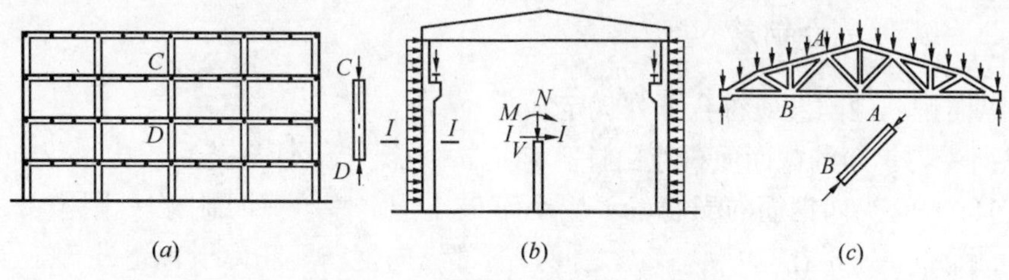

图5-1　钢筋混凝土受压构件实例

钢筋混凝土受压构件，按其轴向压力作用点与截面形心的相互位置不同，可分为轴心受压构件和偏心受压构件。

当轴向压力作用点与构件正截面形心重合时，这种构件称为轴心受压构件（图5-2*a*）。在实际工程中，由于施工的误差造成截面尺寸和钢筋位置的不准确，混凝土本身的不均匀性，以及荷载实际作用位置的偏差等原因，很难使轴向压力与构件正截面形心完全重合。所以，在工程中理想的轴心受压构件是不存在的。但是，为了简化计算，只要由于上述原因所引起的初始偏心距不大，就可将这种受压构件按轴心受压构件考虑。

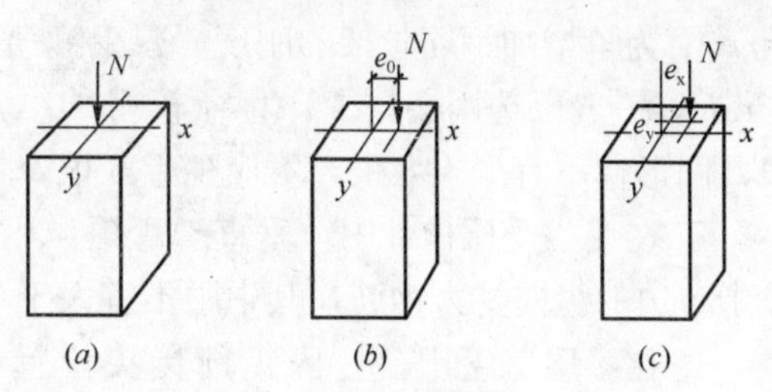

图5-2　轴心受压与偏心受压
（*a*）轴心受压；（*b*）单向偏心受压；（*c*）双向偏心受压

当轴向压力的作用点不与构件正截面形心重合时，这种构件称为偏心受压构件。如果轴向压力作用点只对构件正截面的一个主轴存在偏心距，则这种构件称为单向偏心受压构件（图5-2*b*）；如果轴向压力作用点对构件正截面的两个主轴存在偏心距，则称为双向偏心受压构件（图5-2*c*）。

§5-2　受压构件的构造要求

5.2.1　材料强度等级

为了减小受压构件截面尺寸，节省钢材，在设计中宜采用C25、C30、C40或强度等级更高的混凝土，钢筋一般采用HRB335、HRB400和RRB400级，而不宜采用强度更高的钢筋来提高受压构件的承载能力。因为在受压构件中，高强度钢筋不能充分发挥其作用。

5.2.2 截面形状和尺寸

为了便于施工，钢筋混凝土受压构件通常采用正方形或矩形截面。只是有特殊要求时，才采用圆形或多边形截面，为了提高受压杆件的承载能力，截面不宜过小，一般截面的短边尺寸为（1/10～1/15）l_0。一般情况下，受压构件的截面不能直接求出。在设计时，通常根据经验或参考已有的类似设计，假定一个截面尺寸；然后，根据公式求出钢筋截面面积。为了减少模板规格和便于施工，受压构件截面尺寸要取整数，在800mm以下者，取用50mm的倍数；在800mm以上者，采用100mm的倍数。

5.2.3 纵向受力钢筋

柱中纵向钢筋的配置应符合下列规定：

1. 纵向受力钢筋的截面面积应由计算确定。《混凝土设计规范》规定，纵向钢筋直径不宜小于12mm，纵向钢筋的配筋率不应小于最小配筋率（参见附录C附表C-2）。柱中纵向钢筋的配筋率通常在0.5%～2%之间，全部纵向钢筋配筋率不宜超过5%。

2. 柱内纵筋的净距不应小于50mm，且不宜大300mm。对水平浇筑的混凝土装配式柱，纵筋间距可按梁的规定采用。纵筋混凝土保护层厚度应按附录C附表C-1采用。

3. 偏心受压柱的截面高度不小于600mm时，在柱的侧面上应设置直径不小于10mm的纵向构造钢筋，并相应设置复合箍筋或拉筋。

4. 为了增加钢筋骨架的刚度，减少箍筋用量，纵筋的直径不宜过细，通常采用12～32mm，一般以选用根数少、直径较粗的纵筋为好。对于矩形柱，纵筋根数不应少于4根；圆形柱不宜少于8根，不应少于6根，且宜沿周边均匀布置。

5. 在偏心受压构件中，垂直于弯矩作用平面的侧面上的纵向受力钢筋以及轴心受压柱中各边的纵向受力钢筋，其中距不宜大于300mm。

6. 在多层房屋中，柱内纵筋接头位置一般设在各层楼面处．其搭接长度 l_l 应按4.10.2中有关规定采用。柱每边的纵筋不多于4根时，可在同一水平截面处接头（图5-3*a*）；每边为5～8根时，应在两个水平截面上接头（图5-3*b*）；每边为9～12根时，应在

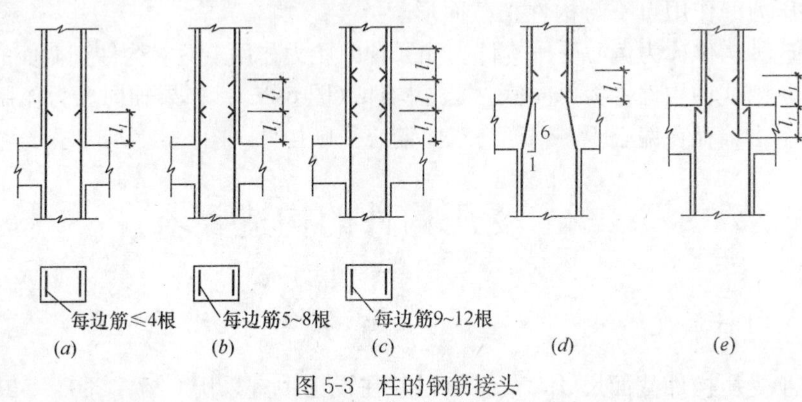

图5-3 柱的钢筋接头

三个水平截面上接头（图 5-3c）。当上柱截面尺寸小于下柱截面尺寸，且上下柱相互错开尺寸与梁高之比（即柱的纵筋弯折角的正切）小于或等于 1/6 时，下柱钢筋可弯折伸入上柱（图 5-5d）；当上下柱相互错开尺寸与梁高之比大于 1/6 时，应设置短筋，短筋直径和根数与上柱相同（图 5-3e）。

5.2.4 箍筋

箍筋的作用，既可保证纵向钢筋的位置正确，又可防止纵向钢筋压曲，从而提高柱的承载能力。

柱中的箍筋应符合下列规定：

1. 箍筋形状和配置方法应视柱截面形状和纵向钢筋根数而定，箍筋直径不应小于 $d/4$，且不小于 6mm，d 为纵向钢筋最大直径。

2. 箍筋间距不应大于 400mm 及构件横截面的短边尺寸，且不应大于 15d，d 为纵向钢筋最小直径。

3. 柱及其他受压构件中的周边箍筋应做成封闭式。对圆柱中的箍筋，搭接长度不应小于锚固长度，且末端应做成 135°弯钩，弯钩末端平直段长度不应小于 5d，d 为箍筋直径。

4. 当柱截面短边尺寸大于 400mm 且各边纵向钢筋多于 3 根时，或当柱截面短边尺寸不大于 400mm 但各边纵钢筋多于 4 根时，应设置复合箍筋，如图 5-4 所示。

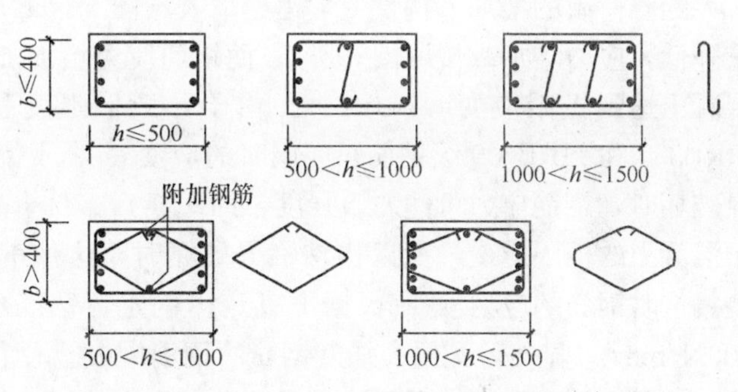

图 5-4 箍筋的配置（单位：mm）

5. 柱中全部纵向受力钢筋的配筋率大于 3%时，箍筋直径不应小于 8mm，间距不应大于 10d（d 为纵向钢筋最小直径），且不应大于 200mm。箍筋末端应做成 135°弯钩，且弯钩末端的平直段长度不应小于 10d。

6. 在配有连续螺旋式或焊接环式箍筋柱中，如在正截面受压承载力计算中考虑间接钢筋的作用时，箍筋间距不应大于 80mm 及 $d_{cor}/5$，且不宜小于 40mm，d_{cor} 为按箍筋内表面确定的核心截面直径。

7. I 形截面柱的翼缘厚度不宜小于 120mm，腹板厚度不宜小于 100mm。当腹板开孔时，宜在孔洞周边每边设置 2～3 根直径不小于 8mm 的补强钢筋。每个方向补强钢筋的截面面积，不宜小于该方向被截断钢筋的截面面积。

§5-3 轴心受压构件

5.3.1 配置普通箍筋轴心受压短柱的试验研究

一、受力分析和破坏过程

为了正确地建立钢筋混凝土轴心受压构件的承载力计算公式，首先需要了解轴心受压短柱在轴向压力作用下的破坏过程，以及混凝土和钢筋的应力状态。图 5-5（a）表示矩形截面配有对称纵向受力钢筋和箍筋的钢筋混凝土短柱。柱的端部沿轴线方向受轴向压力 N 的作用。由试验知道，当轴向力较小时，构件的压缩变形主要为弹性变形，轴向压力在截面内产生的压应力由混凝土和钢筋共同承担。

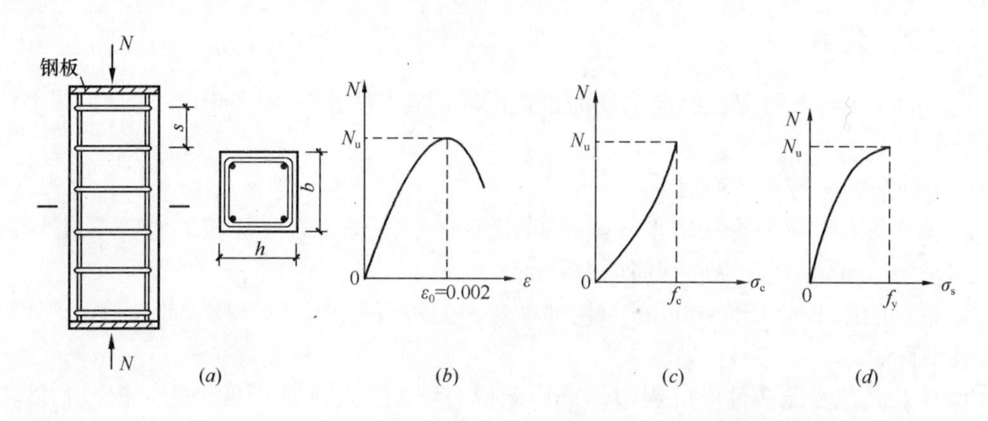

图 5-5　柱的受力状态

随着荷载的增加，构件变形迅速增大（图 5-5b），这时混凝土塑性变形增加，弹性模量降低，应力增加减慢（图 5-5c）。而钢筋应力增加加快（图 5-5d）。当构件临界破坏时，混凝土达到极限应变 $\varepsilon_0=0.002$。由于一般低强度和中等强度的钢筋（例如 HPB300、HRB335 和 HRB400 级钢筋）屈服时的应变 ε_y 小于混凝土的极限应变 ε_0，所以，构件临界破坏时，钢筋应力可达屈服强度，即 $\sigma_s=f_y$。对于高强度钢筋，由于其屈服时的应变大于混凝土的极限应变，所以构件临界破坏时，这种钢筋的应力达不到屈服强度，即 $\sigma_s<f_y$。这时钢筋的应力 σ_s 应根据虎克定律确定，钢筋应力 $\sigma_s=E_s\varepsilon_s=2.0\times10^5\times0.002=400\text{N/mm}^2$。显然，配置高强度钢筋的钢筋混凝土受压构件，不能充分发挥钢筋的作用。这一情况在钢筋混凝土受压构件设计中，应当加以注意。

二、截面承载力计算

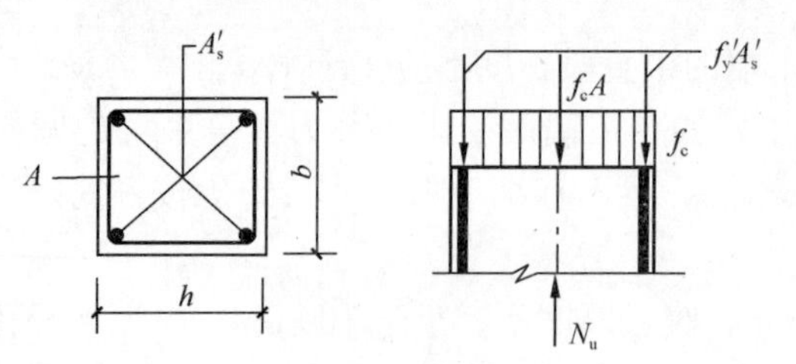

图 5-6　轴心受压构件

根据上述短柱的试验分析，在轴心受压构件截面承载力计算时，混凝土和钢筋应力值可分别取用混凝土轴心抗压强度设计值 f_c 和纵向钢筋抗压强度设计值 f'_y。

考虑到实际工程中多为细长受压构件，需要考虑纵向弯曲对构件截面受压承载力降低的影响。根据力的平衡条件，可写出轴心受压构件承载力计算公式（图 5-6）：

$$N\leqslant0.9\varphi(f_cA+f'_yA'_s) \tag{5-1}$$

式中　N——轴向压力设计值；

0.9——可靠度调整系数；

φ——钢筋混凝土轴心受压构件稳定系数，按表 5-1 采用；

f_c——混凝土轴心抗压强度设计值，按附录 A 表 A-3 采用；

A——构件截面面积，当纵向钢筋的配筋率大于3%时，A 应改用 $(A-A'_s)$；

f'_y——纵向钢筋的抗压强度设计值；

A'_s——全部纵向钢筋截面面积。

钢筋混凝土轴心受压构件的稳定系数　　　　表 5-1

l_0/b	≤8	10	12	14	16	18	20	22	24	26	28
l_0/d	≤7	8.5	10.5	12	14	15.5	17	19	21	22.5	24
l_0/i	≤28	35	42	48	55	62	69	76	83	90	97
φ	1.00	0.98	0.95	0.92	0.87	0.81	0.75	0.70	0.65	0.60	0.56
l_0/b	30	32	34	36	38	40	42	44	46	48	50
l_0/d	26	28	29.5	31	33	34.5	36.5	38	40	41.5	43
l_0/i	104	111	42	48	55	62	69	76	160	167	174
φ	0.52	0.48	0.44	0.40	0.36	0.32	0.29	0.26	0.23	0.21	0.19

注：l_0——构件计算长度；

b——矩形截面的短边尺寸；

d——圆形截面的直径；

i——截面最小回转半径。

表5-1中的计算长度 l_0，可按下列规定采用：

一般多层房屋中梁柱为刚接的框架结构，各层柱的计算长度 l_0 可按表5-2取用。

框架结构各层柱的计算长度　　　　表 5-2

楼盖类型	柱的类型	l_0
现浇楼盖	底层柱	$1.00H$
	其余各层柱	$1.25H$
装配式楼盖	底层柱	$1.25H$
	其余各层柱	$1.50H$

注：表中 H 对底层柱，为从基础顶面到一层楼盖顶面的高度；对其余各层柱，为上、下两层楼盖顶面之间的高度。

三、计算步骤

轴心受压构件截面受压承载力计算有两类问题：截面设计和截面复核。

1. 截面设计

已知轴向力设计值和构件计算长度，要求设计构件截面。这时，一般是先选择材料强度等级和截面尺寸 $b\times h$，然后按式（5-1）求出钢筋截面面积 A'_s并选配钢筋。最后，按构造配置箍筋。

2. 截面复核

轴心受压柱的截面受压承载力复核步骤比较简单。已知柱的截面面积 $b\times h$；纵向受压钢筋面积 A'_s；钢筋抗压强度设计值 f'_y；混凝土轴心抗压强度设计值 f_c，并根据 l_0/b（或 l_0/i），由表5-1查出 φ 值。将这些数据代入式（5-1），即可求得构件所能承担的轴向力设计值。如果这个数值大于或等于外部设计荷载在构件内产生的轴向压力设计值，则表示该构件截面受压承载力足够；否则，表示构件不安全。

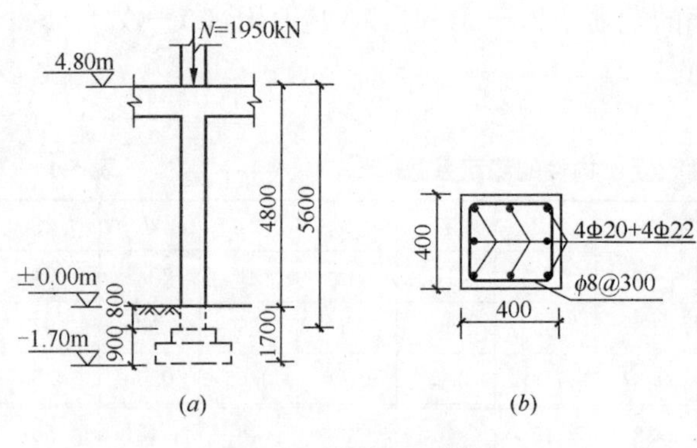

图 5-7 【例 5-1】附图

【例 5-1】 已知某多层现浇钢筋混凝土框架结构，首层柱的轴向力设计值 $N=1950\text{kN}$，柱的横截面面积 $b\times h=400\text{mm}\times 400\text{mm}$，混凝土强度等级为 C20（$f_c=9.6\text{N/mm}^2$），采用 HRB335 级钢筋（$f_y=300\text{N/mm}^2$），其他条件见图 5-7（$a$）。

试确定纵向钢筋截面面积。

【解】 柱的计算长度

本例为现浇框架首层柱，故柱的计算长度

$$l_0=1.0\times H=1.0\times(4.80+0.8)=5.60\text{m}$$

长细比

$$m=\frac{l_0}{b}=\frac{5600}{400}=14$$

由表 5-1 查得，稳定系数 $\varphi=0.92$

由式（5-1）算得，钢筋截面面积

$$A'_s=\frac{\dfrac{N}{0.9\varphi}-f_cA}{f'_y}=\frac{\dfrac{1950\times 10^3}{0.9\times 0.92}-9.6\times 400\times 400}{300}=2730\text{mm}^2$$

选用 4 Φ 20+4 Φ 22（$A'_s=2777\text{mm}^2$），箍筋选 ϕ8@300，截面配筋见图 5-7（b）。

【例 5-2】 轴心受压柱，横截面尺寸 $b\times h=300\text{mm}\times 300\text{mm}$，配有 4 Φ 20（$A'_s=1256\text{mm}^2$），箍筋 ϕ8@300。计算长度 $l_0=4000\text{mm}$，混凝土强度等级为 C20。

求该柱所能承受的最大轴向力设计值。

【解】 柱的长细比

$$\frac{l_0}{b}=\frac{4000}{300}=13.3$$

由表 5-1 查得 $\varphi=0.931$。

由式（5-1）算得最大轴向力设计值

$$\begin{aligned}N&=0.9\varphi(f_cA+f'_sA'_s)=0.9\times 0.931\times(9.6\times 300\times 300+310\times 1256)\\&=1039.7\times 10^3\text{N}=1039.7\text{kN}\end{aligned}$$

5.3.2 配置螺旋箍筋轴心受压短柱的试验研究

一、受力分析和破坏过程

当柱的轴力较大，而其截面尺寸在建筑上又受到限制时，设计中常采用配置连续螺旋箍筋或焊接环式箍筋的轴心受压柱。其截面形状一般采用圆形或多边形（图 5-8）。

试验研究结果表明，配置连续螺旋箍筋或焊接环式箍筋的轴心受压柱，随着荷载的增加，这种箍筋有效地约束了箍筋内（即截面核心）的混凝土的横向变形，使截面核心混凝土处于三向受压状态。因此，显著地提高了截面核心混凝土的抗压强度和变形能力。同时，螺旋箍筋或焊接环式箍筋受到较大的拉应力。当箍筋应力达到屈服强度时，箍筋将失去约束混凝土的作用，截面核心的混凝土横向变形急剧增大，这时构件即宣告破坏。

因为在柱内配置连续螺旋箍筋或焊接环式箍筋可间接提高柱的承载力和变形能力，因此，工程上将这种配筋方式称为“间接钢筋”。

根据混凝土圆柱试件三向压应力试验可知，处于三向受压状态的混凝土轴心抗压强度远高于单轴向的轴心抗压强度。其值可近似按下式计算：

$$f'_c = f_c + 4\sigma_r \tag{5-2}$$

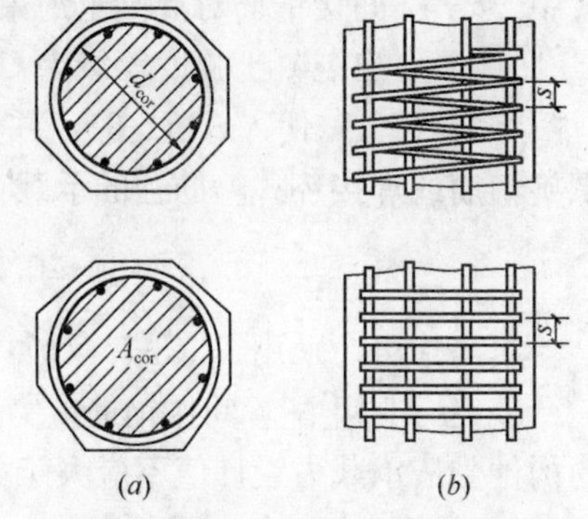

图 5-8　配置间接钢筋的轴心受压柱

(a) 螺旋箍筋；(b) 焊接环式箍筋

式中　f'_c——处于三向受压状态下混凝土轴心抗压强度设计值；

f_c——混凝土轴心抗压强度设计值；

σ_r——当间接钢筋屈服时柱的核心混凝土受到的径向压应力值。

二、截面承载力计算

根据间接钢筋（箍筋）间距 s 范围内的径向压力 σ_r 的合力与箍筋拉力平衡条件（图 5-9），得：

$$s\int_0^{\pi} \sigma_r \frac{d_{cor}}{2} d\varphi \sin\varphi = 2f_y A_{ss1} \tag{5-3}$$

由此

$$\sigma_r = \frac{2f_y A_{ss1}}{sd_{cor}} = \frac{2f_y A_{ss1} \pi d_{cor}}{4\dfrac{\pi d_{cor}^2}{4}s} = \frac{f_y A_{ss0}}{2A_{cor}} \tag{5-4}$$

式中　A_{ss1}——单根间接钢筋的截面面积；

f_y——间接钢筋抗拉强度设计值；

s——间接钢筋的间距；

d_{cor}——构件的核心直径，按间接钢筋内表面确定；

A_{cor}——构件核心截面面积；

A_{ss0}——间接钢筋的换算截面面积，按下式计算：

$$A_{ss0} = \frac{\pi d_{cor} A_{ss1}}{s} \tag{5-5}$$

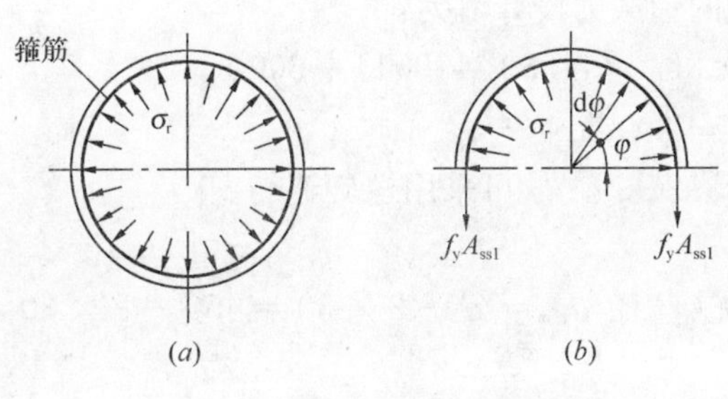

图 5-9　混凝土受到的径向压应力

因为间接钢筋受到较大拉应力时，混凝土保护层将开裂，故在计算时不考虑它的受力；同时，考虑到对于高强混凝土，径向应力 σ_r 对核心混凝土强度的约束作用有所降低，式（5-2）第二项应适当折减。《混凝土设计规范》规定，应乘以系数 α。于是，柱的正截面承载力计算公式可写为：

$$N_u = (f_c + 4\alpha\sigma_r)A_{cor} + f'_y A'_s \tag{5-6}$$

式中　α——间接钢筋对混凝土约束折减系数：当混凝土强度等级不超过C50时，取1.0；当混凝土强度等级为C80时，取0.85，其间按线性内插法取用。

将式（5-4）代入式（5-6），并将上式等号右端乘以可靠度调整系数0.9，就得到连续螺旋箍筋或焊接环式箍筋柱的承载力计算公式：

$$N_u = 0.9(f_c A_{cor} + 2\alpha f_y A_{ss0} + f'_y A'_s) \tag{5-7}$$

应当指出，采用式（5-7）计算受压构件承载力设计值时，应符合下列要求：

1. 为了防止配置间接钢筋应力过大，使柱的混凝土保护层剥落，按式（5-7）所算得的构件受压承载力设计值不应大于式（5-1）计算结果的1.5倍。

2. 当遇到下列任一种情况时，不应考虑间接钢筋作用，而应按式（5-1）计算构件受压承载力设计值：

（1）当 $l_0/d>12$ 时。这时因受压构件长细比较大，有可能因纵向弯曲而使配置间接钢筋不能发挥作用；

（2）当按式（5-7）算得的受压承载力设计值小于按式（5-1）所算得的数值；

（3）当间接钢筋的换算截面面积 A_{ss0} 小于纵向钢筋的全部截面面积的25%时，认为间接钢筋配置太少，套箍作用不明显。

3. 为了使间接钢筋可靠地工作，其间距应满足：$40\text{mm}<s\leqslant 80\text{mm}$ 且 $s\leqslant d_{cor}/5$。间接钢筋的直径按柱的箍筋有关规定采用。

【例5-3】 某办公楼门厅为现浇钢筋混凝土柱，采用配置连续螺旋箍筋，截面为圆形，直径为 $d=450\text{mm}$。柱的计算长度 $l_0=4600\text{mm}$，承受轴向力设计值 $N=3000\text{kN}$。混凝土强度等级为C30（$f_c=14.3\text{N/mm}^2$），采用HRB335级纵向受力钢筋（$f'_y=300\text{N/mm}^2$），箍筋采用HPB300级钢筋（$f_y=270\text{N/mm}^2$）。试计算柱的配筋。

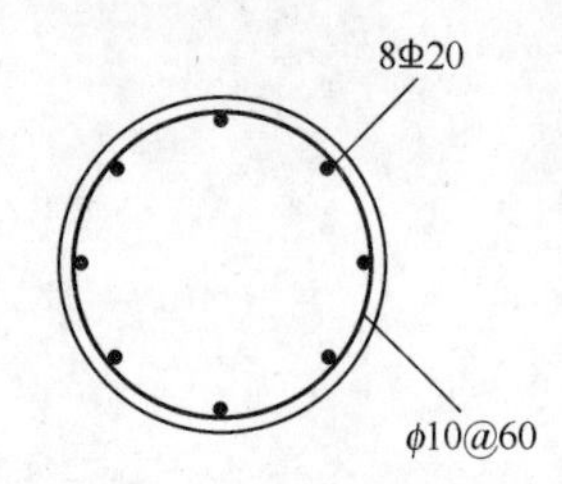

图5-10　【例5-3】附图

【解】（1）选用纵向钢筋

设选取纵向钢筋配筋率为2%，则纵向受力筋面积为：

$$A'_s = \rho' \frac{\pi d^2}{4} = 0.02\frac{\pi \times 450^2}{4} = 3180\text{mm}^2$$

选取8Φ20，$A'_s=2512\text{mm}^2$。

（2）按式（5-1）计算配置普通箍筋柱的承载力

$$l_0/d = 4600/450 = 10.2 < 12$$

符合要求，故可采用连续螺旋箍筋。

由表5-1查得 $\varphi=0.96$，配置普通箍筋柱的承载力设计值为：

$$\begin{aligned} N_u &= 0.9\varphi(f_c A + f'_y A'_s) = 0.90\times 0.96\times(14.3\times 159043 + 300\times 2512) \\ &= 2616.1\times 10^3\text{N} = 2616\text{kN} < N = 3000\text{kN} \end{aligned}$$

因为 $N=3000\text{kN}<1.5N_u=1.5\times 2616=3924\text{kN}$，故可采用螺旋箍筋。

（3）计算截面核心面积

混凝土保护层厚度取30mm，截面核心直径 $d_{cor}=d-2\times 30=450-2\times 30=390\text{mm}$，则：

$$A_{cor} = \frac{\pi d_{ocr}^2}{4} = \frac{\pi \times 390^2}{4} = 119459\text{mm}^2$$

（4）计算换算钢筋截面面积

取 $\alpha=1$，纵向钢筋仍采用 8 Φ 20，$A'_s=2512\text{mm}^2$，按式（5-7）计算

$$A_{ss0} = \frac{\frac{N}{0.9} - f_c A_{cor} - f'_y A'_s}{2\alpha f_y} = \frac{\frac{3000 \times 10^3}{0.9} - 14.3 \times 119459 - 300 \times 2512}{2 \times 1 \times 270} = 1613\text{mm}^2$$

$$> 0.25A'_s = 0.25 \times 2512 = 760\text{mm}^2$$

满足构造要求。

（5）计算间接钢筋间距

取间接钢筋直径 $d_{ss1}=10\text{mm}$，则 $A_{ss1}=78.5\text{mm}^2$

$$s = \frac{\pi d_{cor} A_{ss1}}{A_{ss0}} = \frac{\pi \times 390 \times 78.5}{1613} = 59.6\text{mm}$$

取 $s=60\text{mm}$，且 $40\text{mm}<s<d_{cor}/5=390/5=78\text{mm}$。满足构造要求。

§5-4　偏心受压构件正截面受力分析

5.4.1　破坏特征

由试验研究知道，偏心受压短柱的破坏特征与轴向压力偏心距和配筋情况有关。归纳起来，可分以下两种情况：

1. 第 1 种情况

当轴向压力相对偏心距较大，且截面距轴向压力较远一侧的配筋不太多时，截面一部分受压，另一部分受拉。当荷载逐渐增加时，受拉区混凝土开始产生横向裂缝。随着荷载的进一步增加，受拉区混凝土裂缝继续开展，受拉区钢筋达到屈服强度 f_y。混凝土受压区高度迅速减小，应变急剧增加，最后受压区混凝土达到极限应变 ε_{cu} 而被压碎，同时受压钢筋应力也达到屈服强度 f'_y（图 5-11*a*）。破坏过程的性质与适筋双筋梁相似。这种构件称为大偏心受压构件。

2. 第 2 种情况

当轴向压力相对偏心距虽较大，但截面距轴向力较远一侧配筋较多（图 5-11*b*），或当轴向压力相对偏距较小，构件截面大部或全部受压（图 5-11*c*），这两种情况，截面的破坏都是由于受压区混凝土达到极限应变 ε_{cu} 被压碎，截面距轴向压力较近一侧的钢筋达到受压屈服强度 f'_y 所致。而构件截面另一侧的钢筋应力 σ_s，无论是受压还是受拉均较小，都达不到屈服强度。这种构件称为小偏心受压构件。

5.4.2　大小偏心的界限

由于大小偏心受压构件的破坏特征不同。因此，这两种构件的截面承载力计算方法也就不同。现来研究大小偏心的界限。

显然，在大小偏心破坏之间必定存在一种界限破坏。当构件处于界限破坏时，受拉区

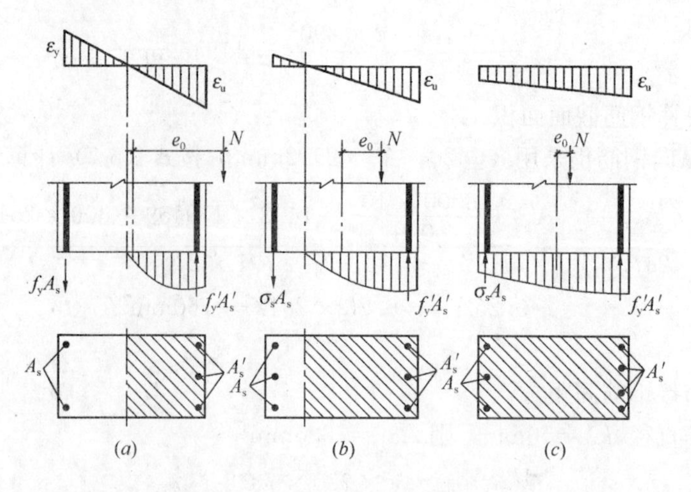

图 5-11　大、小偏心受压构件

混凝土开裂，受拉钢筋达到屈服强度 f_y，受压区混凝土达到极限应变 ε_{cu} 而被压碎，同时受压钢筋也达到屈服强度 f'_y。

根据界限破坏特征和平截面假设，界限破坏时截面相对受压区高度仍可按式（4-35）计算：

$$\xi_b = \frac{x_b}{h_0} = \frac{\beta_1}{1 + \dfrac{f_y}{E_s \varepsilon_{cu}}}$$

当 $\xi \leqslant \xi_b$ 时，为大偏心受压构件；当 $\xi > \xi_b$ 时，为小偏心受压构件。

5.4.3　附加偏心距和初始偏心距

偏心受压构件的破坏特征，与轴向压力的相对偏心距大小有着直接关系。为此，必须掌握几个不同的偏心距概念。

作用在偏心受压构件截面的弯矩 M 除以轴向压力 N，就可求出轴向力对截面形心的偏心距，即 $e_0 = M/N$。

由于实际工程中构件轴向压力作用位置的不准确性、混凝土的不均匀性以及施工的偏差等因素影响，有可能产生附加偏心距。因此，《混凝土设计规范》规定，在偏心受压构件正截面承载力计算中，应计入轴向压力在偏心方向的附加偏心距 e_a，并规定其值应取 20mm 和偏心方向截面最大尺寸的 1/30 两者中的较大值。因此，在偏心受压构件计算中，初始偏心距应按下式计算：

$$e_i = e_0 + e_a \tag{5-8}$$

式中　e_i——初始偏心距。

5.4.4　偏心受压构件 $P \cdot \delta$ 效应

对于计算内力时已考虑侧移影响和无侧移的结构的偏心受压构件，若杆件的长细比较大时，在轴向压力作用下，应考虑由于杆件自身挠曲对截面弯矩产生的不利影响。即通常所谓 $P \cdot \delta$ 效应。$P \cdot \delta$ 效应一般会增大杆件中间区段截面的弯矩，特别是当杆件较细长，杆件两端弯矩同号（即均使杆件同侧受拉）且两端弯矩的比值接近 1.0 时，可能出现杆件中间区段截面的一阶弯矩考虑 $P\cdot\delta$ 效应后的弯矩值超过杆端弯矩的情况。从而，使杆件中间区段截面成为设计的控制截面。

相反，在结构中常见的反弯点位于柱高中部的偏心受压构件，二阶效应虽能增大构件除两端区域外各截面的曲率和弯矩，但增大后的弯矩通常不可能超过柱两端控制截面的弯矩。因此，在这种情况下，$P\cdot\delta$ 效应不会对杆件截面的偏心受压承载力产生不利影响。

《混凝土结构设计规范》（GB 50010—2010）根据分析结果和参考国外规范，给出了可不考虑 $P\cdot\delta$ 效应的条件。规范规定，弯矩作用平面内截面对称的偏心受压构件，当同一主轴方向的杆端弯矩比 $\dfrac{M_1}{M_2}$ 不大于 0.9，且轴压比不大于 0.9。若杆件长细比满足式（5-9）条件，可不考虑轴向压力在该方向挠曲杆件中产生的附加弯矩的影响；否则，应按两个主轴方向分别考虑轴向压力在挠曲杆件中产生的附加弯矩影响。

$$\frac{l_c}{i} \leqslant 34 - 12\left(\frac{M_1}{M_2}\right) \tag{5-9}$$

式中 M_1、M_2——分别为已考虑侧移影响的偏心受压构件两端截面按结构弹性分析确定的对同一主轴的组合弯矩设计值，绝对值较大端为 M_2，绝对值较小端为 M_1，当构件按单曲率弯曲时，$\dfrac{M_1}{M_2}$ 取正值；否则，取负值；

i——偏心方向的截面回转半径。

下面具体介绍偏心受压构件考虑轴向压力在挠曲杆件中产生二阶效应后控制截面弯矩设计值的计算方法。

一、两端铰支等偏心距单向压弯构件

图 5-12 为一两端铰支的细长杆件，设在其两端对称平面内作用偏心距为 e_0 的偏心轴向压力 N。它在杆件两端产生的弯矩为同号弯矩。杆件在弯矩作用平面内将产生单曲率弯曲变形，设在中间截面的挠度为 δ。该截面上的偏心距由 e_0 增加至 $(e_0+\delta)$，则构件控制截面的弯矩为：

$$M = N(e_0+\delta) = N\left(1+\frac{\delta}{e_0}\right)e_0 \tag{5-10}$$

令

$$\eta_{ns} = \frac{e_0+\delta}{e_0} = 1+\frac{\delta}{e_0} \tag{5-11}$$

于是

$$M = \eta_{ns} N e_0 \tag{5-12}$$

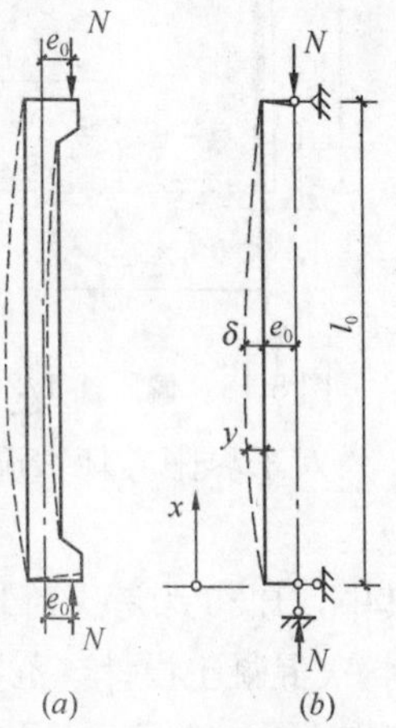

式中 N——与弯矩设计值对应的轴向压力设计值；

η_{ns}——弯矩增大系数。

图 5-12 两端铰支等偏心距偏心受压构件

式（5-12）表明，两端铰支等偏心距的细长柱考虑二阶弯矩后控制截面的弯矩等于一阶弯矩乘以弯矩增大系数。因此，若求构件控制截面弯矩就要求得弯矩增大系数 η_{ns}。

现以图 5-12 所示压弯杆件为例，说明弯矩增大系数 η_{ns} 的确定方法。

根据式（5-11）可知，弯矩增大系数

$$\eta_{ns} = 1+\frac{\delta}{e_0} \tag{a}$$

因此，确定 η_{ns} 的关键在于确定柱高中点的侧向挠度 δ。由材料力学可知，两端铰接压杆的曲率公式可写作：

$$\frac{1}{r_c}=\frac{M}{EI}\approx-\frac{d^2 y}{dx^2} \tag{b}$$

其中，y 为杆件的挠曲变形，分析表明，两端铰接压杆实测挠曲线接近正弦曲线。因此，可以把它写成：

$$y=\delta\sin\frac{\pi x}{l_0} \tag{c}$$

将式（c）对 x 微分两次并代入式（b），得：

$$\frac{1}{r_c}=-\frac{d^2 y}{dx^2}=\delta\frac{\pi^2}{l_0^2}\sin\frac{\pi}{l_0}x \tag{d}$$

构件在 $x=\frac{l_0}{2}$ 处截面的曲率为：

$$\frac{1}{r_c}=\delta\frac{\pi^2}{l_0^2} \tag{e}$$

于是，柱高中点的侧向挠度可以写成：

$$\delta=\frac{1}{r_c}\frac{l_0^2}{\pi^2}\approx\frac{1}{r_c}\cdot\frac{l_0^2}{10} \tag{5-13}$$

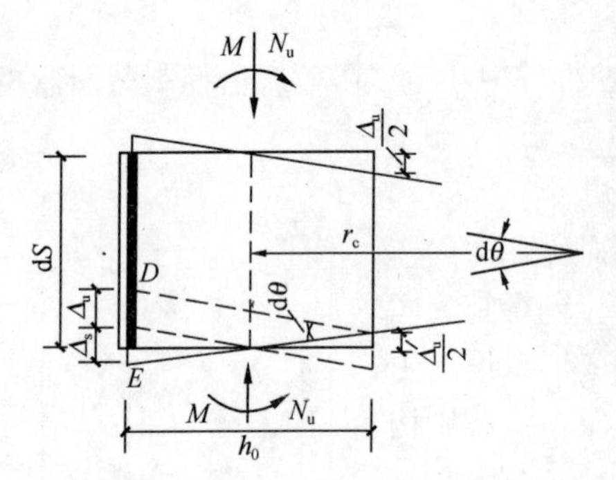

图 5-13　偏压柱 1/2 高处的微分体

由上式可知，求挠度 δ 值，最后归结为求截面曲率 $\frac{1}{r_c}$ 值。为此，设在构件 1/2 高度处截取高为 ds 的微分体（图 5-13），距轴向压力较近一侧截面边缘混凝土缩短 Δ_u，而距轴向压力较远一侧的钢筋伸长 Δ_s。由图中的几何关系可得：

$$\frac{ds}{r_c}=\tan(d\theta)\approx d\theta=\frac{\Delta_u+\Delta_s}{h_0} \tag{5-14}$$

由此，

$$\frac{1}{r_c}=\frac{1}{h_0}\left(\frac{\Delta_u}{ds}+\frac{\Delta_s}{ds}\right)=\frac{\varepsilon_c+\varepsilon_s}{h_0} \tag{5-15}$$

对于界限破坏情况，混凝土受压区边缘应变值

$$\varepsilon_c=\varepsilon_u=0.0033\times1.25=0.00413$$

其中，1.25 为考虑荷载长期作用下，混凝土徐变引起的应变增大系数。在计算钢筋应变时，《混凝土设计规范》考虑到新版规范所用钢材强度总体有所提高，故计算 ε_y 值时，f_y 值取 HRB400 和 HRB500 级钢筋抗拉强度标准值的平均值，这时：

$$\varepsilon_s=\varepsilon_y=\frac{f_y}{E_s}=\frac{450}{2\times10^5}\approx0.00225 \tag{a}$$

于是式（5-15）可写成：

$$\frac{1}{r}=\frac{0.00413+0.00225}{h_0}=\frac{0.00638}{h_0} \tag{b}$$

将式（b）代入式（5-13），并取 $h_0=\frac{1}{1.1}h$，可求得界限破时柱的中点的最大挠度值：

$$\delta=\frac{h_0}{1300}\left(\frac{l_c}{h}\right)^2\zeta_c \tag{5-16}$$

式中　ζ_c——偏心受压构件截面曲率修正系数。

试验表明，对大偏心受压构件，构件破坏时实测曲率与界限破坏时相近；而对小偏心受压构件，其纵向受拉钢筋的应力达不到屈服强度。为此，引进了截面曲率修正系数 ζ_c，根据试验分析结果和参考国外规范，ζ_c 值可按下式计算：

$$\zeta_c = \frac{N_b}{N} = \frac{0.5 f_c A}{N} \tag{5-17}$$

式中　N_b——构件受压区高度 $x = x_b$ 时构件界限受压承载力设计值，《混凝土设计规范》近似取 $N_b = 0.5 f_c A$。当 $N < N_b$ 时，为大偏心受压破坏，即 $\zeta_c > 1$，这时应取 $\zeta_c = 1$；当 $N > N_b$ 时，为小偏心受压破坏，应取计算值 $\zeta_c < 1$。

将式（5-16）代入式（5-11），就得到弯矩增大系数最后表达式：

$$\eta_{ns} = 1 + \frac{1}{1300\dfrac{e_0}{h_0}}\left(\frac{l_0}{h}\right)^2 \zeta_c \tag{5-18}$$

式中　l_0——构件计算长度；

h_0——截面有效高度；

h——截面高度。

其余符号意义同前。

二、两端铰支不等偏心距单向压弯构件

图 5-14（a）表示两端铰支不等偏心距的单向压弯构件。设构件 A 端的弯矩为 $M_1 = Ne_{01}$；B 端的弯矩为 $M_2 = Ne_{02}$，并设 $|M_2| \geqslant |M_1|$。在二阶弯矩的影响下，其总弯矩图如图 5-14（b）所示，其控制截面弯矩为 $M_{\mathrm{I\,max}}$。在确定 $M_{\mathrm{I\,max}}$ 值时，我国《混凝土设计规范》采用了国外一些设计规范（如美国 ACI 318——08 规范）的做法，即采用等代柱法。

所谓等代柱法，是指把求两端铰支不等偏心距（e_{01}、e_{02}）的压弯构件控制截面弯矩，变换成求与其等效的两端铰支等偏心距 $C_m e_{02}$ 的压弯构件控制截面的弯矩 $M_{\mathrm{II\,max}}$。并把前者称为原柱（A 柱），后者称为等代柱（B 柱）。其中，C_m 为待定系数，称为构件端部截面偏心距调节系数，参见图 5-14（c）。

等代柱两端的一阶弯矩为 $NC_m e_{02}$，在二阶弯矩的影响下其总弯矩图如图 5-14（d）所示，控制截面位于构件 1/2 高度处，其弯矩为 $M_{\mathrm{II\,max}}$。为了使两柱等效，显然，应令两者的承载力相等，即 $M_{\mathrm{I\,max}} = M_{\mathrm{II\,min}} = M$。

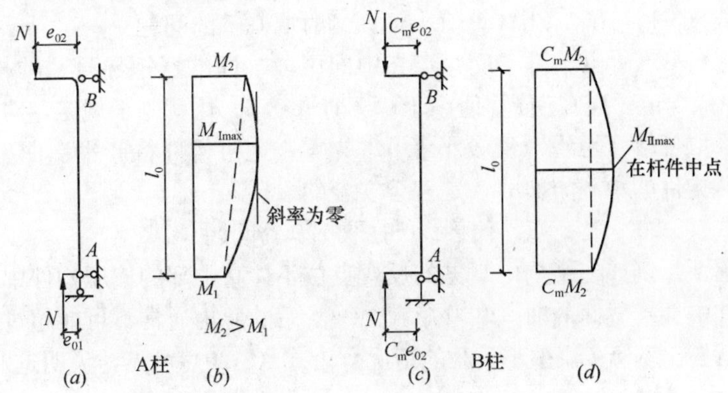

图 5-14　两端铰支不等偏心距受压构件的计算

（a）原柱；（b）原柱弯矩图；（c）等代柱；（d）等代柱弯矩图

根据国内所做的系列试验结果，并参照国外规范的相关内容，《混凝土设计规范》给出了偏心受压构件端部截面偏心距调节系数的表达式：

$$C_m = 0.7 + 0.3\frac{M_1}{M_2} \tag{5-19}$$

因为等代柱为两端铰支等偏心距单向压弯构件，因此，可参照按式（5-12）计算偏心受压构件（排架结构柱除外）考虑轴向压力在挠曲杆件中产生的二阶效应后控制截面的弯矩设计值：

$$M = \eta_{ns} N C_m e_{02} = \eta_{ns} C_m M_2 \tag{5-20}$$

式中 M——考虑二阶效应后控制截面的弯矩设计值；

C_m——构件端部截面偏心距调节系数，当计算值小于 0.7 时，取 0.7；

η_{ns}——弯矩增大系数，可参照式（5-18）得出❶：

$$\eta_{ns} = 1 + \frac{1}{1300\frac{M_2/N}{h_0}}\left(\frac{l_0}{h}\right)^2\zeta_c \tag{5-21a}$$

当 $\eta_{ns}C_m$ 计算值小于 1.0 时，取 1.0；对剪力墙及核心筒墙，可取 $\eta_{ns}C_m=1.0$。

l_0——构件计算长度，可近似取偏心受压构件相应主轴方向上下支撑点之间的距离；

N——与弯矩设计值 M_2 相应的轴向压力设计值；

应当指出，新版规范中的 η_{ns} 表达式并未采用式（5-21a），而是借用了 02 版规范偏心距增大系数 η 的形式，并作了调整，其表达式为：

$$\eta_{ns} = 1 + \frac{1}{1300\frac{(M_2/N)+e_a}{h_0}}\left(\frac{l_0}{h}\right)^2\zeta_c \tag{5-21b}$$

e_a——附加偏心距；

ζ_c——截面曲率修正系数，当计算值大于 1.0 时，取 1.0；

h——截面高度；对环形截面取外直径；对圆形截面取直径；

h_0——与偏心距平行的截面有效高度。对环形截面，取 $h_0=r_2+r_s$；对圆形截面，取 $h_0=r+r_s$；此处，r、r_2 分别为环形和圆形截面半径；r_s 为环形截面纵向普通钢筋重心所在圆周的半径。

为了理解式（5-19）和式（5-20）取值限制条件，现将其含义说明如下：

（1）关于式（5-19）C_m，当计算值小于 0.7 时取 0.7 的问题

由式（5-19）不难看出，对于反弯点在中间区段（即端弯矩异号）的构件，C_m 值将恒小于 0.7。规范规定，当 C_m 计算值小于 0.7 时取 0.7。这就等于规定，对于反弯点在中间区段的构件，取杆端弯矩绝对值较小者 M_1 为零，这时构件将产生单曲率弯曲。显然，这一处理方案对构件的承载力而言，是偏于安全的。

（2）关于式（5-20）中 $\eta_{ns}C_m$ 小于 1.0 时取 1.0 的问题

在有些情况下，例如在结构中常见的反弯点位于柱高中部的偏压构件中，这时二阶效应虽能增大构件中部各截面的曲率和弯矩，但增大后的弯矩通常不可能超过柱两端截面的弯矩。这时，就会出现 $\eta_{ns}C_m$ 小于 1.0 的情况。由式（5-20）可见，说明这时 M 小于 M_2。

❶ 式（5-21a）推导参见参考文献［18］。

实际上，这时端弯矩 M_2 为控制截面的弯矩。因此，《混凝土设计规范》规定，当 $\eta_{ns}C_m$ 小于 1.0 时取 1.0。

(3) 对剪力墙及核心筒墙，取 $\eta_{ns}C_m=1.0$ 的问题

对于剪力墙及核心筒墙，因为它们的二阶弯矩影响很小，可忽略不计，故 $\eta_{ns}C_m$ 取 1.0。

§5-5 矩形截面偏心受压构件正截面承载力计算

5.5.1 大偏心受压情况（$\xi\leqslant\xi_b$）

1. 基本计算公式

根据试验分析结果，当截面为大偏心受压破坏时，在承载力极限状态下，截面的试验应力图形和计算应力图形分别如图 5-15 (*a*)、(*b*) 所示。由计算应力图可见：

(1) 受拉区混凝土不参加工作，受拉钢筋应力达到抗拉强度设计值 f_y；

(2) 受压区混凝土应力图形简化成矩形，其合力 $\alpha_1 f_c bx$；

(3) 受压钢筋应力达到抗压强度设计值 f'_y。

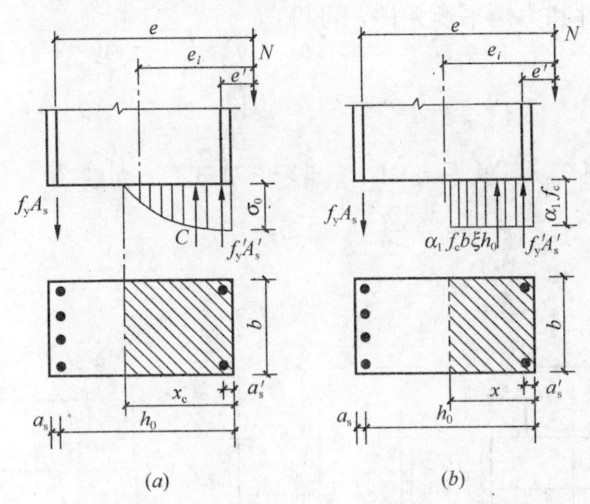

图 5-15 大偏心受压破坏计算简图

根据图 5-15 (*b*) 截面应力图形，不难写出正截面承载力计算公式

$$\Sigma Y=0,\qquad N\leqslant N_u=\alpha_1 f_c bx+f'_yA'_s-f_yA_s \tag{5-22}$$

$$\Sigma M_{A_s}=0,\qquad Ne\leqslant N_u e=\alpha_1 f_c bx\,(h_0-0.5x)+f'_yA'_s\,(h_0-a'_s) \tag{5-23}$$

式中 N——轴向压力设计值；

N_u——构件偏心受压承载力设计值；

e——轴向压力作用点至受拉钢筋截面重心的距离

$$e=e_i+\frac{h}{2}-a_s \tag{5-24}$$

e_i——初始偏心距。

2. 适用条件

(1) 为了保证截面破坏时受拉钢筋应力达到其抗拉强度设计值，必须满足下列条件：

$$x \leqslant \xi_b h_0 \tag{5-25a}$$

或

$$\xi \leqslant \xi_b \tag{5-25b}$$

（2）为了保证截面破坏时受压钢筋应力达到屈服强度，必须满足下列条件：

$$x \geqslant 2a'_s \tag{5-26a}$$

或

$$\xi h_0 \geqslant 2a'_s \tag{5-26b}$$

若不满足式（5-26a）的条件，则与双筋受弯构件一样，取受压区高度 $x=2a'_s$，并对受压钢筋重心取矩，得：

$$Ne' = N_u e' = f_y A_s (h_0 - a'_s) \tag{5-27}$$

式中　e'——轴向压力 N 作用点至受压钢筋 A'_s 重心的距离。

$$e' = e_i - \frac{h}{2} + a'_s \tag{5-28}$$

5.5.2　小偏心受压情况（$\xi > \xi_b$）

如前所述，根据试验研究可知，小偏心受压破坏时，距轴向压力较近一侧混凝土达到极限压应变，受压钢筋中的应力 σ'_s 值达到抗压强度设计值 f'_y，而另一侧钢筋中的应力值不论受压还是受拉均未达到其强度设计值，即 $\sigma_s < f'_y$（或 f_y）。截面应力图形见图 5-16。

根据力的平衡条件和力矩平衡条件，可得：

$$\Sigma Y = 0, \quad N \leqslant N_u = \alpha_1 f_c bx + f'_y A'_s - \sigma_s A_s \tag{5-29}$$

$$\Sigma M_{A_s} = 0, \quad Ne \leqslant N_u e = \alpha_1 f_c bx \left(h_0 - \frac{x}{2}\right) + f'_y A'_s (h_0 - a'_s) \tag{5-30}$$

或

$$\Sigma M_{A'_s} = 0, \quad Ne' \leqslant N_u e' = \alpha_1 f_c bx \left(\frac{x}{2} - a'_s\right) - \sigma_s A_s (h_0 - a'_s) \tag{5-31}$$

$$e = e_i + \frac{h}{2} - a_s$$

$$e' = \frac{h}{2} - e_i - a'_s \tag{5-32}$$

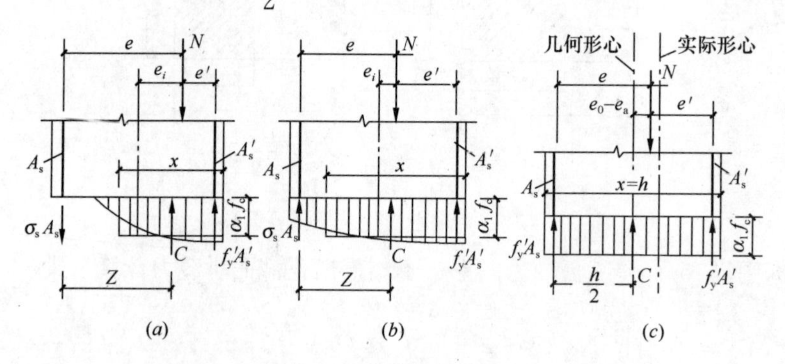

图 5-16　小偏心受压破坏计算简图

在应用式（5-29）计算正截面承载力时，必须确定距轴向力较远一侧的钢筋应力 σ_s 值。《混凝土设计规范》根据试验结果（图 5-17），给出了简化计算公式：

$$\sigma_s = \frac{\xi - \beta_1}{\xi_b - \beta_1} f_y \tag{5-33}$$

按上式计算，当 σ_s 为正时，表示 σ_s 为拉应力；当 σ_s 为负时，表示 σ_s 为压应力。σ_s 应满足下列条件：

$$-f'_y \leqslant \sigma_s \leqslant f_y \tag{5-34}$$

应当指出，对于轴向压力作用点靠近截面重心的小偏心受压构件，当 A'_s 比 A_s 大得多，且轴力很大时，截面实际形心轴偏向 A'_s 一边，以致轴向力的偏心改变了方向。因此，有可能在离轴向力较远的一侧混凝土先被压坏，这种情况称为反向破坏（图 5-16*c*）。

为了防止这种反向破坏的发生，《混凝土设计规范》规定，当 $N > f_c A$ 时（A 为截面面积）除按式（5-29）、式（5-30）或式（5-31）计算外，尚应按下列公式进行验算：

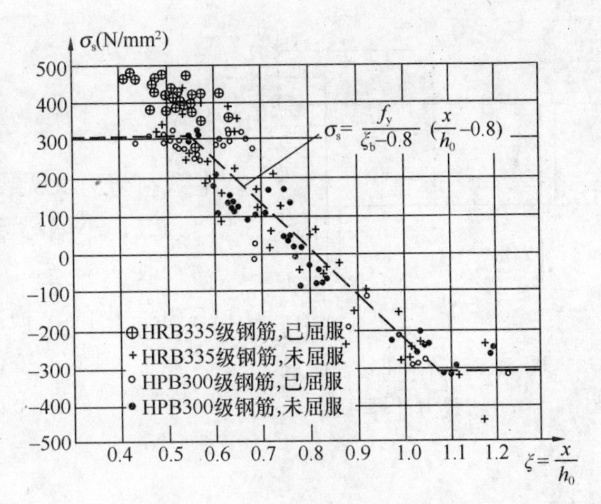

图 5-17　$\sigma_s - \xi$ 试验关系曲线

$$Ne' \leqslant N_u e' = f_c bh\left(h'_0 - \frac{h}{2}\right) + f'_y A_s\,(h'_0 - a_s) \tag{5-35}$$

$$e' = \frac{h}{2} - a'_s - (e_0 - e_a) \tag{5-36}$$

式中　e'——轴向压力作用点至受压区纵向钢筋的合力点的距离；

h'_0——钢筋 A'_s 合力点至截面远边的距离。

最后，尚应按轴心构件验算垂直于弯矩作用平面的受压承载力。

§5-6　矩形截面对称配筋偏心受压构件正截面承载力计算

偏心受压构件在各种不同荷载组合下，例如：在风荷载或地震作用与垂直荷载组合时，要承受不同符号的弯矩。这时，通常设计成对称配筋，即 $A_s = A'_s$。其配筋率应不小于最小配筋率（附录 C 附表 C-2）。需要指出，这里的最小配筋率是按全部纵向钢筋截面面积计算的，即 $\rho_{min} = (A_s + A'_s)/bh$。

5.6.1　截面设计

一、大偏心受压情况（$\xi \leqslant \xi_b$）

在一般情况下，$f_y = f'_y$，于是，由式（5-22）得：

$$\xi = \frac{N}{\alpha_1 f_c b h_0} \tag{5-37}$$

求出 ξ 值后，并取 $x = \xi h_0$，代入式（5-23），经整理后可得配筋计算公式：

$$A_s = A'_s = \frac{Ne - \alpha_1 f_c bx\,(h_0 - 0.5x)}{f_y\,(h_0 - a'_s)} \tag{5-38}$$

其中

$$e = e_i + \frac{h}{2} - a_s$$

若 $\xi h_0 < 2a'_s$，由式（5-27）得：

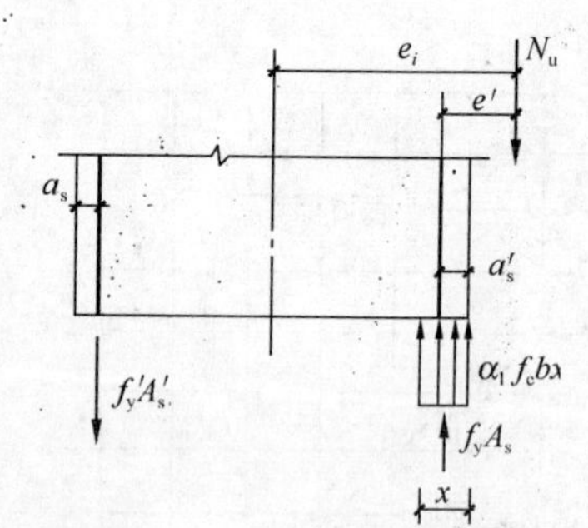

图 5-18　$\xi h_0<2a'_s$柱的承载力计算

$$A_s=A'_s=\frac{Ne'}{f_y(h_0-a'_s)} \quad (5\text{-}39)$$

其中
$$e'=e_i-\frac{h}{2}+a'_s$$

上式符号意义见图 5-18。

二、小偏心受压情况（$\xi>\xi_b$）

取 $f_y=f'_y$，并将式（5-33）代入式（5-29），再将式（5-30）中的 x 换成 ξh_0，则基本方程变为：

$$N\leqslant N_u=\alpha_1 f_c b\xi h_0+f'_y A'_s\frac{\xi_b-\xi}{\xi_b-\beta_1} \quad (5\text{-}40)$$

$$Ne\leqslant N_u e=\alpha_1 f_c bh_0^2\xi(1-0.5\xi)+f'_y A'_s(h_0-a'_s) \quad (5\text{-}41)$$

由式（5-40）得：

$$f'_y A'_s=\frac{N-\alpha_1 f_c b h_0\xi}{\dfrac{\xi_b-\xi}{\xi_b-\beta_1}}$$

将上式代入式（5-41）

$$Ne\leqslant N_u e=\alpha_1 f_c bh_0^2\xi(1-0.5\xi)+\frac{N-\alpha_1 f_c b h_0\xi}{\dfrac{\xi_b-\xi}{\xi_b-\beta_1}}(h_0-a'_s) \quad (5\text{-}42)$$

经整理后得：

$$Ne\left(\frac{\xi_b-\xi}{\xi_b-\beta_1}\right)=\alpha_1 f_c bh_0^2\xi(1-0.5\xi)\left(\frac{\xi_b-\xi}{\xi_b-\beta_1}\right)+(N-\alpha_1 b\xi h_0)(h_0-a'_s)$$

将上式等号两边同除以 $\alpha_1 f_c bh_0^2$，并令：

$$\alpha=\frac{Ne}{\alpha_1 f_c b h_0^2},\ \beta=\frac{N}{\alpha_1 f_c b h_0}\ \text{和}\ \gamma=\frac{h_0-a'_s}{h_0}$$

于是

$$\alpha\left(\frac{\xi_b-\xi}{\xi_b-\beta_1}\right)=\xi(1-0.5\xi)\left(\frac{\xi_b-\xi}{\xi_b-\beta_1}\right)+(\beta-\xi)\gamma \quad (5\text{-}43)$$

这是一个关于 ξ 的三次方程。解出未知数 ξ，再代入基本方程式（5-40）、式（5-41），即可求得 A_s 和 A'_s。但是，手算解三次方程十分不便，现介绍一种简化方法。

如果以 $0.43(\xi_b-\xi)/(\xi_b-\beta_1)$ 代替式（5-43）等号右边第一项，即代替 $\xi(1-0.5\xi)\left(\dfrac{\xi_b-\xi}{\xi_b-\beta_1}\right)$。通过计算表明，$\xi=\xi_b\sim1.0$ 范围内所带来的误差不会超过 3%。这样，式（5-43）可写成：

$$\alpha\left(\frac{\xi_b-\xi}{\xi_b-\beta_1}\right)=0.43\left(\frac{\xi_b-\xi}{\xi_b-\beta_1}\right)+(\beta-\xi)\gamma \quad (5\text{-}44)$$

将 α、β 和 γ 的表达式代回式（5-44），得：

$$\left(\frac{Ne}{\alpha_1 f_c b h_0^2}-0.43\right)\left(\frac{\xi_b-\xi}{\xi_b-\beta_1}\right)=\left(\frac{N}{\alpha_1 f_c b h_0}-\xi\right)\frac{h_0-a'_s}{h_0}$$

将上式加以整理，即可解出：

$$\xi=\frac{N-\xi_b\alpha_1 f_c b h_0}{\dfrac{Ne-0.43\alpha_1 f_c b h_0^2}{(\beta_1-\xi_b)(h_0-a'_s)}+\alpha_1 f_c b h_0}+\xi_b \tag{5-45}$$

由式（5-41）得：

$$A_s=A'_s=\frac{Ne-\xi(1-0.5\xi)\alpha_1 f_c b h_0^2}{f'_y(h-a'_s)} \tag{5-46}$$

这样，由式（5-45）求得的 ξ 值，再代入上式，即可求得小偏心受压构件对称配筋的纵筋截面面积。

【例 5-4】 钢筋混凝土框架柱，截面尺寸 $b\times h=400\text{mm}\times450\text{mm}$。柱的计算长度 $l_0=5000\text{mm}$，承受轴向压力设计值 $N=480\text{kN}$，柱端弯矩设计值 $M_1=M_2=350\text{kN}\cdot\text{m}$。$a_s=a'_s=40\text{mm}$，混凝土强度等级为 C30（$f_c=14.3\text{N/mm}^2$），采用 HRB400 级钢筋（$f_y=f'_y=360\text{N/mm}^2$），采用对称配筋，试确定纵向钢筋截面面积 $A_s=A'_s$。

【解】（1）判断是否需考虑二阶效应

$$A=b\times h=400\times450=180000\text{mm}^2$$

$$I=\frac{1}{12}bh^3=\frac{1}{12}\times400\times450^3=3037.5\times10^6\text{mm}^4$$

$$i=\sqrt{\frac{I}{A}}=\sqrt{\frac{3037.5\times10^6}{180000}}=129.90\text{mm}$$

因为 $$\frac{l_0}{i}=\frac{5000}{129.90}=38.49>34-12\times\frac{M_1}{M_2}=34-12\times1=22$$

故需考虑二阶效应的影响。

（2）计算控制截面的弯矩设计值

按式（5-19）计算

$$C_m=0.7+0.3\times\frac{M_1}{M_2}=1.0$$

$$e_a=\frac{h}{30}=\frac{450}{30}=15\text{mm}\leqslant20\text{mm}，取\ e_a=20\text{mm}$$

$$h_0=h-a_s=450-40=410\text{mm}$$

按式（5-17）计算

$$\zeta_c=\frac{0.5f_cA}{N}=\frac{0.5\times14.3\times180000}{480\times10^3}=2.681\geqslant1，取\ \zeta_c=1.0$$

按式（5-21）计算

$$\eta_{ns}=1+\frac{1}{1300\frac{(M_2/N)+e_a}{h_0}}\left(\frac{l_c}{h}\right)^2\zeta_c$$

$$=1+\frac{1}{1300\frac{350\times10^6(480\times10^3)+20}{410}}\left(\frac{5000}{450}\right)^2\times1.0=1.052$$

按式（5-20）计算控制截面的弯矩设计值：

$$M=\eta_{ns}C_mM_2=1.052\times1.0\times350=368.2\text{kN}\cdot\text{m}$$

（3）判别大、小偏心

按式（5-37）算出

$$\xi=\frac{N}{\alpha_1 f_c b h_0}=\frac{480\times10^3}{1\times14.3\times400\times410}=0.205\leqslant\xi_b=0.518$$

属于大偏心受压，且

$$x=\xi h_0=0.205\times410=84.05\text{mm}\geqslant2a_s=2\times40=80$$

（4）计算配筋

$$e_0=\frac{M}{N}=\frac{368.2\times10^6}{480\times10^3}=767.1\text{mm}$$

$$e_i=e_0+e_a=767.1+20=787.1\text{mm}$$

$$e=e_i+\frac{h}{2}-a_s=787.1+\frac{450}{2}-40=972.1\text{mm}$$

按式（5-38）计算

$$A_s=A'_s=\frac{Ne-\alpha_1 f_c bx\,(h_0-0.5x)}{f_y\,(h_0-a'_s)}$$

$$=\frac{480\times10^3\times972.1-1\times14.3\times400\times84.05\,(410-0.5\times84.05)}{360\times(410-40)}$$

$$=2175\text{mm}^2$$

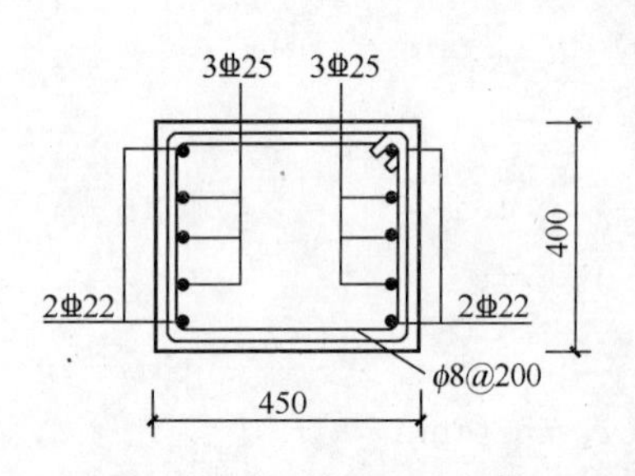

图 5-19 【例 5-4】附图

截面每侧各配置 2 Φ 22＋3 Φ 25（$A_s=2233\text{mm}^2$），配筋如图 5-19 所示。

$$\rho=\frac{A_s+A'_s}{bh}=\frac{2\times2233}{400\times450}=2.48\%>\rho_{min}=0.55\%$$

【例 5-5】 钢筋混凝土框架柱，截面尺寸 $b\times h=400\text{mm}\times450\text{mm}$。柱的计算长度 $l_0=4000\text{mm}$，$a_s=a'_s=40\text{mm}$。承受轴向压力设计值 $N=320\text{kN}$，柱端弯矩设计值 $M_1=-100\text{kN}\cdot\text{m}$，$M_2=300\text{kN}\cdot\text{m}$。混凝土强度等级为 C30（$f_c=14.3\text{N/mm}^2$），采用 HRB400 级钢筋（$f_y=f'_y=360\text{N/mm}^2$），采用对称配筋，试确定纵向钢筋截面面积 $A_s=A'_s$。

【解】（1）判断是否需考虑二阶效应

$$A=b\times h=400\times450=180000\text{mm}^2$$

$$I=\frac{1}{12}b\times h^3=\frac{1}{12}\times 400\times 450^3=3037.5\times 10^6\text{mm}^4$$

$$h_0=h-a_s=450-40=410\text{mm}$$

$$i=\sqrt{\frac{I}{A}}=\sqrt{\frac{3037.5\times 10^6}{180000}}=129.90\text{mm}$$

因为 $\frac{l_0}{i}=\frac{4000}{129.90}=30.79<34-12\left(\frac{M_1}{M_2}\right)=34-12\left(\frac{-100}{300}\right)=38$

$$\frac{N}{f_c bh}=\frac{320\times 10^3}{14.3\times 400\times 450}=0.124<0.9$$

$$\frac{M_1}{M_2}=\frac{-100}{300}<0.9$$

故可不考虑二阶效应的影响。

(2) 判别大小偏心

按式(5-37)算出

$$\xi=\frac{N}{\alpha_1 f_c b h_0}=\frac{320\times 10^3}{1\times 14.3\times 400\times 410}=0.136<\xi_b=0.518$$

属于大偏心受压，且

$$x=\xi h_0=0.136\times 410=55.76\text{mm}<2a'_s=2\times 40=80\text{mm}$$

$$e_0=\frac{M_2}{N}=\frac{300\times 10^6}{320\times 10^3}=937.5\text{mm}$$

$$\frac{h}{30}=\frac{450}{30}=15\text{mm}<20\text{mm},\text{取 } e_a=20\text{mm}$$

$$e_i=e_0+e_a=937.5+20=957.5\text{mm}$$

$$e'=e_i-\frac{h}{2}+a'_s=957.5-\frac{450}{2}+40=772.5$$

(3) 计算配筋

按式(5-39)计算

$$A_s=A'_s=\frac{Ne'}{f_y(h_0-a'_s)}=\frac{320\times 10^3\times 772.5}{360\times(410-40)}=1856\text{mm}^2$$

截面每侧各配置 4 Φ 25（$A_s=1964\text{mm}^2$），配筋如图 5-20 所示。

$$\rho=\frac{A_s+A'_s}{bh}=\frac{2\times 1964}{400\times 450}=2.18\%\geqslant\rho_{\min}=0.55\%$$

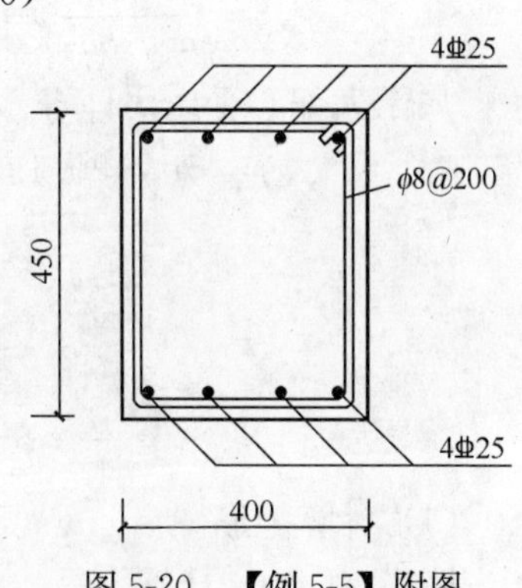

图 5-20 【例 5-5】附图

【例 5-6】 钢筋混凝土框架柱，计算长度 $l_0=6000\text{mm}$，其他条件与【例 5-5】相同。采用对称配筋，试确定纵向钢筋截面面积 $A_s=A'_s$。

【解】 (1) 判断是否需考虑二阶效应

$$A=b\times h=400\times 450=180000\text{mm}^2$$

$$I=\frac{1}{12}bh^3=\frac{1}{12}\times400\times450^3=3037.5\times10^6\text{mm}^4$$

$$i=\sqrt{\frac{I}{A}}=\sqrt{\frac{3037.5\times10^6}{180000}}=129.90\text{mm}$$

因为 $\frac{l_0}{i}=\frac{6000}{129.90}=46.19>34-12\times\frac{M_1}{M_2}=34-12\times\left(\frac{-100}{300}\right)=38$

故应考虑二阶弯矩的影响。

（2）计算控制截面弯矩设计值

$$h_0=h-a_s=450-40=410\text{mm}$$

按式（5-19）计算

$$C_m=0.7+0.3\times\frac{M_1}{M_2}=0.7+0.3\times\left(\frac{-100}{300}\right)=0.60<0.7$$

取 $C_m=0.7$（即相当取 $M_1=0$）

$$e_a=\frac{h}{30}=\frac{450}{30}=15\text{mm}，取\ e_a=20\text{mm}$$

按式（5-17）计算

$$\zeta_c=\frac{0.5f_cA}{N}=\frac{0.5\times9.6\times180000}{320\times10^3}=4.02>1.0，取\ \zeta_c=1.0$$

按式（5-21）计算

$$\eta_{ns}=1+\frac{1}{1300\frac{(M_2/N)+e_a}{h_0}}\left(\frac{l_c}{h}\right)^2\zeta_c$$

$$=1+\frac{1}{1300\frac{300\times10^6/(320\times10^3)+20}{410}}\times\left(\frac{6000}{450}\right)^2\times1.0=1.059$$

按式（5-20）计算控制截面的弯矩设计值：

$$C_m\eta_{ns}=0.7\times1.059=0.74<1.0，取\ C_m\eta_{ns}=1.0$$

$$M=C_m\eta_{ns}M_2=1.0\times300=300\text{kN}\cdot\text{m}$$

（3）判别大小偏心

按式（5-37）算出

$$\xi=\frac{N}{\alpha_1f_cbh_0}=\frac{320\times10^3}{1\times14.3\times400\times410}=0.136<\xi_b=0.518$$

属于大偏心受压，且

$$x=\xi h_0=0.136\times410=55.76\text{mm}<2a'_s=2\times40=80\text{mm}$$

$$e_0=\frac{M}{N}=\frac{300\times10^6}{320\times10^3}=937.5\text{mm}$$

$$e_i=e_0+e_a=937.5+20=957.5\text{mm}$$

$$e'=e_i-\frac{h}{2}+a'_s=957.5-\frac{450}{2}+40=772.5$$

（4）计算配筋

按式（5-39）计算

$$A_s = A'_s = \frac{Ne'}{f_y(h_0 - a'_s)} = \frac{320 \times 10^3 \times 772.5}{360 \times (410 - 40)} = 1856\text{mm}^2$$

截面每侧各配置 4 Φ 25（$A_s = 1964\text{mm}^2$），配筋如图 5-21 所示。

$$\rho = \frac{A_s + A'_s}{bh} = \frac{2 \times 1964}{400 \times 450} = 2.18\% \geqslant \rho_{min} = 0.55\%$$

本题计算结果与【例 5-5】相同。这是因为，虽然本题需考虑柱中间区段截面的二阶弯矩影响，但其值为：

$$M = C_m \eta_{ns} M_2 = 0.7 \times 1.059 \times 300 = 222.3\text{kN} \cdot \text{m}$$

小于杆端较大弯矩 $M_2 = 300\text{kN} \cdot \text{m}$ 。即杆端为控制截面。

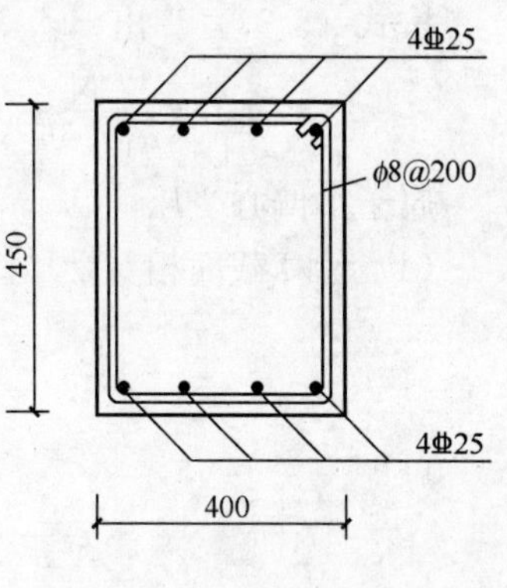

图 5-21 【例 5-6】附图

【例 5-7】 已知偏心受压柱截面尺寸 $b \times h = 400\text{mm} \times 600\text{mm}$，$a_s = a'_s = 40\text{mm}$，轴向压力设计值 $N = 2500\text{kN}$，弯矩设计值 $M_1 = 50\text{kN} \cdot \text{m}$，$M_2 = 80\text{kN} \cdot \text{m}$。柱的计算长度 $l_0 = 6\text{m}$。混凝土强度等级为 C20，采用 HRB335 级钢筋，截面采用对称配筋。试求钢筋面积 $A_s = A'_s$。

【解】 （1）判断是否需考虑二阶效应

$$A = b \times h = 400 \times 600 = 240000\text{mm}^2$$

$$I = \frac{1}{12} b \times h^3 = \frac{1}{12} \times 400 \times 600^3 = 7200 \times 10^6 \text{mm}^4$$

$$i = \sqrt{\frac{I}{A}} = \sqrt{\frac{7200 \times 10^6}{240000}} = 173.2\text{mm}$$

因为 $$\frac{l_0}{i} = \frac{6000}{173.2} = 43.7 > 34 - 12\left(\frac{M_1}{M_2}\right) = 34 - 12\left(\frac{50}{80}\right) = 26.5$$

故需考虑二阶效应的影响。

（2）计算控制截面的弯矩设计值

按式（5-19）计算

$$C_m = 0.7 + 0.3\frac{M_1}{M_2} = 0.7 + 0.3 \times \frac{50}{80} = 0.888$$

$$e_a = \frac{h}{30} = \frac{600}{30} = 20\text{mm}，取\ e_a = 20\text{mm}$$

$$h_0 = h - a_s = 600 - 40 = 560\text{mm}$$

按式（5-17）计算

$$\zeta_c = \frac{0.5 f_c A}{N} = \frac{0.5 \times 9.6 \times 240000}{2500 \times 10^3} = 0.460$$

按式（5-21）计算

$$\eta_{ns} = 1 + \frac{1}{1300\dfrac{(M_2/N) + e_a}{h_0}}\left(\frac{l_c}{h}\right)^2 \zeta_c$$

$$= 1 + \frac{1}{1300\dfrac{80 \times 10^6/(2500 \times 10^3) + 20}{560}} \times \left(\frac{6000}{600}\right)^2 \times 0.460 = 1.381$$

按式（5-20）计算控制截面的弯矩设计值：

$$\eta_{ns}C_m = 1.381 \times 0.888 = 1.226 > 1.0$$

$$M = \eta_{ns}C_m M_2 = 1.381 \times 0.888 \times 80 = 98.11\text{kN} \cdot \text{m}$$

（3）判别大小偏心

按式（5-37）算出

$$\xi = \frac{N}{\alpha_1 f_c b h_0} = \frac{2500 \times 10^3}{1 \times 9.6 \times 400 \times 560} = 1.162 \geqslant \xi_b = 0.55$$

属于小偏心受压

（4）计算截面相对受压区高度

$$e_0 = \frac{M}{N} = \frac{98.11 \times 10^6}{2500 \times 10^3} = 39.24\text{mm}$$

$$e_i = e_0 + e_a = 39.24 + 20 = 59.24\text{mm}$$

$$e = e_i + \frac{h}{2} - a'_s = 59.24 + \frac{600}{2} - 40 = 319.24\text{mm}$$

按式（5-45）计算相对受压区高度

$$\xi = \frac{N - \xi_b \alpha_1 f_c b h_0}{\dfrac{Ne - 0.43\alpha_1 f_c b h_0^2}{(\beta_1 - \xi_b)(h_0 - a'_s)} + \alpha_1 f_c b h_0} + \xi_b$$

$$= \frac{2500 \times 10^3 - 0.55 \times 1 \times 9.6 \times 400 \times 560}{\dfrac{2500 \times 10^3 \times 319.24 - 0.43 \times 1 \times 9.6 \times 400 \times 560^2}{(0.8 - 0.55) \times (560 - 40)} + 1 \times 9.6 \times 400 \times 560} + 0.55$$

$$= 0.857$$

（5）计算配筋

按式（5-46）计算

$$A_s = A'_s = \frac{Ne - \xi(1 - 0.5\xi)\alpha_1 f_c b h_0^2}{f'_y(h - a'_s)}$$

$$= \frac{2500 \times 10^3 - 0.857(1 - 0.5 \times 0.857) \times 1 \times 9.6 \times 400 \times 560^2}{300 \times (560 - 35)} = 1335\text{mm}^2$$

截面每侧各配置 4 Φ 22（$A_s = 1520\text{mm}^2$），配筋如图 5-22 所示。

$$\rho = \frac{A_s + A'_s}{bh} = \frac{2 \times 1520}{400 \times 600} = 1.27\% \geqslant \rho_{min} = 0.55\%$$

5.6.2 截面承载力复核

在进行截面承载力复核时，一般已知截面尺寸 b、h，钢筋面积 A_s 和 A'_s，材料强度设计值 f_c、f_y 和 f'_y，构件计算长度 l_0，柱端的轴向压力设计值 N 和杆端弯矩设计值 M_1 和 M_2。复核控制截面承载力是否安全。

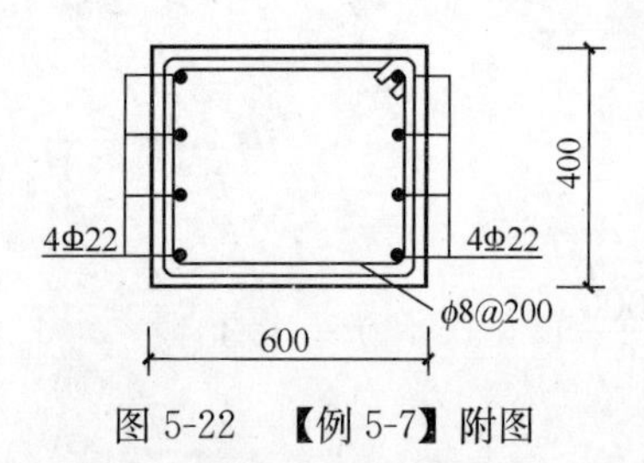

图 5-22 【例 5-7】附图

1. 弯矩作用平面内承载力复核

构件弯矩作用平面内承载力的复核，通常是已知作用在构件端部弯矩设计值 M_1、M_2（同号或异号）和轴向压力设计值 N，需要复核控制截面的承载力。一般是计算该截面的配筋，然后与实际配筋比较。若实际配筋不足，则说明承载力不够。对于建成、使用的结构构件，就必须进行加固（如粘钢、增大构件截面等）。因此，截面承载力复核的计算方法和步骤与截面设计时相同。

2. 弯矩作用平面外承载力复核

当弯矩作用平面外方向的截面尺寸 b 小于另一方向截面尺寸 h，或弯矩作用平面外方向的计算长度大于平面内方向的计算长度时，须复核弯矩作用平面外的截面承载力，验算时按轴心受压构件考虑。

§5-7 矩形截面非对称配筋偏心受压构件正截面承载力计算

在实际工程中，偏心受压构件大多采用对称配筋，但有时也采用非对称配筋。

5.7.1 截面设计

因为非对称配筋矩形截面偏心受压构件，无论是大偏压构件还是小偏压构件，都仅有两个独立的平衡方程，而其中有三个未知数：x、A_s 和 A'_s，所以不能求得唯一解。因此，判别构件大小偏心的界限条件不得不另寻其他途径解决。

理论分析表明，一般情况下可按下面条件初步确定大小偏心的界限：

当 $e_i > 0.3h_0$ 时，可判为大偏心受压；

当 $e_i \leqslant 0.3h_0$ 时，可判为小偏心受压。

上面判别大小偏心界限的条件只是初步的。因此，不论是按大偏心受压或按小偏心受压计算，都必须根据所求得的钢筋截面面积算出构件的实际受压区高度。如果不符合原先假定，则应按实际偏心情况重新计算。同时，A_s 和 A'_s 均应满足最小配筋率要求。最后，尚应按轴心受压构件验算垂直弯矩作用方向的承载力。

一、大偏心受压构件

1. A_s 和 A'_s 均为未知，求 A_s 和 A'_s

由式（5-22）和式（5-23）可知，大偏心受压构件正截面承载力计算公式为：

$$N \leqslant N_u = \alpha_1 f_c b\xi h_0 + A'_s f'_y - A_s f_y$$

$$Ne \leqslant N_u e = \alpha_1 f_c b\xi h_0^2(1-0.5\xi) + A'_s f'_y(h_0 - a'_s)$$

在上式中，有三个未知数：ξ、A_s 和 A'_s。为了求解并取得较好的经济效果，采取与双筋同样的方法，通过充分发挥混凝土受压作用作为补充条件，即令 $\xi=\xi_b$。于是，式（5-23）可写成：

$$A'_s = \frac{Ne - \alpha_1 f_c b h_0^2 \xi_b (1-0.5\xi_b)}{f'_y(h_0 - a'_s)} \tag{5-47}$$

若按式（5-47）算出的 A'_s 小于最小配筋截面面积或负值，则 A'_s 应按最小配筋率或构造要求配置。将 $\xi=\xi_b$ 和 A'_s 代入式（5-22），经整理后，得：

$$A_s = \frac{\alpha_1 f_c b h_0 \xi_b + A'_s f''_y - N}{f_y} \geqslant \rho_{min} bh \tag{5-48}$$

2. 已知 A'_s，求 A_s

将已知条件代入式（5-23）计算：

$$\alpha_s = \frac{Ne - f'_y A'_y (h_0 - a'_s)}{\alpha_1 f_c b h_0^2} \tag{5-49}$$

查表 4-7 或按 $\xi = 1 - \sqrt{1 - 2\alpha_s}$ 确定 ξ，若 $\frac{2a'_s}{h_0} \leqslant \xi \leqslant \xi_b$，则由式（5-22）得：

$$A_s = \frac{\alpha_1 f_c b h_0 \xi + A'_s f'_y - N}{f_y} \geqslant \rho_{min} b h_0 \tag{5-50}$$

若 $\xi > \xi_b$，则说明受压钢筋不足，应增加受压钢筋面积 A'_s，按第一种情况计算（A_s 和 A'_s 均为未知）或增大截面尺寸重新计算。

若 $\xi < \frac{2a'_s}{h_0}$，则说明受压钢筋 A'_s 应力达不到屈服 f'_y，这时应按式（5-27）计算 A_s。

二、小偏心受压构件

进行小偏心受压构件截面计算时，共有三个未知数：x、A_s 和 A'_s，却只有式（5-29）、式（5-30）或式（5-31）两个独立方程，因此，需补充一个条件，才能求解。

分析表明，在小偏心受压情况下，截面距轴向压力较远一侧的钢筋 A_s 的应力 σ_s，根据相对偏心距大小可有下列三种情形（图 5-23）：

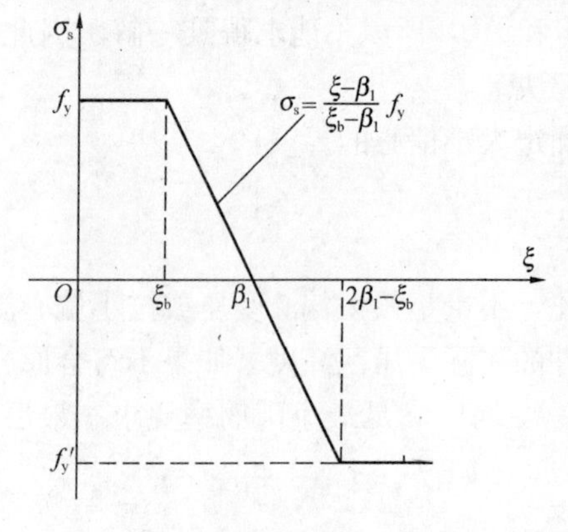

图 5-23　钢筋 A_s 的应力 σ_s 随 ξ 的变化关系

（1）若 $\beta_1 \geqslant \xi > \xi_b$，则 $f_y > \sigma_s \geqslant 0$。表示受拉且不屈服。

（2）若 $\xi_{cy} > \xi > \beta_1$，则 $0 > \sigma_s > -f'_y$。表示受压且不屈服。

（3）若 $\xi > \xi_{cy}$，则 $\sigma_s = -f'_y$。表示受压且屈服。

其中，β_1 为混凝土受压区高度 x 与中性轴高度 x_c 之比，ξ_{cy} 为 A_s 受压屈服时的相对受压区高度，故 $\sigma_s = -f'_y$。并设 $f_y = f'_y$，由式（5-33）得：

$$\xi_{cy} = 2\beta_1 - \xi \tag{5-51}$$

根据上面的分析，小偏心受压构件截面可按下列步骤进行计算：

（1）假设 $\beta_1 \geqslant \xi > \xi_b$，即假设 A_s 受拉且不屈服，取 $A_s = \rho_{min} bh$ 作为补充条件，然后应用式（5-29）、式（5-31）和式（5-33）求出 ξ、σ_s 和 A'_s。若 $\sigma_s \geqslant 0$，则表明假设正确，计算有效。

（2）若 $\sigma_s < 0$，且 $\xi < \xi_{cy}$，则表明 A_s 受压且不屈服，一般情况下 $\xi < h/h_0$，故可将 σ_s 代入式（5-29）求出 A'_s。

（3）若 $\sigma_s < 0$，且 $\xi \geqslant \xi_{cy}$，则表明 A_s 受压且屈服，取 $\sigma_s = -f'_y$ 作为一个补充条件，因为受压区高度 x 不能大于截面高度 h，也不能大于 $\xi_{cy} h_0$，故取 $x \leqslant h$ 和 $x \leqslant \xi_{cy} h_0$ 较小者作为另外一个补充条件；然后，按式（5-30）求出 A'_s，再按式（5-29）求出 A_s。

（4）当 $N > f_c bh$ 时，尚应验算柱的反向破坏，令 $\sigma_s = -f'_y$，由式（5-35）求出 A_s。

【例 5-8】　已知偏心受压柱截面尺寸 $b \times h = 400\text{mm} \times 450\text{mm}$，$a_s = a'_s = 40\text{mm}$，轴向力设计值 $N = 330\text{kN}$，弯矩设计值 $M_1 = -50\text{kN} \cdot \text{m}$，$M_2 = 386\text{kN} \cdot \text{m}$。柱的计算长度 $l_0 = 5.1\text{m}$。混凝土强度等级为 C30，采用 HRB400 级钢筋，截面采用非对称配筋。

试求钢筋面积 A_s 和 A'_s。

【解】 (1) 判断是否需考虑二阶效应

$$A = b \times h = 400 \times 450 = 180000\text{mm}^2$$

$$I = \frac{1}{12} b \times h^3 = \frac{1}{12} \times 400 \times 450^3 = 3037.5 \times 10^6 \text{mm}^4$$

$$i = \sqrt{\frac{I}{A}} = \sqrt{\frac{3037.5 \times 10^6}{180000}} = 129.90\text{mm}$$

因为 $$\frac{l_0}{i} = \frac{5100}{129.90} = 39.26 > 34 - 12 \times \frac{M_1}{M_2} = 34 - 12 \times \left(\frac{-50}{386}\right) = 35.55$$

故应考虑二阶弯矩的影响。

(2) 计算偏心距增大系数

$$e_a = \frac{h}{30} = \frac{450}{30} = 15\text{mm},\text{取 } e_a = 20\text{mm}$$

$$h_0 = h - a_s = 450 - 40 = 410\text{mm}$$

按式 (5-17) 计算

$$\zeta_c = \frac{0.5 f_c A}{N} = \frac{0.5 \times 14.3 \times 180000}{330 \times 10^3} = 3.90 > 1.0$$

取 $\zeta_c = 1.0$

按式 (5-21) 计算

$$\eta_{ns} = 1 + \frac{1}{1300 \dfrac{(M_2/N) + e_a}{h_0}} \left(\frac{l_0}{h}\right)^2 \zeta_c$$

$$= 1 + \frac{1}{1300 \dfrac{386 \times 10^6 / (330 \times 10^3) + 20}{410}} \times \left(\frac{5100}{450}\right)^2 \times 1 = 1.034$$

(3) 计算控制截面弯矩设计值

按式 (5-19) 计算

$$C_m = 0.7 + 0.3 \times \frac{M_1}{M_2} = 0.7 + 0.3 \times \left(\frac{-50}{386}\right) = 0.66 < 0.7$$

取 $C_m = 0.7$ (即相当于取 $M_1 = 0$)

按式 (5-20) 计算控制截面弯矩设计值:

$$C_m \eta_{ns} = 0.7 \times 1.034 = 0.724 < 1.0 \quad \text{取 } C_m \eta_{ns} = 1.0$$

$$M = C_m \eta_{ns} M_2 = 1.0 \times 386 = 386\text{kN} \cdot \text{m}$$

(4) 判别大小偏压

$$e_0 = \frac{M}{N} = \frac{386 \times 10^6}{330 \times 10^3} = 1169.7\text{mm}$$

$$e_i = e_0 + e_a = 1169.7 + 20 = 1189.7\text{mm}$$

$$e = e_i + \frac{h}{2} - a_s = 1189.7 + \frac{450}{2} - 40 = 1374.7\text{mm}$$

因为 $e_i = 1189.7\text{mm} > 0.3h_0 = 0.3 \times 410 = 123\text{mm}$

故先按大偏心受压计算。

(5) 计算配筋

按式（5-47）计算：

$$A'_s=\frac{Ne-\alpha_1 f_c b\xi_b h_0^2(1-0.5\xi_b)}{f'_y(h_0-a'_s)}$$

$$=\frac{330\times10^3\times1374.7-1\times14.3\times400\times0.518\times410^2\times(1-0.5\times0.518)}{360\times(410-40)}$$

$$=635\text{mm}^2$$

$$\geqslant\rho_{min}bh=0.002\times400\times450=360\text{mm}^2$$

按式（5-48）计算：

$$A_s=\frac{\alpha_1 f_c b h_0\xi_b+A'_s f'_y-N}{f_y}$$

$$=\frac{1\times14.3\times400\times410\times0.518+635\times360-330\times10^3}{360}$$

$$=3092\text{mm}^2$$

受压钢筋配置 2 Φ 22（$A'_s=760\text{mm}^2$），受拉钢筋配置 4 Φ 32（$A_s=3217\text{mm}^2$），配筋图如图 5-24 所示。

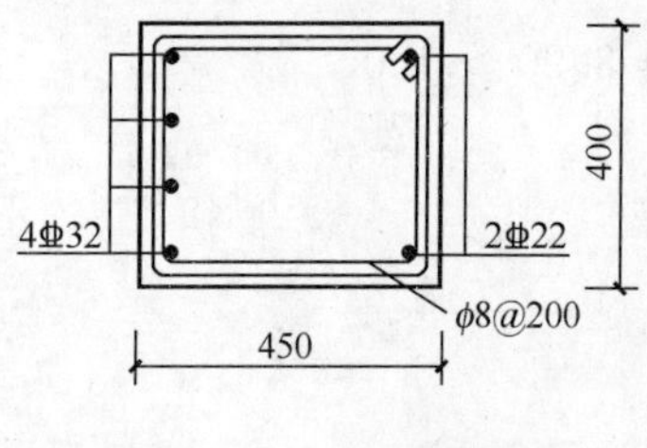

图 5-24 【例 5-8】附图

（6）最后判别大小偏心

由式（5-22）求出受压区高度 x

$$x=\frac{N-f'_yA'_s+f_yA_s}{\alpha_1 f_c b}$$

$$=\frac{330\times10^3-360\times635+360\times3092}{1\times14.3\times400}$$

$$=212.32\text{mm}$$

$\xi=\frac{x}{h_0}=\frac{212.32}{410}=0.517<\xi_b=0.518$，说明前面假定构件为大偏心受压是正确的。

【例 5-9】 框架结构偏心受压柱截面尺寸 $b\times h=400\text{mm}\times500\text{mm}$，$a_s=a'_s=40\text{mm}$，已配 HRB400 级 4 Φ 22 受压钢筋，$A'_s=1520\text{mm}^2$。轴向压力设计值 $N=160\times10^3\text{kN}$，弯矩设计值 $M_1=-60\text{kN}\cdot\text{m}$；$M_2=250\text{kN}\cdot\text{m}$。柱的计算长度 $l_0=5.4\text{m}$。混凝土强度等级为 C30，采用 HRB400 级钢筋。

试求钢筋面积 A_s。

【解】 （1）判断是否需考虑二阶效应

$$A=b\times h=400\times500=200000\text{mm}^2$$

$$I=\frac{1}{12}bh^3=\frac{1}{12}\times400\times500^3=4167\times10^6\text{mm}^4$$

$$i=\sqrt{\frac{I}{A}}=\sqrt{\frac{4167\times10^6}{200000}}=144,34\text{mm}$$

因为 $$\frac{l_0}{i}=\frac{5400}{144.340}=37.41>34-12\times\frac{M_1}{M_2}=34-12\times\left(\frac{-60}{250}\right)=36.89$$

故应考虑二阶弯矩的影响。

（2）计算偏心距增大系数

$$e_a=\frac{h}{30}=\frac{500}{30}=16.7\text{mm},\text{取 } e_a=20\text{mm}$$

$$h_0=h-a_s=500-40=460\text{mm}$$

按式（5-17）计算

$$\zeta_c=\frac{0.5f_cA}{N}=\frac{0.5\times14.3\times200000}{160\times10^3}=8.93>1.0$$

取 $\zeta_c=1.0$

按式（5-21）计算

$$\eta_{ns}=1+\frac{1}{1300\dfrac{(M_2/N)+e_a}{h_0}}\left(\frac{l_c}{h}\right)^2\zeta_c$$

$$=1+\frac{1}{1300\times\dfrac{250\times10^6/(160\times10^3)+20}{460}}\times\left(\frac{5400}{500}\right)^2\times1=1.026$$

（3）计算控制截面弯矩设计值

按式（5-19）计算

$$C_m=0.7+0.3\frac{M_1}{M_2}=0.7+0.3\times\left(\frac{-60}{250}\right)=0.63<0.7$$

取 $C_m=0.7$（即相当取 $M_1=0$）

按式（5-20）计算控制截面的弯矩设计值：

$$C_m\eta_{ns}=0.7\times1.026=0.72<1.0$$

$$\text{取 } C_m\eta_{ns}=1.0,M=C_m\eta_{ns}M_2=1.0\times250=250\text{kN}\cdot\text{m}$$

（4）判别大小偏压

$$e_0=\frac{M}{N}=\frac{250\times10^6}{160\times10^3}=1563\text{mm}$$

$$e_i=e_0+e_a=1563+20=1583\text{mm}$$

因为 $e_i=1583\text{mm}>0.3h_0=0.3\times460=138\text{mm}$，故可先按大偏心受压情况计算。

（5）计算配筋

$$e=e_i+\frac{h}{2}-a_s=1583+\frac{500}{2}-40=1793\text{mm}$$

$$M_{u2}=Ne-f'_yA'_s(h_0-a'_s)=160\times10^3\times1793-360\times1520\times(460-40)$$
$$=56.97\text{kN}\cdot\text{m}$$

$$\alpha_s=\frac{M_{u2}}{\alpha_1f_cbh_0^2}=\frac{56.97\times10^6}{1\times14.3\times400\times460^2}=0.0471$$

$$\xi=1-\sqrt{1-2\alpha_s}=1-\sqrt{1-2\times0.0471}=0.0482<\xi_b=0.518$$

$$x=\xi h_0=0.0482\times460=22.17\text{mm}<2a'_s=2\times40=80\text{mm}$$

说明前面假定构件为大偏心受压是正确的。

$$e'=e_i-\frac{h}{2}+a'_s=1583-\frac{500}{2}+40=1373\text{mm}$$

按式（5-27）计算：

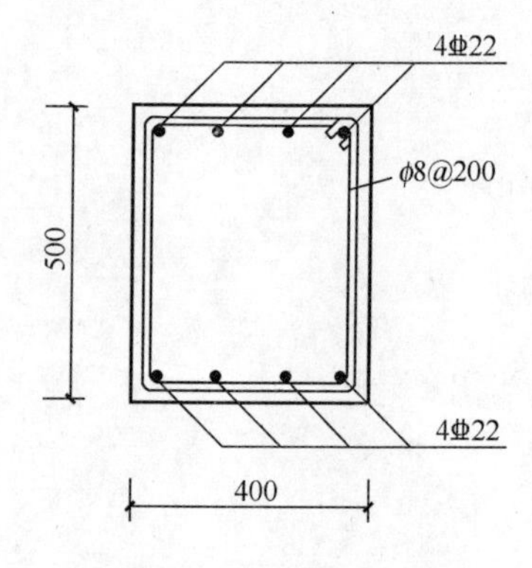

图 5-25 【例 5-9】附图

$$A_s = \frac{Ne'}{f_y(h_0 - a'_s)} = \frac{160 \times 10^3 \times 1373}{360(460-40)} = 1453\text{mm}^2$$

选 4 Φ 22（A_s=1520mm²），配筋图如图 5-25 所示。

【例 5-10】 框架结构偏心受压柱截面尺寸 $b \times h$= 400mm×550mm，$a_s = a'_s$=40mm，轴向力设计值 N= 4800kN，弯矩设计值 $M_1 = M_2$=25kN·m。柱的计算长度 l_0=3.6m。混凝土强度等级为 C30，采用 HRB400 级钢筋，截面采用非对称配筋。

试求钢筋面积 A_s 和 A'_s。

【解】 （1）判断是否需考虑二阶效应

$$A = b \times h = 400 \times 550 = 220000\text{mm}^2$$

$$I = \frac{1}{12}bh^3 = \frac{1}{12} \times 400 \times 550^3 = 5545.83 \times 10^6\text{mm}^4$$

$$i = \sqrt{\frac{I}{A}} = \sqrt{\frac{5545.83 \times 10^6}{220000}} = 158.77\text{mm}$$

因为 $$\frac{l_0}{i} = \frac{3600}{158.77} = 22.67 > 34 - 12 \times \frac{M_1}{M_2} = 34 - 12 \times 1 = 22$$

故应考虑二阶弯矩的影响。

（2）计算偏心距增大系数

$$h_0 = h - a_s = 550 - 40 = 510\text{mm}$$

$$e_a = \frac{h}{30} = \frac{550}{30} = 18.33\text{mm} < 20\text{mm}，取\ e_a = 20\text{mm}$$

按式（5-17）计算

$$\zeta_c = \frac{0.5f_cA}{N} = \frac{0.5 \times 14.3 \times 220000}{4800 \times 10^3} = 0.328$$

按式（5-21）计算

$$\eta_{ns} = 1 + \frac{1}{1300\dfrac{(M_2/N)+e_a}{h_0}}\left(\frac{l_0}{h}\right)^2\zeta_c$$

$$= 1 + \frac{1}{1300\dfrac{25 \times 10^6/(4800 \times 10^3)+20}{510}} \times \left(\frac{3600}{550}\right)^2 \times 0.328 = 1.218$$

（3）计算控制截面弯矩设计值

按式（5-19）计算

$$C_m = 0.7 + 0.3\frac{M_1}{M_2} = 0.7 + 0.3 \times 1 = 1.0$$

按式（5-20）计算控制截面的弯矩设计值：

$$M = C_m\eta_{ns}M_2 = 1.0 \times 1.218 \times 25 = 30.45\text{kN} \cdot \text{m}$$

（4）估算大、小偏压

$$e_0 = \frac{M}{N} = \frac{30.45 \times 10^6}{4800 \times 10^3} = 6.34\text{mm}$$

$$e_i = e_0 + e_a = 6.34 + 20 = 26.34\text{mm}$$

$$e = e_i + \frac{h}{2} - a_s = 26.34 + \frac{550}{2} - 40 = 261.34\text{mm}$$

$$e' = \frac{h}{2} - e_i - a'_s = \frac{550}{2} - 26.34 - 40 = 208.66\text{mm}$$

因为 $e_i = 26.34\text{mm} < 0.3h_0 = 0.3 \times 510 = 153\text{mm}$，故可先按小偏心受压情况计算。

(5) 计算配筋

$\beta_1 = 0.80$，并取 $A_s = \rho_{min} bh = 0.002 \times 400 \times 550 = 440\text{mm}^2$，再将式（5-33）代入式（5-31），经整理后得：

$$x^2 + 100.77x - 424113.5 = 0$$

解上面一元二次方程，得受压区高度 $x = 602.8\text{mm}$。

按式（5-51）计算

$$\xi_{cy} = 2\beta_1 - \xi_b = 2 \times 0.8 - 0.518 = 1.082$$

因为

$$\xi = \frac{x}{h_0} = \frac{602.8}{510} = 1.182 > \xi_{cy} = 1.082$$

且 $\sigma_s < 0$，说明 A_s 受压屈服，故取 $\sigma_s = -f'_y$

$$\xi_{cy} h_0 = 1.082h_0 = 1.082 \times 510 = 551.8\text{mm} > h = 550\text{mm}$$

故取

$$x = h = 550\text{mm}$$

由式（5-30）计算

$$A'_s = \frac{Ne - \alpha_1 f_c bh(h_0 - 0.5h)}{f'_y(h_0 - a'_s)}$$

$$= \frac{4800 \times 10^3 \times 261.3 - 1 \times 14.3 \times 400 \times 550(510 - 0.5 \times 550)}{360 \times (510 - 40)} = 3043\text{mm}^2$$

由式（5-29）计算

$$A_s = \frac{N - \alpha_1 f_c bh - f'_y A'_s}{f'_y} = \frac{4800 \times 10^3 - 1 \times 14.3 \times 400 \times 550 - 360 \times 3043}{360} = 1551\text{mm}^2$$

由于

$$N = 4800 \times 10^3 N > f_c bh = 14.3 \times 400 \times 550 = 3146 \times 10^3 \text{N}$$

故尚须验算反向承载力。

按式（5-36）算出

$$e' = \frac{h}{2} - a'_s - (e_0 - e_a) = \frac{550}{2} - 40 - (6.34 - 20) = 248.7\text{mm}$$

按式（5-35）算出所需钢筋

$$A_s = \frac{Ne' - f_c bh(h'_0 - 0.5h)}{f'_y(h'_0 - a_s)} =$$

$$= \frac{4800 \times 10^3 \times 248.7 - 14.3 \times 400 \times 550 \times (510 - 0.5 \times 550)}{360 \times (510 - 40)}$$

$$= 2685\text{mm}^2 > 1551\text{mm}^2$$

(6) 判断大、小偏心受压

将已知数据代入式（5-30），求出受压区高度：

$$Ne = \alpha_1 f_c bx\left(h_0 - \frac{x}{2}\right) + f'_y A'_s(h_0 - a'_s)$$

$$4800 \times 10^3 \times 261.3 = 1 \times 14.3 \times 400x(510 - 0.5x) + 360 \times 3043 \times (510 - 40)$$

化简后得：

$$x^2 - 1020x + 258519 = 0$$

解得

$$x = 470.2\text{mm} > \xi_b h_0 = 0.518 \times 510 = 264\text{mm}$$

说明前面假定大偏压是正确的，以上计算有效。

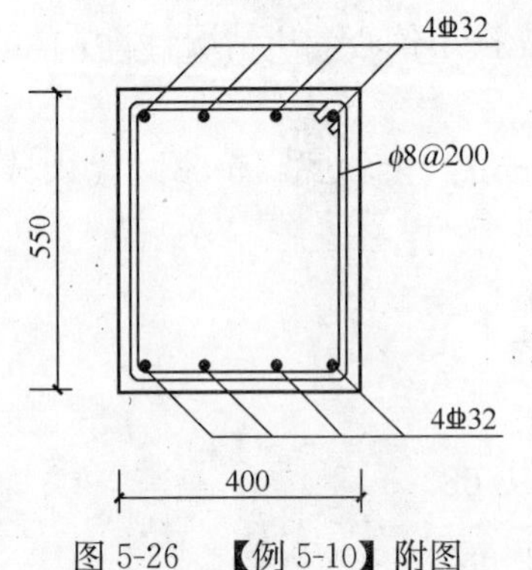

图 5-26 【例 5-10】附图

（7）验算垂直弯矩作用平面的承载力

根据 $\frac{l_0}{b} = \frac{3600}{400} = 9.0$ 由表 5-1 查得 $\varphi = 0.99$

按式（5-1）求得轴向压力设计值

$$N_u = 0.9\varphi(f_c A + f'_y A'_s)$$
$$= 0.9 \times 0.99 \times [14.3 \times 220000 + 360 \times (3043 + 2685)] = 4640 \times 10^3\text{N}$$
$$< N = 4800 \times 10^3\text{N}$$

承载力不足。

经计算柱需配置钢筋总面积 $A_s + A'_s = 6180\text{mm}^2$，现每侧各配 4 Φ 32（$A_s = 3217\text{mm}^2$），满足要求。配筋图如图 5-26 所示。

说明构件最后由垂直弯矩作用平面的承载力控制配筋。

5.7.2 截面承载力复核

非对称配筋偏心受压构件截面承载力复核，与对称配筋一样，更多的情况是复核配筋是否足够。因此，其计算方法与截面设计并无区别。

§5-8 偏心受压构件斜截面受剪承载力计算

如偏心受压构件除受有偏心作用的轴向压力 N 外，还受到剪力 V 的作用，则偏心受压构件尚需进行斜截面受剪承载力计算。

试验结果表明，轴向压力对构件斜截面受剪承载力有提高的作用。这是由于轴向压力能阻止或减缓斜裂缝的出现和开展。此外，由于轴向压力的存在，使构件混凝土剪压区高度增加，从而提高了混凝土的抗剪能力。试验还表明：临界斜裂缝的水平投影长度与无轴向压力构件相比基本相同，故箍筋的抗剪能力没有明显影响。

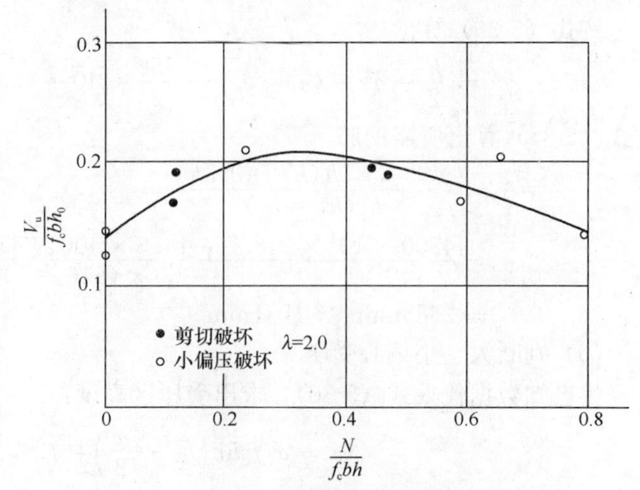

图 5-27 轴压力对构件受剪承载力的影响

轴向压力对构件斜截面受剪承载力的提高是有一定限度的，图 5-27 绘出了这种试验结果。当轴压比$\frac{N}{f_c bh}=0.3\sim0.5$时，斜截面受剪承载力有明显的提高，再增加轴向压力将使受剪承载力降低。

基于试验分析，《混凝土设计规范》规定，对于矩形、T形和Ⅰ形钢筋混凝土偏心受压构件，其受剪承载力计算，作如下规定：

1. 为了防止斜压破坏，截面尺寸应符合下列要求：

当$\frac{h_w}{b}\leqslant 4$时

$$V\leqslant 0.25\beta_c f_c bh_0 \tag{5-52}$$

当$\frac{h_w}{b}\geqslant 6$时

$$V\leqslant 0.2\beta_c f_c bh_0 \tag{5-53}$$

当$4\leqslant h_w/b\leqslant 6$时，按线性内插法确定。$h_w$为截面的腹板高度。

2. 矩形、T形和Ⅰ形钢筋混凝土偏心受压构件，其斜截面受剪承载力应按下列公式计算：

$$V\leqslant \frac{1.75}{\lambda+1}f_t bh_0+f_{yv}\frac{A_{sv}}{s}h_0+0.07N \tag{5-54}$$

式中 V——剪力设计值；

N——与剪力设计值V相应的轴向压力设计值，当$N>0.3f_cA$时，取$N=0.3f_cA$；

A——构件截面面积；

λ——偏心受压构件计算截面的剪跨比，取为$M/(Vh_0)$。

计算截面的剪跨比λ应按下列规定采用：

(1) 对框架结构中的框架柱，当其反弯点在层高范围内时，可取为$H_n/(2h_0)$。H_n为柱净高。

当$\lambda<1$时，取$\lambda=1$；当$\lambda>3$时，取$\lambda=3$。此处，M为计算截面上与剪力设计值V相应的弯矩设计值。

(2) 其他偏心受压构件，当承受均布荷载时，取1.5。

由式(5-54)可见，《混凝土设计规范》是在无轴向压力的受弯构件斜截面受剪承载力公式的基础上，采用增加一项抗剪能力的办法来考虑轴向压力对受剪承载力有利影响的。

(3) 对于矩形、T形和Ⅰ形钢筋混凝土偏心受压构件，当符合下列条件时，则不需进行斜截面受剪承载计算，而仅需按构造要求配置箍筋。

$$V\leqslant \frac{1.75}{\lambda+1}f_t bh_0+0.07N \tag{5-55}$$

小　结

1. 轴心受压构件的承载力由混凝土和纵向受力钢筋两部分抗压能力组成，同时要考虑纵向弯曲对构件截面承载力的影响。其计算公式为$N\leqslant 0.9\varphi(f_cA+f'_yA'_s)$。

高强度钢筋在受压构件中，不能充分发挥作用，其最大应力只能达到 $400N/mm^2$，因此，在受压构件中不宜采用高强度钢筋。

2. 偏心受压构件按其破坏特征不同，分为大偏心受压构件和小偏心受压构件。大偏心受压构件破坏时受拉钢筋先达到屈服强度，最后另一侧受压区的混凝土被压碎（应变达到 0.0033），受压钢筋也达到屈服强度。小偏心受压构件破坏时，距轴向力较近一侧混凝土被压碎，受压钢筋达到屈服强度；构件截面另一侧，混凝土和钢筋应力一般都比较小，达不到各自强度限值。

3. 从小偏心受压破坏过渡到大偏心受压破坏，中间存在一种界限状态，这时受拉区钢筋和受压区混凝土同时达到各自强度限值，相应的受压区高度称为大小偏心界限高度，用 x_b 表示，相对界限受压区高度用 ξ_b 表示。这样，当 $\xi \leqslant \xi_b$ 时为大偏心受压；当 $\xi > \xi_b$ 时为小偏心受压。

4. 初始偏心距 $e_i = e_0 + e_a$，此处 $e_0 = M/N$，e_a 为为附加偏心距，其值取 $h/30$ 和 20mm 两者中的较大值。

5. 当 $M_1/M_2 \leqslant 0.9$，且轴压比 $N/f_c bh \leqslant 0.9$ 时，如构件长细比满足条件：$\frac{l_c}{i} \leqslant 34 - 12\left(\frac{M_1}{M_2}\right)$，可不考虑轴向压力在该方向挠曲杆件中产生的附加弯矩的影响。

6. 除排架柱外，端弯矩不等的偏心受压构件，考虑轴向压力在挠曲杆件中产生的二阶效应后控制截面弯矩设计值可按下式：$M = C_m \eta_{ns} M_2$ 计算。其中，构件端截面偏心距调节系数计算公式为 $C_m = 0.7 + 0.3M_1/M_2$，它是根据等代柱与原柱控制截面弯矩相等为条件得到的。公式的形式与我国《钢结构设计规范》（GB 50017—2003）偏心受压构件的表达式相同，但式中的系数不同，这主要反映了混凝土柱非弹性特征和破坏准则与钢结构不同的影响。

7. 在实际工程中，偏心受压柱在不同的内力组合下（如地震作用、风荷载），经常承受变号弯矩作用。所以，在这种情况下一般多设计成对称配筋。因此，对称配筋比非对称配筋应用更为广泛。对于非对称配筋偏心受压柱，采用 e_i 与 $0.3h_0$ 值比较大小作为条件判别大小偏心仅仅是初步的。最后，还必须根据所求得的配筋再算出 ξ 值，然后与 ξ_b 值比较大小，最后确定大小偏心情况。

思 考 题

5-1 在轴心受压构件中，钢筋抗压强度设计值取值应注意什么问题？

5-2 怎样确定受压构件的计算长度？

5-3 怎样确定受压构件混凝土强度等级、构件截面面积和钢筋级别？

5-4 偏心受压构件分哪两类？怎样划分？它们的破坏特征如何？

5-5 试分别绘出大、小偏心受压构件截面的计算应力图形，并按应力图形写出基本公式。

5-6 什么是构件端截面偏心距调节系数 C_m？它的取值有何规定？

5-7 什么是弯矩增大系数？它是怎样推导出来的？

5-8 在什么情况下采取对称配筋？在什么情况下采取非对称配筋？

习 题

【5-1】 已知轴心受压柱的截面为 400mm×400mm，计算长度 l_0=6400mm，混凝土强度等级为 C20，采用 HRB400 级钢筋，承受轴向力设计值 N=1500kN(作用于柱顶)，求纵向钢筋截面面积。

【5-2】 已知现浇钢筋混凝土柱，截面尺寸为 300mm×300mm，计算高度 l_0=4.80m，混凝土强度等级为 C20，配有 HRB400 级钢筋 4Φ25。求所能承受的最大轴向力设计值。

【5-3】 已知钢筋混凝土柱的截面尺寸：$b\times h$=300mm×400mm，计算长度 l_0=3.90m，$a_s=a_s$=40mm，混醍土强度等级为 C20，钢筋级别为 HRB400 级，承受弯矩设计值 $M_1=M_2$=100kN·m，轴向力设计值 N=450kN。试确定对称配筋的钢筋面积。

【5-4】 已知矩形柱截面尺寸 $b\times h$=400mm×500mm，计算长度 l_0=5.0mm，$a_s=a'_s$=40mm，混凝土强度等级为 C30，采用 HRB400 级钢筋，柱承受弯矩设计值 $M_1=M_2$=200kN·m，轴向力设计值 N=1500kN。求对称配筋的钢筋面积。

【5-5】 框架结构偏心受压柱截面尺寸 $b\times h$=400mm×450mm，$a_s=a'_s$=40mm，轴向力设计值 N=335kN，弯矩设计值 M_1=−50kN·m，M_2=386kN·m。柱的计算长度 l_0=5m。混凝土强度等级为 C30，采用 HRB400 级钢筋，截面采用非对称配筋。试求钢筋面积 A_s 和 A'_s。

第6章　受拉构件承载力计算

§6-1　概　述

受拉构件可分为轴心受拉构件和偏心受拉构件。当轴向拉力作用点与截面形心重合时，称为轴心受拉构件；当轴向拉力作用点与截面形心不重合时，则称为偏心受拉构件。

在工程中，受拉构件和受压构件一样，应用也十分广泛。例如，屋架的下弦杆（图6-1*a*）、自来水压力管（图6-1*b*），就是轴心受拉构件；单层厂房的双肢柱（图6-2*a*）和矩形水池（图6-2*b*），则属于偏心受拉构件。

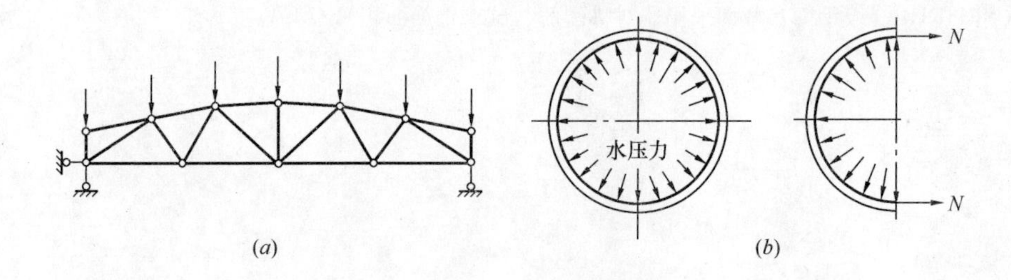

图6-1　受拉构件
（*a*）屋架下弦；（*b*）圆形水池

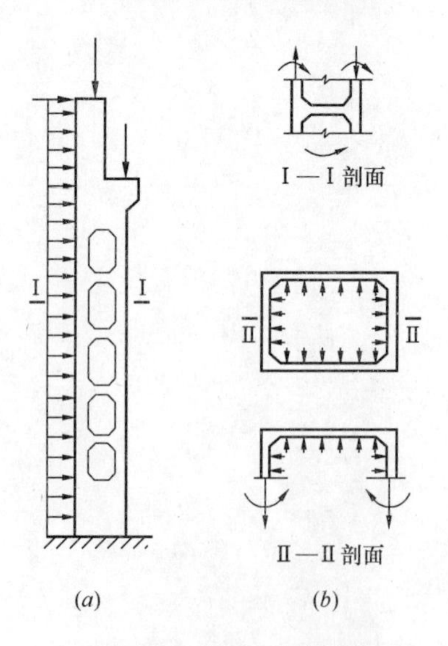

图6-2　双肢柱及矩形水池
（*a*）双肢柱；（*b*）矩形水池

§6-2　轴心受拉构件正截面受拉承载力计算

由于混凝土抗拉强度很低，开裂时极限拉应变很小 $[\varepsilon_c=(0.1\sim0.15)\times10^{-3}]$，所以当构件承受不大的拉力时，混凝土就要开裂，而这时钢筋中的应力还很小，以 HRB335 级钢筋为例，钢筋应力只有 $\sigma_s=\varepsilon_c E_s$❶$=(0.1\sim0.15)\times10^{-3}\times2\times10^5=20\sim30\text{N/mm}^2$。因此，轴心受拉构件按正截面承载力计算时，不考虑混凝土参加工作，这时拉力全部由纵向钢筋承担。

轴心受拉构件正截面受拉承载力应按下列公式计算（图 6-3）：

$$N\leqslant f_y A_s \qquad (6\text{-}1)$$

式中　N——轴向拉力设计值；

f_y——钢筋抗拉强度设计值；

A_s——受拉钢筋的全部截面面积。

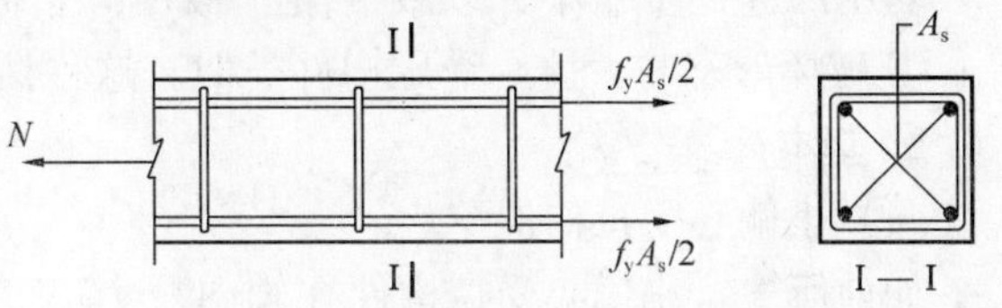

图 6-3　钢筋混凝土轴心受拉构件

【例 6-1】　钢筋混凝土屋架下弦杆，截面尺寸 $b\times h=180\text{mm}\times180\text{mm}$，混凝土强度等级为 C30，钢筋为 HRB335 级。承受轴向拉力设计值为 $N=250\text{kN}$。试求纵向钢筋面积 A_s。

【解】　按式（6-1）算得：

$$A_s=\frac{N}{f_y}=\frac{250\times10^3}{1300}=833.3\text{mm}^2$$

配置 4 Φ 18（$A_s=1017\text{mm}^2$）。

§6-3　偏心受拉构件正截面受拉承载力计算

1. 试验研究

设矩形截面为 $b\times h$ 的构件上作用偏心轴向力 N，其偏心距为 e_0，距轴向力 N 较近一侧的钢筋截面面积为 A_s，较远一侧的为 A'_s。试验表明，根据偏心轴向力的作用位置不同，构件的破坏特征可分为以下两种情况。

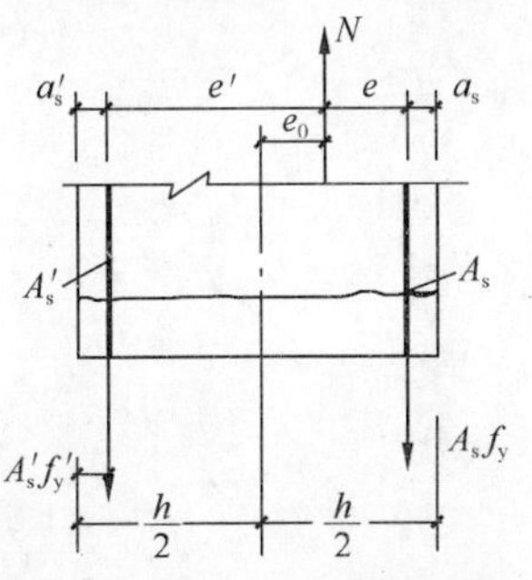

图 6-4　小偏心受拉破坏情况

第一种情况：轴向拉力 N 作用在钢筋 A_s 合力点和 A'_s 合力点之间 $\left(e_0\leqslant\frac{h}{2}-a_s\right)$（图 6-4）。

当轴向力的偏心距较小时，整个截面将全部受拉；随着轴向力的增加，混凝土达到极限拉应变而开裂；最后，钢筋达到屈服强度，构件破坏；当偏心距 e_0 较大时，混凝土开裂前，截面一部分受拉，另一部分受压。随着轴向拉力的不断增加，受拉区混凝土开裂，并使整个截面裂通，混凝土退出工作。构件破坏时，钢筋 A_s 应力达到屈服强

❶　由于钢筋与混凝土变形相同，故它们的应变相等，即 $\varepsilon_s=\varepsilon_c$。

度，而钢筋 A'_s 应力，是否达到屈服强度，则取决于轴向力作用点的位置及钢筋 A'_s 与 A_s 的比值。为了使钢筋（$A_s+A'_s$）用量最小，可假定钢筋 A'_s 应力达到屈服强度。

因此，只要偏心轴向拉力 N 作用在钢筋 A_s 和 A'_s 合力点之间，不管偏心距大小如何，构件破坏时均为全截面受拉。这种情况称为小偏心受拉。

第二种情况：轴向力 N 作用在钢筋 A_s 和 A'_s 合力点以外时 $\left(e_0>\frac{h}{2}-a_s\right)$（图 6-5）。

因为这时轴向力的偏心距 e_0 较大，截面一部分受拉，另一部分受压。随着轴向拉力的增加，受拉区混凝土开裂，这时受拉区钢筋 A_s 承担拉力，而受压区由混凝土和钢筋 A'_y 承担全部压力。随着轴向力拉力进一步增加，裂缝开展，受拉区钢筋 A_s 达到屈服强度 f_y，受压区进一步缩小，以致混凝土被压碎，同时受压区钢筋 A'_s 应力也到达屈服强度 f'_y。其破坏形态与大偏心受压构件类似。这种情况称为大偏心受拉。

2. 基本计算公式

（1）小偏心受拉构件

如前所述，小偏心受拉构件在轴向拉力 N 作用下，截面达到破坏时，拉力全部由钢筋 A_s 和 A'_s 承担。截面应力计算图形如图 6-6 所示。

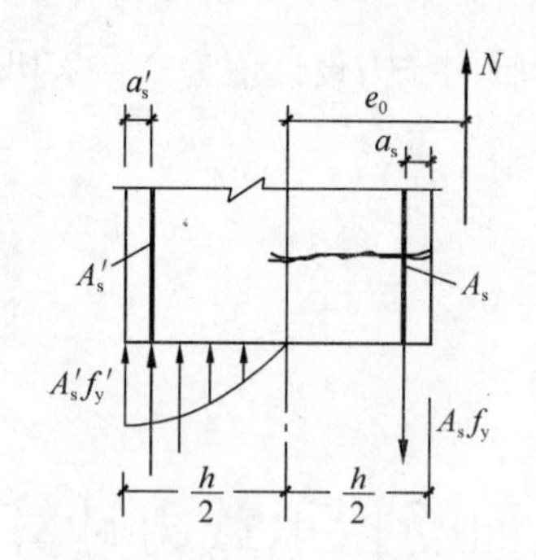

图 6-5　大偏心受拉破坏情况

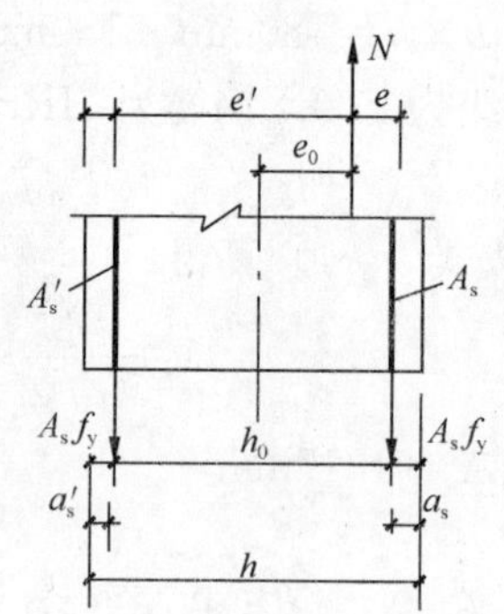

图 6-6　小偏心受拉构件截面应力计算图形

$$\Sigma Y=0 \qquad N\leqslant f_yA_s+f_yA'_s \tag{6-2}$$

$$\Sigma A'_s=0 \qquad Ne'\leqslant f_yA_s(h_0-a'_s) \tag{6-3}$$

$$\Sigma A_s=0 \qquad Ne\leqslant f_yA'_s(h_0-a'_s) \tag{6-4}$$

式中

$$e=\frac{h}{2}-a_s-e_0 \tag{6-5}$$

$$e'=\frac{h}{2}-a'_s+e_0 \tag{6-6}$$

（2）大偏心受拉构件

大偏心受拉构件在轴向拉力 N 作用下，截面破坏时，受拉区钢筋 A_s 达到屈服强 f_y，受压区混凝土被压碎，同时受压区钢筋 A'_s 应力也到达屈服强度 f'_y。截面应力计算图形如图 6-7 所示。

$$\Sigma Y=0 \qquad N \leqslant f_y A_s - f'_y A'_s - \alpha_1 f_c bx \tag{6-7}$$

$$\Sigma A_s = 0 \quad Ne \leqslant \alpha_1 f_c bx\left(h_0 - \frac{x}{2}\right) + f'_y A'_s (h_0 - a'_s) \tag{6-8}$$

式中

$$e = e_0 - \frac{h}{2} + a_s \tag{6-9}$$

式（6-7）和式（6-8）的适用条件为：

$$2a'_s \leqslant x \leqslant \xi_b \cdot h_0 \tag{6-10}$$

$$\rho = \frac{A_s}{bh} > \rho_{min} \tag{6-11}$$

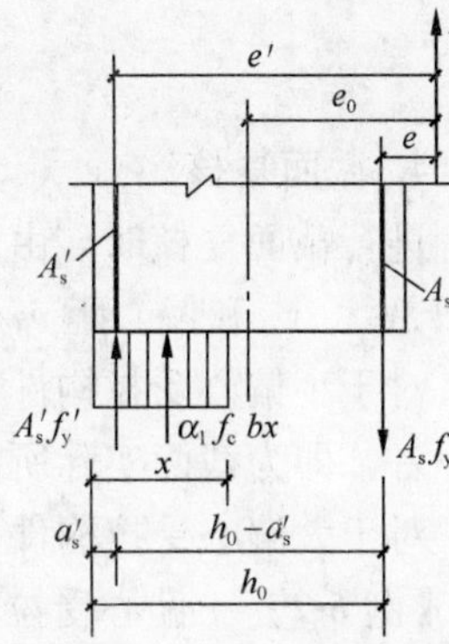

图 6-7　大偏心受拉构件截面应力计算图形

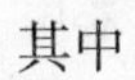

其中

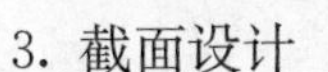

ρ_{min}为偏心受拉构件最小配筋率，见附录 C 附表 C-5。

3. 截面设计

已知截面尺寸 b、h，轴向拉力和弯矩设计值 N、M，材料强度设计值 f_c、f_y、f'_y，求纵向钢筋截面面积 A_s 和 A'_s。

（1）小偏心受拉构件

由式（8-3）和式（8-4）可得：

$$A_s \geqslant \frac{Ne'}{f_y(h_0 - a'_s)} \tag{6-12}$$

$$A'_s \geqslant \frac{Ne}{f_y(h_0 - a_s)} \tag{6-13}$$

如采用对称配筋，则钢筋 A'_s 应力达不到屈服强度，因此，在截面设计时，钢筋 A'_s 应按式（6-12）计算。

（2）大偏心受拉构件

为了充分发挥混凝土的抗压强度的作用，使钢筋 A_s 和 A'_s 总和用量最省，取 $x=\xi_b h_0$，由式（6-7）和式（6-8）可得：

$$A'_s = \frac{Ne - \xi_b \alpha_1 f_c b h_0^2 (1-0.5\xi)}{f_y(h_0 - a'_s)} \tag{6-14}$$

$$A_s = \xi_b \frac{\alpha_1 f_c b h_0}{f_y} + A'_s \frac{f'_y}{f_y} + \frac{N}{f_y} \tag{6-15}$$

如果由式（6-14）算得的值为负值或其配筋率小于 ρ_{min}，则应按按 $A'_s=\rho_{min}bh$ 或构造要求来确定配筋。然后，按 A'_s 已知情况计算 A_s。这时，受压钢筋承担的弯矩为 $M_1=A'_s f'_y$（$h_0-a'_s$），相应的受拉钢筋面积应为 $A_{s1}=A'_s f'_y/f_y$。受压区混凝土承担的弯矩应为 $M_2=Ne-M_1=\alpha_s \alpha_1 f_c b h_0^2$，由此可求出系数 α_s，进一步求得 ξ 和 γ_s 和相应的受拉钢筋面积 A_{sz}。于是，受拉钢筋截面面积：

$$A_s = A_{s1} + A_{s2} + \frac{N}{f_y} \tag{6-16}$$

若不满足 $x \geqslant 2a'_s$ 条件时，则取 $x=2a'_s$，并对 A'_s 取矩，可得：

$$A_s \geqslant \frac{Ne'}{f_y(h_0 - a'_s)} \tag{6-17}$$

式中 $$e'=\frac{h}{2}-a'_s+e_0$$

4. 截面复核

进行截面复核时，由于这时截面尺寸 $b\times h$，材料强度设计值 f_c、f_y、f'_y，钢筋截面面积 A_s、A'_s 和偏心距 e_0 均为已知。要求计算轴向拉力。

对于小偏心受拉构件，可分别按式（6-3）和式（6-4）求出轴向拉力。然后，取其中较小者，即为截面实际所能承受的轴向力设计值。

对于大偏心受拉构件，先由式（6-7）求出 x，然后代入式（6-8），求出轴向拉力。

【例 6-2】 偏心受拉构件截面尺寸 $b\times h=200\text{mm}\times400\text{mm}$，承受轴心拉力设计值为 $N=560\text{kN}$，弯矩设计值 $M=50\text{kN}\cdot\text{m}$，$a_s=a'_s=40\text{mm}$，混凝土强度等级为 C20，采用 HRB335 级钢筋，试计算钢筋面积。

【解】 （1）判断大小偏心

$$e_0=\frac{M}{N}=\frac{50\times10^6}{560\times10^3}=89.29\text{mm}<\frac{h}{2}-a_s=\frac{400}{2}-40=160\text{mm}$$

故为小偏心受拉。

（2）求纵向钢筋截面面积

$$e=\frac{h}{2}-a_s-e_0=\frac{400}{2}-40-89.29=70.71\text{mm}$$

$$e'=\frac{h}{2}-a'_s+e_0=\frac{400}{2}-40+89.29=249.29\text{mm}$$

按式（6-12）计算

$$A_s\geqslant\frac{Ne'}{f_y(h_0-a_s)}=\frac{560\times10^3\times249.29}{300\times(360-40)}=1454.2\text{mm}^2$$

按式（6-13）计算

$$A'_s=\frac{Ne}{f_y(h_0-a_s)}=\frac{560\times10^3\times70.71}{300\times(360-40)}=412.3\text{mm}^2>\max\left(0.002bh,0.45\frac{f_t}{f_y}\right)$$
$$=0.002\times200\times400=160\text{mm}^2$$

距偏心轴向力较近一侧配置 3 Φ 25（$A_s=1473\text{mm}^2$），距偏心轴向力较远一侧配置 2 Φ 18（$A_s=509\text{mm}^2$），截面配筋图见图 6-8。

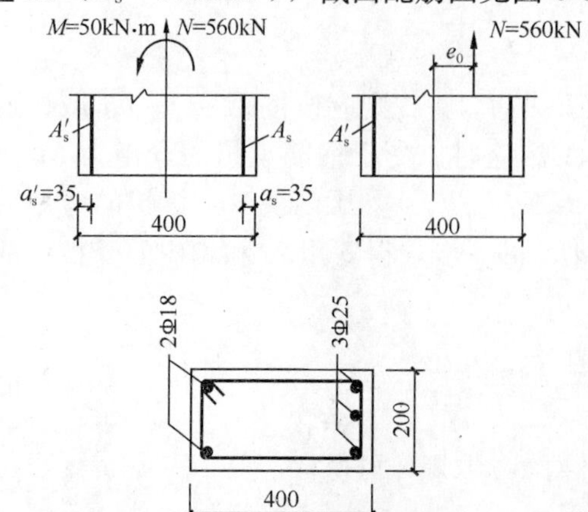

图 6-8 【例 6-2】附图

【例 6-3】 矩形偏心受拉构件截面尺寸 $b\times h=200\text{mm}\times400\text{mm}$。承受轴向拉力设计值 $N=445\text{kN}$，弯矩设计值 $M=100\text{kN}\cdot\text{m}$。$a_s=a'_s=40\text{mm}$。混凝土强度等级为 C25，（$f_c=11.9\text{N/mm}^2$），采用 HRB335 级钢筋（$f_y=f'_y=300\text{N/mm}^2$）。试计算截面的配筋。

【解】 （1）判断大小偏心

$$e_0=\frac{M}{N}=\frac{100\times10^6}{445\times10^3}$$
$$=224.7\text{mm}>\frac{h}{2}-a_s$$
$$=\frac{400}{2}-40=160\text{mm}$$

故为大偏心受拉。

(2) 求 A'_s

$$h_0 = h - a_s = 400 - 40 = 360\text{mm}$$

$$e = e_0 - \frac{h}{2} + a_s = 224.7 - \frac{400}{2} + 40 = 64.7\text{mm}$$

按式（6-14）计算：

$$A'_s = \frac{Ne - \xi_b \alpha_1 f_c b h_0^2 \xi_b (1 - 0.5\xi_b)}{f_y (h_0 - a'_s)}$$

$$= \frac{445 \times 10^3 \times 64.7 - 1 \times 11.9 \times 200 \times 360^2 \times 0.55 \times (1 - 0.5 \times 0.55)}{300 \times (110 - 40)}$$

$$= -981\text{mm}^2 < 0$$

按最小配筋率配置

$$A'_s = \max\left(0.002 \times bh, 0.45 \frac{f_t}{f_y}\right) bh = 0.002 \times 200 \times 400 = 160\text{mm}^2$$

选 2 Φ 10，$A'_s = 157\text{mm}^2 \approx 160\text{mm}^2$

(3) 求 A_s

$$e' = \frac{h}{2} - a'_s + e_0 = \frac{400}{2} - 40 + 224.7 = 384.7\text{mm}$$

$$\alpha_s = \frac{Ne - f'_y A'_s (h_0 - a'_s)}{\alpha_1 f_c b h_0^2} = \frac{445 \times 10^3 \times 64.7 - 300 \times 157 \times (360 - 40)}{1 \times 11.9 \times 200 \times 360^2} = 0.0445$$

因为 $\xi = 1 - \sqrt{1 - 2\alpha_s} = 1 - \sqrt{1 - 2 \times 0.0445} = 0.0455 < \frac{2a'_s}{h_0} = \frac{2 \times 40}{360} = 0.222$

故按式（6-17）计算

$$A_s = \frac{Ne'}{f_y (h_0 - a'_s)} = \frac{445 \times 10^3 \times 384.7}{300(360 - 40)} = 1783.2\text{mm}^2$$

配置 4 Φ 25，$A_s = 1964\text{mm}^2 > 0.002bh = 0.002 \times 200 \times 400 = 160\text{mm}^2$

§6-4　偏心受拉构件斜截面受剪承载力计算

在偏心受拉构件截面中，一般都作用有剪力 V，因此构件截面受剪承载力明显降低。《混凝土设计规范》规定，对于矩形、T 形和 I 形截面的钢筋混凝土偏心受拉构件，其斜截面受剪承载力应按下式计算：

$$V \leqslant \frac{1.75}{\lambda + 1} f_t b h_0 + f_{yv} \frac{A_{sv}}{s} h_0 - 0.2N \tag{6-18}$$

式中　N——与剪力设计值 V 相应的轴向拉力设计值；

λ——计算截面的剪跨比。

试验结果表明，构件箍筋的受剪承载力与轴向拉力无关，故《混凝土设计规范》规定：当式（6-18）右边的计算值小于箍筋的受剪承载力 $f_{yv}\frac{A_{sv}}{s}h_0$ 时，应取等于 $f_{yv}\frac{A_{sv}}{s}h_0$，且 $f_{yv}\frac{A_{sv}}{s}h_0$ 值不得小于 $0.36 f_t b h_0$。

小　结

1. 计算钢筋混凝土轴心受拉构件时不考虑混凝土参加工作，全部外力由纵向钢筋承担。

2. 偏心受拉构件按破坏特征，分为大偏心受拉和小偏心受拉。当轴向拉力作用在钢筋 A_s 合力点和 A'_s 合力点以内时 $\left(e_0 \leqslant \frac{h}{2} - a_s\right)$，为小偏心受拉；当轴向拉力作用在钢筋 A_s 合力点和 A'_s 合力点以外时 $\left(e_0 > \frac{h}{2} - a_s\right)$，为大偏心受拉。

对于小偏心受拉构件，当构件截面两侧钢筋是由平衡条件确定时，构件破坏时受拉钢筋应力可达到钢筋屈服强度。否则，例如采用对称配筋，距轴向拉力较近一侧钢筋可达到屈服强度，而距较远一侧钢筋达不到屈服强度。

3. 对于小偏心受拉构件，距较远一侧钢筋的截面面积用 A'_s 表示，但其应力为拉应力，故其强度设计值应为 f_y。

4. 轴心受拉构件和大、小偏心受拉构件，任一侧的纵向受拉钢筋，其最小配筋率取 $\rho = A_s/bh \geqslant \rho_{\min} = \max$（0.2%，$0.45f_t/f_y$）。

5. 偏心受拉构件斜截面受剪承载力公式是在无轴向力斜截面受剪承载力公式的基础上，减去一项由于轴向力的存在对构件受剪承载力产生不利影响而得到的。

思　考　题

6-1　哪些构件属于受拉构件？试举例说明。

6-2　怎样判别大、小偏心受拉构件？并简述大、小偏心受拉构件的破坏特征。

6-3　计算轴心受拉和偏心受拉构件时，配筋率有何限制？

6-4　大偏心受拉构件承载力计算公式的适用条件是什么？

习　题

【6-1】 钢筋混凝土轴心受拉杆件，截面尺寸 $b \times h = 160\text{mm} \times 160\text{mm}$，混凝土强度等级为 C25，采用 HRB335 级钢筋 4 Φ 14，承受轴向拉力设计值 $N = 160\text{kN}$，试验算杆件能否满足承载力的要求。

【6-2】 已知矩形截面 $b \times h = 250\text{mm} \times 400\text{mm}$，$a_s = a'_s = 40\text{mm}$，混凝土强度等级为 C30，采用 HRB335 级钢筋，承受轴向力设计值 $N = 690\text{kN}$，弯矩设计值 $M = 82\text{kN} \cdot \text{m}$。试确定钢筋面积 A_s 和 A'_s。

【6-3】 已知某矩形水池壁厚为 300mm，$a_s = a'_s = 40\text{mm}$，混凝土强度等级为 C30，采用 HRB335 级钢筋，承受轴向拉力设计值 $N = 220\text{kN/m}$，弯矩设计值 $M = 112\text{kN} \cdot \text{m/m}$。试确定受拉钢筋面积 A_s 及受压钢筋面积 A'_s。

第7章　受扭构件承载力计算

§7-1　概　　述

在钢筋混凝土结构中，单独受纯扭的构件是很少见的，一般都是扭转和弯曲同时发生。例如钢筋混凝土雨篷梁、钢筋混凝土框架的边梁以及工业厂房中的吊车梁等，均属既受扭又受弯的构件。

一般说来，凡是在构件截面中有扭矩（包括还有其他内力）作用的构件，习惯上都称为受扭构件。图7-1所示构件均属受扭构件。

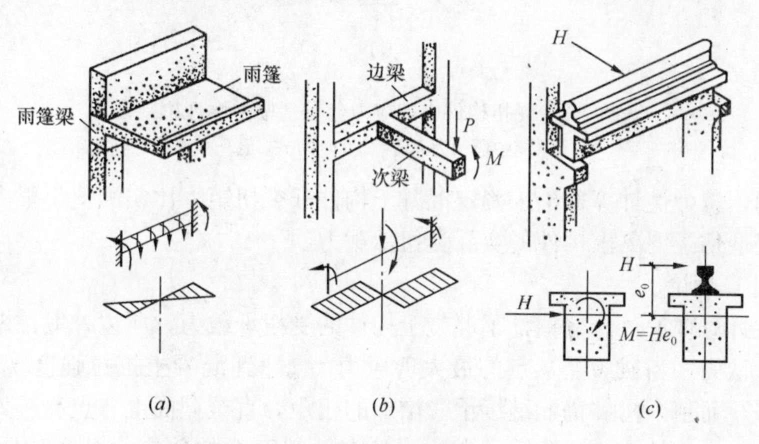

图7-1　受扭构件

(*a*) 雨篷梁；(*b*) 框架的边梁；(*c*) 吊车梁

由于《混凝土设计规范》中关于剪扭、弯扭及弯剪扭构件承载力计算方法是以受弯、受剪承载力计算理论和纯扭计算理论为基础建立起来的。因此，本章将首先介绍纯扭构件承载力计算理论，然后再叙述剪扭、弯扭及弯剪扭构件承载力计算理论。

§7-2　纯扭构件承载力计算

7.2.1　素混凝土纯扭构件承载力计算

1. 弹性计算理论

由材料力学可知，当构件受扭矩 T 的作用时（图7-2*a*），在截面内将产生剪应力 τ。弹性材料矩形截面内剪应力的方向及数值变化情况分别如图7-2（*a*）、（*c*）所示。其中，最大剪应力 τ_{max} 发生在截面长边的中点处。

设从构件截面长边中点取出一微分体（图7-2*a*、*b*），由于该微分体正截面上没有法向

应力 σ。所以，斜截面上的主拉应力 σ_{pt} 在数值上等于剪应力 τ_{max}，即：

$$\sigma_{pt} = \tau_{max}$$

其作用方向与构件轴线成 45°角。当主拉应力达到材料的抗拉强度 f_t 时，构件将沿垂直主拉应力的方向开裂，其开裂扭矩值等于 $\sigma_{pt}=\tau_{max}=f_t$ 时作用在构件上的扭矩值。

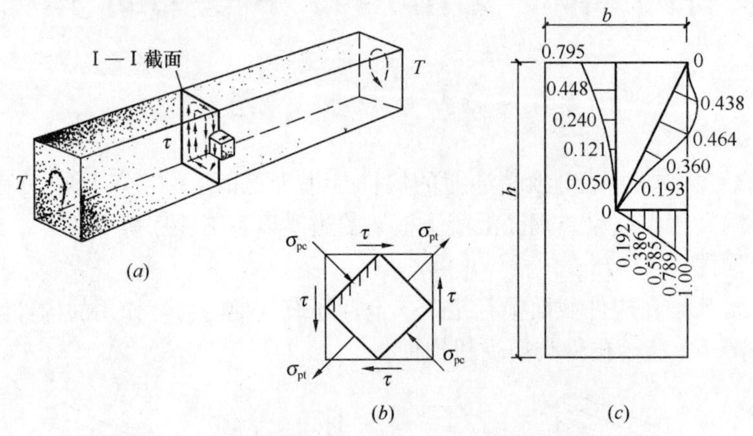

图 7-2　受扭构件中的应力分布（按弹性理论）

（图中所示为 $h/b=2.0$ 时的 τ_{max} 值）

试验表明，按弹性计算理论来确定混凝土构件开裂扭矩，比实测值小很多，这说明按弹性分析方法低估了混凝土构件的实际受扭承载力。

2. 塑性计算理论

由于弹性计算理论过低地估计了混凝土构件的受扭承载力，所以一般按塑性理论来计算。这一理论认为：当截面上某点的最大剪应力 τ_{max} 达到混凝土抗拉强度 f_t 时，只表示该点材料屈服，而整个构件仍能继续承受增加的扭矩，直至截面上各点剪应力全部达到混凝土抗拉强度时，构件才达到极限承载力。这时，截面上的剪应力分布如图 7-3（a）所示。

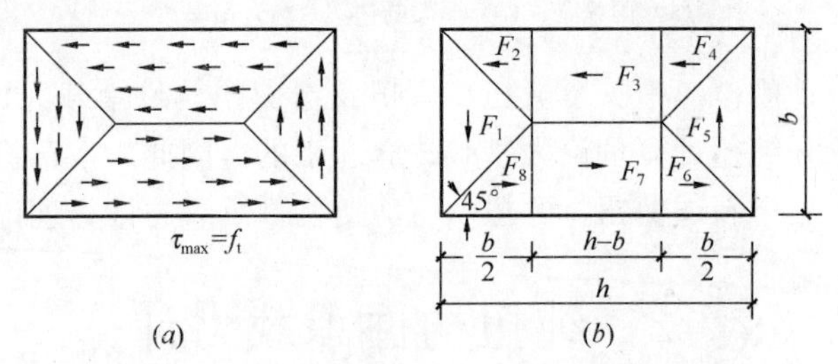

图 7-3　受扭构件开裂扭矩的计算（按塑性理论）

（a）横截面上剪应力分布；（b）开裂扭矩的计算

按塑性理论计算时，构件的开裂扭矩为：

$$T_{cr} = f_t W_t \tag{7-1}$$

式中　T_{cr}——构件开裂扭矩；

f_t——混凝土抗拉强度；

W_t——截面的受扭塑性抵抗矩，对于矩形截面

$$W_t = \frac{b^2}{6}(3h-b) \tag{7-2}$$

h——矩形截面的长边尺寸；

b——矩形截面的短边尺寸。

现将式（7-1）推证如下：

按照图 7-3（a）所示剪应力 $\tau_{max}=f_t$ 作用方位的不同，将横截面面积分成 8 块（图 7-3b），计算每块上的剪应力 $\tau_{max}=f_t$ 的合力 F_i，并对截面形心取矩 T_i，得：

$$T_1 = T_5 = \frac{1}{2}b \times \frac{b}{2} \times f_t \times \frac{1}{2}\left(h-\frac{b}{3}\right) = \frac{1}{8}f_t b^2\left(h-\frac{b}{3}\right)$$

$$T_2 = T_4 = T_6 = T_8 = \frac{1}{2} \times \frac{b}{2} \times \frac{b}{2} f_t \times \frac{2}{3} \times \frac{b}{2} = \frac{1}{24} f_t b^3$$

$$T_3 = T_7 = \frac{b}{2} \times (h-b) f_t \times \frac{1}{2} \times \frac{b}{2} = \frac{1}{8} f_t b^2 (h-b)$$

将各部分上的剪应力 $\tau_{max}=f_t$ 的合力 F_i 对截面形心的力矩总和起来，就得到截面的开裂扭矩表达式（7-1）：

$$T_{cr} = \Sigma T_i = 2 \times \frac{1}{8} f_t b^2\left(h-\frac{b}{3}\right) + 4 \times \frac{1}{24} f_t b^3 + 2 \times \frac{1}{8} f_t b^2 (h-b)$$

$$= f_t \frac{b^2}{6}(3h-b)$$

即：
$$T_{cr} = f_t W_t$$

试验分析表明，按塑性理论分析所得到的开裂扭矩略高于实测值。这说明混凝土不完全是理想的塑性材料。

7.2.2 钢筋混凝土矩形截面纯扭构件承载力的计算

1. 受扭钢筋的形式

由于扭矩在构件中产生的主拉应力与构件轴线成 45°角。因此，从受力合理的观点考虑，受扭钢筋应采用与轴线成 45°角的螺旋钢筋。但是，这会给施工带来很多不便。所以，在一般工程中都采用横向箍筋和纵向钢筋来承担扭矩的作用。

我们知道，由扭矩在横截面上所引起的剪应力在其四周均有，其方向平行于横截面的边长。同时，弹性阶段时靠近构件表面的剪应力大于中心处的剪应力（图 7-2b）。因此，受扭箍筋的形状须做成封闭式的，在两端并应具有足够的锚固长度。当采用绑扎骨架时，箍筋末端应做成 135°弯钩，弯钩直线部分的长度不小于 $6d$（d 为箍筋直径）和 50mm（图 7-4）。

为了充分发挥受扭纵向钢筋的作用，截面四角必须设置抗扭纵向钢筋，并沿截面周边对称布置。

2. 构件破坏特征

试验表明，按照受扭钢筋配筋率的不同，钢筋混凝土矩形截面受纯扭构件的破坏形态可分为以下四种类型：

（1）少筋破坏

当构件受扭箍筋和受扭纵筋的配置数量过少时，构件在扭矩作用下，首先在剪应力最大的长边中点处，形成 45°角的斜裂缝。随后，向相邻的其他两个面以 45°角延伸。同时，与斜裂缝相交的受扭箍筋和受扭纵筋超过屈服点或被拉断。最后，构件三面开裂，一面受压，形成一个扭曲破裂面，使构件随即破坏。这种破坏形态与受剪的斜拉破坏相似，带有突然性，属于脆性破坏，这种破坏称为少筋破坏，在设计中应当避免。为了防止发生这种少筋破坏，《混凝土设计规范》规定，受扭箍筋和受扭纵筋的配筋率不得小于各自的最小配筋率，并应符合受扭钢筋的构造要求。

(2) 适筋破坏

构件受扭钢筋的数量配置得适当时，在扭矩作用下，构件将发生许多45°角的斜裂缝。随着扭矩的增加，与主裂缝相交的受扭箍筋和受扭纵筋达到屈服强度。这条斜裂缝不断开展，并向相邻的两个面延伸，直至在第四个面上受压区的混凝土被压碎，最后使构件破坏。这种破坏形态与受弯构件的适筋梁相似，属于延性破坏。这种破坏称为适筋破坏。钢筋混凝土受扭构件承载力计算，就是以这种破坏形态作为依据的。

(3) 超筋破坏

构件的受扭箍筋和受扭纵筋配置得过多时，在扭矩作用下，构件将产生许多45°角的斜裂缝。由于受扭钢筋配置过多，所以构件破坏前钢筋达不到屈服强度，因而斜裂缝宽度不大。构件破坏是由于受压区混凝土被压碎所致。这种破坏形态与受弯构件的超筋梁相似，属于脆性破坏，这种破坏称为超筋破坏，故在设计中应予避免。《混凝土设计规范》采取控制构件截面尺寸和混凝土强度等级，亦即相当于限制受扭钢筋的最大配筋率来防止超筋破坏。

(4) 部分超筋破坏

构件中的受扭箍筋和受扭纵筋统称为受扭钢筋。若其中一种配置得过多（例如受扭箍筋），而另一种配置得适量时，则构件破坏前，配置过多受扭钢筋将达不到其屈服强度，而配置得适量的受扭钢筋可达到其屈服强度。这种破坏称为部分超筋破坏。显然，这样的配筋是不经济的，故在设计中也应避免。《混凝土设计规范》采取控制受扭纵筋和受扭箍筋配筋强度的比值，来防止部分超筋破坏。

3. 矩形截面纯扭构件承载力的计算

如前所述，钢筋混凝土矩形截面纯扭构件承载力计算是以适筋破坏为依据的。受纯扭的钢筋混凝土构件试验表明，构件受扭承载力是由混凝土和受扭钢筋两部分的承载力所构成的：

$$T_u = T_c + T_s \tag{7-3}$$

式中 T_u——钢筋混凝土纯扭构件受扭承载力；

T_c——钢筋混凝土纯扭构件混凝土所承受的扭矩，并以基本变量 f_tW_t 表示成：

$$T_c = \alpha_1 f_t W_t \tag{7-3a}$$

α_1——待定系数；

T_s——受扭箍筋和受扭纵筋所承受的扭矩。其值与纵向钢筋和箍筋配筋强度的比值 ζ（《混凝土设计规范》在公式中是以$\sqrt{\zeta}$来反映的）、沿构件长度方向单位长度内的受扭箍筋强度$\frac{f_{yv}A_{st1}}{s}$，以及截面核心面积有关。T_s 可写成：

$$T_s = \alpha_2 \sqrt{\zeta} \frac{f_{yv}A_{st1}}{s} A_{cor} \tag{7-3b}$$

式中　α_2——待定系数；

f_{yv}——受扭箍筋的抗拉强度设计值；

A_{st1}——受扭计算中沿截面周边所配置的箍筋的单肢截面面积；

A_{cor}——截面核心部分的面积，对矩形截面，$A_{cor}=b_{cor}h_{cor}$（图 7-4）；

s——受扭箍筋间距；

ζ——受扭构件纵向钢筋与箍筋配筋强度的比值；

$$\zeta=\frac{f_{y}A_{stl}s}{f_{yv}A_{st1}u_{cor}} \tag{7-4}$$

A_{stl}——受扭计算中取对称布置的全部纵向钢筋截面面积；

u_{cor}——截面核芯部分的周长；

$$u_{cor}=2(b_{cor}+h_{cor})$$

b_{cor}、h_{cor}——分别为截面核心的短边和长边，见图 7-4。

将式（7-3a）和式（7-3b）代入式（7-3），于是

$$T_u=\alpha_1 f_t W_t+\alpha_2\sqrt{\zeta}\frac{f_{yv}A_{st1}}{s}A_{cor} \tag{7-5}$$

为了确定式（7-5）中的待定系数 α_1 和 α_2 的数值，将式中等号两边同除以 f_tW_t，并经整理后得到：

$$\frac{T_u}{f_tW_t}=\alpha_1+\alpha_2\sqrt{\zeta}\frac{f_{yv}A_{st1}}{f_tW_ts}A_{cor}$$

以 $\sqrt{\zeta}\frac{f_{yv}A_{st1}}{f_tW_ts}A_{cor}$ 为横坐标，以 $\frac{T_u}{f_tW_t}$ 为纵坐标绘直角坐标系，并将已做过的钢筋混凝土矩形截面纯扭构件试验中所得到的数据，绘在该坐标系中，即可得到如图 7-5 所示的许多试验点。《混凝土设计规范》取用试验点的偏下限的直线 AB 作为钢筋混凝土纯扭构件受扭承载力标准。由图可见，直线 AB 与纵坐标的截距 $\alpha_1=0.35$，直线 AB 的斜率 $\alpha_2=1.2$，于是便得到钢筋混凝土矩形截面纯扭构件受扭承载力计算公式：

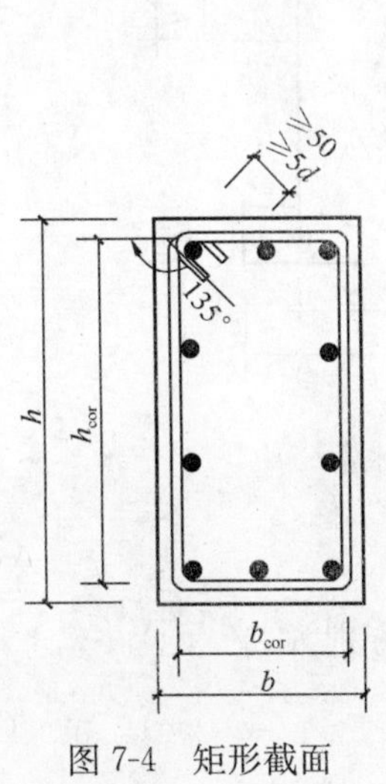

图 7-4　矩形截面核心部分面积

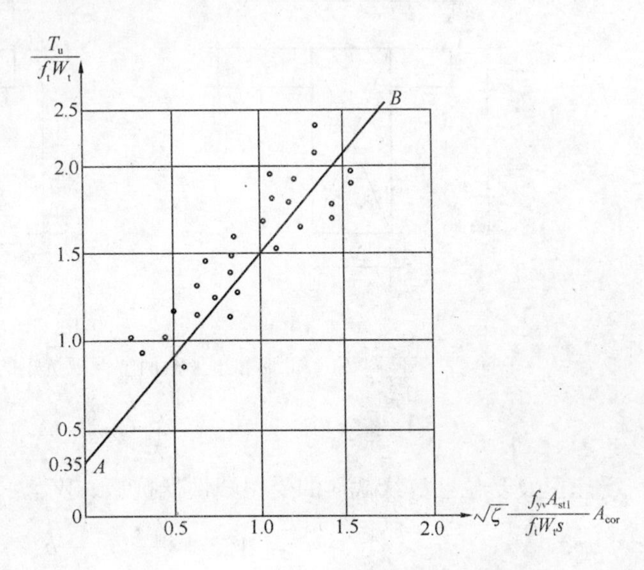

图 7-5　式（7-5）中待定系数 α_1、α_2 的确定

$$T \leqslant 0.35 f_t W_t + 1.2\sqrt{\zeta}\frac{f_{yv}A_{st1}}{s}A_{cor} \tag{7-6}$$

式中　T——受扭构件截面上承受的扭矩设计值；

f_t——混凝土抗拉强度设计值；

W_t——截面受扭塑性抵抗矩；

f_{yv}——受扭箍筋的强度设计值，但取值不应大于 360N/mm^2；

A_{st1}——受扭计算中沿截面周边所配置箍筋的单肢截面面积；

s——受扭箍筋的间距；

A_{cor}——截面核心部分的面积，$A_{cor}=b_{cor}h_{cor}$；

ζ——受扭构件的纵向钢筋与箍筋的强度比值。

试验表明，当 $\zeta=0.5\sim2.0$ 时，构件在破坏前，受扭箍筋和受扭纵筋都能够达到屈服强度。为慎重考虑，《混凝土设计规范》规定，ζ 值应满足下列条件：

$$0.6 \leqslant \zeta \leqslant 1.7$$

在截面复核时，当构件实际的 $\zeta>1.7$ 时，计算时取 $\zeta=1.7$。

式（7-6）中不等号右边第一项 $0.35f_tW_t$ 可视为无腹筋构件（纯混凝土构件）的受扭承载力，用符号 T_{c0} 表示，即 $T_{c0}=0.35f_tW_t$。

7.2.3　钢筋混凝土 T 形和 I 形截面纯扭构件的受扭承载力计算

当钢筋混凝土纯扭构件的截面为 T 形或 I 形时，截面的受扭承载力计算可按下列原则进行：

1. T 形和 I 形截面受扭塑性抵抗矩的计算原则

对于 T 形和 I 形截面，可以取各个矩形分块的受扭塑性抵抗矩之和作为整个截面的受扭塑性抵抗矩 W_t。各矩形分块的划分方法如图 7-6 所示。其中，腹板截面的受扭塑性抵抗矩 W_{tw} 按下式计算：

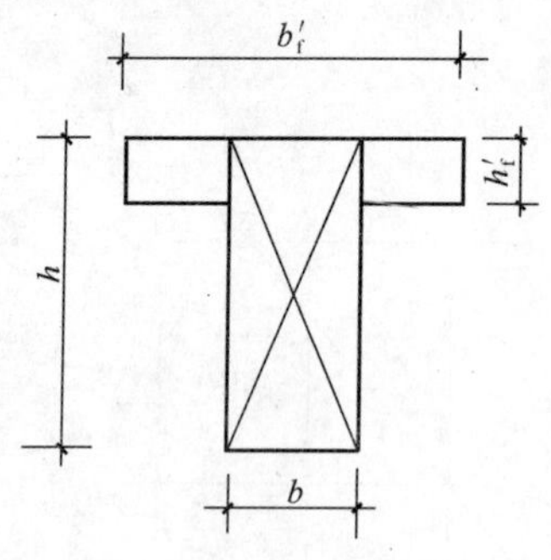

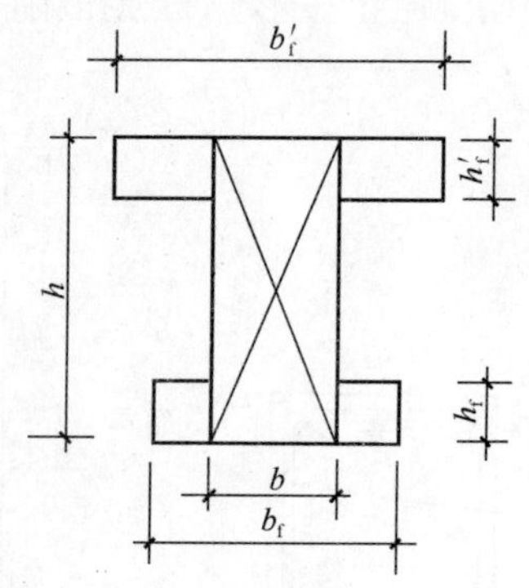

图 7-6　T 形和 I 形截面塑性抵抗矩的分块计算

$$W_{tw} = \frac{b^2}{6}(3h-b) \tag{7-7a}$$

受压区及受拉区翼缘截面的受扭塑性抵抗矩、W'_{tw}、W_{tw} 分别为：

$$W'_{tw} = \frac{h_f'^2}{2}(b'_f-b) \tag{7-7b}$$

$$W_{tw} = \frac{h_f^2}{2}(b_f - b) \tag{7-7c}$$

于是，全截面的受扭塑性抵抗矩 W_t 为：

$$W_t = W_{tw} + W'_{tf} + W_{tf} \tag{7-7d}$$

当 T 形或 I 形截面的翼缘较宽时，计算时取用的冀缘宽度尚应符合下列规定：

$$b'_f \leqslant b + 6h'_f \tag{7-7e}$$

$$b_f \leqslant b + 6h_f \tag{7-7f}$$

式中 b、h——腹板宽度和全截面高度；

h'_f、h_f——截面受压区和受拉区的翼缘高度；

b'_f、b_f——截面受压区和受拉区的翼缘宽度。

2. 各矩形分块截面扭矩设计值分配原则

《混凝土设计规范》规定，T 形和 I 形截面上承受的总扭矩，按各矩形分块截面的受扭塑性抵抗矩与全截面的受扭塑性抵抗矩的比值进行分配，于是，腹板、受压翼缘和受拉翼缘承受的扭矩，可分别按下式求得：

$$T_w = \frac{W_{tw}}{W_t}T \tag{7-7g}$$

$$T'_f = \frac{W'_{tf}}{W_t}T \tag{7-7h}$$

$$T_f = \frac{W_{tf}}{W_t}T \tag{7-7i}$$

式中 T——构件截面承受的扭矩设计值；

T_w——腹板承受的扭矩设计值；

T'_f、T_f——受压翼缘，受拉翼缘所承受的扭矩设计值。

3. 受扭承载力计算

求得各矩形分块截面所承受的扭矩设计值后，即可分别按式（7-6）进行各矩形分块截面的受扭承载力计算。

与试验结果相比，上述计算结果偏于安全。因为分块计算时，没有考虑各矩形分块截面之间的连接，故所得的 T 形和 I 形截面的受扭塑性抵抗矩值略为偏低，受扭承载力计算则偏于安全。

§7-3 剪扭和弯扭构件承载力计算

7.3.1 矩形截面剪扭构件承载力计算

钢筋混凝土剪扭构件承载力表达式可写成下面形式：

$$V_u = V_c + V_s \tag{7-8a}$$

$$T_u = T_c + T_s \tag{7-8b}$$

式中 V_u——剪扭构件的受剪承载力；

V_c——剪扭构件混凝土受剪承载力；

V_s——剪扭构件箍筋的受剪承载力；

T_u——剪扭构件受扭承载力；

T_c——剪扭构件混凝土受扭承载力；

T_s——剪扭构件受扭纵筋和箍筋受扭承载力。

试验研究结果表明，同时受有剪力和扭矩的剪扭构件，其受剪承载力 V_u 和受扭承载力 T_u 将随剪力与扭矩的比值（称为剪扭比）变化而变化。试验指出，构件的受剪承载力随扭矩的增大而减小，而构件的受扭承载力则随剪力增大而减小；反之，亦然。这是因为剪力和扭矩同时作用时在梁的截面一侧两者产生的剪应力总是叠加的。我们把构件抵抗某种内力的能力，受其他同时作用的内力影响的这种性质，称为构件承受不同内力能力之间的相关性。

严格地说，配有腹筋（抗扭纵筋和箍筋）的剪扭构件，同时受有剪力和扭矩作用时，其承载力表达式应按剪扭构件内力的相关性来建立。但是，限于目前的试验和理论分析水平，这样做还有一定困难。因此，《混凝土设计规范》只考虑式（7-8a）中项 V_c 和式（7-8b）中项 T_c 之间的相关性，而忽略配筋项 V_s 和 T_s 之间的相关性的影响，即 V_s 和 T_s 仍分别按纯剪和纯扭的公式计算。

根据国内外所做的大量无筋剪扭构件在不同剪扭比时的试验结果，绘制的 V_c/V_{c0} 与 T_c/T_{c0} 相关曲线，大体是以 1 为半径的 1/4 圆（图 7-7*a*）。其中，V_{c0} 为纯剪构件混凝土受剪承载力，即 $V_{c0}=0.7f_tbh_0$；T_{c0} 为纯扭构件混凝土受扭承载力，即 $T_{c0}=0.35f_tW_t$。图 7-7（*b*）表示配有腹筋的剪扭构件相对受扭承载力和相对受剪承载力关系图，其中混凝土受扭和受剪承载力之间仍大致符合 1/4 圆相关关系。为了简化计算，现采用由三段直线组成的折线 *EG*、*GH* 和 *HF* 来代替 1/4 圆的变化规律。

由图 7-7（*b*）可见，水平线段 *EG* 表示当 $T_c/T_{c0}\leqslant0.5$ 时，$V_c/V_{c0}=1$，即混凝土受剪承载力不予降低；竖直线 *HF* 表示当 $V_c/V_{c0}\leqslant0.5$ 时，$T_c/T_{c0}=1$，即混凝土受扭承载力不予降低；斜直线 *GH* 则表示当 $0.5\leqslant T_c/T_{c0}\leqslant1$ 时，$V_c/V_{c0}=1.5-T_c/T_{c0}$，即混凝土受剪和受扭承载力均应降低。

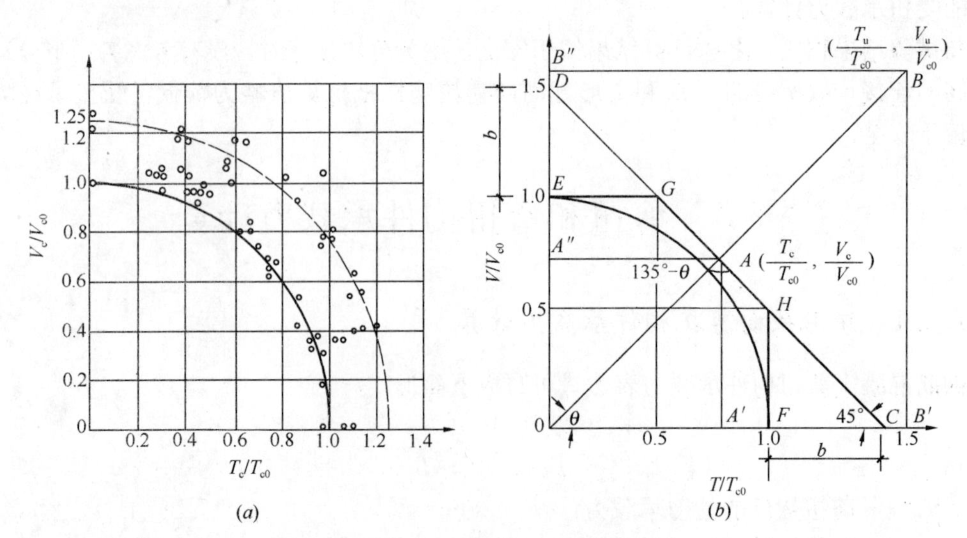

图 7-7 剪扭构件混凝土相关关系计算

（*a*）无腹筋；（*b*）有无腹筋

下面推导 T_c 和 V_c 的计算公式：

将 GH 延长，分别与坐标轴相交于 D、C 两点，且 $\angle OCD=45°$。设配有腹筋的剪扭构件，当任一剪扭比时的扭矩承载力相对值为 T_u/T_{c0}，剪力承载力相对值为 V_u/V_{c0}，并假定与该坐标相对应的点为 B（图 7-7*b*），设原点与 B 点的连线与横轴的夹角为 θ。在 $\triangle OAC$ 中，根据正弦公式，得：

$$\frac{\overline{OA}}{\sin 45°}=\frac{\overline{OC}}{\sin(135°-\theta)} \tag{a}$$

$$\overline{OA}=\frac{\sin 45°}{\sin(135°-\theta)}\overline{OC}=\frac{\sin 45°}{\sin(135°-\theta)}\times 1.5$$

$$\frac{T_c}{T_{c0}}=\overline{OA}\cos\theta=\frac{\sin 45°\cos\theta}{\sin(135°-\theta)}\times 1.5 \tag{b}$$

而

$$\sin(135°-\theta)=\sin(45°+\theta)=\sin 45°\cos\theta+\cos 45°\sin\theta \tag{c}$$

于是式（b）可写成：

$$\frac{T_c}{T_{c0}}=\frac{\sin 45°\cos\theta}{\sin 45°\cos\theta+\sin\theta\cos 45°}\times 1.5 \tag{d}$$

或

$$\frac{T_c}{T_{c0}}=\frac{1}{1+\dfrac{\sin\theta}{\cos\theta}}\times 1.5=\frac{1}{1+\tan\theta}\times 1.5 \tag{e}$$

由 $\triangle OB'B$ 得 $\tan\theta=\dfrac{V_u T_{c0}}{V_{c0} T_u}$，并代入式（*e*）得：

$$\frac{T_c}{T_{c0}}=\frac{1}{1+\dfrac{V_u T_{c0}}{V_{c0} T_u}}\times 1.5 \tag{f}$$

将 $V_{c0}=0.7f_t bh_0$，$T_{c0}=0.35f_t W_t$ 代入式（*f*），并令剪力设计值 $V=V_u$ 和扭矩设计值 $T=T_u$，则式（*f*）可写成：

$$T_c=\frac{T_{c0}}{1+0.5\dfrac{V}{T}\times\dfrac{W_t}{bh_0}}\times 1.5 \tag{g}$$

令

$$T_c=\beta_t T_{c0} \tag{7-9}$$

式中

$$\beta_t=\frac{1.5}{1+0.5\dfrac{V}{T}\cdot\dfrac{W_t}{bh_0}} \tag{7-10}$$

由 $\triangle AA'C$ 得：

$$AA'=\frac{V_c}{V_{c0}}=A'C=1.5-\frac{T_c}{T_{c0}}=1.5-\beta_t$$

即

$$V_c=(1.5-\beta_t)V_{c0} \tag{7-11}$$

式（7-9）和式（7-11）就是剪扭构件混凝土受扭和受剪承载力计算公式。式（7-9）及式（7-11）说明，当构件同时作用剪力和扭矩时，构件混凝土受扭承载力等于仅有扭矩作用时混凝土受扭承载力乘以系数 β_t，而受剪承载力则等于仅有剪力作用时混凝土受剪承载力乘以（$1.5-\beta_t$）系数。我们把 β_t 叫做剪扭构件混凝土受扭承载力降低系数。

应当指出，由式（7-9）可知，$\beta_t=T_c/T_{c0}$，而 $T_c/T_{c0}\leqslant 1$（见图 7-7*b*），故当 $\beta_t>1$

时，应取 $\beta_t=1.0$；由式（7-11）可知，$V_c/V_{c0}=1.5-\beta_t$，而 $V_c/V_{c0}\leqslant 1$，故当 $\beta_t<0.5$ 时，应取 $\beta_t=0.5$。这样，β_t 的取值范围为 0.5～1.0。

综上所述，钢筋混凝土矩形截面剪扭构件的受剪承载力可按下列公式计算：

$$V\leqslant 0.7(1.5-\beta_t)f_t bh_0+f_{yv}\frac{nA_{sv1}}{s}h_0 \tag{7-12}$$

对集中荷载作用下的矩形截面钢筋混凝土剪扭构件（包括作用有多种荷载，且其中集中荷载对支座截面或节点边缘所产生的剪力值占总剪力值的75%以上的情况），其受剪承载力应按下列公式计算：

$$V\leqslant \frac{1.75}{\lambda+1}(1.5-\beta_t)f_t bh_0+f_{yv}\frac{nA_{sv1}}{h_0} \tag{7-13}$$

这时，公式中系数 β_t 须相应改为按下式计算：

$$\beta_t=\frac{1.5}{1+0.2(\lambda+1)\dfrac{V}{T}\cdot\dfrac{W_t}{bh_0}} \tag{7-14}$$

将 $V_{c0}=\dfrac{1.75}{\lambda+1}f_t bh_0$ 和 $T_{c0}=0.35f_tW_t$ 代入式（f）中，就得到式（7-14）。

同样，当 $\beta_t<0.5$ 时，取 $\beta_t=0.5$；当 $\beta_t>1.0$ 时，则取 $\beta_t=1.0$。

剪扭构件的受扭承载力则应按下式计算：

$$T\leqslant 0.35\beta_t f_t W_t+1.2\sqrt{\zeta}\frac{f_{yv}A_{st1}}{s}A_{cor} \tag{7-15}$$

上式中，系数 β_t 应区别受剪承载力计算中出现的两种情况，分别按式（7-10）和式（7-14）进行计算。

7.3.2 矩形截面弯扭构件承载力计算

为了简化计算，对于同时受弯矩和扭矩作用的钢筋混凝土弯扭构件，《混凝土设计规范》规定，可分别按纯弯和纯扭计算配筋，然后将所求得的钢筋截面面积叠加。

由试验研究可知，按这种“叠加法”计算结果与试验结果比较，在一般情况下是安全、可靠的。但在低配筋时会出现不安全情况，《混凝土设计规范》则采用最小配筋率条件来保证构件的安全。

§7-4 钢筋混凝土弯剪扭构件承载力计算

在实际工程中，钢筋混凝土受扭构件大多数都是同时受有弯矩、剪力和扭矩作用的弯剪扭构件。为简化计算，《混凝土设计规范》规定，在弯矩、剪力和扭矩共同作用下的钢筋混凝土构件配筋可按“叠加法”进行计算，即其纵向钢筋截面面积由受弯承载力和受扭承载力所需钢筋相叠加；其箍筋截面面积，应由受剪承载力和受扭承载力所需的箍筋相叠加。

现将在弯矩、剪力和扭矩共同作用下钢筋混凝土矩形截面构件，按“叠加法”计算配筋的具体步骤说明如下。

1. 根据经验或参考已有设计，初步确定构件截面尺寸和材料强度等级

2. 验算构件截面尺寸

前面曾经指出，当构件受扭钢筋配置过多时，将发生超筋破坏。这时，受扭钢筋达不到屈服强度，而受压区混凝土被压碎。为了防止发生这种破坏，《混凝土设计规范》规定，对 $h_0/b\leqslant 6$ 的矩形截面、T 形截面、I 形截面和 $h_w/b\leqslant 6$ 的箱形截面构件，其截面尺寸应满足下列条件：

当 h_w/b（或 h_w/t_w）$\leqslant 4$ 时

$$\frac{V}{bh_0}+\frac{T}{0.8W_t}\leqslant 0.25\beta_c f_c \tag{7-16}$$

当 h_w/b（或 h_w/t_w）$=6$ 时

$$\frac{V}{bh_0}+\frac{T}{0.8W_t}\leqslant 0.20\beta_c f_c \tag{7-17}$$

当 $4<h_w/b$（或 h_w/t_w）<6 时，按线性内插法确定。

式中 b——矩形截面的宽度，T 形或 I 形截面的腹板宽度，箱形截面的侧壁总厚度 $2t_w$；

h_0——截面的有效高度；

W_t——受扭构件的截面受扭塑性抵抗矩；

h_w——截面的腹板高度：对矩形截面，取有效高度 h_0；对 T 形截面，取有效高度 h_0 减去翼缘高度；对 I 形和箱形截面，取腹板净高；

t_w——箱形截面厚度，其值不应小于 $b_h/7$，此处，b_h 为箱形截面的宽度。

如不满足上式条件，则应加大截面尺寸或提高混凝土强度等级。

3. 确定计算方法

当构件内某种内力较小，而截面尺寸相对较大时，该内力作用下的截面承载力认为已经满足，在进行截面承载力计算时，即可不考虑该项内力。

《混凝土设计规范》规定，在弯矩、剪力和扭矩共同作用下的矩形、T 形、I 形和箱形截面构件，可按下列规定进行承载力验算：

（1）当均布荷载作用下的构件

$$V\leqslant 0.35f_t bh_0 \tag{7-18}$$

时，或以集中荷载为主的构件

$$V\leqslant \frac{0.875}{\lambda+1}f_t bh_0 \tag{7-19}$$

时，则不需对构件进行受剪承载力计算，而仅按受弯构件的正截面受弯承载力和纯扭承载力进行计算。

（2）当符合下列条件

$$T\leqslant 0.175f_t W_t \tag{7-20}$$

时，则不需对构件进行受扭承载力计算，可仅按受弯构件的正截面受弯承载力和斜截面受剪承载力计算。

（3）当符合下列条件

$$\frac{V}{bh_0}+\frac{T}{W_t}\leqslant 0.7f_t \tag{7-21}$$

时，则不需对构件进行剪扭承载力计算，但需根据构造要求配置纵向钢筋和箍筋，并按受弯构件的正截面受弯承载力计算。

4. 确定箍筋数量

(1) 按式（7-10）或式（7-14）算出系数 β_t；

(2) 按式（7-12）或式（7-13）算出受剪箍筋的数量；

(3) 按式（7-15）算出受扭箍筋的数量；

(4) 按下式计算箍筋总的数量：

$$\frac{A_{sv1}^*}{s}=\frac{A_{sv1}}{s}+\frac{A_{st1}}{s} \tag{7-22}$$

式中 A_{sv1}^*——弯剪扭构件箍筋总的单肢截面面积；

A_{sv1}——弯剪扭构件受剪箍筋的单肢截面面积；

A_{st1}——弯剪扭构件受扭箍筋的单肢截面面积。

5. 按下式验算配箍率

$$\rho_{sv}=\frac{nA_{sv1}^*}{bs}\geqslant\rho_{sv,min}=0.28\frac{f_t}{f_{yv}} \tag{7-23}$$

式中 $\rho_{sv,min}$——弯剪扭构件箍筋最小配箍率。

其余符号意义与前相同。

6. 计算受扭纵筋数量

按式（7-15）求得的箍筋数量 A_{st1}，代入式（7-4），即可求得受扭纵筋的截面面积：

$$A_{stl}=\frac{f_{yv}A_{st1}u_{cor}\zeta}{f_y s} \tag{7-24}$$

7. 验算纵向配筋率

弯剪扭构件纵筋配筋率，不应小于受弯构件纵向受力钢筋最小配筋率与受扭构件纵向受力钢筋最小配筋率之和。受扭构件纵向受力钢筋最小配筋率，按下式计算：

$$\rho_{tl}\geqslant 0.6\sqrt{\frac{T}{Vb}}\cdot\frac{f_t}{f_y} \tag{7-25}$$

当 $\frac{T}{Vb}>2.0$ 时，取 $\frac{T}{Vb}=2.0$。

式中 ρ_{tl} ——受扭纵向钢筋的配筋率：$\rho_{tl}=\frac{A_{stl}}{bh}$；

b——受剪的截面宽度；

A_{stl}——沿截面周边布置的受扭纵筋总截面面积。

《混凝土设计规范》还规定，受扭纵向钢筋的间距不应大于 200mm 和梁截面短边长度；除在截面的四角必须设置受扭纵筋外，其余受扭纵筋沿截面四周对称布置。受扭纵筋应按受拉钢筋锚固在支座内。

8. 按正截面承载力计算受弯纵筋数量

9. 将受扭纵筋截面面积 A_{stl} 与受弯纵筋截面面积 A_s 叠加，即为构件截面所需总的纵筋数量

【例 7-1】 某雨篷如图 7-8 所示。雨篷板上承受均布荷载（包括自重）$q=2.33\text{kN/m}^2$(设计值)，在雨篷自由端沿板宽方向每米承受活荷载 $P=1.0\text{kN/m}$（设计值），雨篷悬挑长度 $l_0=1.20\text{m}$。雨篷梁截面尺寸 360mm×240mm，其计算跨度 $L_0=2.80\text{m}$，混凝土强度等级为 C25（$f_c=11.9\text{N/mm}^2$，$f_t=1.27\text{N/mm}^2$，），纵向受力钢筋采用 HRB335 级钢筋（$f_y=300\text{N/mm}^2$），箍筋采用 HPB300 级钢筋（$f_{yv}=270\text{N/mm}^2$）。并经计算知：雨篷梁弯矩设计值 $M_{max}=15.40\text{kN}\cdot\text{m}$，剪力设计值 $V_{max}=33\text{kN}$。试确定雨篷梁的配筋。

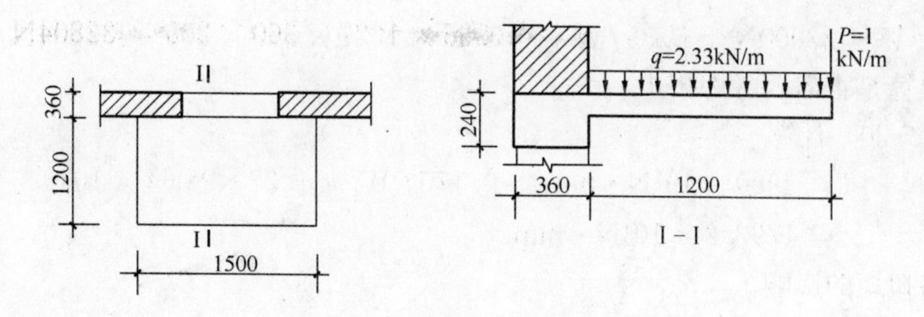

图 7-8 【例 7-1】附图之一

【解】（1）计算雨篷梁的最大扭矩设计值

板上均布荷载 p 沿雨篷梁单位长度上产生的力偶：

$$m_{\mathrm{q}} = ql_0\left(\frac{l_0 + a}{2}\right) = 2.33 \times 1.2\left(\frac{1.2 + 0.36}{2}\right) = 2.18(\mathrm{kN \cdot m})/\mathrm{m}$$

板的边缘处均布线荷载 P 沿雨篷梁单位长度上产生的力偶：

$$m_{\mathrm{P}} = p\left(l_0 + \frac{a}{2}\right) = 1.0 \times \left(1.2 + \frac{0.36}{2}\right) = 1.38(\mathrm{kN \cdot m})/\mathrm{m}$$

于是，作用在梁上的总力偶为

$$m = m_{\mathrm{q}} + m_{\mathrm{p}} = 2.18 + 1.38 = 3.56(\mathrm{kN \cdot m})/\mathrm{m}$$

在雨篷梁支座截面内扭矩最大，其值为

$$T = \frac{1}{2}mL_0 = \frac{1}{2} \times 3.56 \times 2.80 = 4.99\mathrm{kN \cdot m}$$

（2）验算雨篷梁截面尺寸是否符合要求

由式（7-2）计算受扭塑性抵抗矩

$$W_{\mathrm{t}} = \frac{b^2}{6}(3h - b) = \frac{240^2}{6}(3 \times 360 - 240) = 8064 \times 10^3\mathrm{mm}^3$$

按式（7-16）计算

$$\frac{V}{bh_0} + \frac{T}{0.8W_{\mathrm{t}}} = \frac{33000}{360 \times 205} + \frac{4990 \times 10^3}{0.8 \times 8064 \times 10^3} = 1.221\mathrm{N/mm^2}$$

$$< 0.25\beta_{\mathrm{c}} f_{\mathrm{c}} = 0.25 \times 1 \times 11.9 = 2.98\mathrm{N/mm^2}$$

截面尺寸满足要求。

（3）计算雨篷梁正截面的纵向

$$\alpha_{\mathrm{s}} = \frac{M}{\alpha_1 f_{\mathrm{c}} b h_0^2} = \frac{15.4 \times 10^6}{1 \times 11.9 \times 360 \times 205^2} = 0.0855$$

由表 4-7 查得：$\gamma_{\mathrm{s}} = 0.955$，钢筋面积

$$A_{\mathrm{s}} = \frac{M}{\gamma_{\mathrm{s}} h_0 f_{\mathrm{y}}} = \frac{15.4 \times 10^6}{0.955 \times 205 \times 300} = 262.21\mathrm{mm}^2$$

验算配筋率：

$$\rho = \frac{A_{\mathrm{s}}}{bh} = \frac{262.21}{360 \times 240} = 0.00303 > \max\left(0.002, 0.45\frac{f_{\mathrm{t}}}{f_{\mathrm{y}}} = 0.45 \times \frac{1.27}{300} = 0.00191\right)$$

符合要求。

（4）验算是否需要考虑剪力

按式（7-18）计算

$$V = 33000\text{N} > 0.35 f_t b h_0 = 0.35 \times 1.27 \times 360 \times 205 = 32804\text{N}$$

(5) 验算是否需要考虑扭矩

按式（7-20）计算

$$T = 4990 \times 10^3 \text{N} \cdot \text{mm} > 0.175 f_t W_t \times 1.27 \times 8064 \times 10^3$$
$$= 1792.2 \times 10^3 \text{N} \cdot \text{mm}$$

故不能忽略扭矩的影响。

(6) 验算是否需要进行受剪和受扭承载力计算

按式（7-21）计算

$$\frac{V}{bh_0} + \frac{T}{W_t} = \frac{33000}{360 \times 205} + \frac{4990 \times 10^3}{8064 \times 10^3} = 1.066\text{N/mm}^2 > 0.7 f_t = 0.7 \times 1.27 = 0.889\text{N/mm}^2$$

故需进行剪扭承载力验算。

(7) 计算受剪箍筋数量

按式（7-10）计算系数

$$\beta_t = \frac{1.5}{1 + 0.5 \dfrac{V}{T} \cdot \dfrac{W_t}{bh_0}} = \frac{1.5}{1 + 0.5 \times \dfrac{33 \times 10^3}{4.99 \times 10^6} \times \dfrac{8064 \times 10^3}{360 \times 205}} = 1.1021 > 1.0$$

故取 $\beta_t = 1$

按式（7-12）计算单侧受剪箍筋数量，采用双肢箍 $n = 2$。

$$V \leqslant 0.7(1.5 - \beta_t) f_t b h_0 + f_{yv} \frac{nA_{sv1}}{s} h_0$$

$$33000 \leqslant 0.7 \times (1.5 - 1) \times 1.27 \times 360 \times 205 + 270 \times \frac{2 \times A_{sv1}}{s} \times 205$$

由此解得：$\dfrac{A_{sv1}}{s} = 0.00177$

(8) 计算受扭箍筋和纵筋数量

按式（7-15）计算单侧受扭箍筋数量，取 $\zeta = 1.2$。

$$A_{cor} = b_{cor} h_{cor} (360 - 50) \times (240 - 50) = 58900\text{mm}^2$$

$$T \leqslant 0.35 \beta_t f_t W_t + 1.2 \sqrt{\zeta} \frac{f_{yv} A_{st1}}{s} A_{cor}$$

$$4.99 \times 10^6 \leqslant 0.35 \times 1 \times 1.27 \times 8064 \times 10^3 + 1.2 \times \sqrt{1.2} \times 270 \times \frac{A_{st1}}{s} \times 58900$$

由此解得：$\dfrac{A_{st1}}{s} = 0.0673$

按式（7-24）计算受扭纵筋数量

$$A_{stl} = \frac{f_{yv} A_{st1} u_{cor} \zeta}{f_y s} = \frac{270 \times 0.0673 \times 2 \times (310 + 190) \times 1.2}{300} = 72.66\text{mm}^2$$

按式（7-25）计算受扭纵筋最小配筋率

$$\frac{T}{Vb} = \frac{4.99 \times 10^6}{33 \times 10^3 \times 360} = 0.420$$

$$\rho_{stl\min} = 0.6 \sqrt{\frac{T}{Vb}} \cdot \frac{f_t}{f_y} = 0.6 \sqrt{0.42} \frac{1.27}{300} = 0.00165 > \rho_{tl} = \frac{A_{stl}}{bh} = \frac{72.66}{360 \times 240} = 0.00084$$

不满足要求。现根据受扭纵筋最小配筋率确定受扭纵筋：

$$A_{stl}=\rho_{stl\min}bh=0.00165\times360\times240=142.56\text{mm}^2$$

（9）计算单侧箍筋的总数量及箍筋间距

按式（7-22）求得：

$$\frac{A_{sv1}^*}{s}=\frac{A_{sv1}}{s}+\frac{A_{stl}}{s}=0.00177+0.0673=0.0691\text{mm}^2/\text{mm}$$

验算配箍率

$$\rho_{sv}=\frac{nA_{sv1}^*}{bs}=\frac{2\times0.0691}{360}=0.000384<\rho_{sv\min}=0.28\frac{f_t}{f_{yv}}=0.28\times\frac{1.27}{270}=0.00132$$

不满足要求。现根据最小配箍率确定配箍：

选取箍筋直径 $\phi8$，其面积 $A_{sv1}=50.3\text{mm}^2$。则箍筋间距为：

$$s=\frac{nA_{sv1}}{b\rho_{sv\min}}=\frac{2\times50.3}{360\times0.0132}=212\text{mm}$$

取 $s=200\text{mm}^2$。

（10）选择纵向钢筋

选择受扭纵向钢筋，选 6 Φ 10，$A_{stl}=471\text{mm}^2$。在梁的顶面布置 3 根；底面的 3 根面积与梁的正截面承载力所需钢筋面积一并计算：$A_s+\frac{A_{stl}}{2}=262.21+\frac{471}{2}=433.5\text{mm}^2$，选 3 Φ 16，$A_s=603\text{mm}^2$。

雨篷梁配筋见图 7-9。

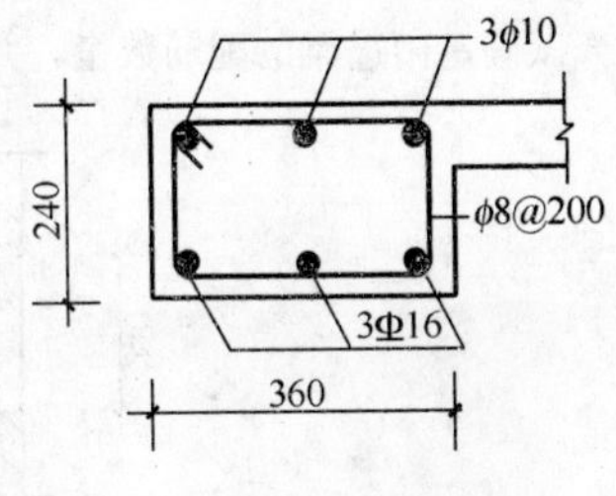

图 7-9 【例 7-1】附图之二

小 结

1. 只要在构件截面中有扭矩作用，无论其中是否存在其他内力，这样的构件习惯上都称为受扭构件。它的截面承载力计算称为扭曲截面承载力计算。

钢筋混凝土受扭构件，由混凝土、抗扭箍筋和抗扭纵筋来抵抗由外载在构件截面内产生的扭矩。

2. 钢筋混凝土矩形截面受纯扭时的破坏形态，分为少筋破坏、适筋破坏、超筋破坏和部分超筋破坏。适筋破坏是正常破坏形态，少筋破坏、超筋破坏和部分超筋破坏是非正常破坏。通过控制最小配箍率和最小抗扭纵筋配筋率防止少筋破坏；通过限制截面尺寸防止超筋破坏。通过控制受扭纵筋和受扭箍筋配筋强度比值，防止部分超筋破坏。

3. 构件抵抗某种内力的能力受其他同时作用的内力影响的性质，称为构件承受不同内力能力之间的相关性。在剪扭构件截面中，既受有剪力产生的剪应力，又受有扭矩产生的剪应力。因此，混凝土的抗剪能力将随扭矩的增大而降低。而混凝土的抗扭能力将随剪力的增大而降低；反之，亦然。《混凝土设计规范》是通过混凝土受扭强度降低系数 β_t 来考虑剪扭构件混凝土抵抗剪力和扭矩之间的相关性的。

4. 钢筋混凝土弯剪扭构件的计算主要步骤是：验算构件的截面尺寸；确定计算方法；确定抗剪及抗扭箍筋数量；确定受扭纵筋数量并与受弯纵筋数量叠加。

思 考 题

7-1 在工程中哪些构件属于受扭构件？举例说明。

7-2 简述钢筋混凝土受扭构件的计算步骤。

7-3 在剪扭构件计算中，混凝土受扭强度降低系数 β_t 的意义是什么？

7-4 在受扭构件中，配置受扭纵筋和受扭箍筋应当注意哪些问题？

习 题

【7-1】 雨篷剖面图如图 7-10 所示。雨篷板悬挑长度 1.3m，在其上承受均布荷载（已包括板自重）设计值 $p=3.8\text{kN/m}^2$，在雨篷自由端沿板宽方向每米承受活荷载设计值 $P=1.4\text{kN/m}$。雨篷梁截面尺寸 240mm×240mm，计算跨度 2.5m，混凝土强度等级为 C25，纵向受力钢筋采用 HRB400 级钢筋，箍筋采用 HPB300 级钢筋。经计算知：雨篷梁最大弯矩设计值 $M_{\max}=16\text{kN}\cdot\text{m}$，最大剪力设计值 $V_{\max}=18\text{kN}$。环境类别为二 a 类。

试确定雨篷梁的配筋数量，并绘出梁的配筋图。

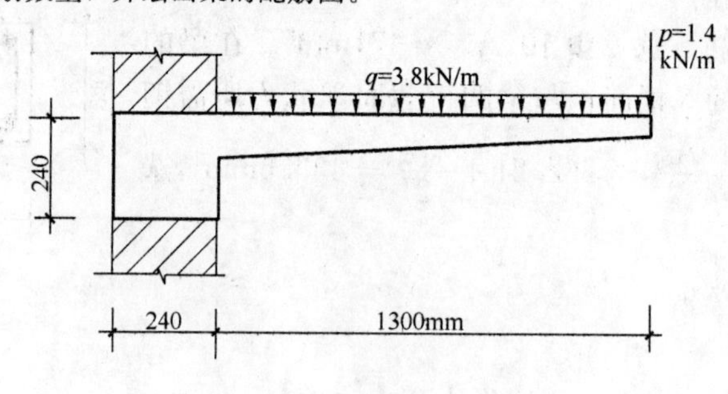

图 7-10 习题【7-1】附图

第8章 钢筋混凝土构件的变形和裂缝计算

钢筋混凝土构件在外载作用下，除了有可能由于承载力不足超过其极限状态外，还有可能由于变形或裂缝宽度超过容许值，使构件超过正常使用极限状态而影响正常使用。因此，《混凝土设计规范》规定，根据使用要求，构件除进行承载力计算外，尚须进行变形及裂缝宽度验算，即把构件在荷载准永久组合下，并考虑长期作用的影响所求得的变形及裂缝宽度，控制在允许值范围之内。它们的设计表达式可分别写成：

$$f_{\max} \leqslant f_{\lim} \tag{8-1}$$

和

$$w_{\max} \leqslant w_{\lim} \tag{8-2}$$

式中 $f_{\max}$——按荷载效应的准永久组合并考虑长期作用影响计算的最大挠度；

$f_{\lim}$——最大挠度限值，按附录C附表C-3采用；

$w_{\max}$——按荷载效应的准永久组合并考虑长期作用影响计算的最大裂缝宽度；

$w_{\lim}$——最大裂缝宽度限值，按附录C附表C-4采用。

本章将叙述钢筋混凝土构件的变形和裂缝宽度的计算方法。

§8-1 钢筋混凝土受弯构件变形的计算

8.1.1 概述

在材料力学中给出了均匀弹性材料梁的变形计算方法。例如：承受均布线荷载 q 的简支梁，其跨中最大挠度为：

$$f_{\max} = \frac{5}{384} \cdot \frac{ql^4}{EI} \tag{8-3}$$

而跨中承受集中荷载 P 作用的简支梁，其跨中最大挠度为：

$$f_{\max} = \frac{1}{48} \cdot \frac{Pl^3}{EI} \tag{8-4}$$

式中 EI 为梁的截面抗弯刚度。当梁的截面和材料确定后，EI 值为常数。

在材料力学中，还给出了均匀弹性材料梁的弯矩 M 与曲率 $1/r_c$ 之间的关系式：

$$\frac{1}{\rho} = \frac{M}{EI} \tag{8-5}$$

或

$$EI = \frac{M}{\frac{1}{r_c}} \tag{8-6}$$

式中 ρ——曲率半径。

由式（8-6）可见，梁的抗弯刚度 EI 等于 $M-\frac{1}{r_c}$ 曲线的斜率。因为 EI 为常数，故弹性均匀材料梁的 $M-\frac{1}{r_c}$ 关系为一直线，如图 8-1 中虚线 OA 所示。

这里提出这样的问题：钢筋混凝土梁的变形能否用材料力学公式计算？要回答这个问题，就必须了解材料力学计算变形公式的适用条件。由材料力学可知，计算变形公式应满足以下两个条件：

（1）梁变形后要满足平截面假设；

（2）梁的截面抗弯刚度 EI 为常数。

关于条件（1），在第 4 章中已经说明，只要测量梁内钢筋和混凝土应变的标距不是太小（跨过一条或几条裂缝），则在实验全过程中所测得平均应变沿截面高度就呈直线分布，即符合平截面假设。

至于条件（2），观察钢筋混凝土梁试验的全过程，便可得出正确的结论。

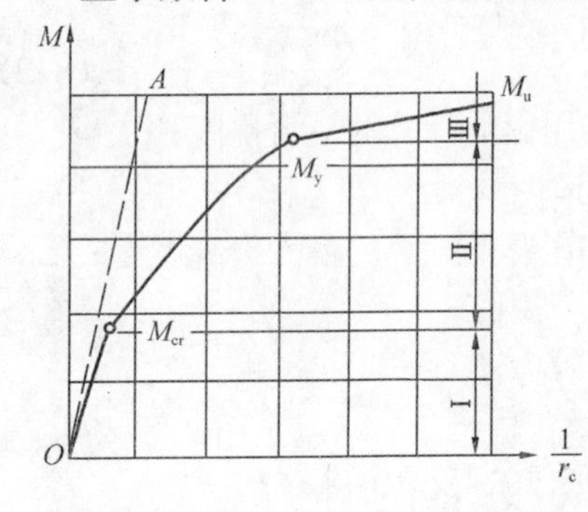

图 8-1　钢筋混凝土梁 $M-1/r_c$ 的关系

图 8-1 所示为钢筋混凝土梁 $M-1/r_c$ 关系试验曲线。由图中可见，当弯矩较小时，梁的应力和应变处于第Ⅰ阶段，$M-1/r_c$ 关系呈直线变化，即抗弯刚度为一常数；随着 M 的增加，梁的受拉区出现裂缝而开始进入第Ⅱ阶段后，$M-1/r_c$ 关系由直线变成曲线。$1/r_c$ 增加变快，说明梁的抗弯刚度开始降低；随着 M 继续增加，到达第Ⅲ阶段后，$1/r_c$ 增加较第Ⅱ阶段更快，使梁的抗弯刚度降低更多。

此外，试验还表明，钢筋混凝土梁在荷载长期作用下，由于混凝土徐变的影响，梁的某个截面的刚度还随时间的增长而降低。

通过上述分析表明，钢筋混凝土受弯构件截面的抗弯刚度并不是常数，而是随荷载的增加而降低。因此，必须专门加以研究确定，只要它的数值一经求出，就可以按材料力学公式计算这种受弯构件的变形。这样，计算钢筋混凝土受弯构件的变形问题，就归结为计算它的截面抗弯刚度问题了。

为了区别于均匀弹性材料梁的抗弯刚度 EI，我们用 B 表示钢筋混凝土受弯构件的抗弯刚度，并以 B_s 表示在荷载效应准永久组合作用下受弯构件截面的抗弯刚度，简称为“短期刚度”；用 B_l 表示在荷载效应准永久组合下，并考虑了一部分荷载效应长期影响的截面的抗弯刚度，简称为“长期刚度”。

下面着重讨论短期刚度 B_s 和长期刚度 B_l 以及受弯构件变形的计算。

8.1.2　受弯构件的短期刚度 B_s

1. 试验研究分析

图 8-2 所示为钢筋混凝土梁的“纯弯段”，它在荷载效应的准永久组合作用下，在受拉区产生裂缝（设平均裂缝间距为 l_{cr}）的情形。裂缝出现后，钢筋及混凝土的应力分布具有如下特征：

(1) 在受拉区：裂缝出现后，裂缝处混凝土退出工作，拉力全部由钢筋承担，而在两条裂缝之间，由于钢筋与混凝土之间的粘结作用，受拉区混凝土仍可协助钢筋承担一部分拉力。因此，在裂缝处钢筋应变最大，而在两条裂缝之间的钢筋应变将减小，而且离裂缝愈远处的钢筋应变减小愈多。为计算方便，我们在计算中将采用钢筋的平均应变 ε_s，显然它小于裂缝处的钢筋应变 ε_s（图 8-2），两者的关系如下：

$$\varepsilon_s = \psi \varepsilon_s \tag{8-7}$$

式中　ψ——裂缝间纵向受拉钢筋应变不均匀系数。

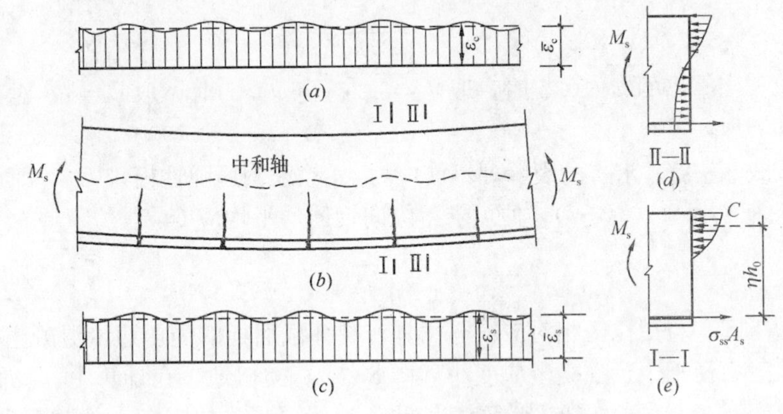

图 8-2　混凝土、钢筋的应变及应力

《混凝土设计规范》根据各种截面形状的钢筋混凝土受弯构件的试验结果，给出了矩形、T 形、倒 T 形和 I 形截面裂缝间纵向钢筋应变不均匀系数计算公式：

$$\psi = 1.1 - \frac{0.65 f_{tk}}{\rho_{te}\sigma_{sq}} \tag{8-8}$$

式中　f_{tk}——混凝土轴心抗拉强度标准值；

ρ_{te}——按截面的“有效受拉混凝土面积”计算的纵向受拉钢筋的配筋率，即：

$$\rho_{te} = \frac{A_s}{A_{te}} \tag{8-9}$$

A_s——纵向受拉钢筋；

A_{te}——有效受拉混凝土面积。

在受弯构件中，A_{te} 按下式计算（图 8-3）：

$$A_{te} = 0.5bh + (b_f - b)h_f \tag{8-10}$$

当算出的 $\rho_{te} < 0.01$ 时，取 $\rho_{te} = 0.01$。

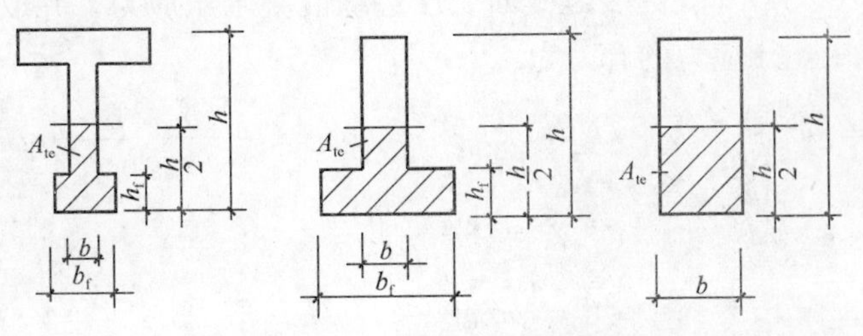

图 8-3　有效受拉混凝土面积 A_{te}

σ_{sq}——按荷载准永久组合计算的钢筋混凝土构件纵向受拉钢筋的应力（图 8-2e），对钢筋混凝土受弯构件按下式计算：

$$\sigma_{sq}=\frac{M_q}{\eta h_0 A_s} \tag{8-11}$$

式中 M_q——按荷载准永久组合计算的弯矩值；

η——内力力臂系数。可取 $\eta=0.87$。

于是，上式可写成：

$$\sigma_{sq}=\frac{M_q}{0.87h_0 A_s} \tag{8-12}$$

应当指出：当算出的 $\psi<0.2$ 时，取 $\psi=0.2$；当 $\psi>1$ 时，取 $\psi=1$；对直接承受重复荷载的构件，取 $\psi=1$。

这样，按式（8-11）求得的裂缝处钢筋应力 σ_{sq} 除以钢筋弹性模量 E_s，即得裂缝处的钢筋应变 ε_s，把它代入式（8-7），便可求得纵向钢筋的平均应变：

$$\bar{\varepsilon}_s=\psi\frac{\sigma_{sq}}{E_s} \tag{8-13}$$

（2）在受压区：与受拉区相对应，同样是在裂缝截面处的受压边缘混凝土应变 ε_c 大，在裂缝之间的截面受压边缘混凝土应变小（图 8-2a）。类似地，在计算中，我们也取混凝土的平均压应变 $\bar{\varepsilon}_c$ 来计算，它与裂缝处截面受压边缘混凝土的应变 ε_c 的关系式可写成：

$$\bar{\varepsilon}_c=\psi_c\varepsilon_c \tag{8-14}$$

式中 ψ_c——裂缝之间受压边缘混凝土应变不均匀系数。

根据以上分析，我们通过平均应变把“纯弯段”内本来为上下波动的中性轴，折算成“平均中性轴”。根据平均中性轴得到的截面称为“平均截面”，相应的受压区高度称为“平均受压区高度 $x=\xi h_0$”。试验结果表明，平均截面的平均应变 $\bar{\varepsilon}_c$ 和 $\bar{\varepsilon}_s$ 是符合平截面假设的，即平均应变呈直线分布。

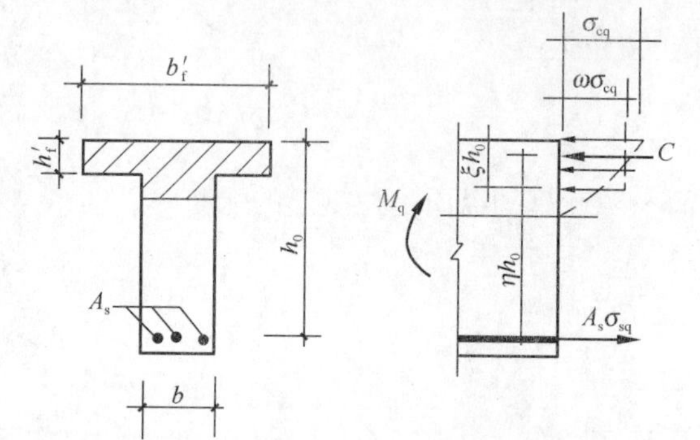

图 8-4 T形截面受压边缘混凝土平均应变的计算

2. 平均截面受压边缘混凝土平均应变

为了不失一般性，我们以 T 形截面（图 8-4）为例说明 $\bar{\varepsilon}_c$ 的确定方法。当受弯构件处于第Ⅱ阶段工作时，裂缝截面受压混凝土中的应力已呈曲线图形。为了便于计算，以矩形应力图形代替曲线图，设整个受压区的平均应力为 $\omega\sigma_{cq}$。其中 σ_{cq} 为裂缝截面受压边缘混凝土压应力，并取受压区高度 $x=\xi h_0$。则裂缝截面混凝土压应力的合力为：

$$C=\omega\sigma_{cq}\left[\xi h_0 b+(b'_f-b)h'_f\right]=\omega\sigma_{cq}\left[\xi+\frac{(b'_f-b)h'_f}{bh_0}\right]bh_0 \tag{8-15a}$$

令

$$\gamma'_f=\frac{(b'_f-b)h'_f}{bh_0} \tag{8-15b}$$

则

$$C=\omega\sigma_{cq}(\xi+\gamma'_f)bh_0 \tag{8-15c}$$

应当指出，计算 γ'_f 时，若 $h'_f>0.2h_0$ 时，应取 $h'_f=0.2h_0$。这是因为翼缘较厚时，靠

近中性轴的翼缘部分受力较小，如仍按全部 h'_f 计算，γ'_f 将使 B_s 值偏大。

若截面受压区为矩形时，$\gamma'_f=0$，则上式变为：

$$C=\omega\sigma_{cq}\xi bh_0 \tag{a}$$

根据

$$\Sigma M=0,\ M_q=C\eta h_0 \tag{b}$$

或

$$C=\frac{M_q}{\eta h_0} \tag{c}$$

将式（c）代入式（8-15c），经整理后，得到：

$$\sigma_{cq}=\frac{M_q}{\omega(\xi+\gamma'_f)\eta bh_0^2}$$

将上式等号两边除以变形模量 $E'_c=\nu E_c$［参见式（3-14）］，则得：

$$\varepsilon_c=\frac{M_q}{\omega(\xi+\gamma'_f)\nu E_c\eta bh_0^2} \tag{d}$$

将式（d）代入式（8-14），则得：

$$\bar{\varepsilon}_c=\frac{\psi_c M_q}{\omega(\xi+\gamma'_f)\nu E_c\eta bh_0^2} \tag{8-16}$$

令

$$\zeta=\frac{\omega(\xi+\gamma'_f)\nu\eta}{\psi_c} \tag{8-17}$$

则式（8-16）写成

$$\bar{\varepsilon}_c=\frac{M_q}{\zeta E_c bh_0^2} \tag{8-18}$$

式中　ζ——确定受压边缘混凝土平均应变抵抗矩系数。

3. 短期抗弯刚度 B_s 计算公式

图 8-5（a）表示钢筋混凝土梁出现裂缝后的变形情况；图 8-5（b）表示平均截面的平均应变 ε_c 和 ε_s 直线分布情形。由图 8-5 可得：

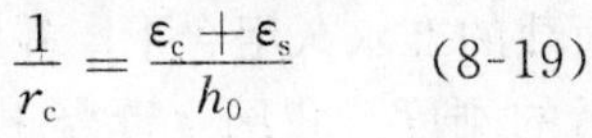

$$\frac{1}{r_c}=\frac{\varepsilon_c+\varepsilon_s}{h_0} \tag{8-19}$$

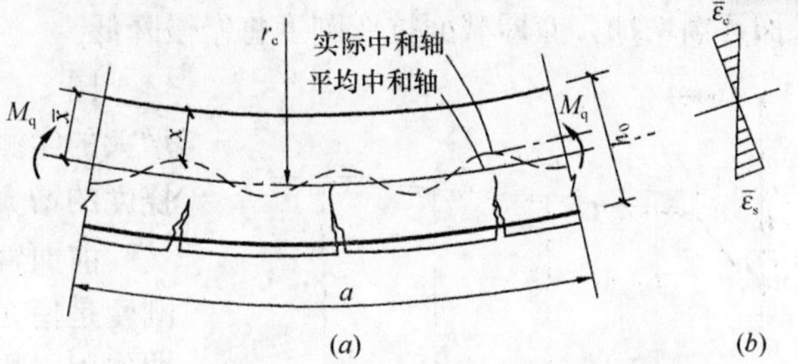

图 8-5　梁出现裂缝后的变形及平均截面

由材料力学知

$$\frac{1}{r_c}=\frac{M_q}{B_s} \tag{8-20}$$

将式（8-20）代入式（8-19）并经整理后得：

$$B_s=\frac{M_q h_0}{\varepsilon_c+\varepsilon_s} \tag{8-21}$$

再将式（8-13）和式（8-18）代入式（8-21），并注意到式（8-11），得：

$$B_s=\frac{h_0}{\dfrac{1}{\zeta E_c bh_0^2}+\dfrac{\psi}{E_s\eta h_0 A_s}}$$

以 $E_s h_0 A_S$ 乘上式的分子、分母，并令 $\alpha_E=\dfrac{E_s}{E_c}$，同时近似取 $\eta=0.87$，则得：

$$B_s = \frac{E_s A_s h_0^2}{1.15\psi + \frac{\alpha_E \rho}{\zeta}} \tag{8-22}$$

根据矩形、T形和I形等常见截面的钢筋混凝土受弯构件的实测结果分析，可取：

$$\frac{\alpha_E \rho}{\zeta} = 0.2 + \frac{6\alpha_E \rho}{1+3.5\gamma_f'} \tag{8-23}$$

将式（8-23）代入式（8-22），就可得到在荷载短期效应组合下的矩形、T形和I形截面钢筋混凝土受弯构件短期刚度公式：

$$B_s = \frac{E_s A_s h_0^2}{1.15\psi + 0.2 + \frac{6\alpha_E \rho}{1+3.5\gamma_f'}} \tag{8-24}$$

式中 E_s——受拉纵筋的弹性模量；

A_s——受拉纵筋的截面面积；

h_0——受弯构件截面有效高度；

ψ——裂缝间纵向钢筋应变不均匀系数，按式（8-8）计算；

α_E——钢筋弹性模量与混凝土弹性模量的比值；

ρ——受拉纵筋的配筋率；

γ_f'——受压翼缘面积与腹板面积的比值，按式（8-15b）计算。

8.1.3 受弯构件的长期刚度

钢筋混凝土受弯构件受长期荷载作用时，由于受压区混凝土在压应力持续作用下产生徐变、混凝土的收缩，以及受拉钢筋与混凝土的滑移徐变等，将使构件的变形随时间的增长而逐渐增加，亦即截面抗弯刚度将慢慢降低。

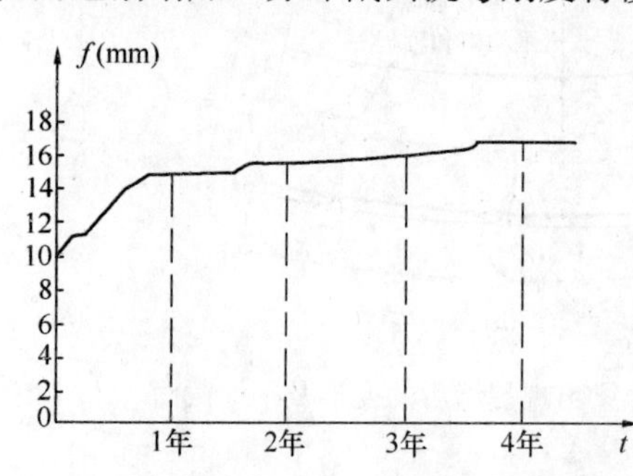

图 8-6 长期荷载作用下梁挠度的增长

图 8-6 为一长期荷载作用下梁的挠度随时间增大的实测变化曲线。在一般情况下，受弯构件挠度的增大，经 3～4 年时间后才能基本稳定。

前面曾经指出，钢筋混凝土受弯构件的长期刚度是指在荷载的准永久组合下，并考虑荷载长期作用影响后的刚度。我国《混凝土设计规范》在验算使用阶段构件挠度时，就是以长期刚度来计算的。

为确定长期刚度，规范规定，在荷载准永久组合计算的弯矩 M_q 作用下，构件先产生一短期曲率 $\frac{1}{r_c}$，在 M_q 长期作用下，设构件曲率增大 θ 倍，即构件曲率变为 $\theta\frac{1}{r_c}$。于是，可得钢筋混凝土受弯构件长期刚度计算公式：

$$B = \frac{M_q}{\theta \frac{1}{r_c}} = \frac{B_s}{\theta} \tag{8-25}$$

式中 M_q——按荷载准永久组合计算的弯矩值，取计算区段内的最大弯矩值；

B_s——按荷载准永久组合计算的钢筋混凝土受弯构件的短期刚度；

θ——考虑荷载长期作用对挠度增大的影响系数，当 $\rho'=0$ 时，取 $\theta=2.0$；当 $\rho'=\rho$ 时，取 $\theta=1.6$；当为中间数值时，θ 按线性内插法取用；

ρ、ρ'——分别为纵向受拉和受压钢筋的配筋率。

8.1.4 钢筋混凝土梁挠度的计算

由以上分析不难看出，钢筋混凝土梁某一截面的刚度不仅随荷载的增加而变化，而且在某一荷载作用下，由于梁内截面的弯矩不同，故截面的抗弯刚度沿梁长也是变化的。弯矩大的截面抗弯刚度小；反之，弯矩小的截面抗弯刚度大。于是，我们就会提出这样的问题：以梁的哪个截面作为计算刚度的依据？为了简化计算，《混凝土设计规范》规定：可取同号弯矩区段内弯矩最大截面的刚度作为该区段的抗弯刚度，即在简支梁中取最大正弯矩截面，按式（8-25）算出的刚度作为全梁的抗弯刚度；而在外伸梁中，则将最大正弯矩和最大负弯矩截面分别按式（8-25）算出的刚度，作为相应正负弯矩区段的抗弯刚度。显然，按这种处理方法所算出的抗弯刚度值最小，故通常把这种处理原则称为"最小刚度原则"。

受弯构件的抗弯刚度确定后，我们就可按照材料力学公式计算钢筋混凝土受弯构件的挠度。

当验算结果不能满足式（8-1）要求时，则表示受弯构件的刚度不足，应设法予以提高，如增加截面高度、提高混凝土强度等级、增加配筋、选用合理的截面形式（如T形或I形等）等。而其中，以增大梁的截面高度效果最为显著，宜优先采用。

【例 8-1】 某办公楼钢筋混凝土简支梁的计算跨度 $l_0=6.90\text{m}$，截面尺寸 $b\times h=250\text{mm}\times650\text{mm}$，环境类别为一级。梁承受均布恒载标准值（包括梁自重）$g_k=16.20\text{kN/m}$，均布活荷载标准值 $q_k=8.50\text{kN/m}$。准永久值系数 $\psi_q=0.4$。混凝土强度等级为C25（$f_{tk}=1.78\text{N/mm}^2$，$E_c=2.8\times10^4\text{N/mm}^2$），采用HRB335级钢筋（$E_s=2.0\times10^5\text{N/mm}^2$）。由正截面受弯承载力计算配置 3Φ20（$A_s=941\text{kN}\cdot\text{m}$），梁的挠度限值 $f_{lim}=l_0/200$。试验算梁的挠度是否满足要求。

【解】（1）计算按荷载的准永久组合产生的弯矩值

$$M_q=\frac{1}{8}(g_k+\psi_q q_k)\cdot l_0^2=\frac{1}{8}\times(16.2+0.4\times8.5)\times6.9^2=116.65\text{kN}\cdot\text{m}$$

（2）计算系数 ψ

按式（8-12）计算

$$\sigma_{sq}=\frac{M_q}{0.87h_0A_s}=\frac{116.65\times10^6}{0.87\times615\times941}=231.7\text{mm}^2$$

按式（8-9）计算

$$\rho_{te}=\frac{A_s}{0.5bh}=\frac{941}{0.5\times250\times650}=0.0116$$

按式（8-8）计算

$$\psi=1.1-\frac{0.65f_{tk}}{\rho_{te}\sigma_{sk}}=1.1-\frac{0.65\times1.78}{0.0116\times231.7}=0.669$$

（3）计算短期刚度

$$\alpha_E = \frac{E_s}{E_c} = \frac{2.0 \times 10^5}{2.8 \times 10^4} = 7.14$$

受拉纵筋的配筋

取 $a_s = 35\text{mm}$　　　$h_0 = h - a_s = 650 - 35 = 615\text{mm}$

$$\rho = \frac{A_s}{bh_0} = \frac{941}{250 \times 615} = 0.00612$$

按式（8-24）计算短期刚度

$$B_s = \frac{E_s A_s h_0^2}{1.15\psi + 0.2 + 6\alpha_E \rho}$$

$$= \frac{2.0 \times 10^5 \times 941 \times 615^2}{1.15 \times 0.669 + 0.2 + 6 \times 7.14 \times 0.00612} = 57780 \times 10^9 \text{N} \cdot \text{mm}^2$$

（4）计算长期刚度

按式（8-25）计算 θ。由于 $\rho' = 0$，故 $\theta = 2.0$

$$B = \frac{B_s}{\theta} = \frac{57780 \times 10^9}{2} = 28890 \times 10^9 \text{N} \cdot \text{mm}^2$$

（5）计算梁的挠度

$$f = \frac{5}{48} \cdot \frac{M_q l_0^2}{B} = \frac{5}{48} \times \frac{116.65 \times 10^6 \times 6900^2}{28890 \times 10^9} = 20.01\text{mm}$$

$$< f_{\lim} = \frac{l_0}{200} = \frac{6900}{200} = 34.5\text{mm}$$

符合要求。

§8-2　钢筋混凝土构件裂缝宽度的计算

8.2.1　受弯构件裂缝宽度的计算

1. 裂缝的发生及其分布

为了便于分析裂缝发生的过程及其分布特点，现以钢筋混凝土梁的纯弯段为例来加以说明（图 8-7）。在纯弯段未出现裂缝以前，在截面受拉区混凝土拉应力 σ_{ct} 和钢筋的拉应力 σ_s 沿纯弯段是均匀分布的。因此，当荷载加到某一数值时，在梁的最薄弱的截面上将产生第一条（或第一批）裂缝。设第一条裂缝发生在图 8-7 的 A 截面处，在开裂的瞬间，裂缝截面处混凝土拉应力降低至零，混凝土退出工作。原来处于拉伸状态的混凝土便向裂缝两侧回缩，混凝土与受拉纵向钢筋之间产生相对滑移而形成裂缝开展。由于混凝土与钢筋之间的粘结作用，使混凝土回缩受到钢筋的约束。因此，随着离裂缝距离的增加，混凝土的回缩减小，当离开裂缝某一距离 $l_{cr,\min}$ 的截面 B 处，混凝土不再回缩。该处混凝土的拉应力仍保持裂缝出现前的数值。于是，自裂缝截面 A 至截面 B，混凝土纵向纤维拉应力是逐渐增大的（图 8-7b）。

另一方面，裂缝出现后，在裂缝处原来的拉应力全部由钢筋承担，使钢筋应力突然增加，并随着离开裂缝截面 A 的距离增大，钢筋应力逐渐过渡到原来的应力大小（图 8-7c）。

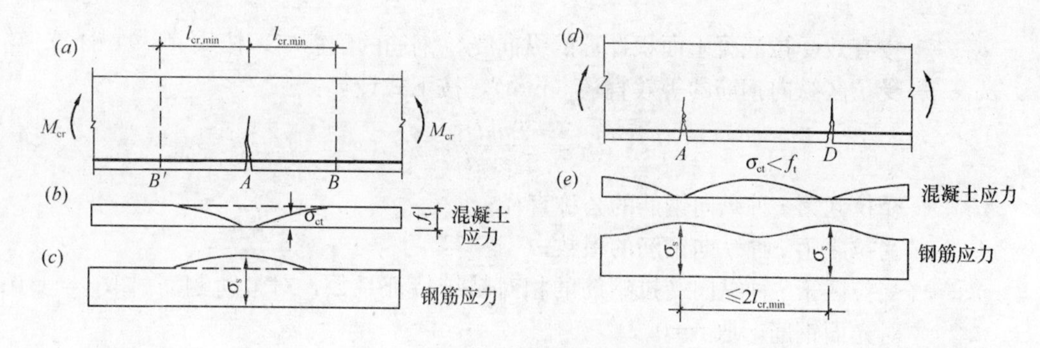

图 8-7　梁中裂缝的发展

由于在长度 $l_{cr,min}$（AB之间）范围内混凝土拉应力 σ_{ct} 小于混凝土的实际抗拉强度（即 $\sigma_{ct}<f_t^0$），所以，在荷载不增加的情况下，不会再产生新的裂缝。

若在梁的 A、D 两个截面首先出现第一批裂缝（图 8-7d），且 A、D 之间的距离 $l\leqslant 2l_{cr,min}$ 时，则在其间的任何截面上也不会再产生新的裂缝。

2. 裂缝的平均间距

根据上面的分析，第一批裂缝的平均间距在 $(1\sim 2)l_{cr,min}$ 变化。随着荷载的不断增加，第一批裂缝宽度将不断加大。同时在第一批裂缝之间有可能出现第二批新的裂缝。大量试验资料表明，当荷载增加到一定程度后，裂缝间距才基本稳定。

由上可知，关于裂缝平均间距 l_{cr} 的计算是十分复杂的，很难用一个理想化的受力模型来进行理论计算，必须通过试验分析来确定。

试验分析表明，裂缝平均间距 l_{cr} 的数值主要与下面三个因素有关：

(1) 混凝土受拉区面积相对大小。如果受拉区面积相对较大（用 A_{te} 表示），则混凝土开裂后回缩力就较大，于是就需要一个较长的距离，以积累更多粘结力来阻止混凝土的回缩。因此，裂缝间距就比较大。

(2) 混凝土保护层 c 的大小。试验表明，钢筋与混凝土之间的粘结作用，随混凝土质点离开钢筋的距离的增加而减小。当混凝土保护层较厚时，受拉边缘的混凝土回缩将比较自由。这样，就需要较长的距离以积累比较多的粘结力来阻止混凝土的回缩。因此，混凝土保护层厚的构件中裂缝间距比保护层薄的构件裂缝间距大。

(3) 钢筋与混凝土之间的粘结作用。钢筋与混凝土之间的粘结作用大，则在比较短的距离内钢筋就能约束混凝土的回缩，因此，裂缝间距小。钢筋与混凝土之间的粘结作用的大小，与钢筋表面特征和钢筋单位长度内侧表面积大小有关。带肋钢筋比光面钢筋粘结作用就大；在横截面面积相等的情况下，根数愈多、直径愈细的钢筋的粘结作用，就比根数少、直径粗的钢筋粘结作用大。

《混凝土设计规范》考虑了上面三个因素并参照国内外的试验资料，给出了受弯构件裂缝平均间距计算公式：

$$l_{cr}=\beta\left(1.9c+0.08\frac{d_{eq}}{\rho_{te}}\right) \tag{8-26}$$

式中　β——系数，对轴心受拉构件，取 $\beta=1.1$；对其他受力构件，均取 $\beta=1.0$；

c——最外层纵向受拉钢筋外边缘至受拉区底边的距离（mm）：当 $c<20$mm 时，取 $c=20$mm；当 $c>65$mm，取 $c=65$mm；

ρ_{te} ——按有效受拉混凝土面积计算的纵向受拉钢筋的配筋率，按式（8-9）计算；

d_{eq} ——受拉区纵向钢筋的等效直径（mm），按下式计算：

$$d_{eq}=\frac{\Sigma n_i d_i^2}{\Sigma n_i \nu_i d_i} \tag{8-27}$$

d_i ——受拉区第 i 种纵向钢筋的公称直径；

n_i ——受拉区第 i 种纵向钢筋的根数；

ν_i ——受拉区第 i 种纵向受拉钢筋的相对粘结特征系数，对带肋钢筋，取 $\nu=1.0$；对光面钢筋，取 $\nu=0.7$。

3. 平均裂缝宽度

平均裂缝宽度 w_{cr} 等于混凝土在裂缝截面处的回缩量，即在平均裂缝间距长度内钢筋的伸长量与钢筋处在同一高度的受拉混凝土纤维伸长量之差（图 8-8）：

$$w_{cr}=\varepsilon_s l_{cr}-\varepsilon_{ct} l_{cr} \tag{8-28}$$

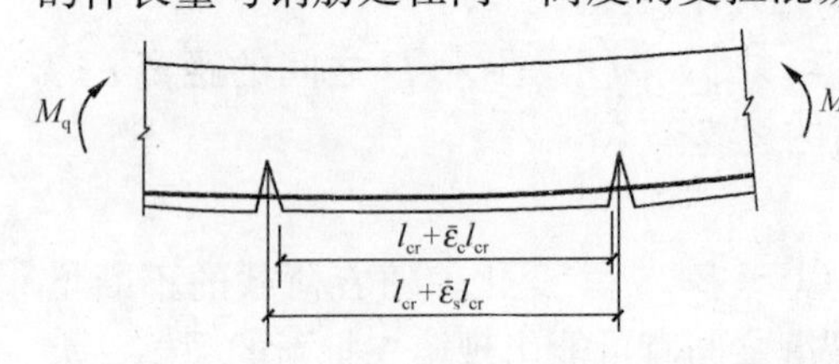

图 8-8　裂缝处混凝土与钢筋的伸长量

式中　ε_s ——在平均裂缝间距范围内受拉钢筋平均拉应变，按式（8-13）计算；

ε_{ct} ——与钢筋处在同一高度的混凝土的平均拉应变，按式（8-14）计算。

由式（8-28）可得：

$$w_{cr}=\varepsilon_s l_{cr}\left(1-\frac{\varepsilon_{ct}}{\varepsilon_s}\right)=\tau_c\varepsilon_s l_{cr} \tag{8-29}$$

式中　τ_c ——反映裂缝间混凝土伸长对裂缝宽度的影响系数，根据试验结果，对受弯构件、偏心受压构件，取 $\alpha_c=0.77$；对其他构件，取 $\alpha_c=0.85$；

将式（8-13）代入上式，则得受弯构件平均裂缝宽度：

$$w_{cr}=\tau_c\varepsilon_s l_{cr}=0.77\psi\frac{\sigma_{sq}}{E_s}l_{cr} \tag{8-30}$$

式中　ψ——裂缝间纵向受拉钢筋应变不均匀系数，按式（8-8）计算；

σ_{sq} ——在荷载准永久组合作用下，在裂缝截面处纵向受拉钢筋的应力，按式(8-12) 计算；

E_s ——受拉钢筋弹性模量。

4. 最大裂缝宽度 w_{max}

（1）短期荷载作用下最大裂缝宽度

实测结果表明，受弯构件的裂缝宽度是一个随机变量，并且具有很大的离散性。这样，就给我们提出了一个问题：最大裂缝宽度如何取值？《混凝土设计规范》根据短期荷载作用下 40 根钢筋混凝土梁 1400 多条裂缝的试验数据，按各试件裂缝宽度 w_{cri} 与同一试件的平均裂缝宽度 w_{cr} 的比值 τ_s 绘制直方图，如图 8-9 所示。分析表明，它的分

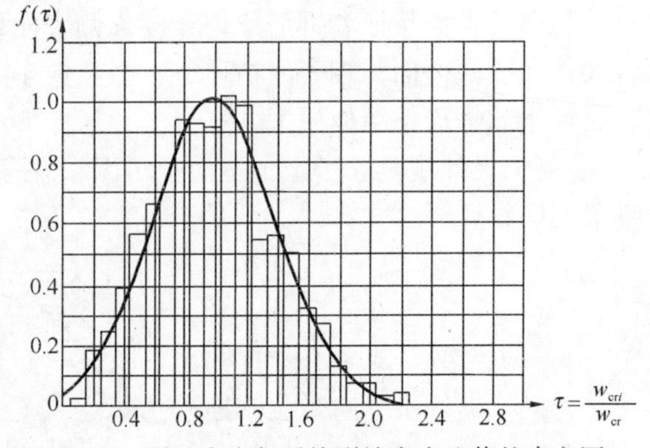

图 8-9　裂缝宽度与平均裂缝宽度比值的直方图

布基本上符合正态分布规律。经计算，若按95%保证率考虑，可得 $\tau_s=1.655\approx1.66$。于是可得短期荷载作用下最大裂缝宽度为：

$$w_{s\,max}=\alpha_s\alpha_c\psi\frac{\sigma_{sq}}{E_s}l_{cr}=1.66\times0.77\psi\frac{\sigma_{sq}}{E_s}l_{cr}$$

即：

$$w_{s\,max}=1.28\psi\frac{\sigma_{sq}}{E_S}l_{cr} \tag{8-31}$$

（2）长期荷载作用下最大裂缝宽度

在长期荷载作用下由于混凝土收缩的影响，构件裂缝宽度将不断增大，此外，由于受拉区混凝土的应力松弛和滑移徐变，裂缝之间的钢筋应变将不断增长，因而也使裂缝宽度增加。

长期荷载作用下最大裂缝宽度 $w_{l\,max}$ 可由短期荷载作用下的最大裂缝宽度乘以增大系数 τ_l 求得：

$$w_{l\,max}=\tau_l w_{s\,max} \tag{8-32}$$

根据试验结果，取增大系数 $\tau_l=1.50$。

将式（8-31）代入式（8-32），并注意到式（8-26），且 $\beta=1.0$，则可得受弯构件按荷载准永久准组合并考虑长期作用影响的最大裂缝宽度 w_{max} 计算公式为：

$$w_{max}=\tau_l\tau_s\tau_c\psi\frac{\sigma_{sq}}{E_s}\left(1.9c+0.08\frac{d_{eq}}{\rho_{te}}\right)=1.9\psi\frac{\sigma_{sq}}{E_s}\left(1.9c+0.08\frac{d_{eq}}{\rho_{te}}\right) \tag{8-33}$$

式中，符号意义同前。

【例 8-2】 试验算【例 8-1】简支梁的裂缝宽度是否符合要求。

已知：$b_h=250\text{mm}\times650\text{mm}$，混凝土等级为C25，保护层 $c=25\text{mm}$，钢筋为HRB335级，$E_s=2.0\times10\times10^5\text{N/mm}^2$，钢筋直径 $d=20\text{mm}$。构件最大裂缝宽度限值为 $w_{lim}=0.4\text{mm}$。

【解】 在【例 8-1】中已求得：$\sigma_{sq}=231.7\text{N/mm}^2$，$\rho_{te}=0.0116$，$\psi=0.669$。HRB335级钢筋的系数 $\nu=1.0$。

$$d_{eq}=\frac{\Sigma n_i d_i^2}{\Sigma n_i\nu_i d_i}=\frac{20}{1.0}=20\text{mm}$$

将上列数据代入式（8-33），得：

$$\begin{aligned}w_{max}&=1.9\psi\frac{\sigma_{sq}}{E_s}\left(1.9c+0.08\frac{d_{eq}}{\rho_{te}}\right)\\&=1.9\times0.669\times\frac{231.7}{2.0\times10^5}\times\left(1.9\times25+0.08\times\frac{20}{0.0116}\right)\\&=0.27\text{mm}<0.40\text{mm}\end{aligned}$$

裂缝宽度验算符合要求。

8.2.2 轴心受拉构件裂缝宽度的计算

轴心受拉构件裂缝宽度的计算方法与受弯构件基本相同。由式（8-26）可知，轴心受拉构件的平均裂缝间距计算公式：

$$l_{cr}=1.1\times\left(1.9c+0.08\frac{d_{eq}}{\rho_{te}}\right) \tag{8-34}$$

式中　c——构件混凝土保护层厚度（mm）；

d_{eq}——纵向受拉钢筋等效直径（mm）；

ρ_{te}——纵向受拉钢筋配筋率，$\rho_{te}=\dfrac{A_s}{bh}$。

在荷载准永久组合下的平均裂缝宽度：

$$w_{max}=\tau_s\tau_c\beta\psi\frac{N_q}{A_sE_s}\left(1.9c+0.08\frac{d_{eq}}{\rho_{te}}\right)=1.90\times0.85\times1.1\psi\frac{N_q}{A_sE_s}\left(1.9c+0.08\frac{d_{eq}}{\rho_{te}}\right) \tag{8-35}$$

式中　N_q——在荷载准永久组合下构件内产生的轴向拉力值（N）；

ψ——裂缝间纵向受拉钢筋应变不均匀系数，按式（8-8）计算。

最后，考虑到荷载的长期作用，根据试验资料结果取裂缝宽度增大系数 $\tau_l=1.50$，于是得轴心受拉构件最大裂缝宽度的计算公式为：

$$w_{max}=1.5\times1.78\psi\frac{N}{A_sE_s}\left(1.9c+0.08\frac{d_{eq}}{\rho}\right)$$

$$w_{max}=2.7\psi\frac{N}{A_sE_s}\left(1.9c+0.08\frac{d_{eq}}{\rho}\right) \tag{8-36}$$

公式符号意义同前。

【例 8-3】　屋架下弦杆截面尺寸 $b\times h=180\text{mm}\times180\text{mm}$，配置 4 Φ 16 钢筋（$A_s=804\text{mm}^2$），混凝土强度等级为 C30（$f_{tk}=2.0\text{N/mm}^2$），采用 HRB335 级钢筋（$E_s=2.0\times10^5\text{N/mm}^2$）。混凝土保护层 $c=25\text{mm}$，在荷载准永久组合作用下，下弦杆承受轴向拉力 $N_{sk}=129.8\text{kN}$，最大裂缝宽度限值 $w_{lim}=0.2\text{mm}$。试验算裂缝宽度是否满足要求。

【解】（1）计算钢筋配筋率

$$\rho=\frac{A_s}{bh}=\frac{804}{180\times180}=0.0248$$

（2）计算构件钢筋应力

$$\sigma_{sq}=\frac{N_{sq}}{A_s}=\frac{129.8\times10^3}{804}=161.40\text{N/mm}^2$$

（3）计算系数

$$\psi=1.1-\frac{0.65f_{tk}}{\rho_{te}\sigma_{sq}}=1.1-\frac{0.65\times2.0}{0.0248\times161.4}=0.775$$

（4）计算裂缝宽度

$$\begin{aligned}w_{max}&=2.7\psi\frac{\sigma_{sk}}{E_s}\left(1.9c+0.08\frac{d_{eq}}{\rho}\right)\\&=2.7\times0.775\frac{161.4}{2.0\times10^5}\left(1.9\times25+0.08\times\frac{16}{0.0248}\right)\\&=0.167\text{mm}<w_{lim}=0.2\text{mm}\end{aligned}$$

符合要求。

小　结

1. 钢筋混凝土受弯构件的挠度，可根据构件的刚度用材料力学的方法计算。在等截面构件中，可假定各同号弯矩区段内的刚度相等，并取用该区段内最大弯矩处的刚度（即最小刚度）。受弯构件的挠度应按荷载效应的准永久组合，并考虑荷载长期作用影响的长期刚度 B 进行计算，所求得的挠度计算值不应超过规定的限值。

2. 钢筋混凝土构件的裂缝宽度应按荷载准永久组合，并考虑长期作用影响所求得的最大裂缝宽度 w_{max} 不应超过规定的限值。

思考题

8-1 出现裂缝后的钢筋混凝土受弯构件的挠度，为什么不能简单地用 EI 代入材料力学公式计算？

8-2 什么是短期刚度 B_s 和长期刚度 B？

8-3 在受弯构件挠度计算中，什么是“最小刚度原则”？

8-4 构件裂缝平均间距 l_{cr} 主要与哪些因素有关？

8-5 构件裂缝宽度超过允许值（即 $w_{max} > w_{lim}$ 时），应怎样处理？

习题

【8-1】 已知矩形截面简支梁 $b \times h = 250mm \times 500mm$，计算跨度 $l_0 = 6m$，混凝土强度等级为 C30，采用 HRB335 级钢筋。梁承受均布永久荷载标准值(包括梁自重) $g_k = 11.7kN/m$；均布可变荷载标准值 $q_k = 4.95kN/m$。活荷载准永久值系数 $\psi_q = 0.4$。由正截面抗弯承载力计算配置钢筋为 2Φ16+1Φ18($A_s = 656mm^2$)。梁的允许挠度限值 $w_{lim} = l_0/200$。试验算梁的挠度是否满足要求？

【8-2】 已知：简支梁 $b \times h = 250mm \times 600mm$，计算跨度 $l_0 = 6m$。混凝土等级为 C30，保护层 $c = 25mm$，钢筋为 HRB400 级，$E_s = 2.0 \times 10 \times 10^5 N/mm^2$，梁承受均布永久荷载标准值(包括梁自重) $q_k = 12kN/m$，均布活荷载标准值 $q_k = 6kN/m$。$\psi_q = 0.4$，由正截面受弯承载力计算配置钢筋 3Φ18($A_s = 763mm^2$)。构件裂缝宽度允许值为 $w_{lim} = 0.4mm$。

试验算简支梁的裂缝宽度是否符合要求。

第9章 预应力混凝土构件计算

§9-1 概 述

对大多数构件来说，提高材料强度可以减小截面尺寸，节约材料和减轻构件自重，这是降低工程造价的重要途径。但是，在普通钢筋混凝土构件中，提高钢筋的强度却收不到预期的效果。这是因为混凝土出现裂缝时的极限拉应变很小，仅为$0.1\times10^{-3}\sim0.15\times10^{-3}$。因此，使用时不允许开裂的构件，受拉钢筋的应力仅为20～30N/mm²。即使使用时允许开裂的构件，当裂缝宽度最大限值$w_{lim}=0.2\sim0.3mm$时，钢筋的应力也不过达到250N/mm²左右。由此可见，在普通钢筋混凝土构件中采用高强度钢筋是不能充分发挥其作用的；另一方面，提高混凝土强度等级对增加其极限拉应变的作用也极其有限。

为了充分发挥高强度钢筋的作用，提高构件的承载能力及构件的刚度和抗裂度，在工程中一般采用预应力混凝土构件。

所谓预应力混凝土构件是指，配置受力的预应力筋，通过张拉或其他方法建立预加应力的混凝土构件。

现以简支梁为例，说明预应力混凝土的工作原理。

梁承受荷载以前，预先在使用荷载作用下的受拉区施加一对大小相等、方向相反的压力N_P。在这一对偏心压力作用下，梁的下边缘将产生预压应力$-\sigma_c$，梁的上边缘将产生预拉应力σ_t（或预压应力），设梁的跨中截面应力图形如图9-1（*a*）所示；梁承受使用荷载q后，跨中截面应力图形如图9-1（*b*）所示。显然，将图9-1（*a*）和图9-1（*b*）的应力图形进行叠加就得到梁的最后跨中截面应力图形，如图9-1（*c*）所示。由于两种应力图形符号相反，所以叠加后的受拉区边缘的拉应力将大大减小。若拉应力小于混凝土的抗拉强度，则梁不会开裂；若超过混凝土的抗拉强度，梁虽然开裂，但裂缝宽度较未施加预应力的梁会小得多。

由上可见，预应力混凝土构件具有以下优点：

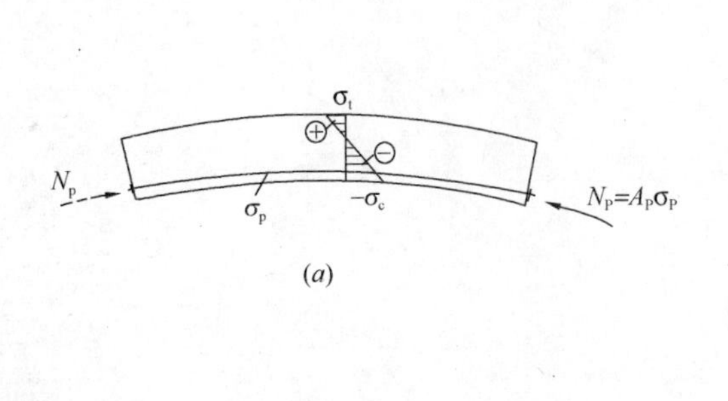

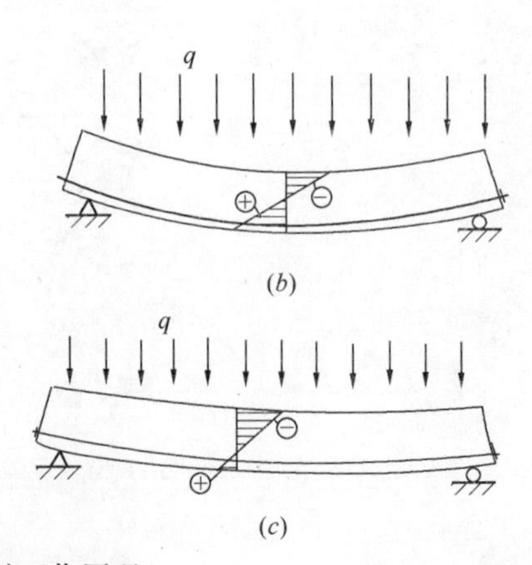

图9-1 预应力混凝土梁的工作原理

（1）可提高构件的抗裂度，容易满足裂缝控制验算条件；
（2）可充分发挥高强度钢筋和高强度等级混凝土的作用；
（3）由于提高了构件的抗裂度，从而构件刚度也获得了提高；
（4）改善了混凝土结构的受力性能，为大跨度混凝土结构的应用提供了可能性。

§9-2 预加应力的方法

根据张拉钢筋与浇筑混凝土的先后次序，可分为先张法和后张法。

9.2.1 先张法

先张法是指首先在台座上或钢模内张拉钢筋，然后浇筑混凝土的一种施工方法。台座张拉设备见图 9-2。

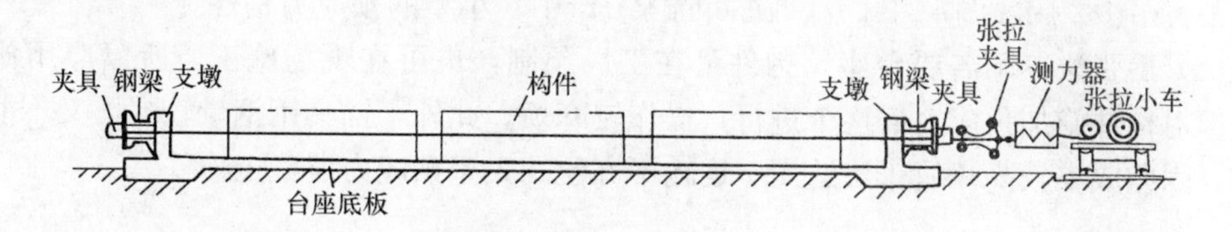

图 9-2 台座张拉设备

先将预应力筋一端通过夹具临时固定在台座的钢梁上，再将另一端通过张拉夹具和测力器与张拉机相连。当张拉机械将预应力筋张拉到规定的应力（控制应力）和应变后，用张拉端夹具将预应力筋锚固在钢梁上，再卸去张拉机具，然后浇筑混凝土构件，并进行养护。当混凝土达到规定的强度时（达到强度设计值的 75%以上），即可切断预应力筋。通过预应力筋回缩时挤压混凝土，使构件产生预压应力。

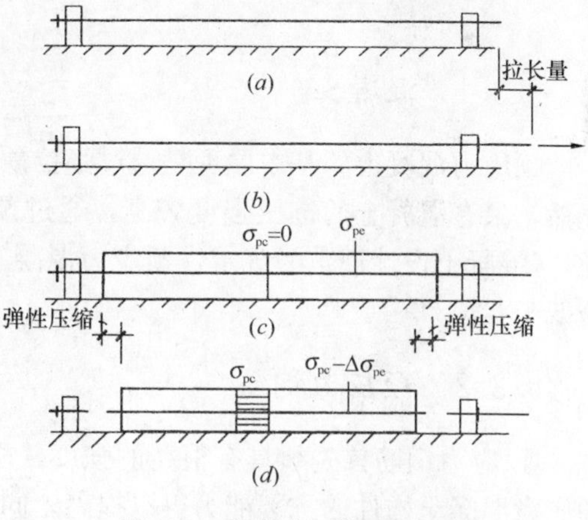

先张法施工工艺过程和构件应力的变化情况，见图 9-3。

图 9-3 先张法工艺过程示意
（*a*）穿钢筋；（*b*）张拉钢筋；（*c*）浇筑混凝土；（*d*）切断钢筋

9.2.2 后张法

后张法是指先浇筑混凝土构件，然后直接在构件上张拉预应力筋的一种施工方法。后张法构件张拉工艺设备示意图见图 9-4。

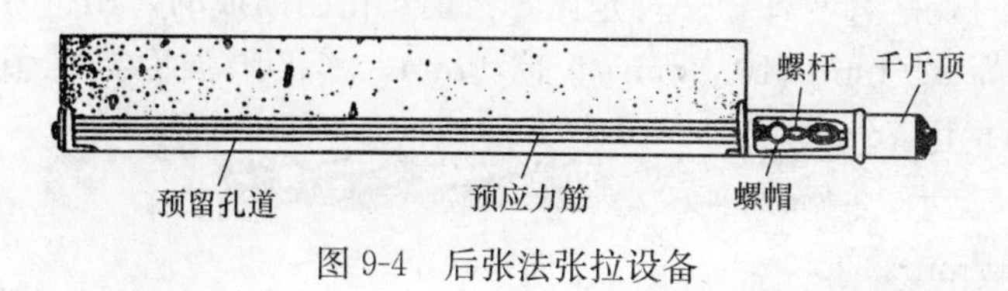

图 9-4 后张法张拉设备

采用后张法时，预先在构件中留出供穿预应力筋的孔道。当混凝土构件达到规定强度（强度设计值的 75%以上）后，即可通过孔道穿预应力筋，并在锚固端用锚具将预应力筋锚固在构件的端部；然后，在构件另一端用张拉机具张拉预应力筋。在张拉的同时，钢筋对构件施加预压应力。当预应力筋达到规定的控制应力值时，将张拉端的预应力筋用锚具锚固在构件上，并拆除张拉机具，最后用高压泵将水泥浆灌入构件孔道中，使预应力筋与构件形成整体。

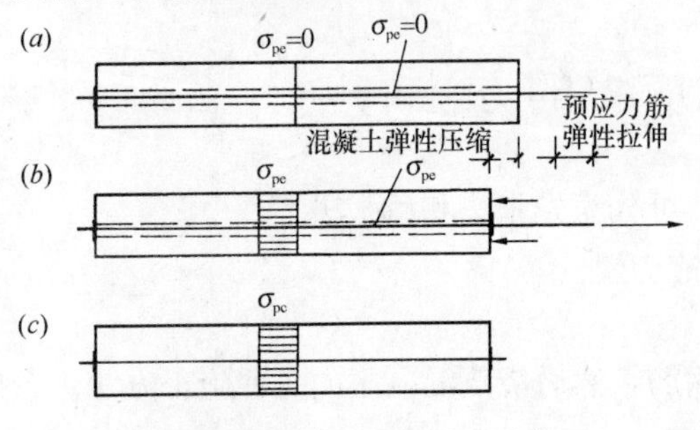

图 9-5 后张法工艺过程示意

(a) 穿钢筋；(b) 张拉钢筋并锚固；(c) 往孔道内灌浆

后张法施工工艺过程和构件应力的变化情况，见图 9-5。

通过比较可知，先张法和后张法各有以下特点：

(1) 先张法：生产工序少、工艺简单、施工质量较易保证。在构件上不需设置永久性锚具，生产成本较低；台座愈长，一次生产的构件数量也愈多。先张法适合于工厂生产中、小型的预应力构件。

(2) 后张法：不需要台座，构件可在工厂预制，也可在现场施工，所以应用比较灵活，但对构件施加预应力需逐个进行，操作较麻烦。此外，锚具用钢量较多，又不能重复使用，因此成本较高。后张法适用于运输不方便的大型预应力混凝土构件。

§ 9-3 预应力混凝土的材料

9.3.1 混凝土

预应力混凝土的基本原理是通过张拉预应力筋来预压混凝土以提高构件抗裂性能的。显然，只有混凝土的抗压强度较高，通过预压才有可能使构件获得较高的抗裂性能。因此，《混凝土设计规范》规定，预应力混凝土结构的混凝土强度等级不宜低于 C40，且不应低于 C30。

9.3.2 预应力钢筋

预应力钢筋首先须具有很高的强度，才可能在钢筋中建立起比较高的张拉应力，使预应力混凝土构件的抗裂能力得以提高。同时，预应力钢筋必须具有一定的塑性，以保证在低温或冲击荷载作用下可靠地工作；此外，还须具有良好的可焊性和墩头等加工性能。用于先张法构件的预应力钢筋，还要求与混凝土之间具有足够的粘结强度。

目前，我国常用的预应力钢筋包括有钢绞线、钢丝和预应力螺纹钢筋三大类。

1. 钢绞线

钢绞线是由多根平行的钢丝以另一根直径稍粗的钢丝为轴心，沿同一方向扭转而成(图 9-6)。《混凝土设计规范》提供的规格有两种：一种是用 3 根钢丝扭制而成的，用符号 Φ^{S}，1×3 表示，其公称直径分别为 8.6mm、10.8mm 和 12.9mm，其极限强度标准值 f_{ptk} 为 1570～1960N/mm²；另一种是用 7 根钢丝扭制而成的，用 Φ^{S}，1×7 表示，其公称直径分别为 9.5mm、12.7mm、

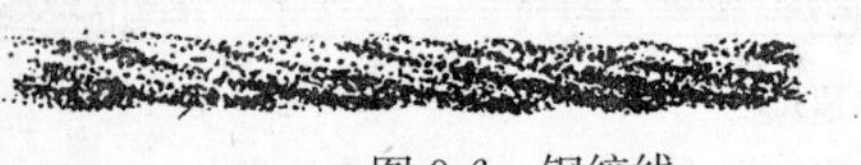

图 9-6 钢绞线

15.2mm、17.8mm 和 21.6mm，其极限强度标准值 f_{ptk} 为 1720～1960N/mm^2。钢绞线优点是施工方便，多用于后张法的大型构件中。

2. 消除应力钢丝

消除应力钢丝是用高碳钢轧制后，再经多次冷拔，并经矫直回火而成。矫直回火的作用，是消除钢丝因多次冷拔而产生的残余应力。这种钢丝包括光面钢丝、螺旋肋钢丝，分别用符号Φ^{P}、Φ^{H} 表示。其直径为 5mm、7mm 和 9mm，极限强度标准值 f_{ptk} 为 1470～1860N/mm^2。

3. 中强度预应力钢丝

这种预应力钢丝是《混凝土设计规范》新增加的品种。分为光面钢丝和螺旋肋钢丝，分别用符号Φ^{PM}和Φ^{HM}表示。其直径为 5mm、7mm 和 9mm，屈服强度标准值 f_{pyk} 为 620～980N/mm^2。

4. 预应力螺纹钢筋

这种预应力钢筋是《混凝土设计规范》新增加的大直径预应力钢筋品种，用符号Φ^{T}表示。其直径分为 18mm、25mm、32mm、40mm 和 50mm 五种。屈服强度标准值 f_{pyk} 为 785～1080N/mm^2。

§9-4 预应力钢筋锚具

锚具是预应力混凝土构件锚固预应力筋的重要部件，它对构件建立有效预应力起着关键的作用。因此，在设计和施工中，正确地选用锚具类型就显得十分重要。

先张法构件的锚具，设置在台座钢梁或钢制模板上，故可重复使用，这种锚具通常又称为夹具；而后张法构件的锚具设置在构件上，通过它将预应力筋的拉力传给构件，故不能重复使用。

建筑工程中锚具种类繁多，构造各异，但就其工作原理而言，不外乎三种基本类型。

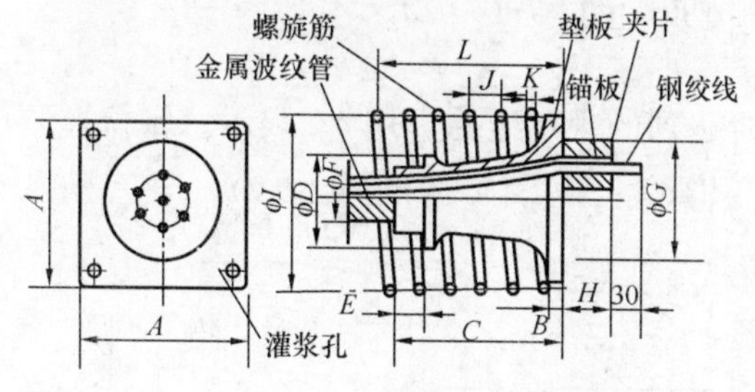

图 9-7 夹片式锚具（QM 型）

1. 夹片式锚具

这种锚具主要由垫板、锚环和夹片等组成，根据所锚固的钢绞线的根数，锚环上设有不同数量的锥形圆孔。每个孔中由 2 片（或 3 片）夹片组成的楔形锚塞夹持一根钢绞线。按楔的作用原理，在钢绞线回缩时将其拉紧，从而达到锚固的目的。

目前，国内常用的夹片式锚具有 QM、OVM、XM 等型号。图 9-7 为 QM12 型夹片式锚具的示意图。夹片式锚具主要用于锚固 7ϕ4（$d=12.7$）和 7ϕ5（$d=15.2$）的预应力钢绞线，与张拉端锚具配套的还有固定端锚具。

夹片式锚具的锚固性能稳定，应力均匀，安全可靠，应用广泛。

2. 镦头锚具

这种锚具由锚杯、锚圈（螺帽）和镦头组成（图 9-8 a），它的工作原理是将预应力筋穿过锚杯的孔眼后，用镦头机将钢丝或钢筋端部镦粗，再将千斤顶拉杆旋入锚杯内螺纹，然后进行张拉。当锚杯和钢丝或钢筋一起伸长达到设计值时，将锚圈旋向构件直至顶

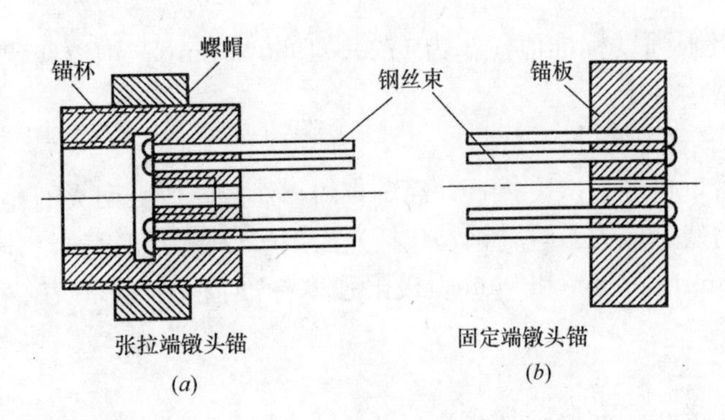

图 9-8 镦头式锚具
（a）张拉端锚杯；（b）固定端锚板

紧构件表面。这样，预应力筋的拉力通过锚圈传给构件。固定端的镦头锚具的构造示意图，见图 9-8（b）。

镦头锚具具有操作方便、安全、可靠、不会产生预应力筋滑移等优点，但要求钢筋下料长度有较高的准确性。

3. 螺丝杆锚具

在单根预应力筋一端对焊一根短螺丝杆，再套以垫板和螺帽形成螺丝杆锚具，见图 9-9。张拉时，将张拉设备与螺丝杆相连，张拉终止时旋紧螺帽，将预应力钢筋锚固在构件上。这种锚具适用于锚固粗的预应力钢筋。

螺丝杆锚具构造简单，操作方便，安全、可靠，适用于小型预应力混凝土构件。

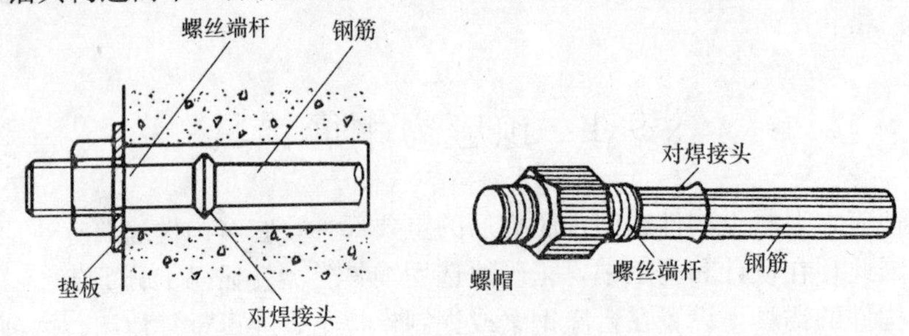

图 9-9 螺丝杆锚具

§ 9-5 张 拉 控 制 应 力

张拉控制应力，是指在张拉预应力筋时所达到的规定应力，用 σ_{con} 表示。张拉控制应力的数值，应根据设计与施工经验确定。

显然，把张拉控制应力 σ_{con} 取得高些，预应力的效果就会更好一些。这不仅可以提高构件的抗裂性能和减小挠度，而且还可以节约钢材。因此，把张拉控制应力 σ_{con} 适当地规定得高一些是有利的。但是，是不是 σ_{con} 值取得越高越好呢？回答是否定的。这是因为：

1. 张拉控制应力 σ_{con} 取值愈高，即比值 σ_{con}/f_{py}（f_{py} 为预应力筋强度设计值），愈大，就会使出现裂缝时的开裂

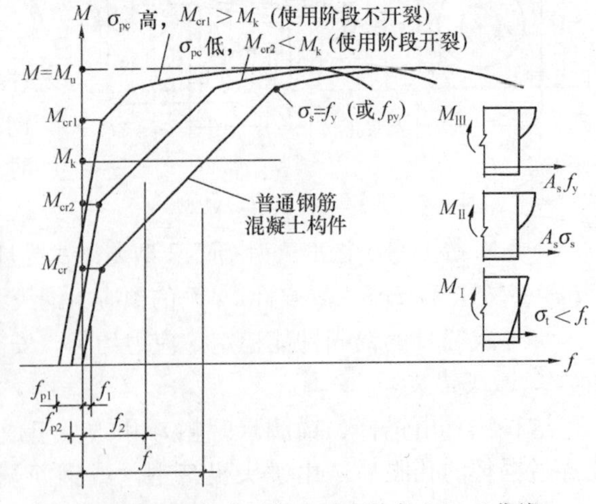

图 9-10 预应力混凝土受弯构件 $M-f$ 曲线

弯矩 M_{cr} 与极限弯矩 M_u 愈接近（图 9-10），即构件延性愈差，构件破坏时挠度很小，而没有明显的预兆，这是结构设计中应力求避免的。

2. 为了减小预应力损失（见 § 9-6），在张拉预应力钢筋时往往采取超张拉。由于钢筋屈服点的离散性，如 σ_{con} 过高，则有可能使个别钢筋达到甚至超过该钢筋的屈服强度，而产生塑性变形。待放松预应力筋时，对混凝土的预压应力会减小，反而达不到预期的预应力效果。对于高强度钢丝，由于 σ_{con} 过大，甚至有可能发生脆断。

因此，《混凝土设计规范》根据多年来国内外设计与施工经验，规定预应力钢筋的张拉控制应力 σ_{con} 不宜超过表 9-1 规定的张拉控制应力限值。

张拉控制应力限值 **表 9-1**

钢筋种类	张拉方法	
	先张法	后张法
消除应力钢丝、钢绞线	$\leqslant 0.75 f_{ptk}$	$\leqslant 0.75 f_{ptk}$
中强度预应力钢丝	$\leqslant 0.70 f_{ptk}$	$\leqslant 0.70 f_{ptk}$
预应力螺纹钢筋	$\leqslant 0.85 f_{pyk}$	$\leqslant 0.85 f_{pyk}$

注：f_{ptk} 为预应力筋极限强度标准值；f_{pyk} 为预应力螺纹钢筋屈服强度标准值。

消除应力钢丝、钢绞线、中强度预应力钢丝的张拉控制应力不应小于 0.4 f_{ptk}；预应力螺纹钢筋的张拉控制应力不宜小于 0.5 f_{ptk}。

当符合下列情况之一时，表 9-1 的张拉控制应力限值，可提高 0.05 f_{pyk}：

（1）要求提高构件在施工阶段的抗裂性能而在使用阶段受压区内设置的预应力钢筋；

（2）要求部分抵消由于应力松弛、摩擦、钢筋分批张拉以及预应力筋与张拉台座之间温差等因素产生的预应力损失。

§ 9-6 预应力损失及其组合

9.6.1 预应力损失

由于张拉工艺和材料特性等原因，从张拉钢筋开始直至构件使用的整个过程，预应力筋的控制应力 σ_{con} 将慢慢降低。与此同时，混凝土的预压应力将逐渐下降，即产生预应力损失。正确认识和计算预应力损失十分重要。在预应力混凝土结构发展的初期，许多研究遭到失败，就是由于对预应力损失认识不足而造成的。

产生预应力损失的因素很多。下面分项讨论引起预应力损失的原因、损失值的计算及减小预应力损失的措施。

1. 张拉端锚具变形和钢筋滑动引起的预应力损失 σ_{l1}

在张拉预应力钢筋达到控制应力 σ_{con} 后，把预应力钢筋锚固在台座或构件上。由于锚具、垫板与构件之间的缝隙被压紧，以及预应力钢筋在锚具中的滑动，造成预应力钢筋回缩而产生预应力损失。

锚具变形和预应力钢筋滑动引起的预应力损失 σ_{l1} 按下式计算：

$$\sigma_{l1} = \frac{a}{l} E_s \tag{9-1}$$

式中　l——张拉端至锚固端之间的距离（mm）；

a——张拉端锚具变形和预应力筋滑动的内缩值（mm），按表 9-2 取用；

E_s——预应力钢筋的弹性模量（N/mm^2）。

锚具变形和预应力钢筋滑动内缩值 a（mm）　　**表 9-2**

锚具类别		a
支承式锚具（钢丝束镦头锚具等）	螺帽缝隙	1
	每块后加垫板的缝隙	1
夹片式锚具	有顶压时	5
	无顶压时	6～8

注：1. 表中的锚具变形和钢筋内缩值也可根据实测数据确定；

2. 其他类型的锚具变形和钢筋内缩值应根据实测数据确定。

为了减小锚具变形和钢筋滑动的损失，可采取下列措施：

（1）选择变形小或预应力筋滑动小的锚具，尽量减少垫板的块数；

（2）对于先张法张拉工艺，选择长的台座。

2. 预应力钢筋与孔道壁之间的摩擦引起的预应力损失 σ_{l2}

在后张法张拉预应力筋时，由于钢筋与孔道壁之间产生摩擦力，以致预应力筋截面的应力随距张拉端的距离的增加而减小（图 9-11*a*、*b*）。这种应力损失称为摩擦损失。

《混凝土设计规范》规定，摩擦损失（N/mm^2）可按下式计算：

$$\sigma_{l2}=\sigma_{con}\left(1-\frac{1}{e^{\kappa x+\mu\theta}}\right) \tag{9-2}$$

式中　x——从张拉端至计算截面的孔道长度（m），可近似取该孔道在纵轴上的投影长度（m）；

θ——从张拉端至计算截面曲线孔道各部分切线的夹角之和（rad）（图 9-11*d*）；

κ——孔道局部偏差时摩擦的影响系数，按表 9-3 取用；

μ——摩擦系数，按表 9-3 采用。

《混凝土设计规范》规定，当 $\kappa x+\mu\theta\leqslant 0.3$ 时，σ_{l2} 可按下列近似公式计算：

$$\sigma_{l2}=(\kappa x+\mu\theta)\sigma_{con} \tag{9-3}$$

为了减小摩擦损失，可采取下列措施：

（1）采用两端张拉。比较图 9-12（*a*）和图 9-11（*b*）可以看出，两端张拉可减少一半应力损失。

（2）采用"超张拉"工艺。这种张拉预应力钢筋工艺的程序为（图 9-12*b*）：

$$0\rightarrow 1.1\sigma_{con}(\text{持续 2min})\rightarrow 0.85\sigma_{con}\rightarrow\sigma_{con}$$

摩擦系数 κ 及 μ 值　　**表 9-3**

孔道成型方式	κ	μ	
		钢绞线、钢丝束	预应力螺纹钢筋
预埋金属波纹管	0.0015	0.25	0.50
预埋塑料波纹管	0.0015	0.15	—
预埋钢管	0.0010	0.30	—
抽芯成型	0.0014	0.55	0.60
无粘结预应力管	0.0040	0.09	—

注：本表系数也可根据实测数据定。

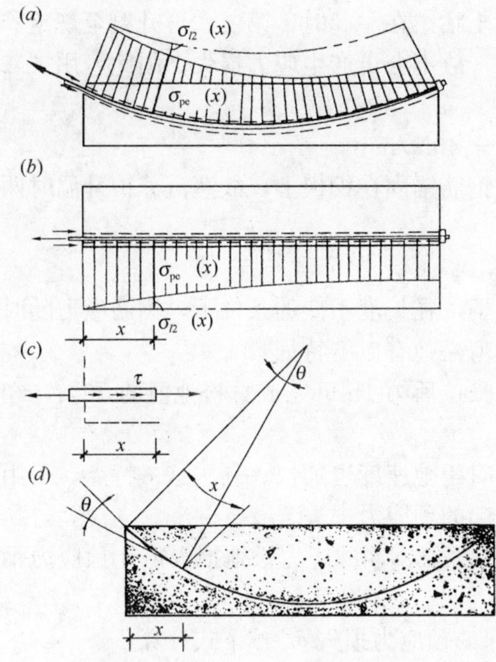

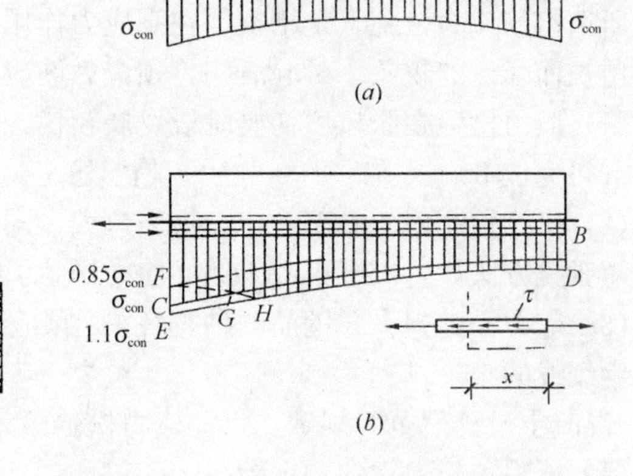

图 9-11　预应力钢筋的应力损失 σ_{l2}　　　　图 9-12　两端张拉及超张拉中钢筋的应力

由于在张拉钢筋时，先将张拉应力提高到 $1.1\sigma_{con}$，所以预应力筋中的应力沿构件长度将比按控制应力 σ_{con}张拉时高，其应力分布如图 9-12（b）中 EHD 线所示。当将张拉应力降至 $0.85\sigma_{con}$时，预应力钢筋中的应力，仅在距张拉端局部长度 FGH 范围内有所降低。这是因为钢筋与孔道之间将产生反向摩擦力，并随着距张拉端距离的增加，反向摩擦力的积累逐渐增大。当某段 FH 上所积累的摩擦力足以阻止预应力钢筋弹性回缩时，则在 H 点以右的预应力钢筋截面内的应力将不再降低，而维持在原来应力的水平上。当再次将钢筋张拉至 σ_{con}时，由于摩擦力的作用，预应力钢筋中的应力将沿 GC 增加，而 G 点以右的应力不变。于是，超张拉后的应力图形将沿 $CGHD$ 分布（图 9-12b）。

由图 9-12（b）可见，采用超张拉工艺后，预应力钢筋中应力沿构件分布比较均匀。同时，预应力损失也显著降低了。

3. 混凝土加热养护时预应力钢筋与台座间温差引起的预应力损失 σ_{l3}

对先张法预应力混凝土构件，当进行蒸汽养护升温时，新浇的混凝土尚未结硬，由于钢筋温度高于台座的温度，于是钢筋将产生相对伸长，预应力钢筋中的应力将降低，造成预应力损失；当降温时，混凝土已结硬，与钢筋之间已建立起粘结力，两者一起回缩，故钢筋应力将不能恢复到原来的张拉应力值。

设预应力钢筋与两端台座之间的温差为 Δt℃，并考虑到钢筋的线膨胀系数 $\alpha=1\times10^{-5}$/℃，则温差引起的预应力钢筋应变为 $\varepsilon_s=\alpha\Delta t$，于是应力损失 σ_{l3}（N/mm^2）为：

$$\sigma_{l3}=E_s\varepsilon_s=E_s\alpha\Delta t=2\times10^5\times1\times10^{-5}\Delta t$$

即

$$\sigma_{l3}=2\Delta t \tag{9-4}$$

为了减小此项损失，可采取下列措施：

（1）在构件蒸养时采用“二次升温制度”，即第一次一般升温 20℃，然后恒温。当混

凝土强度达到 $7\sim10\text{N/mm}^2$，预应力钢筋与混凝土粘结在一起时，第二次再升温至规定养护温度。这时，预应力钢筋与混凝土将同时伸长，故不会再产生应力损失。因此，用“二次升温制度”，养护后应力损失降低为：

$$\sigma_{l3}=2\Delta t=2\times20=40\text{N/mm}^2$$

（2）采用钢模生产预应力混凝土构件。由于钢筋锚固在钢模上，故蒸汽养护升温时两者温度相同，故不产生应力损失。

4. 预应力筋应力松弛引起的预应力损失 σ_{l4}

所谓钢筋应力松弛，是指钢筋在高应力作用下，在长度不变的条件下，钢筋应力随时间的增长而降低的现象。试验表明，预应力筋应力松弛有以下特征：

（1）应力松弛在张拉后初始阶段发展较快，张拉后第 1h 可完成总松弛值的 50%，经过 24h 可完成 80%左右。1000h 后，趋于稳定。

（2）张拉控制应力愈高，应力损失愈大，同时松弛速度也加快。利用这一特点，采用短时超张拉方法，可以减小由于钢筋应力松弛引起的预应力损失。

（3）应力松弛损失与钢筋的种类有关，预应力螺纹钢筋的应力松弛损失值比预应力钢丝、钢绞线的小。

《混凝土设计规范》规定，钢筋应力松弛引起的预应力损失 σ_{l4} 按下式计算：

（1）消除预应力钢丝、钢绞线

1）普通松弛

$$\sigma_{l4}=0.4\left(\frac{\sigma_{\text{con}}}{f_{\text{ptk}}}-0.5\right)\sigma_{\text{con}} \tag{9-5}$$

2）低松弛

当 $\sigma_{\text{con}}\leqslant0.7f_{\text{ptk}}$ 时

$$\sigma_{l4}=0.125\left(\frac{\sigma_{\text{con}}}{f_{\text{ptk}}}-0.5\right)\sigma_{\text{con}} \tag{9-6}$$

当 $0.7f_{\text{ptk}}\leqslant\sigma_{\text{con}}\leqslant0.8f_{\text{ptk}}$ 时

$$\sigma_{l4}=0.2\left(\frac{\sigma_{\text{con}}}{f_{\text{ptk}}}-0.575\right)\sigma_{\text{con}} \tag{9-7}$$

（2）中等强度预应力钢丝

$$\sigma_{l4}=0.08\sigma_{\text{con}} \tag{9-8}$$

（3）预应力螺纹钢筋

$$\sigma_{l4}=0.03\sigma_{\text{con}} \tag{9-9}$$

5. 混凝土收缩、徐变引起的应力损失 σ_{l5}

混凝土在空气中结硬时发生体积收缩，而在预应力作用下，混凝土将沿压力方向产生徐变。收缩和徐变都使构件长度缩短，预应力筋也随着回缩，因而造成预应力损失。

根据试验资料和经验，《混凝土设计规范》规定：混凝土收缩、徐变引起受拉区和受压区纵向钢筋的预应力损失 σ_{l5} 、σ'_{l5}（N/mm^2）可按下列公式计算：

（1）对一般情况

先张法构件

$$\sigma_{l5}=\frac{60+340\dfrac{\sigma_{\text{pc}}}{f'_{\text{cu}}}}{1+15\rho} \tag{9-10}$$

$$\sigma'_{l5} = \frac{60 + 340\frac{\sigma'_{pc}}{f'_{cu}}}{1 + 15\rho'} \tag{9-11}$$

后张法构件

$$\sigma_{l5} = \frac{55 + 300\frac{\sigma_{pc}}{f'_{cu}}}{1 + 15\rho} \tag{9-12}$$

$$\sigma'_{l5} = \frac{35 + 300\frac{\sigma'_{pc}}{f'_{cu}}}{1 + 15\rho'} \tag{9-13}$$

式中 σ_{pc}、σ'_{pc} ——受拉区、受压区预应力筋在各自合力点处混凝土法向压应力；

f'_{cu} ——施加预应力时的混凝土立方体抗压强度；

ρ、ρ' ——受拉区、受压区预应力筋和非预应力筋的配筋率。

对先张法构件

$$\rho = \frac{A_p + A_s}{A_0},\ \rho' = \frac{A'_p + A'_s}{A_0} \tag{9-14}$$

对后张法构件

$$\rho = \frac{A_p + A_s}{A_n},\ \rho' = \frac{A'_p + A'_s}{A_n} \tag{9-15}$$

对于对称配置预应力筋和非预应力筋的构件，取 $\rho = \rho'$，此时配筋率应按其钢筋截面面积的一半进行计算。

在计算受拉区、受压区预应力筋在各自合力点处混凝土法向压应力 σ_{pc} 、σ'_{pc} 时，此时预应力损失仅考虑混凝土预压前（第一批）的损失，其非预应力筋中的 σ_{l5} 、σ'_{l5} 值应取等于零；σ_{pc} 、σ'_{pc} 值不得大于 $0.5f'_{cu}$ 。当 σ'_{pc} 为拉应力时，式（9-11）、式（9-13）中的 σ'_{pc} 应取等于零。计算混凝土法向应力 σ_{pc} 、σ'_{pc} 时，可根据构件制作情况考虑自重影响。

当结构处于年平均相对湿度低于40%的环境下，σ_{l5} 、σ'_{l5} 值应增加30%。

（2）对重要的结构构件

当需要考虑与时间相关的混凝土收缩、徐变预应力损失值时，可按《混凝土设计规范》附录K进行计算。

由混凝土收缩和徐变所引起的预应力损失，是各项损失中最大的一项。在直线预应力配筋构件中约占总损失的50%，而在曲线预应力配筋构件中也要占到总损失的30%左右。因此，采取措施降低这项损失是设计和施工中特别要注意的问题之一。这些措施有：

1）设计时尽量使混凝土压应力不要过高，σ_{pc}值应小于 $0.5f'_{cu}$ ，以减小非线性徐变的迅速增加。

2）采用高强度的水泥，以减少水泥用量，使水泥胶体所占的体积相对值减小。

3）采用级配良好的骨料，减小水灰比，加强振捣，提高混凝土的密实度。

4）加强养护（最好采用蒸汽养护），防止水分过多散失，使水泥水化作用充分。

6. 环形构件采用螺旋预应力筋时局部挤压引起的预应力损失 σ_{l6}

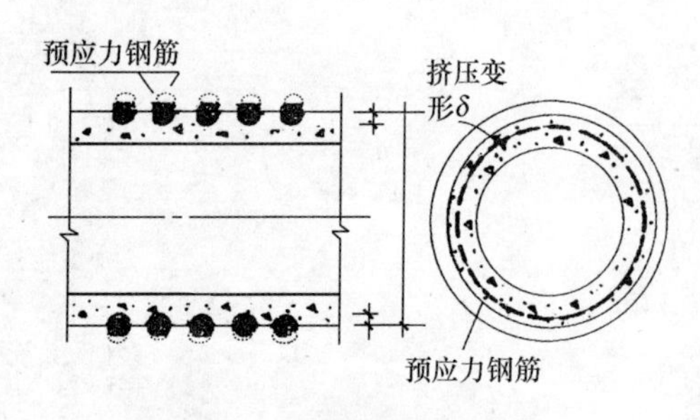

图 9-13　环形配筋预应力构件

采用环形配筋的预应力混凝土构件（如预应力混凝土管）（图 9-13），由于预应力筋对混凝土的局部压陷，使构件直径减小，造成预应力筋应力损失。

预应力损失 σ_{l6} 与张拉控制应力 σ_{con} 成正比，而与环形构件直径 d 成反比。为计算简化，《混凝土设计规范》规定，只对 $d \leqslant 3$m 的构件考虑应力损失，并取 $\sigma_{l6}=30\mathrm{N/mm^2}$。

为了便于记忆，现将各项应力损失值汇总于表 9-4 中。

预应力应力损失值（$\mathrm{N/mm^2}$）　　**表 9-4**

<table>
<tr><th colspan="2">引起损失的因素</th><th>符号</th><th>先张法构件</th><th>后张法构件</th></tr>
<tr><td colspan="2">张拉端锚具变形和钢筋内缩</td><td>σ_{l1}</td><td>$\sigma_{l1}=\frac{a}{l}E_s$</td><td>$\sigma_{l1}=\frac{a}{l}E_s$</td></tr>
<tr><td rowspan="2">预应力筋的摩擦</td><td>与孔道壁之间的摩擦</td><td rowspan="2">σ_{l2}</td><td>—</td><td>$\sigma_{l2}=\sigma_{con}\left(1-\frac{1}{e^{\kappa x+\mu\theta}}\right)$</td></tr>
<tr><td>在转向装置处的摩擦</td><td colspan="2">按实际情况确定</td></tr>
<tr><td colspan="2">混凝土加热养护时，预应力筋与承受拉力设备间温差</td><td>σ_{l3}</td><td>$2\Delta t$</td><td>—</td></tr>
<tr><td colspan="2" rowspan="2">预应力筋的应力松弛</td><td rowspan="2">σ_{l4}</td><td colspan="2">消除预应力钢丝、钢绞线、根据不同情况分别按式（9-5）～式（9-7）计算</td></tr>
<tr><td colspan="2">中强度预应力钢丝
$\sigma_{l4}=0.08\sigma_{con}$
预应力螺纹钢筋
$\sigma_{l4}=0.03\sigma_{con}$</td></tr>
<tr><td colspan="2">混凝土的收缩和徐变</td><td>σ_{l5}</td><td colspan="2">根据不同情况分别按式（9-10）～式（9-15）计算</td></tr>
<tr><td colspan="2">环形构件采用螺旋预应力筋时局部挤压</td><td>σ_{l6}</td><td>—</td><td>30</td></tr>
</table>

注：1. 表中 Δt 混凝土加热养护时，预应力筋与承受拉力设备之间的温差（℃）。
2. 当 $\sigma_{con} \leqslant 0.5 f_{ptk}$ 时，预应力筋的应力松弛损失值可取为零。

9.6.2　各阶段预应力损失的组合

上面所介绍的六项预应力损失，有的只发生在先张法构件中，有的则发生在后张法构件中，有的两种构件兼而有之。而且在同一种构件中，它们出现的时刻和持续时间也各不相同。为分析和计算方便，《混凝土设计规范》将这些损失按先张法和后张法构件分别分为两批：发生在混凝土预压以前的称为第一批预应力损失，用 $\sigma_{l\mathrm{I}}$ 表示；发生在混凝土预压以后的称为第二批预应力损失，用 $\sigma_{1\mathrm{II}}$ 表示，见表 9-5。

各阶段预应力损失值的组合 **表 9-5**

预应力损失值的组合	先张法构件	后张法构件
混凝土预压前（第一批）的损失	$\sigma_{l1}+\sigma_{l2}+\sigma_{l3}+\sigma_{l4}$	$\sigma_{l1}+\sigma_{l2}$
混凝土预压后（第二批）的损失	σ_{l5}	$\sigma_{l4}+\sigma_{l5}+\sigma_{l6}$

注：先张法构件由于钢筋应力松弛引起的损失值 σ_{l4}，在第一批和第二批损失中所占的比例，如需区分，可根据实际情况确定。

《混凝土设计规范》同时还规定，当按上述规定计算求得的各项预应力总损失值 σ_l 小于下列数值时，则按下列数值取用：

先张法构件：$\sigma_l=100\text{N/mm}^2$；

后张法构件：$\sigma_l=80\text{N/mm}^2$。

上述规定是考虑到预应力损失的计算值与实际值可能有一定的偏差，为了确保预应力混凝土构件的抗裂性能，《混凝土设计规范》对先张法和后张法构件规定了预应力总损失的下限值。

§9-7 预应力混凝土轴心受拉构件的应力分析

在计算预应力混凝土构件时，要掌握构件从张拉钢筋至加载破坏过程中，不同阶段预应力筋和混凝土应力的状态，以及相应阶段的外载大小。下面按施工和使用两个阶段分别加以叙述。

9.7.1 先张法构件

先张法构件各阶段钢筋和混凝土的应力变化过程见表 9-6。

先张法预应力混凝土轴心受拉构件各阶段应力变化 **表 9-6**

应力阶段		简图	钢筋应力 σ_{pe}	混凝土应力 σ_{pc}	说明
施工阶段	张拉钢筋浇筑混凝土	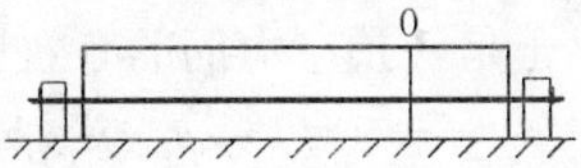 0	$\sigma_{con}-\sigma_{l\,\mathrm{I}}$	0	张拉力由台座承担，预应力筋已出现第一批应力损失，构件混凝土不受力
	切断预应力钢筋	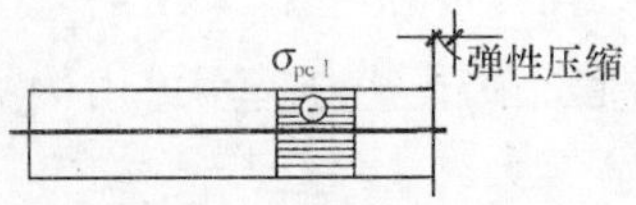 $\sigma_{pc\,\mathrm{I}}$ 弹性压缩	$\sigma_{con}-\sigma_{l\,\mathrm{I}}-\alpha_E\sigma_{pc\,\mathrm{I}}$	$\sigma_{pc\,\mathrm{I}}=\dfrac{(\sigma_{con}-\sigma_{l\,\mathrm{I}})A_p}{A_0}$	预应力筋回缩使混凝土受到压应力 $\sigma_{pc\,\mathrm{I}}$，混凝土受压而缩短，钢筋应力减少 $\alpha_E\sigma_{pc\,\mathrm{I}}$
	完成第二批应力损失后	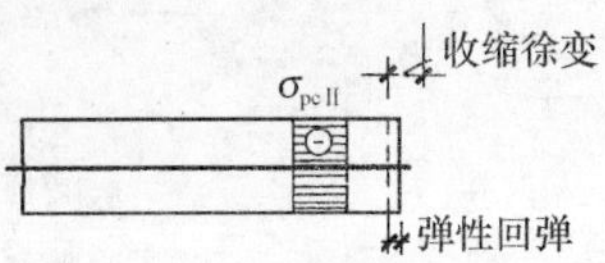 $\sigma_{pc\,\mathrm{II}}$ 收缩徐变 弹性回弹	$\sigma_{con}-\sigma_l-\alpha_E\sigma_{pc\,\mathrm{II}}$	$\sigma_{pc\,\mathrm{II}}=\dfrac{(\sigma_{con}-\sigma_l)A_p}{A_0}$	预应力筋和混凝土进一步缩短，混凝土压应力降低到 $\sigma_{pc\,\mathrm{II}}$，而钢筋应力增长 $\alpha_E(\sigma_{pc\,\mathrm{I}}-\sigma_{pc\,\mathrm{II}})$

续表

应力阶段		简图	钢筋应力 σ_{pe}	混凝土应力 σ_{pc}	说明
使用阶段	在外力 N_0 作用下，使 $\sigma_{pc}=0$	N_0 0 N_0	$\sigma_{con}-\sigma_l$	0	在外力 N_0 作用下混凝土应力增加 $\sigma_{pe II}$，钢筋应力增加 $\alpha_E\sigma_{pe II}$
	外力增加至 N_{cr} 使裂缝即将出现	N_{cr} f_{tk} N_{cr}	$(\sigma_{con}-\sigma_l)+\alpha_E f_{tk}$	f_{tk}	在外力 N_{cr} 作用下，混凝土应力再增加 f_{tk}，而钢筋应力则增长 $\alpha_E f_{tk}$
	在外力 N_u 作用下，构件破坏	N_u N_u	f_{py}	0	混凝土开裂后退出工作，全部外力由钢筋承担，当外力达到 N_u 时，钢筋应力达到 f_{py} 构件破坏

施工阶段：

1. 张拉预应力筋和浇筑混凝土，在台座上张拉钢筋，使钢筋应力达到控制应力 σ_{con}，然后将预应力钢筋锚固在台座上。这时，钢筋拉力由台座承担，并同时出现第一批应力损失，钢筋应力降低为：

$$\sigma_{pe}=\sigma_{con}-\sigma_{l1}-\sigma_{l3}-\sigma_{l4}=\sigma_{con}-\sigma_{l\,I} \tag{a}$$

浇筑混凝土时，由于混凝土尚未受力，故 $\sigma_{pc}=0$。

2. 切断预应力筋，当混凝土达到设计强度的75%以上时，即可切断预应力钢筋。这时，已完成第一批预应力损失。设切断钢筋时混凝土获得预压应力为 $\sigma_{pc\,I}$，混凝土受压而缩短，由于预应力筋与混凝土之间的粘结作用，故两者变形一致，预应力筋相应地减少 $\alpha_E\sigma_{pc\,I}$❶。于是，预应力筋的有效预应力为：

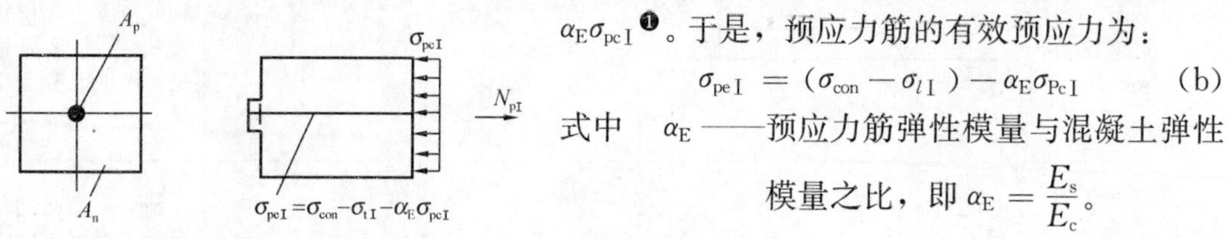

图 9-14　预应力构件中预应力 $\sigma_{pc\,I}$ 时的平衡

$$\sigma_{pe\,I}=(\sigma_{con}-\sigma_{l\,I})-\alpha_E\sigma_{Pc\,I} \tag{b}$$

式中　α_E——预应力筋弹性模量与混凝土弹性模量之比，即 $\alpha_E=\dfrac{E_s}{E_c}$。

混凝土预压应力 $\sigma_{Pc\,I}$ 可由内力平衡条件求得（图 9-14）：

$$\sigma_{pe\,I}=(\sigma_{con}-\sigma_{l\,I}-\alpha_E\sigma_{pc\,I})A_p=\sigma_{pc\,I}A_n \tag{c}$$

式中　A_p——预应力筋的截面面积；

A_n——构件混凝土净截面面积。

---

❶ 由于钢筋与混凝土共同变形，故两者应变相等：$\varepsilon_c=\varepsilon_s=\frac{\sigma_{pc\,I}}{E_c}$。相应的钢筋应力 $\sigma_{pe}=\varepsilon_s E_s=\frac{\sigma_{pc\,I}}{E_c}E_s=\alpha_E\sigma_{pc\,I}$。

将式（c）整理后，得：

$$\sigma_{pc\,I} = \frac{(\sigma_{con} - \sigma_{l\,I})A_p}{A_n + \alpha_E A_p} = \frac{N_{p\,I}}{A_0} \qquad (9\text{-}16)$$

式（9-16）分子（$\sigma_{con} - \sigma_{l\,I}$）$A_p$ 为完成第一批应力损失后预应力钢筋的计算拉力，用 $N_{p\,I}$ 表示；而分母 $A_n + \alpha_E A_p$ 可以理解为混凝土净截面积与把纵向预应力筋截面积换算成混凝土截面积之和，我们称它为构件换算截面面积，用 A_0 表示。于是，式（9-16）可以理解为切断预应力钢筋时，预应力筋的计算拉力（扣除第一批损失后）$N_{p\,I}$ 在混凝土换算截面 A_0 上所产生的压应力 $\sigma_{pc\,I}$。

3. 完成第二批损失后，由于混凝土收缩、徐变，使预应筋进一步缩短，从而出现第二批应力损失。预应力总损失为 $\sigma_l = \sigma_{l\,I} + \sigma_{l\,II}$

混凝土和预应力筋进一步缩短，混凝土压应力由 $\sigma_{Pc\,I}$ 降低到 $\sigma_{Pc\,II}$。预应力筋有效预拉应力则由 $\sigma_{pe\,I}$ 降低到 $\sigma_{pe\,II}$。即：

$$\sigma_{pe\,II} = (\sigma_{con} - \sigma_{l\,I} - \alpha_E\sigma_{pc\,I}) - \sigma_{l\,II} + \alpha_E(\sigma_{pc\,I} - \sigma_{pc\,II})$$ [1]

$$= \sigma_{con} - \sigma_{l\,I} - \sigma_{l\,II} - \alpha_E\sigma_{pc\,II}$$

$$= \sigma_{con} - \sigma_l - \alpha_E\sigma_{pc\,II} \qquad (9\text{-}17)$$

混凝土预压应力 $\sigma_{Pc\,II}$ 可由内力平衡条件求得（图 9-15）：

$$(\sigma_{con} - \sigma_l - \alpha_E\sigma_{pc\,II})A_p = \sigma_{Pc\,II}A_n$$

或写成

$$\sigma_{Pc\,II} = \frac{(\sigma_{con} - \sigma_l)A_P}{A_n + \alpha_E A_p} = \frac{N_{p\,II}}{A_0} \qquad (9\text{-}18)$$

其中，$(\sigma_{con} - \sigma_l)A_p$ 为先张法构件完成全部损失后预应力筋的计算拉力，用 $N_{p\,II}$ 表示。

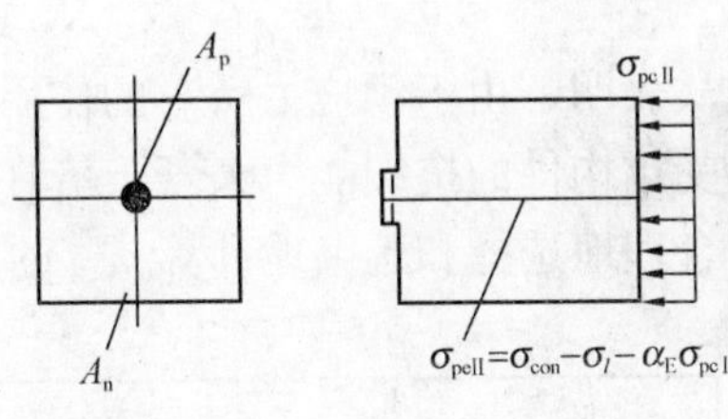

图 9-15　预应力构件中预应力 $\sigma_{pc\,II}$ 时的平衡

使用阶段：

4. 在外力 N_0 作用下，使建立起来的混凝土预压应力 $\sigma_{pc\,II}$ 全部抵消，即截面上混凝土应力为零。这时，钢筋拉应力在 $\sigma_{pe\,II} = \sigma_{con} - \sigma_l - \alpha_E\sigma_{pc\,II}$ 的基础上增加了 $\alpha_E\sigma_{pc\,II}$。于是，构件在 N_0 作用下预应力筋的拉应力 σ_{p0} 为：

$$\sigma_{p0} = \sigma_{con} - \sigma_l$$

轴向拉力 N_0 可由内外力平衡条件求得（图 9-16）：

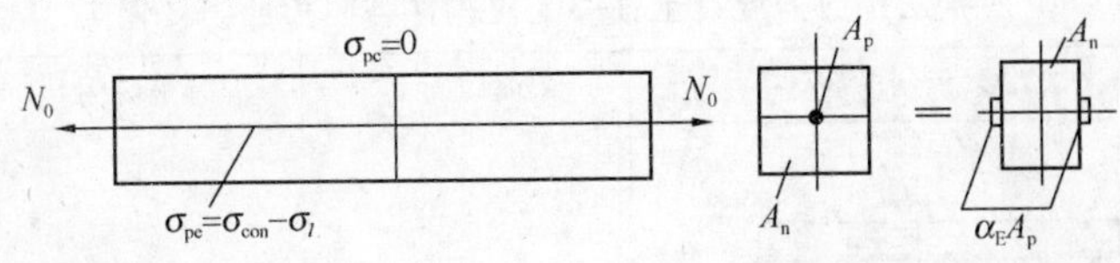

图 9-16　预应力构件在 N_0 作用下的平衡

---

[1] 式中等号右边第三项 $\alpha_E(\sigma_{pc\,I} - \sigma_{pc\,II})$ 是由于产生第二批损失后，混凝土应力降低使其产生弹性回弹后钢筋应力的增长值。

$$N_0 = \sigma_{p0}A_p = (\sigma_{con} - \sigma_l)A_p = N_{p\text{II}}$$ [1]

由式（9-18）可知：$N_{p\text{II}} = \sigma_{pc\text{II}}A_0$，于是

$$N_0 = \sigma_{pc\text{II}}A_0 \tag{9-19}$$

5. 外荷载增加至 N_{cr} 使混凝土即将开裂，这时混凝土应力 $\sigma_{pc} = f_{tk}$，预应力筋应力在上一阶段基础上又增加了 $\alpha_E f_{tk}$，则预应力筋的拉应力变为：

$$\sigma_{pe} = \sigma_{con} - \sigma_l + \alpha_E f_{tk}$$

轴向拉力 N_{cr} 由内外力平衡条件求得（图 9-17）。

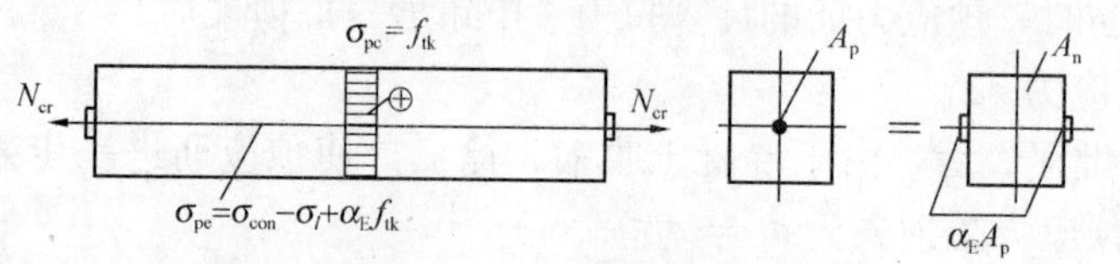

图 9-17　预应力构件在 N_{cr} 作用下的平衡

$$\begin{aligned} N_{cr} &= \sigma_{pe}A_p + f_{tk}A_n = (\sigma_{con} - \sigma_l + \alpha_E f_{tk})A_p + f_{tk}A_n \\ &= (\sigma_{con} - \sigma_l)A_p + f_{tk}(A_n + \alpha_E A_p) = N_{p\text{II}} + f_{tk}A_0 \\ &= \sigma_{pc\text{II}}A_0 + f_{tk}A_0 \end{aligned}$$

即

$$N_{cr} = (\sigma_{pc\text{II}} + f_{tk})A_0 \tag{9-20}$$

上式表明，由于预应力 $\sigma_{pc\text{II}}$ 的作用，可使预应力混凝土轴心受拉构件比普通钢筋混凝土轴心受拉构件的抗裂能力大若干倍（$\sigma_{pc\text{II}}$ 比 f_{tk} 大得多）。因此，在预应力混凝土构件设计中，合理地选择和正确地计算 $\sigma_{pc\text{II}}$ 的数值是十分重要的。

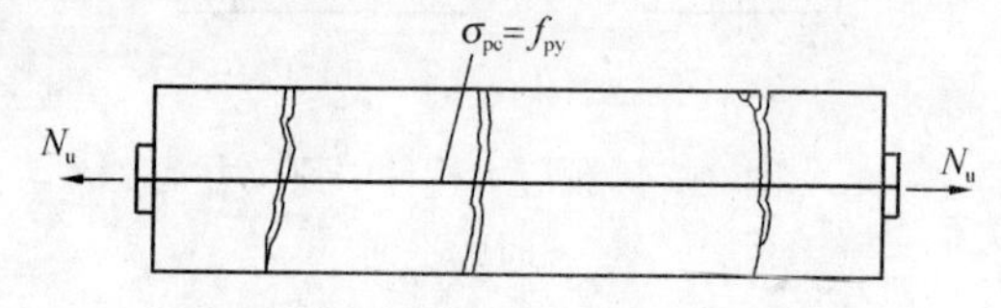

图 9-18　预应力构件达到 N_u 时的状态

6. 荷载增加至 N_u，构件破坏。当荷载超过开裂荷载 N_{cr} 后，构件混凝土开裂，截面的混凝土退出工作，全部外载由预应力钢筋承担。当钢筋达到屈服强度 f_{py} 时，构件即达到承载力极限状态。

由内外力平衡条件（图 9-18）得：

$$N_u = f_{py}A_p$$

9.7.2　后张法构件

后张法预应力混凝土轴心受拉构件各阶段应力变化过程见表 9-7。

后张法预应力混凝土轴心受拉构件各阶段应力变化　　**表 9-7**

应力阶段		简　图	钢筋应力 σ_{pe}	混凝土应力 σ_{pc}	说　明
施工阶段	穿预应力钢筋并进行张拉	σ_{pc}	$\sigma_{con} - \sigma_{l2}$	$\sigma_{pc} = \frac{(\sigma_{con} - \sigma_{l2})A_p}{A_n}$	钢筋被拉长，混凝土受压缩短，摩擦损失同时产生，钢筋应力为 $\sigma_{con} - \sigma_{l2}$，混凝土应力为 σ_{pc}

[1] 为了叙述方便，对于先张法构件，本书用 $N_{p\text{II}}$ 表示混凝土法向预应力等于零时预应力筋及非预应力钢筋的合力，即《混凝土设计规范》中的 N_{p0}。

续表

应力阶段		简图	钢筋应力 σ_{pe}	混凝土应力 σ_{pc}	说明
施工阶段	完成第一批应力损失	$\sigma_{pc\,\mathrm{I}}$ 弹性压缩	$\sigma_{con}-\sigma_{l\,\mathrm{I}}$	$\sigma_{pc\,\mathrm{I}}=\dfrac{(\sigma_{con}-\sigma_{l\,\mathrm{I}})\ A_p}{A_n}$	钢筋应力减小了 $\sigma_{l\,\mathrm{I}}$，混凝土压应力降低为 $\sigma_{pc\,\mathrm{I}}$
	完成第二批应力损失	$\sigma_{pc\,\mathrm{II}}$ 收缩徐变 弹性回弹	$\sigma_{con}-\sigma_l$	$\sigma_{pc\,\mathrm{II}}=\dfrac{(\sigma_{con}-\sigma_l)\ A_p}{A_n}$	钢筋应力降低为 $\sigma_{con}-\sigma_l$，混凝土压应力减小为 $\sigma_{pc\,\mathrm{II}}$
使用阶段	在外力 N_0 作用下，使 $\sigma_{pc\,\mathrm{II}}=0$	N_0 0 N_0	$(\sigma_{con}-\sigma_l)+\alpha_E\sigma_{pc\,\mathrm{II}}$	0	与先张法构件相同
	外力增加至 N_{cr} 使裂缝即将出现	N_{cr} N_{cr}	$(\sigma_{con}-\sigma_l+\alpha_E\sigma_{pc\,\mathrm{II}})+\alpha_E f_{tk}$	f_{tk}	与先张法构件相同
	在外力 N_u 作用下，构件破坏	N_u N_u	f_{py}	0	与先张法构件相同

施工阶段

1. 张拉预应力筋，将钢筋张拉至控制应力 σ_{con} 时，由于在构件上进行张拉使钢筋被拉长，混凝土同时受压而缩短，并产生摩擦损失 σ_{l2}。于是，预应力钢筋拉应力降低为：

$$\sigma_{pc}=\sigma_{con}-\sigma_{l2}$$

这时，混凝土预压应力则为：

$$\sigma_{pc}=\frac{(\sigma_{con}-\sigma_{l2})A_p}{A_n}$$

式中 A_n——混凝土构件净截面面积；

A_p——预应力钢筋的截面面积。

2. 完成第一批应力损失后，由于预应力筋锚具变形、钢筋内缩和摩擦损失，使预应力筋出现第一批应力损失。于是，预应力筋的有效预应力变为：

$$\sigma_{pe\,\mathrm{I}}=\sigma_{con}-\sigma_{l\,\mathrm{I}}$$

混凝土预压应力 $\sigma_{pc\,\mathrm{I}}$ 由平衡条件求得（图 9-19）：

$$(\sigma_{con}-\sigma_{l\,\mathrm{I}})A_p=\sigma_{pc\,\mathrm{I}}A_n$$

$$\sigma_{pc\,\mathrm{I}}=\frac{(\sigma_{con}-\sigma_{l1})A_p}{A_n}=\frac{N_{p\,\mathrm{I}}}{A_n} \tag{9-21}$$

式中 $N_{p\,\mathrm{I}}$——完成第一批应力损失后预应力筋的有效拉力。

其余符号意义与前相同。

3. 完成第二批应力损失后：由于混凝土的收缩、徐变和预应力筋应力进一步松弛所引起的预应力损失，使混凝土预压应力由原来的 $\sigma_{pc\,\text{I}}$ 降至 $\sigma_{pc\,\text{II}}$，预应力筋有效预应力由原来的 $\sigma_{pe\,\text{I}}$ 降至 $\sigma_{pe\,\text{II}}$。于是

$$\sigma_{pe\,\text{II}} = \sigma_{pe\,\text{I}} - \sigma_{l\,\text{II}} + \alpha_{E}(\sigma_{pc\,\text{I}} - \sigma_{pc\,\text{II}}) \tag{9-22a}$$

将 $\sigma_{pe\,\text{I}} = \sigma_{con} - \sigma_{l\,\text{I}}$ 代入上式，并忽略由混凝土预压应力降低所产生的回弹而使预应力筋拉应力增长第三项 α_{E}（$\sigma_{pc\,\text{I}} - \sigma_{pc\,\text{II}}$），则式（9-22a）简化成：

$$\sigma_{pe\,\text{II}} = \sigma_{con} - \sigma_{l} \tag{9-22b}$$

混凝土预压应力 $\sigma_{pc\,\text{II}}$ 由平衡条件求得（图 9-20）：

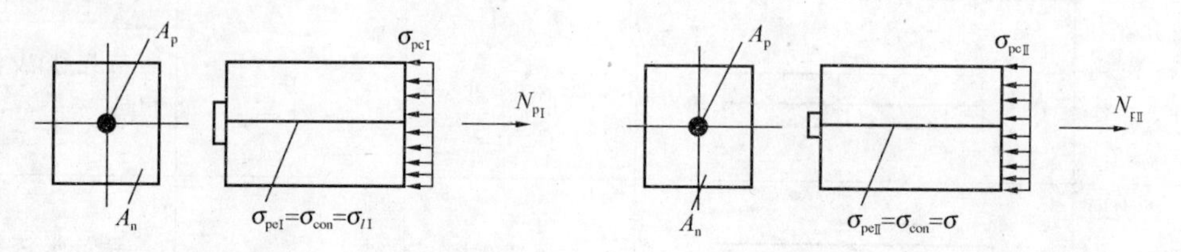

图 9-19　预应力构件中预应力为 $\sigma_{pe\,\text{I}}$ 时的平衡

图 9-20　预应力构件中预应力 $\sigma_{pe\,\text{II}}$ 时的平衡

$$\sigma_{pc\,\text{II}} = \frac{(\sigma_{con} - \sigma_{l})A_{p}}{A_{n}} = \frac{N_{p\,\text{II}}}{A_{n}} \tag{9-23}$$

其中 $(\sigma_{con} - \sigma_{l})A_{p}$ 为后张法构件完成全部损失后，预应力钢筋的有效拉应力，用 $N_{p\,\text{II}}$ 表示。将式（9-16）、式（9-18）分别与式（9-21）、式（9-23）加以比较，我们发现，先张法与后张法相应公式相似，前者分母为 $A_{0} = A_{n} + \alpha_{E}A_{p}$，而后者为 A_{n}。

使用阶段：

4. 加荷载至 N_0，使混凝土预压应力 σ_{pc} 为零：这时预应力筋的有效预应力在 $\sigma_{pc\,\text{II}}$ 的基础上增加 $\alpha_{E}\sigma_{pc\,\text{II}}$，于是，混凝土法向应力等于零时的预应力钢筋应力 σ_{p0} 为：

$$\sigma_{p0} = \sigma_{pe\,\text{II}} + \alpha_{E}\sigma_{pc\,\text{II}} = \sigma_{con} - \sigma_{l} + \alpha_{E}\sigma_{pc\,\text{II}}$$

轴向拉力 N_0 可由内外力平衡条件求得（图 9-21）：

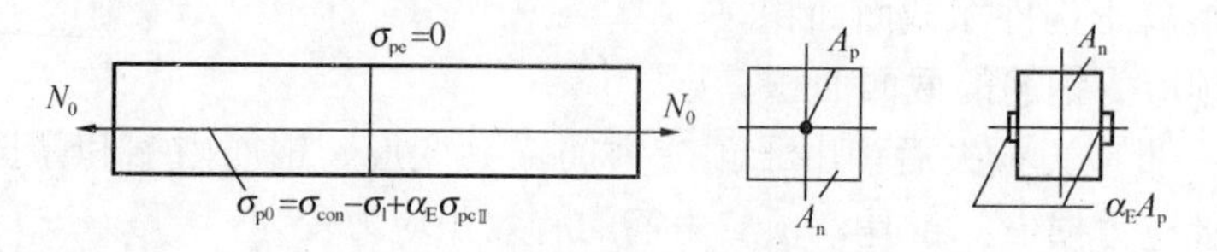

图 9-21　预应力构件在 N_0 作用下的平衡

$$\begin{aligned} N_{0} &= \sigma_{p0}A_{p} = (\sigma_{con} - \sigma_{l} + \alpha_{E}\sigma_{pc\,\text{II}})A_{p} \\ &= (\sigma_{con} - \sigma_{l})A_{p} + \alpha_{E}\sigma_{pc\,\text{II}}A_{p} \\ &= N_{p\,\text{II}} + \alpha_{E}\sigma_{pc\,\text{II}}A_{p} \end{aligned}$$

由式（9-23）得：$N_{p\,\text{II}} = \sigma_{pc\,\text{II}}A_{n}$，于是

$$N_0 = \sigma_{pc\text{II}} A_n + \alpha_E \sigma_{pc\text{II}} A_p = \sigma_{pc\text{II}} (A_n + \alpha_E A_p)$$

或写成

$$N_0 = \sigma_{pc\text{II}} A_0 \tag{9-24}$$

5. 加荷载至 N_{cr}，使构件即将出现裂缝：这时混凝土应力达到 f_{tk}，预应力筋的拉应力在 $\sigma_{con} - \sigma_l + \alpha_E \sigma_{pc\text{II}}$ 的基础上再增加 $\alpha_E f_{tk}$，即：

$$\sigma_{pe} = \sigma_{con} - \sigma_l + \alpha_E \sigma_{pc\text{II}} + \alpha_E f_{tk}$$

轴向拉力 N_{cr}由内外力平衡条件求得（图 9-22）：

$$\begin{aligned} N_{cr} &= \sigma_{pe} A_p + f_{tk} A_n = (\sigma_{con} - \sigma_l + \alpha_E \sigma_{pc\text{II}} + \alpha_E f_{tk}) A_p + f_{tk} A_n \\ &= (\sigma_{con} - \sigma_l + \alpha_E \sigma_{pc\text{II}}) A_p + f_{tk} (A_n + \alpha_E A_p) \\ &= (\sigma_{con} - \sigma_l + \alpha_E \sigma_{pc\text{II}}) A_p + f_{tk} A_0 \end{aligned}$$

因为

$$(\sigma_{con} - \sigma_l + \alpha_E \sigma_{pc\text{II}}) A_p = N_0 = \sigma_{pc\text{II}} A_0$$

所以

$$N_{cr} = (\sigma_{pc\text{II}} + f_{tk}) A_0 \tag{9-25}$$

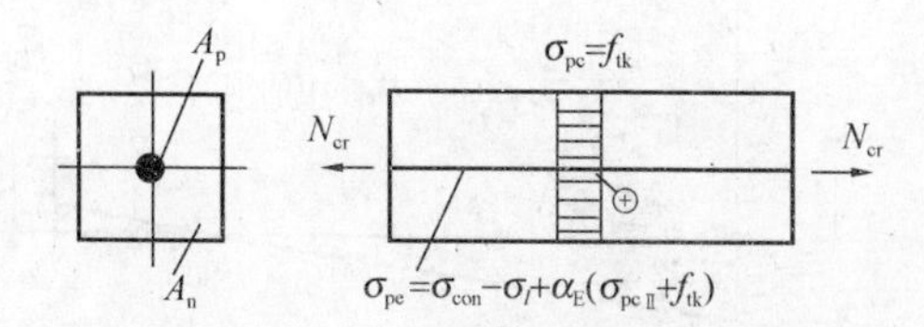

图 9-22　预应力构件在 N_{cr} 作用时的平衡

6. 加荷载至 N_u，使构件破坏：这时预应力筋应力达到屈服强度 f_{py}，破坏荷载 N_u 为：

$$N_u = f_{py} A_p \tag{9-26}$$

至此，已经叙述了预应力混凝土轴心受拉构件在各个阶段预应力筋和混凝土的应力变化，以及荷载 N_0、N_{cr}和 N_u 的计算。为了进一步了解预应力混凝土和普通钢筋混凝土轴心受拉构件的特点和它们的区别，我们将先张法和后张法预应力混凝土构件与普通钢筋混凝土构件在各受力阶段钢筋和混凝土的应力变化绘成曲线图（图 9-23）。由图可以看出：

（1）预应力筋从张拉至破坏一直处于高拉应力状态，而混凝土在荷载作用之前一直处于受压状态。这样，就充分发挥了高强度钢筋受拉和混凝土受压的特长。

（2）预应力混凝土构件开裂轴力 N_{cr}比普通钢筋混凝土构件大得多，故预应力构件的抗裂性能大大地提高了。

（3）若预应力混凝土构件与普通钢筋混凝土构件的截面尺寸和配筋以及材料强度相同，则两者的承载能力是一样的。

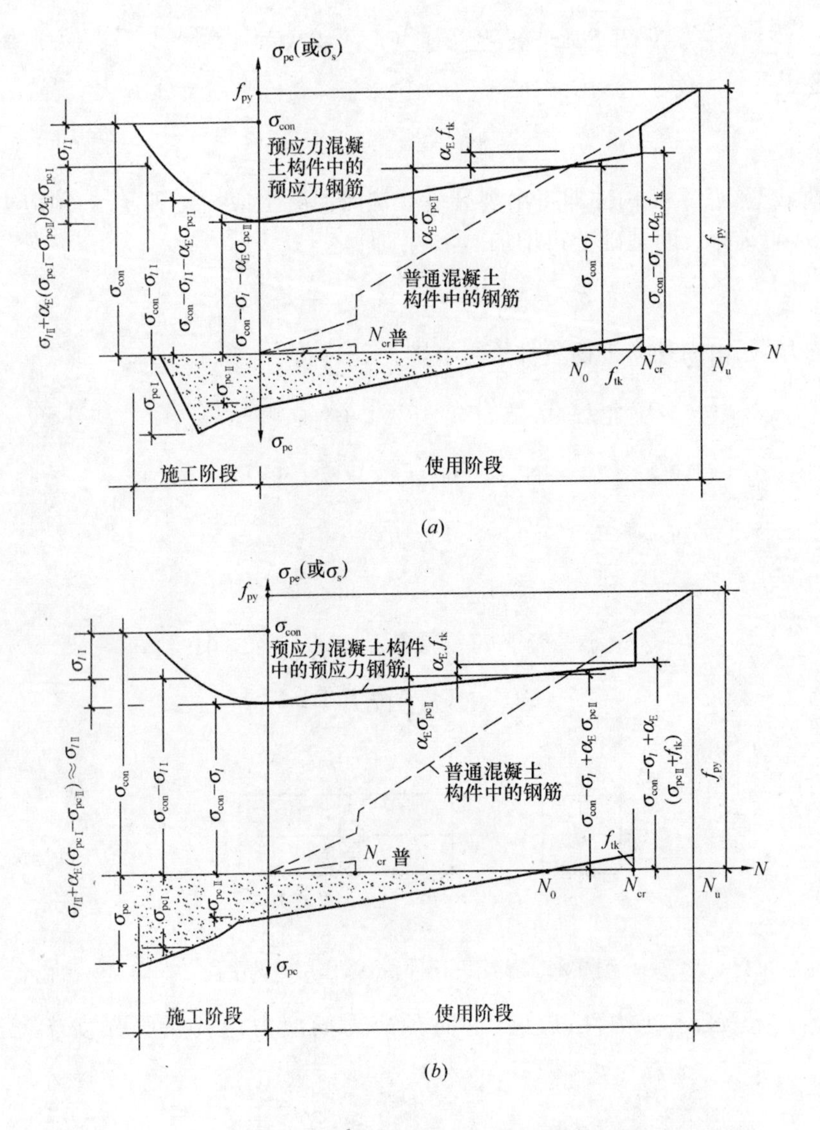

图 9-23 预应力混凝土轴心受拉构件各阶段的应力变化关系曲线

(*a*) 先张法构件；(*b*) 后张法构件

§9-8 预应力混凝土轴心受拉构件使用阶段的计算

预应力混凝土轴心受拉构件使用阶段的计算，包括承载力计算和裂缝控制验算。兹分述如下：

9.8.1 承载力计算

当作用在构件上的轴向拉力 N 达到构件开裂轴力 N_{cr} 时，构件混凝土开裂而退出工作，所以在裂缝截面处轴力全部由预应力筋和非预应力钢筋承担。当构件达到极限状态时，它们的应力分别达到各自的抗拉强度设计值 f_{py} 和 f_y。构件承载力可按下式计算：

$$N \leqslant f_{py}A_p + f_yA_s \tag{9-27}$$

式中 N——构件所承受的轴向力设计值；

f_{py}、f_y——预应力筋和非预应力筋抗拉强度设计值；

A_p、A_s——预应力筋和非预应力筋的截面面积，见图 9-24。

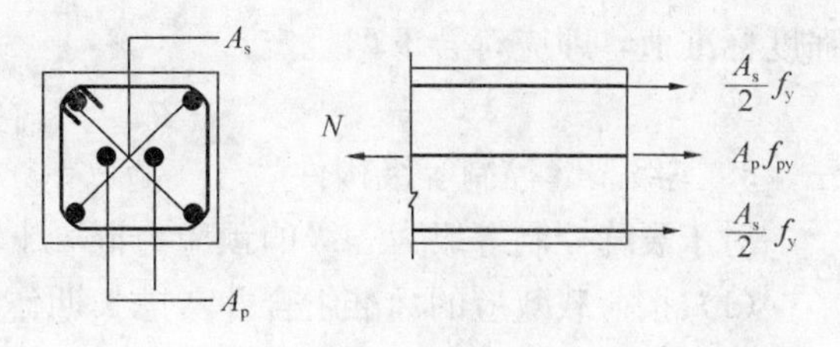

图 9-24 预应混凝土轴心受拉构件的计算

9.8.2 裂缝控制验算

预应力混凝土轴心受拉构件除进行承载力计算外，尚须进行裂缝控制验算，即应按下列规定进行受拉边缘应力或正截面裂缝宽度验算。

《混凝土设计规范》规定，结构构件正截面的受力裂缝控制等级分为三级。裂缝控制等级的划分及要求应符合下裂规定：

1. 一级裂缝控制等级构件——严格要求不出现受力裂缝的构件

在荷载效应的标准组合下，构件混凝土不应产生拉应力。如果在荷载效应的标准组合下，在构件截面内产生轴向拉力 N_k 不超过 N_0，则表明构件混凝土不会产生拉应力：

$$N_k \leqslant N_0 = \sigma_{pc\text{II}} A_0 \tag{9-28}$$

或写成应力表达形式

$$\sigma_{ck} - \sigma_{pc\text{II}} \leqslant 0 \tag{9-29}$$

式中 σ_{ck}——荷载效应的标准组合下构件混凝土的法向应力；

$$\sigma_{ck} = \frac{N_k}{A_0} \tag{9-30}$$

$\sigma_{pc\text{II}}$——扣除全部预应力损失后混凝土的预压应力。

应当指出，在计算 $\sigma_{pc\text{II}}$ 时应分两种情况：当构件仅配有预应力钢筋时，其值应按式 (9-18) 或式 (9-23) 计算；当构件尚配有非预应力钢筋时，则应按下式计算：

先张法：

$$\sigma_{pc\text{II}} = \frac{(\sigma_{con} - \sigma_l)A_p - \sigma_{l5}A_s}{A_0} \tag{9-31}$$

后张法：

$$\sigma_{pc\text{II}} = \frac{(\sigma_{con} - \sigma_l)A_p - \sigma_{l5}A_s}{A_n} \tag{9-32}$$

式中 σ_{l5}——混凝土收缩、徐变引起的应力损失；

A_s——构件配置的非预应力钢筋的截面面积。

$\sigma_{l5}A_s$ 是考虑当预应力混凝土构件配置非预应力钢筋时，由于混凝土收缩、徐变的影响，在非预应力钢筋中产生的内力值。它的存在减少了构件混凝土预压应力，使构件的抗裂性能降低。因此，计算时应考虑这项影响。为简化计算，《混凝土设计规范》假定，非预应力钢筋应力取等于混凝土收缩和徐变引起的预应力损失值 σ_{l5}。

2. 二级裂缝控制等级构件——一般要求不出现受力裂缝的构件

在荷载效应的标准组合下，构件混凝土允许产生拉应力，但其值不应超过混凝土抗拉强度标准值，即应符合下列规定：

$$\sigma_{ck}-\sigma_{pc\mathrm{II}}\leqslant f_{tk} \tag{9-33}$$

3. 三级裂缝控制等级构件

对于裂缝控制等级为三级的预应力混凝土轴心受拉构件，应满足下面两个条件：

(1) 按荷载效应的标准组合并考虑长期作用影响的效应计算，最大裂缝宽度应符合下列规定：

$$w_{max}\leqslant w_{lim} \tag{9-34}$$

w_{max}——按荷载效应的标准组合并考虑长期作用影响计算的最大裂缝宽度；

w_{lim}——最大裂缝宽度限值，取 $w_{lim}=0.2$mm。

(2) 对环境类别为二 a 类的预应力混凝土构件，在荷载准永久组合下，受拉边缘应力尚应符合下列规定：

$$\sigma_{cq}-\sigma_{pc\mathrm{II}}\leqslant f_{tk} \tag{9-35}$$

式中 σ_{cq}——荷载准永久组合下抗裂验算边缘的混凝土的法向应力；

f_{tk}——混凝土抗拉强度标准值。

下面通过普通钢筋混凝土轴心受拉构件裂缝宽度计算式（8-40）写出预应力混凝土轴心受拉构件的相应公式。显然，在普通钢筋混凝土轴心受拉构件中，承受外载前混凝土和钢筋应力均为零。由式（8-40）可知，构件在荷载作用下开裂时，其裂缝宽度 w_{max} 与钢筋应力 σ_s 成正比。但预应力混凝土构件在承受外载前钢筋与混凝土均受有预应力。故它在外载作用下产生的裂缝宽度 w_{max} 应与轴向拉力增量（N_k-N_{p0}）在钢筋（包括预应力筋和非预应力筋）截面上产生的应力 σ_{sk} 成正比，于是，预应力混凝土轴心受拉构件裂缝宽度 w_{max} 的计算公式仍可采用式（8-40）的形式，但式中的系数取成 2.2：

$$w_{max}=2.2\psi\frac{\sigma_{sk}}{E_s}\left(1.9c+0.08\frac{d_{eq}}{\rho_{te}}\right) \tag{9-36}$$

式中 ψ——裂缝间纵向受拉钢筋应变不均匀系数，按下式计算：

$$\psi=1.1-0.65\frac{f_{tk}}{\rho_{te}\sigma_{sk}} \tag{9-37}$$

当 $\psi<0.2$ 时，取 $\psi=0.2$；当 $\psi>1.0$ 时，取 $\psi=1.0$；对直接承受重复荷载的构件，取 $\psi=1.0$。

σ_{sk}——按荷载效应的标准组合计算的预应力混凝土构件纵向受拉钢筋的等效应力，按下式计算：

$$\sigma_{sk}=\frac{N_k-N_{p0}}{A_p+A_s} \tag{9-38}$$

N_k——荷载效应的标准组合计算的轴向拉力值；

N_{p0}——混凝土法向预压应力为零（即 $\sigma_{p0}=0$）时，预应力钢筋和非预应力钢筋的合力，即：

$$N_{p0}=\sigma_{p0}A_p-\sigma_{l5}A_s \tag{9-39}$$

E_s——钢筋的弹性模量（N/mm^2）；

c——最外层纵向钢筋保护层厚度（mm），当 $c<20$mm，取 $c=20$mm；当 $c>65$mm，取 $c=65$mm；

d_{eq}——钢筋等效直径（mm），按下式计算：

$$d_{eq}=\frac{\sum n_i d_i^2}{\sum n_i \nu_i d_i} \tag{9-40}$$

d_i——第 i 种纵向受力钢筋的直径；

ν_i——第 i 种纵向受拉钢筋表面特征系数，按表 9-8 采用；

n_i——第 i 种纵向受拉钢筋的根数；

ρ_{te}——按有效受拉混凝土面积计算的纵向受拉钢筋配筋率，当 $\rho_{te}\leqslant 0.01$ 时，取 $\rho_{te}=0.01$；

$$\rho_{te}=\frac{A_p+A_s}{A_{te}} \tag{9-41}$$

A_p、A_s——预应力钢筋和非预应力钢筋的截面面积；

A_{te}——构件有效受拉混凝土截面面积，$A_{te}=bh$。

其余符号意义与前相同。

预应力钢筋相对粘结特性系数　　**表 9-8**

钢筋类别	先张法预应力筋			后张法预应力筋		
	带肋钢筋	螺旋肋钢丝	钢绞线	带肋钢筋	钢绞线	光面钢丝
ν_i	1.0	0.8	0.6	0.8	0.5	0.4

注：对环氧树脂涂层带肋钢筋，其相对粘结特性系数应按表中系数的 0.8 倍取用。

§9-9　预应力混凝土轴心受拉构件施工阶段的验算

预应力混凝土轴心受拉构件，除了对使用阶段的承载力、裂缝控制进行验算外，还需保证在施工阶段构件的承载力。

先张法构件切断预应力钢筋时或在后张法构件张拉钢筋终了时，混凝土所受到的压应力最大，而这时混凝土强度恰好又比较低（一般为强度设计值的 75%）。在这不利的情况下，无论先张法构件或后张法构件均应进行混凝土轴心受压承载力验算。对于后张法构件除进行受压承载力验算外，尚需进行局部受压承载力验算。

9.9.1　混凝土轴心受压承载力验算

《混凝土设计规范》规定，张拉（后张法）或切断（先张法）预应力筋时，构件应满足下列条件：

$$\sigma_{cc}\leqslant 0.8f'_{ck} \tag{9-42}$$

式中　σ_{cc}——张拉终了或切断预应力钢筋时混凝土所承受的预应力，按下式计算：

先张法构件：

$$\sigma_{cc}=\sigma_{pc\,\mathrm{I}}=\frac{(\sigma_{con}-\sigma_{l1})A_p}{A_0} \tag{9-43}$$

后张法构件：

$$\sigma_{cc}=\frac{\sigma_{con}A_p}{A_n} \tag{9-44}$$

f'_{ck}——张拉或切断预应力筋时，与混凝土立方体抗压强度 f'_{cu} 相应的轴心抗压强度标准值，可由附录 A 表 A-1 查得，查表时允许按线性插入法确定。

9.9.2 后张法构件锚固区局部受压承载力计算

1. 局部受压面积的验算

为了保证后张法构件端部的局部受压承载力，在预应力筋锚具下及张拉设备的支承处，应配置承压钢板及间接钢筋（横向钢筋网片或螺旋式钢筋）（图 9-25*a*、*b*）。试验表明，若构件局部受压区的截面尺寸太小，而间接钢筋配置过多，则局部受压区达到极限状态时，垫板将产生很大的沉陷。为了防止这种现象的发生，《混凝土设计规范》规定，局部受压区的截面尺寸应符合下列要求：

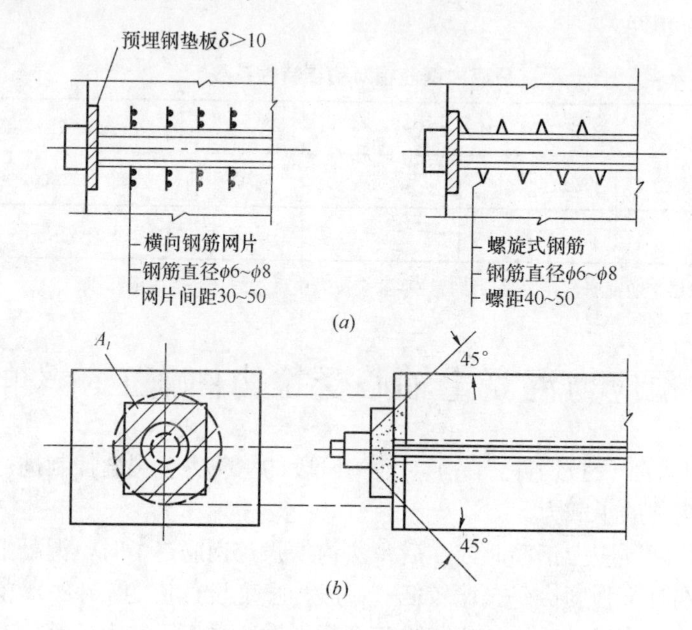

图 9-25 预埋钢垫板及附加横向钢筋网片

$$F_l \leqslant 1.35\beta_c\beta_l f_c A_{ln} \tag{9-45}$$

$$\beta_l=\sqrt{\frac{A_b}{A_l}} \tag{9-46}$$

式中 F_l——局部受压面上作用的局部荷载或局部压力设计值，对后张法预应力混凝土构件中的锚具下局部压力设计值，应取 $1.2\sigma_{con}A_p$；

f_c——混凝土轴心抗压强度设计值；在后张法预应力混凝土构件的张拉阶段验算中，可根据相应阶段的混凝土立方体抗压强度 f'_{cu} 值由附录 A 表 A-1 查得，查表时允许按线性插入法确定；

β_c——混凝土强度影响系数；当混凝土强度等级不超过 C50 时，取 $\beta_c=1.0$；当混凝土强度等级等于 C80 时，$\beta_c=0.80$；其间按插入法采用；

β_l——混凝土局部受压时的强度提高系数；

A_l——混凝土局部受压面积；应考虑预应力沿锚具边缘在垫板中按45°角扩散后，传至混凝土的受压面积（图9-25b）；

A_{ln}——混凝土局部受压净面积；对后张法构件，应在混凝土局部受压面积中扣除孔道、凹槽部分的面积；

A_b——局部受压时计算底面积，可根据局部受压面积与计算底面积同心对称的原则确定，一般情况可按图9-26规定取用。

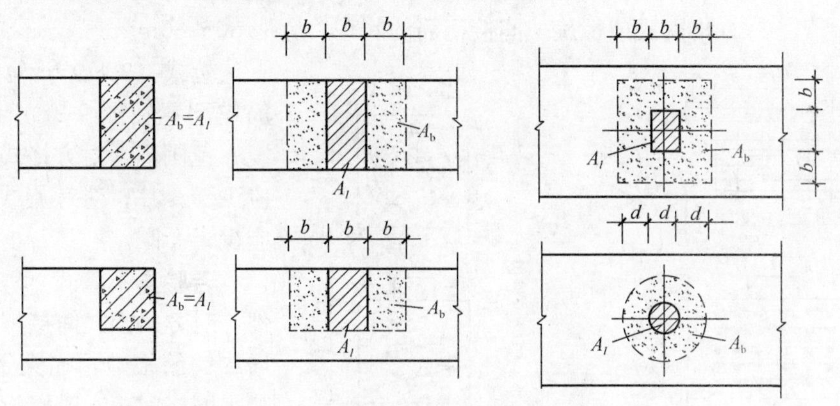

图9-26　局部受压计算面积A_b的确定

当不满足式（9-45）要求时，应加大端部锚固区的截面尺寸、提高混凝土强度等级或调整锚具位置。

2. 局部受压承载力计算

当配置方格网式或螺旋式间接钢筋（图9-27）时，局部受压承载力按下式计算：

$$F_l \leqslant 0.9(\beta_c \beta_l f_c + 2\alpha\rho_v \beta_{cor} f_{yv})A_{ln} \tag{9-47}$$

当为方格网式配筋时（图9-27a），钢筋网两个方向上单位长度内钢筋面积的比值不宜大于1.5，其体积配筋率ρ_v应按下列公式计算：

$$\rho_v = \frac{n_1 A_{s1} l_1 + n_2 A_{s2} l_2}{A_{cor} s} \tag{9-48}$$

当为螺旋式配筋时（图9-27b），其体积配筋率ρ_v应按下列公式计算：

$$\rho_v = \frac{4A_{ss1}}{d_{cor} s} \tag{9-49}$$

式中　β_{cor}——配置间接钢筋的局部受压承载力提高系数，按下式计算：

$$\beta_{cor} = \sqrt{\frac{A_{cor}}{A_l}} \tag{9-50}$$

当$A_{cor} > A_b$时，取$A_{cor} = A_b$；当$A_{cor} \leqslant 1.25A_l$时，取$\beta_{cor} = 1$。

f_{yv}——间接钢筋抗拉强度设计值；

α——间接钢筋对混凝土约束折减系数；当混凝土强度等级不超过C50时，取1.0；当混凝土强度等级为C80时，取0.85；其间按线性内插法确定；

A_{cor}——方格网式或螺旋式间接钢筋内表面范围内的混凝土核心面积，其形心应与A_l的形心相重合，计算中仍按同心、对称的原则取值；

ρ_v ——间接钢筋的体积配筋率，（核心面积 A_{cor} 范围内单位混凝土体积所含间接钢筋的体积）；

n_1、A_{s1} ——分别为方格网沿 l_1 方向的钢筋根数、单根钢筋的截面面积；

n_2、A_{s2} ——分别为方格网沿 l_2 方向的钢筋根数、单根钢筋的截面面积；

A_{ss1} ——单根螺旋式间接钢筋截面面积；

d_{cor} ——螺旋式间接钢筋内表面范围内的混凝土截面直径；

s ——方格网式或螺旋式间接钢筋的间距，宜取 30～80mm。

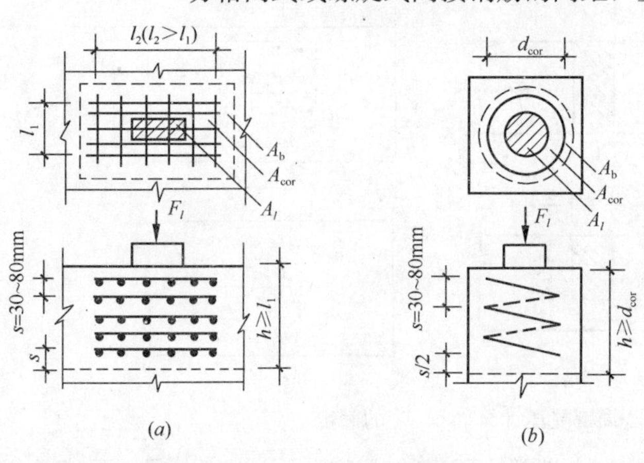

图 9-27 钢筋网及螺旋的配置

按式（9-47）计算的间接钢筋应配置在图 9-27 所规定的高度 h 范围内，对方格式钢筋，不应少于 4 片；对螺旋式钢筋，不应少于 4 圈。

若验算不满式（9-47）的条件，对方格网式间接钢筋，则应增加钢筋根数，加大钢筋直径，减小网格间距；对螺旋式间接钢筋，则应增加钢筋直径，减小螺距。

【例 9-1】 18m 长预应力混凝土屋架下弦杆截面尺寸为 250mm×180mm，采用后张法，混凝土强度达到强度设计值时张拉预应力筋，从一端张拉，采用一次张拉。孔道（直径为 2Φ50mm）为充压抽芯成型。采用 JM12 锚具，构件端部构造见图 9-28。屋架下弦杆轴向拉力设计值 $N=824.5$kN，按荷载效应的标准组合，下弦杆的轴向拉力为 $N_k=725$kN。

试按二级裂缝控制等级设计屋架下弦。

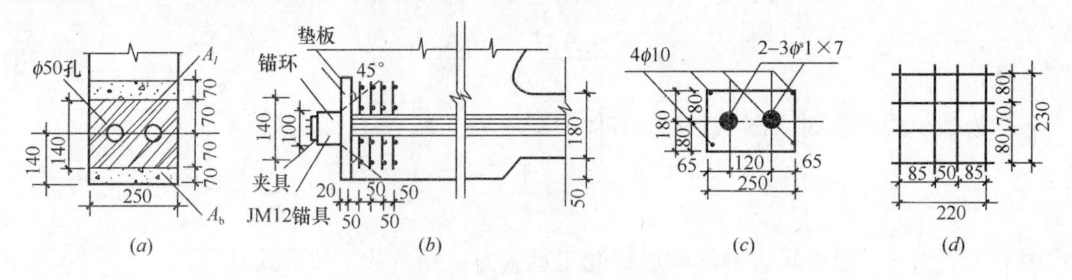

图 9-28 【例 9-1】附图

【解】 （1）选择材料

混凝土：采用 C40（$f_c=19.1\text{N/mm}^2$，$f_t=1.71\text{ N/mm}^2$，$f_{tk}=2.39\text{ N/mm}^2$，$E_c=3.25\times10^4\text{ N/mm}^2$）

预应力钢筋：采用普通松弛钢绞线（$f_{ptk}=1720\text{ N/mm}^2$，$f_{py}=1220\text{ N/mm}^2$，$E_p=1.95\times10^5\text{ N/mm}^2$）

非预应力钢筋：采用 HRB335 级钢筋（$f_y=300$，$E_p=2.0\times10^5\text{ N/mm}^2$）

（2）使用阶段承载力计算

1）确定非预应力钢筋截面面积

根据构造要求采用非预应力筋为 4ϕ10（$A_s=314\text{mm}^2$）。

2）计算预应力钢筋截面面积

屋架安全等级属于一级，故结构重要性系数 $\gamma_0=1.1$。

由式（9-27）可算出预应力钢筋截面面积

$$A_p=\frac{\gamma_0 N-A_s f_y}{f_{py}}=\frac{1.1\times 824.5\times 10^3-314\times 300}{1220}=666.2\ \text{mm}^2$$

选配 2 束普通松弛钢绞线，每束 3 $\phi^S 1\times 7, d=15.2\text{mm}, A_p=6\times 139=834\ \text{mm}^2$。

（3）使用阶段抗裂验算

1）截面特征和参数计算

$$\alpha_{Ep}=\frac{E_p}{E_c}=\frac{1.95\times 10^5}{3.25\times 10^4}=6.00$$

$$\alpha_{Es}=\frac{E_s}{E_c}=\frac{2.00\times 10^5}{3.25\times 10^4}=6.15$$

2）截面面积

$$A_c=250\times 180-2\times\frac{1}{4}\pi\times 50^2-314=40759\ \text{mm}^2$$

$$A_n=A_c+\alpha_{Es}A_s=40759+6.15\times 314=42690\ \text{mm}^2$$

$$A_0=A_c+\alpha_{E_s}A_s+\alpha_{Ep}A_p=40759+6.15\times 314+6\times 834=47694\ \text{mm}^2$$

3）确定张拉控制应力 σ_{con}

根据表 9-1 选取张拉控制应力

$$\sigma_{con}=0.60 f_{ptk}=0.60\times 1720=1032\ \text{N/mm}^2$$

4）计算预应力损失

a. 锚具变形损失

由表 9-2 查得，夹片式锚具 $a=5\text{mm}$，故：

$$\sigma_{l1}=\frac{a}{l}E_p=\frac{5}{18000}\times 1.95\times 10^5=54.16\ \text{N/mm}^2$$

b. 孔道摩擦损失

按一端张拉计算这项损失，故 $x=l=18\ \text{m}$，

按式（9-2）计算摩擦损失，由表 9-2 查得 $\kappa=0.0015$，直线配筋 $\mu\theta=0$，故：

$$\sigma_{l2}=\sigma_{con}(\kappa x+\mu\theta)=1032\times(0.0015\times 18)=27.86\ \text{N/mm}^2$$

则第一批损失为：

$$\sigma_{l\text{I}}=\sigma_{l1}+\sigma_{l2}=54.16+27.86=82.02\ \text{N/mm}^2$$

c. 预应力钢筋的松弛损失

$$\sigma_{l4}=0.4\left(\frac{\sigma_{con}}{f_{ptk}}-0.5\right)\sigma_{con}=0.4\times\left(\frac{1032}{1720}-0.5\right)\times 1032=41.28\ \text{N/mm}^2$$

d. 混凝土收缩、徐变损失

完成第一批损失后截面上的混凝土预应力为：

$$\sigma_{pc\text{I}}=\frac{(\sigma_{con}-\sigma_{l\text{I}})A_p}{A_n}=\frac{(1032-82.02)\times 834}{42690}=18.56\ \text{N/mm}^2$$

$$\rho=\frac{0.5(A_p+A_s)}{A_n}=\frac{0.5\times(834+314)}{42690}=0.0134$$

$$\sigma_{l5}=\frac{55+300\dfrac{\sigma_{pc\text{I}}}{f'_{cu}}}{1+15\rho}=\frac{55+300\times\dfrac{18.56}{40}}{1+15\times 0.0134}=160.70\ \text{N/mm}^2$$❶

于是，第二批损失为：

$$\sigma_{l\text{II}}=\sigma_{l4}+\sigma_{l5}=41.28+160.70=210.98\ \text{N/mm}^2$$

预应力总损失

$$\sigma_l=\sigma_{l\text{I}}+\sigma_{l\text{II}}=82.02+210.98=293\ \text{N/mm}^2$$

5）抗裂验算

a. 计算混凝土预压应力 $\sigma_{pc\text{II}}$

$$\sigma_{pc\text{II}}=\frac{(\sigma_{con}-\sigma_l)A_p-\sigma_{l5}A_s}{A_n}=\frac{(1032-293)834-160.70\times 314}{42690}=13.26\ \text{N/mm}^2$$

b. 计算外载在截面中引起的拉应力 σ_{ck}

在荷载效应的标准组合下：

$$\sigma_{ck}=\frac{N_k}{A_0}=\frac{725\times 10^3}{47694}=15.20\ \text{N/mm}^2$$

c. 按式（9-33）进行抗裂验算：

$$\sigma_{ck}-\sigma_{pc\text{II}}=15.20-13.26=1.94\ \text{N/mm}^2<f_{tk}=2.39\ \text{N/mm}^2$$

满足要求。

（4）施工阶段验算

按式（9-44）计算：

$$\sigma_{cc}=\frac{\sigma_{con}A_p}{A_n}=\frac{1032\times 834}{42690}=20.16\ \text{N/mm}^2<0.8f'_{ck}=0.8\times 26.8=21.44\ \text{N/mm}^2$$

满足要求。

（5）屋架端部受压承载力计算

1）几何特征与参数

锚头局部受压面积为：

$A_l=250\times(100+2\times 20)=35000\ \text{mm}^2$

$$A_{ln}=250\times(100+2\times 20)-2\times\frac{1}{4}\times\pi\times 50^2=31073\ \text{mm}^2$$

$$A_b=250\times(140+2\times 70)=70000\ \text{mm}^2$$❷

局部受压承载力提高系数按式（9-46）计算：

$$\beta_l=\sqrt{\frac{A_b}{A_l}}=\sqrt{\frac{70000}{35000}}=1.41$$

---

❶ 考虑混凝土强度达到100%时进行张拉。

❷ 近似按图 9-28（a）中绘有阴影线的矩形面积计算。

2）局部压力设计值

局部压力设计值等于预应力筋锚固前在张拉端的总拉力的1.2倍：

$$F_l = 1.2\sigma_{con}A_p = 1.2 \times 1032 \times 834 = 1032825\ \text{N}$$

3）局部受压尺寸验算

$$1.35\beta_c\beta_l f_c A_{ln} = 1.35 \times 1.0 \times 1.41 \times 19.1 \times 31073 = 1129716\text{N} > F_l = 1032825\ \text{N}$$

满足要求。

4）局部受压承载力计算

屋架端部配置直径为ϕ6的4片网，其面积A_s=28.3mm²，间距s=50mm，网片尺寸参见图9-28（d），则：

$$\begin{aligned}A_{cor} &= 220 \times 230 = 50600\ \text{mm}^2 > 1.25 \times A_l \\ &= 1.25 \times 35000 = 1375\ \text{mm}^2，且小于 A_b = 70000\ \text{mm}^2。\end{aligned}$$

按式（9-48）计算横向钢筋网的体积配筋率：

$$\rho_v = \frac{n_1A_{s1}l_1 + n_2A_2l_2}{A_{cor}s} = \frac{4 \times 28.3 \times 220 + 4 \times 28.3 \times 230}{50600 \times 50} = 0.0201$$

按式（9-50）计算：

$$\beta_{cor} = \sqrt{\frac{A_{cor}}{A_l}} = \sqrt{\frac{50600}{35000}} = 1.20$$

按式（9-47）验算局部受压承载力

$$\begin{aligned}0.9(\beta_c\beta_l f_c + 2\alpha\rho_v\beta_{cor}f_{yv})A_{ln} &= 0.9 \times (1.0 \times 1.41 \times 19.1 + 2 \times 1.0 \\ &\quad \times 0.0201 \times 1.2 \times 270) \times 31073 \\ &= 1117391\text{N} > F_l = 1032825\ \text{N}\end{aligned}$$

满足要求。

小　　结

1. 配置受力的预应力筋，通过张拉或其他方法建立预加应力的混凝土构件，称为预应力混凝土构件。

预应力混凝土构件的优点是：可提高构件的抗裂能力和刚度，克服普通钢筋混凝土这方面固有的缺点；可充分发挥高强度钢筋的作用，使高强度钢筋在混凝土构件中获得了广泛应用。

2. 根据张拉钢筋与浇筑混凝土的先后次序的不同，可分先张法和后张法。前者适合在工厂生产中、小型预应力混凝土构件；而后者则适合在现场生产大型预应力混凝土构件。

3. 由于张拉工艺和材料性能等原因，从张拉钢筋开始至构件使用的整个过程中，预应力钢筋的控制应力σ_{con}将产生损失。预应力损失共有六种（参见表9-4）。这些应力损失，有的只发生在先张法构件中，有的则只发生在后张法构件中，而有的则在两者中兼而有之。预应力损失将对预应力混凝土构件带来有害影响，因此，在设计和施工中应采取有效措施，减少预应力损失值。

4. 预应力混凝土构件的应力分析，是掌握预应力混凝土构件设计的基础，应当加以掌握。轴心受拉构件各阶段的应力变化，参见表 9-6 和表 9-7。

5. 预应力混凝土构件的计算，分为使用阶段验算和施工阶段验算。对轴心受拉构件，包括承载力计算，抗裂验算或裂缝宽度验算，以及局部受压承载力验算。

6. 预应力混凝土构件的构造要求，是保证构件设计付诸实现的重要措施。在预应力混凝土构件设计和施工中，应加以注意。

思考题

9-1　为什么在普通钢筋混凝土构件中一般不采用高强度钢筋？

9-2　简述预应力混凝土的工作原理。预应力混凝土构件的主要优点是什么？

9-3　什么是先张法和后张法？并比较它们的优缺点。

9-4　预应力混凝土构件对混凝土和钢筋有何要求？

9-5　什么是张拉控制应力 σ_{con} ？怎样确定它的数值？

9-6　什么是预应力损失？怎样划分它们的损失阶段？如何减小预应力损失？

9-7　简述预应力混凝土轴心受拉构件各阶段混凝土和预应力筋的应力状态。

9-8　预应力混凝土轴心受拉构件需进行哪些计算？

习题

【9-1】 24m 长预应力混凝土屋架下弦杆截面尺寸为 280mm×180mm，采用后张法，混凝土强度达到强度设计值时张拉预应力筋，从一端张拉，超张拉应力值为 5% σ_{con}，孔道（直径为 2ϕ50mm）为充压抽芯成型。采用 JM12 锚具。构件端部构造见图 9-29。屋架下弦杆轴向拉力设计值 N=907kN，按荷载标准组合，下弦杆的轴向拉力为 N_k =725kN。

试按二级裂缝控制等级设计屋架下弦。

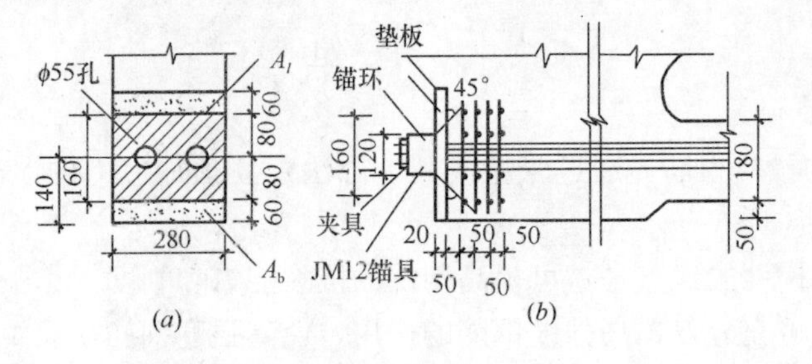

图 9-29　习题【9-1】附图

第10章　现浇钢筋混凝土楼盖设计

§10-1　概　　述

现浇钢筋混凝土楼盖是指在现场支模并整体浇筑而成的楼盖。它具有整体性好、耐久、耐火、刚度大，防水性能好，可适应各种特殊的结构布置要求，施工不需要大型吊装机具等优点，常用于对抗震、防渗、防漏和刚度要求较高以及平面形状复杂的建筑。但这种楼盖也存在着耗费模板多、工期长、受施工季节影响大等缺点。

现浇钢筋混凝土楼盖常见的形式有肋形楼盖、井式楼盖和无梁楼盖。

10.1.1　肋形楼盖

这种楼盖由板、次梁、主梁（有时没有主梁）组成（图10-1）。它是现浇楼盖中最常见的结构形式。除用于建造楼盖外，也用于建造筏形基础、挡土墙、蓄水池的顶板和底板以及桥梁等结构。因此，肋形楼盖的设计和计算原理在工程中具有普遍意义。

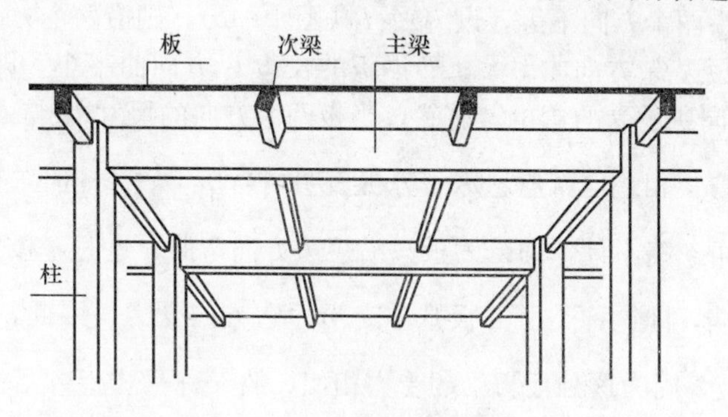

图10-1　肋形楼盖

10.1.2　井式楼盖

当房间平面形状接近正方形或柱网两个方向的尺寸接近相等时，由于建筑艺术的要求，常将两个方向的梁做成不分主次的等高梁，相互交叉，形成井式楼盖（图10-2）。这种楼盖的板和梁在两个方向的受力比较均匀，常用于公共建筑的大厅等。

10.1.3　无梁楼盖

这种楼盖没有梁，整个楼板直接支承在柱上（图10-3）。因而比肋形楼盖和井式楼盖的房间净空高，通风、采光条件好。这种楼盖适用于厂房，仓库，商场等建筑。为了节约模板、加快施工进度，可采用升板法施工来建造这种楼盖。

本章将重点介绍肋形楼盖的计算方法。

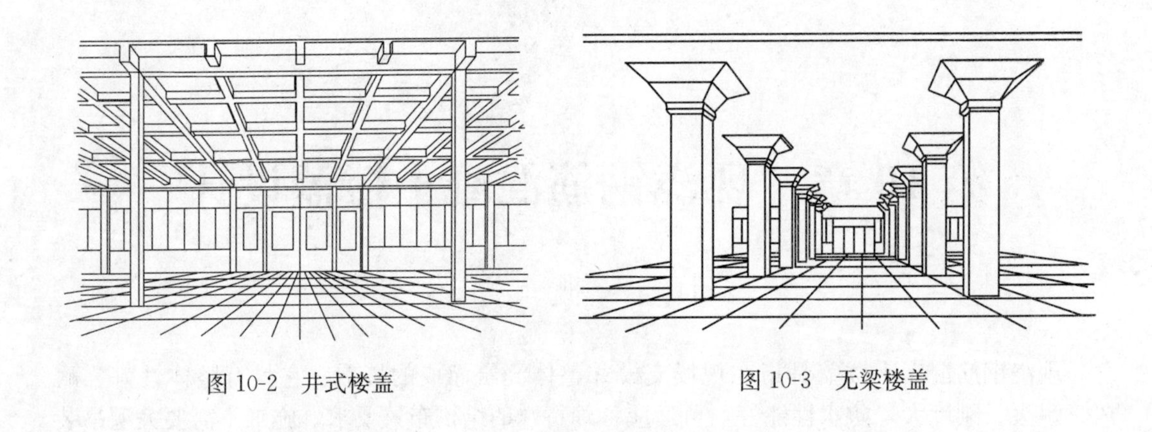

图 10-2　井式楼盖　　　　图 10-3　无梁楼盖

§10-2　肋形楼盖的受力体系

10.2.1　板

现浇肋形楼盖的板通常四边支承在梁或墙上，并将板上的荷载传给梁或墙。我们知道，板承受荷载后将发生弯曲，如果板的平面尺寸沿两个方向相等，即 $l_2=l_1$（图 10-4a），则沿两个方向的中心板带的曲率相同。也就是说，板在两个方向所承受的弯矩相等；如果板的尺寸沿两个方向不等，设 $l_2>l_1$（图 10-4b），则沿两个方向的中心板带的曲率将不同，沿板的短边 l_1 方向曲率大；而沿板的长边 l_2 方向曲率小，即板沿 l_1 方向所承受的弯矩大于 l_2 方向所承受的弯矩。显然，当板两个方向的尺寸 l_1 与 l_2 相差愈大，板在两个方向所承受的弯矩相差也就愈悬殊。分析表明，当 $n=\frac{l_2}{l_1}\geqslant 3$ 时，板沿长边方向所承受的弯矩将很小，可忽略不计，即认为板只沿短边方向弯曲，这时，板上荷载绝大部分沿短边方向传给梁或墙，即这种类型的板基本上沿短边方向受力。因此，工程上将 $n=\frac{l_2}{l_1}\geqslant 3$ 的板称为单向板，因为这种板与梁的受力相似，故又称梁式板；当板的长边尺寸与短边之比 $n=\frac{l_2}{l_1}\leqslant 2$ 时，板沿长边方向承受的弯矩不能忽略，板将双向发生弯曲，板上的荷

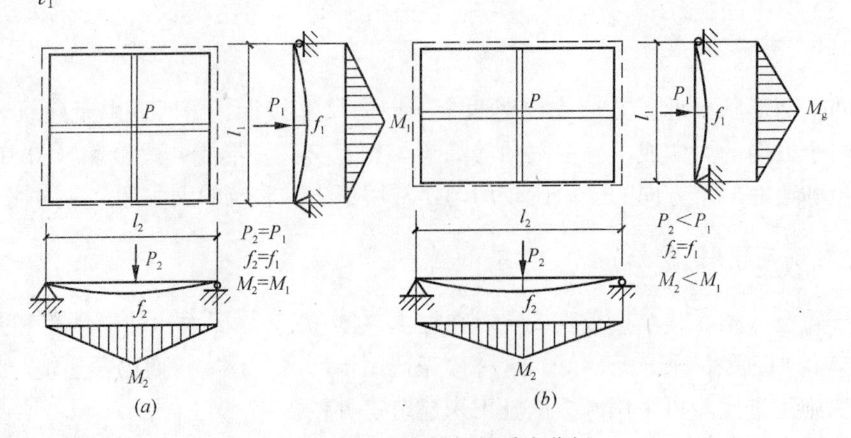

图 10-4　四边支撑板的受力分板

载将沿两个方向传给梁或墙，这样的板称为双向板；当$2< n=\frac{l_2}{l_1} <3$时，宜按双向板计算，也可按单向板计算，但需沿板的长边方向布置足够数量的构造钢筋。

由单向板所组成的肋形楼盖称为单向板肋形楼盖；由双向板组成的肋形楼盖称为双向板肋形楼盖。

10.2.2　梁

现浇肋形楼盖根据荷载的传递路径，可将梁分为次梁和主梁。在单向板肋形楼盖中，次梁直接承受板传来的荷载；而主梁则承受次梁传来的荷载（图 10-5）。在双向板肋形楼盖中，主梁除承受次梁传来的荷载外，还承受板传来的部分荷载（图 10-6）。

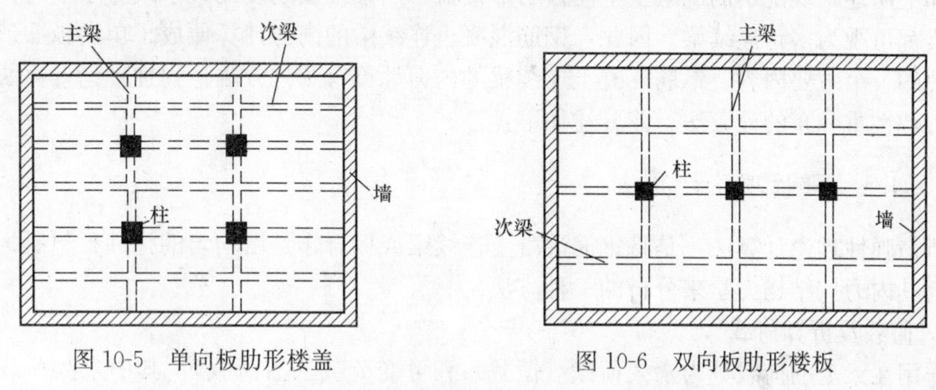

图 10-5　单向板肋形楼盖　　图 10-6　双向板肋形楼板

§10-3　单向板肋形楼盖的计算简图

图 10-7（a）为现浇钢筋混凝土单向板肋形楼盖，设承受恒载 g（N/m²）和活荷载 q

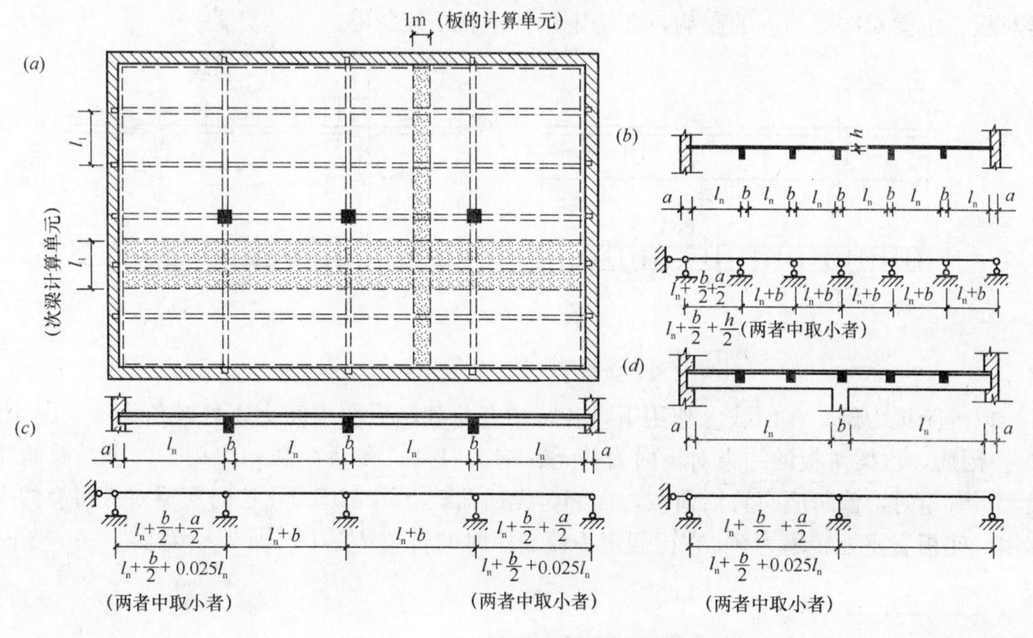

图 10-7　单向板肋形楼盖计算简图

(N/m^2)。对于单向板肋形楼盖，可沿板短跨方向截出 1m 宽的板带作为计算单元。该板带可看作是支承在次梁上的多跨连续板，并假定次梁为板的铰支座。其计算简图和计算跨度取值方法参见图 10-7 (*b*)(边跨取图注中较小者)。次梁可看作是支承在主梁上的多跨连续梁，而主梁则根据梁柱线刚度比的数值，或简化成支承在柱（或墙）上的多跨连续梁，或看作是框架梁❶。本章仅讨论将主梁简化成多跨连续梁的情形。次梁和主梁的计算简图及计算跨度的取值方法参见图 10-7 (*c*)。

§10-4　钢筋混凝土连续梁的内力计算

如上所述，现浇钢筋混凝土单向板肋形楼盖，当梁柱线刚度比大于或等于 4 时，次梁和主梁都可视为多跨连续梁。因此，钢筋混凝土连续梁的内力计算便成了单向板肋形楼盖设计中的一个主要内容。钢筋混凝土连续梁的内力计算有两种方法：弹性理论计算法和考虑内力塑性重分布的计算法。兹分述如下：

10.4.1　弹性理论计算法

所谓弹性理论计算法，是将钢筋混凝土连续梁或板看作是由均匀的弹性材料所构成的构件，其内力按结构力学来分析的一种方法。

1. 荷载及折算荷载

作用在梁上的荷载分为永久荷载（恒载）和可变荷载（活荷载），其中永久荷载经常作用在梁上，其位置是不变化的；而可变荷载的位置是经常变化的。因此在计算连续梁的内力时，要考虑可变荷载的最不利位置，即要考虑荷载的最不利组合及内力包络图。

在计算连续板或梁时，一般均假定板或梁的支座为铰支座。如果板或梁支承在墙上时，这种假定是正确的。但是，当板与次梁、次梁与主梁整浇在一起时（图 10-8*a*），次梁对板、主梁对次梁约束的影响，在一定条件下就不能忽略。

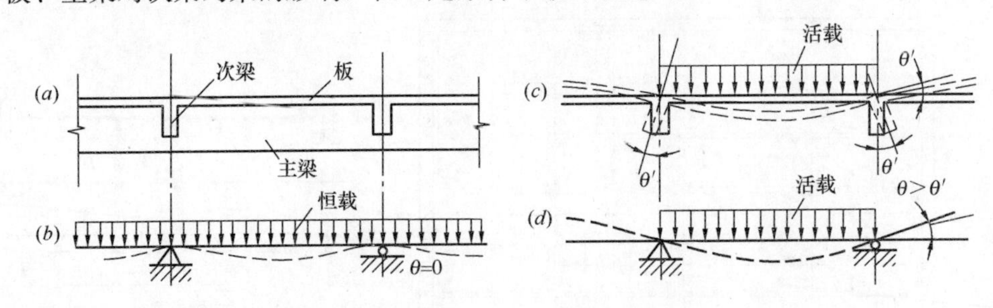

图 10-8　连续梁（板）折算荷载的计算

以等跨板为例，在恒载 g 作用下，各跨均有荷载，板在中间支座处倾角为零（图 10-8*b*）。因此，次梁对板的约束对板内为并无影响。但是，在活荷载 q 作用下，求某跨跨中最大正弯矩时，该跨应布置活荷载，而邻跨无活荷载（图 10-8*c*），这时次梁对板将有约束作用，使板支座处转角为 θ'，它比假定为铰支座时的转角 θ 要小，即 $\theta' < \theta$（图 10-8*d*）。从

❶ 当梁柱线刚度比大于或等于 4 时，按多跨连续梁计算；当小于 4 时，按框架梁计算。

而减小了跨中弯矩，增大了支座负弯矩。

由于在计算中精确地考虑次梁对板，主梁对次梁这种约束影响是十分困难的，因此，在实际工程计算中，一般通过增加永久荷载的比例和减小可变荷载的比例，即采取所谓折算荷载的办法近似地考虑这一约束影响。

根据经验，在工程中一般按下列比例确定折算荷载：

板：
$$g' = g + \frac{q}{2},\ q' = \frac{q}{2} \tag{10-1a}$$

次梁：
$$g' = g + \frac{q}{4},\ q' = \frac{3}{4}q \tag{10-1b}$$

式中　g'、q'——折算永久荷载和折算可变荷载；

　　g、q——实际永久荷载和实际可变荷载。

按折算荷载计算连续梁跨中最大弯矩时，本跨的折算荷载与实际荷载相同：

$$g' + q' = g + q \tag{10-1c}$$

而邻跨的折算永久荷载，以板为例，则为：

$$g' = g + \frac{1}{2}q \tag{10-1d}$$

其值大于实际永久荷载 g，这说明本跨跨中弯矩将减小。因此，采取调整永久荷载和可变荷载的比例，可以达到近似考虑次梁对板和主梁对次梁的转动约束的影响。

2. 荷载的最不利组合

永久荷载经常作用在梁上，并布满各跨；而可变荷载则不经常作用，可能不同时布满梁的各跨。为了保证结构在各种荷载作用下都安全、可靠，就需要解决可变荷载如何布置将使梁各截面产生最大内力的问题，即荷载的最不利组合问题。

现以五跨连续梁为例，说明荷载的最不利组合（图 10-9）。由图中可以看出，当可变荷载在 1、3 和 5 跨上出现时，均将在 1、3 和 5 跨上产生跨中正弯矩 $+M$；当可变荷载在 2 和 4 跨上出现时，将使 1、3 和 5 跨的正弯矩减小。因此，如求 1、3 和 5 跨的最大正弯矩 $+M_{max}$，就要将可变荷载布置在 1、3 和 5 跨上。当可变荷载在 1、2 和 4 跨上出现时，均将在 B 支座产生负弯矩 $-M$。所以，如求 B 支座上最大负弯矩（绝对值），就要将可变荷载布置在 1、2 和 4 跨上。同理，不难确定其他各跨跨中和支座截面上的最大正、负弯矩，以及各支座截面最大剪力所对应的荷载不利组合位置。

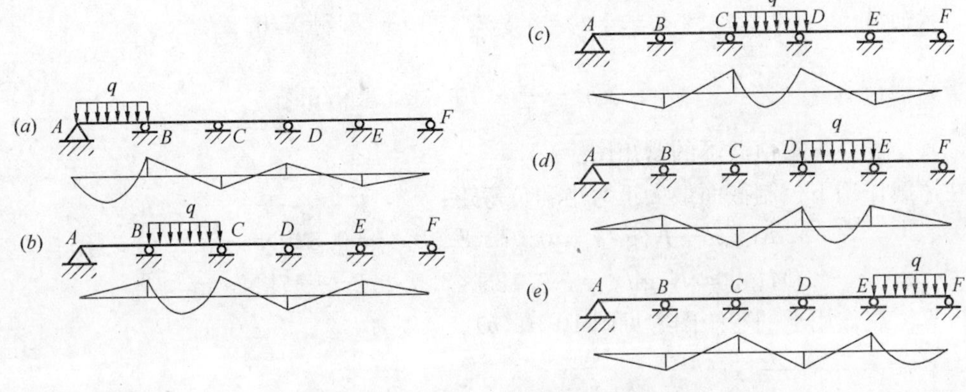

图 10-9　可变荷载位于不同跨时的弯矩图

由此，可以得出连续梁，控制截面最大内力的荷载组合原则：

(1) 当求某跨跨中截面最大正弯矩 $+M_{max}$ 时，除将该跨布置可变荷载外，还应每隔一跨布置可变荷载；

(2) 当求某支座截面最大负弯矩 $-M_{max}$ 时，除应在该支座左、右两跨布置可变荷载外，还应每隔一跨布置可变荷载；

(3) 当求某支座截面上最大剪力 V_{max} 时，可变荷载的布置原则与求该支座最大负弯矩 $-M_{max}$ 的荷载布置原则相同。

在各种不同组合荷载作用下，连续梁的内力可按结构力学方法计算。对于两跨至五跨等跨[1]连续梁，各控制截面最大弯矩和剪力可按下式计算：

均布荷载

$$M = K_1 g l_0^2 + K_2 q l_0^2 \tag{10-2a}$$

$$V = K_3 g l_0 + K_4 q l_0 \tag{10-2b}$$

集中荷载

$$M = K_1 G l_0^2 + K_2 Q l_0^2 \tag{10-2c}$$

$$V = K_3 G + K_4 Q \tag{10-2d}$$

式中 g——单位长度上的均布荷载（N/m）；

q——单位长度上的均布活荷载（N/m）；

G——集中恒载（N）；

Q——集中活荷载（N）；

$K_1 \sim K_4$——由附录D相应栏内查得的系数；

l_0——计算跨度（m，参见图 10-7）。

3. 内力包络图

将所算得的永久荷载和按最不利布置的可变荷载在连续梁各截面内产生的最大正、负内力值（弯矩、剪力）标在图上，并连成曲线（外包线），这个图形就叫做内力包络图（图 10-10*f*）。由内力包络图便可十分方便地求得连续梁控制截面的最大内力值。

【例 10-1】 两跨等跨连续次梁，计算跨度 $l_0 = 4$m，恒载 $g = 6$kN/m，活荷载 $q = 10$kN/m（图 10-10*a*），试绘出弯矩和剪力包络图。

【解】（1）计算折算荷载

折算荷载 $$g' = g + \frac{1}{4}q = 6 + \frac{1}{4} \times 10 = 8.5\text{kN/m}$$

折算活荷载 $$q' = \frac{3}{4}q = \frac{3}{4} \times 10 = 7.5\text{kN/m}$$

（2）绘制在折算恒载下的弯矩图

在恒载作用下控制截面最大正弯矩和负弯矩：

$$M_{1max} = K_1 g' l_0^2 = 0.07 \times 8.5 \times 4^2 = 9.52\text{kN} \cdot \text{m}$$

$$M_{Bmax} = K_1 g' l_0^2 = -0.125 \times 8.5 \times 4^2 = -17\text{kN} \cdot \text{m}$$

折算恒载作用下的弯矩图参见图 10-10 (*b*)。

[1] 如各跨计算跨度相差不超过 10%，则可按等跨连续梁计算。

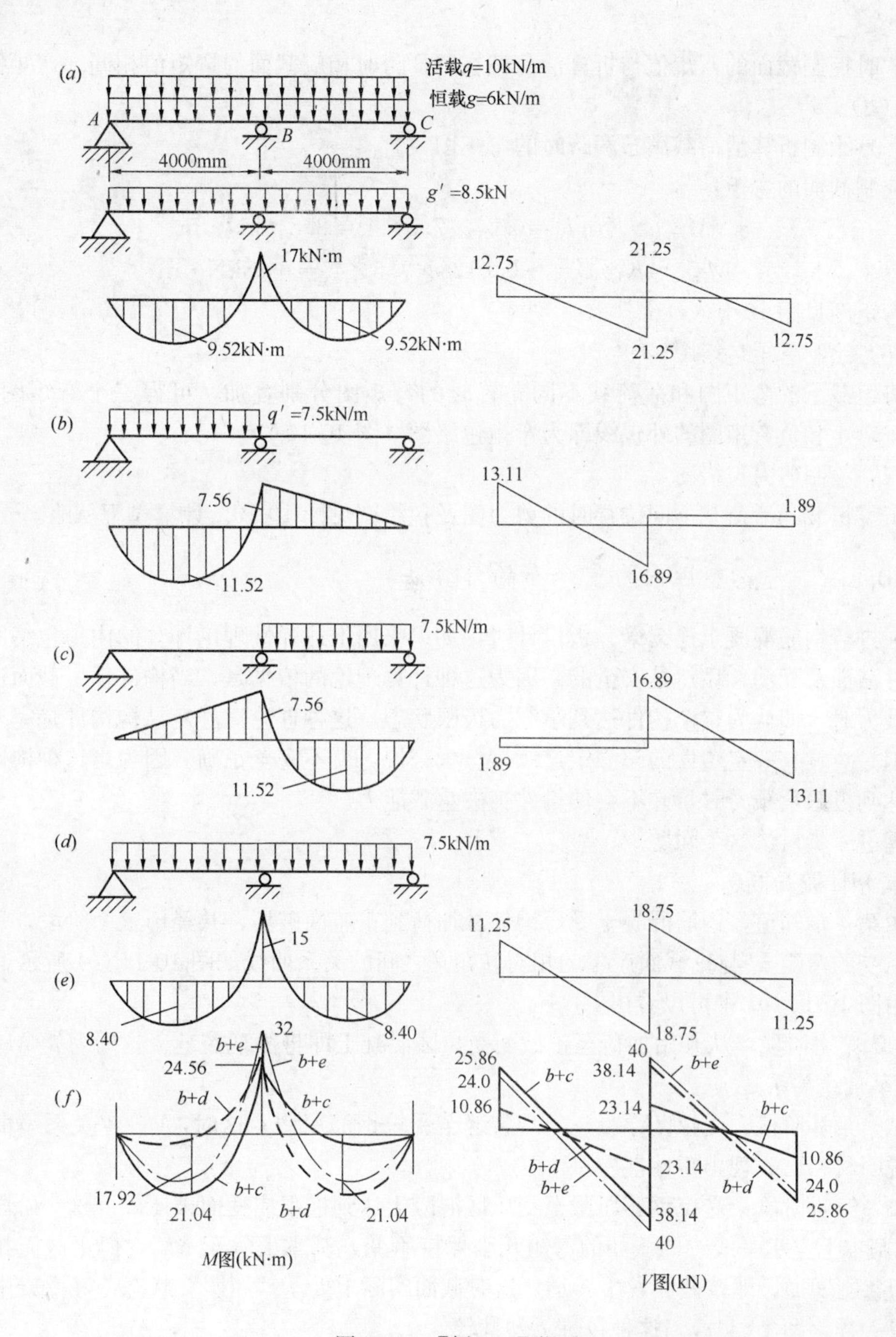

图 10-10 【例 10-1】附图

（3）绘制折算活荷载在 AB 跨时的弯矩图

控制截面的弯矩：

$$M_{1\max}=K_1 q' l_0^2=0.096\times7.5\times4^2=11.52\text{kN}\cdot\text{m}$$

$$M_{\text{B}\max}=K_1 q' l_0^2=-0.063\times7.5\times4^2=-7.56\text{kN}\cdot\text{m}$$

折算活荷载在 AB 跨时的弯矩参见图 10-10（c）。

（4）绘制折算活荷载在 BC 跨时的弯矩图

这时控制截面的弯矩值与折算活荷载在 AB 跨时相应截面的弯矩值相同。弯矩图见图 10-10 (d)。

(5) 绘制折算活荷载满布两跨时的弯矩图

控制截面的弯矩：

$$M_{1max}=K_1q'l_0^2=0.07\times7.5\times4^2=8.840\text{kN}\cdot\text{m}$$

$$M_{Bmax}=K_1q'l_0^2=-0.0125\times7.5\times4^2=-15\text{kN}\cdot\text{m}$$

弯矩图见图 10-10 (e)。

(6) 绘制弯矩包络图

将恒载下的弯矩图和活荷载不同布置时的弯矩图分别叠加，可得三个弯矩图[1]。其中，正弯矩和负弯矩图的外包线即为弯矩包络图（图 10-10 f）。

(7) 绘制剪力包络图

折算恒载和活荷载不同位置时的剪力图及包络图见图 10-10。计算过程从略。

10.4.2 考虑塑性内力重分布的计算法

在进行钢筋混凝土连续梁、板设计时，如果采用上述弹性理论计算的内力包络图来选择构件截面及配筋，显然是安全的。因为这种计算理论的依据是，当构件任一截面达到极限承载力时，即认为整个构件达到承载力极限状态。这种理论对静定结构构件是完全正确的。但是对具有一定塑性的超静定连续梁、板来说，就不完全正确。因为当这种构件任一截面达到极限承载力时，并不会使构件丧失承载能力。

现进一步讨论这个问题。

1. 塑性铰的概念

由第 4 章知道，钢筋混凝土受弯构件从加荷到正截面破坏，共经历三个阶段，每个阶段所承受的弯矩 M 与正截面产生的相对转角 θ 之间的关系曲线如图 10-11 (b) 所示。

由图 10-11 (b) 中可以看出：

(1) 第Ⅰ阶段：从开始加荷至正截面受拉区混凝土即将出现裂缝。这时弯矩 M 较小，$M-\theta$ 呈直线关系。

(2) 第Ⅱ阶段：受拉区混凝土出现裂缝至受拉钢筋屈服，这时，$M-\theta$ 关系呈曲线变化，说明材料已表现出塑性性质。

(3) 第Ⅲ阶段：受拉钢筋屈服至受压区混凝土达到极限应变而被压碎。这一阶段 $M-\theta$ 关系基本上呈水平线，即截面的弯矩几乎保持不变，基本上等于 M_u，但正截面相对转角 θ 却急剧增加，即该截面发生转动。这时截面实际上处于“屈服”状态，好像梁中出现一个铰一样（图 10-11c），这种铰称为塑性铰。

塑性铰与理想的铰不同，前者能承担处于屈服状态的极限弯矩 M_u；而后者不能承受任何弯矩。

2. 超静定结构塑性内力重分布的概念

对静定结构而言，当出现塑性铰时，就不能再继续加载，因为静定结构出现塑性铰后

[1] 将图 10-10 (a) 的跨中最大正弯矩 9.52kN·m 与图 10-10 (c) 的跨中最大正弯矩 11.52kN·m 直接相加，是一种近似计算方法。偏于安全。

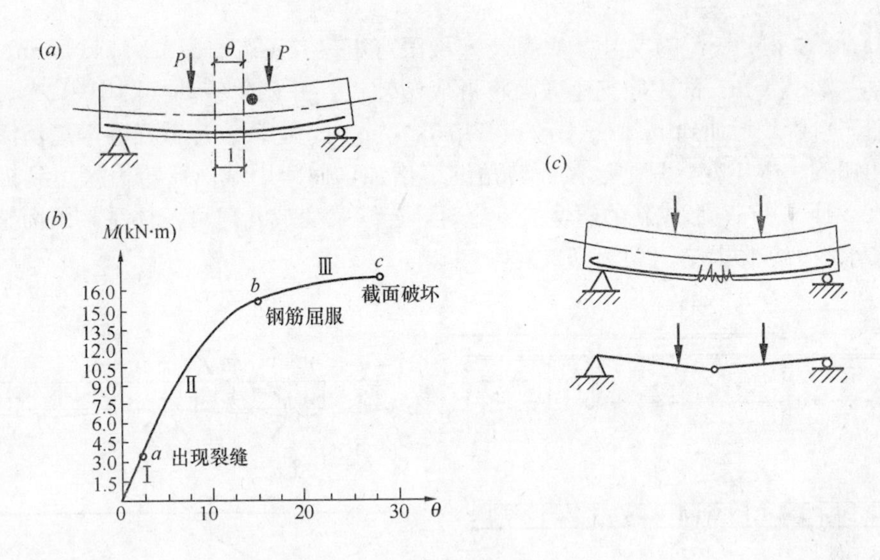

图 10-11　梁的承载力试验及塑性铰

便成为几何可变体系。但对超静定结构来说，由于它存在多余联系，所以，结构某一截面出现塑性铰后，不会变为几何可变体系，仍能继续承受增加的荷载，而构件将产生塑性内力重分布。

现以【例 10-1】所示两跨连续梁为例（图 10-10*a*），说明超静定结构塑性内力重分布的概念。设该梁的截面尺寸 $b \times h = 200\text{mm} \times 400\text{mm}$，混凝土强度等级为 C20，采用 HPB235 级钢筋。

由图 10-10（*f*）包络图求得：

中间支座 B 处截面的最大弯矩为：

$$M_{\text{B,max}} = -(17+15) = -32\text{kN}\cdot\text{m}$$

跨中截面最大正弯矩：

$$M_{1,\text{max}} = 9.52 + 11.52 = 21.04\text{kN}\cdot\text{m}$$

由此可见，支座弯矩远大于跨中弯矩（这是按弹性理论计算的一般规律）。显然，若按此弯矩配置钢筋，支座配筋必远大于跨中配筋。这将使支座钢筋拥挤，不便施工；此外，包络图中的支座最大负弯矩与跨中最大正弯矩并不在同一时间出现。也就是说，所配的钢筋不能在同一时间内充分发挥它们的作用，显然这是不经济的。

如果把塑性内力重分布的概念用于本例中，则上述缺点将有所克服。现不用支座弯矩 $M_{\text{B,max}} = -32\text{kN}\cdot\text{m}$ 来配筋，而用低于该值的某个数值，例如取 $M_{\text{u,B}} = \beta M_{\text{B,max}}$（$\beta$ 称为调幅系数）。设 $\beta = 0.716$[1]，则 $M_{\text{u,B}} = 0.716 \times (-32) = -22.91\text{kN}\cdot\text{m}$ 进行配筋，而跨中按 $M_{1,\text{max}} = 21.57\text{kN}\cdot\text{m}$[2] 配筋。根据正截面承载力计算，支座和跨中各配置 2ϕ14（$A_s = 308\text{mm}^2$），参见图 10-12（*a*）。这时中间支座和跨中的极限弯矩均为 $22.91\text{kN}\cdot\text{m}$。

下面说明按上述配筋后连续梁的破坏过程：

在荷载 $p_1 = g' + q' = 16\text{kN/m}$ 满布各跨时，按弹性理论计算，中间支座最大负弯矩

---

[1] 在工程式中，一般取 $\beta = 0.7 \sim 0.9$ 为了说明问题方便，这里取 $\beta = 0.716$。

[2] $M_{1,\text{max}} = 21.5\ \text{kN}\cdot\text{m}$ 为相应于支座弯矩 $M_{\text{u,B}}$——$22.9\text{kN}\cdot\text{m}$ 时的跨中最大弯矩值。

为 $M_{B,max}=-32kN\cdot m$，实际上，中间支座极限弯矩只有 $M_{u,B}=-22.91\ kN\cdot m$，它小于 $M_{B,max}=-32kN\cdot m$，故中间支座截面将形成塑性铰，并产生转动（图 10-12*b*）。随着荷载的增加，当荷载增加到 $p_1=q+q'=16.70kN/m$ 时，中间支座截面的弯矩仍保持 $M_{u,B}=-22.91\ kN\cdot m$ 不变，只是该截面转角继续增加，而跨中截面弯矩恰好达到极限弯矩 $M_{u,1}=22.91kN\cdot m$，形成新的塑性铰。这时，连续梁变成几何可变体系，因而整个梁也就达到了承载力极限状态（图 10-12*c*）。

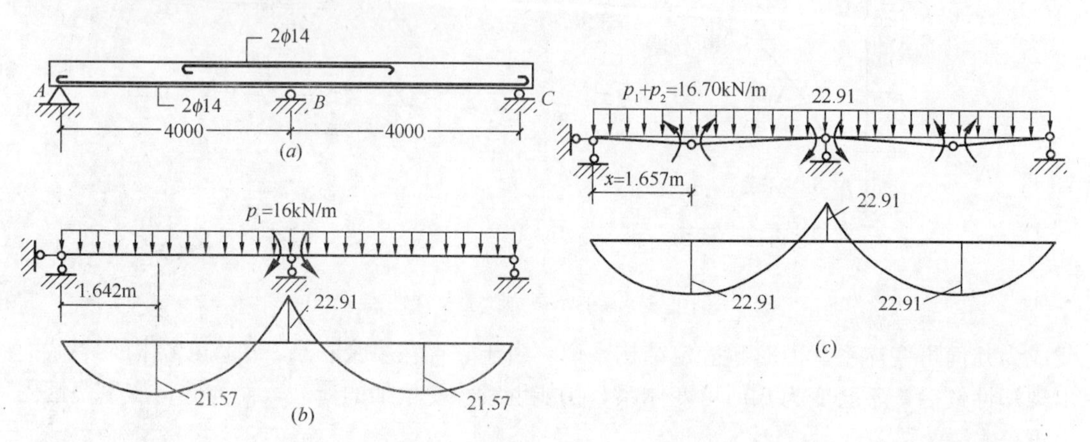

图 10-12　内力塑性重分布的概念

根据上面的分析，可以得出以下结论：

(1) 钢筋混凝土超静定结构的破坏标志，不是某个截面“屈服”，而是整个结构开始变为几何可变体系。

(2) 结构变为几何可变体系时，结构各截面的内力分布与塑性铰出现以前的弹性内力分布是完全不同的。随着荷载的增加，塑性铰陆续出现，结构内力将随之重新分布。这种现象称为塑性内力重分布。

(3) 超静定结构塑性内力重分布，在一定范围内可以人为地加以控制。例如在上面例题中，在给定配筋情况下，梁的弯矩图如图 10-12 (*c*) 所示。当改变配筋，即采用不同的调幅系数 β，弯矩图就会发生变化。

3. 塑性内力重分布的条件

(1) 弯矩调幅截面的相对受压区高度应满足下列要求：

$$\xi=\frac{x}{h_0}\leqslant 0.35 \tag{10-3}$$

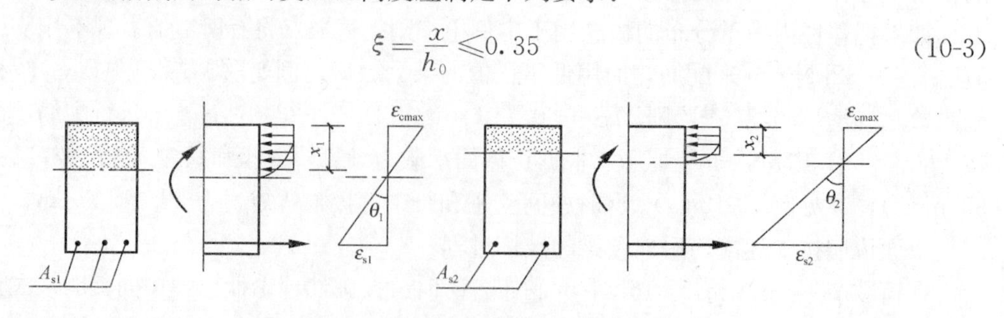

图 10-13　出现塑性铰时受压区的高度条件

这是为了保证在调幅截面能形成塑性铰，并具有足够的转动能力。由图 10-13 可见，当 ξ

即 x 较小时，才有可能使截面有较大的转角 θ。实际上，条件（10-3）也是调幅截面配筋的上限条件。只有配筋不超过某一限值，即 $A_s = \xi bh_0 \frac{\alpha_1 f_c}{f_y} \leqslant 0.35bh_0 \frac{\alpha_1 f_c}{f_y}$ 时，才能保证上述要求的实现。

（2）采用塑性性能较好的钢筋作为配筋

为了保证在构件调幅截面形成塑性铰，同时具有足够的转动能力，这就要求构件的配筋应具有良好的塑性性能，如采用 HPB300 级钢筋或 HRB335 级钢筋。

（3）弯矩调幅不宜过大，应控制在弹性理论计算弯矩的 30%以内，即：

$$M_{调} \geqslant 0.7M_{弹} \tag{10-4}$$

式中　$M_{调}$——截面调幅后的弯矩；

$M_{弹}$——按弹性理论算得的调幅截面的弯矩。

条件（10-4）是为了保证调幅截面不致因为弯矩调幅，使构件过早地出现裂缝和产生过大的挠度。

4. 均布荷载下等跨连续梁，板内力计算（按塑性理论）❶

在均布荷载作用下，等跨连续梁、板按内力塑性重分布理论计算的弯矩和剪力包络图，已经给出计算公式及表格。可供设计查用，参见图 10-14。

控制截面的弯矩

$$M = \alpha(g+q)l_0^2 \tag{10-5}$$

控制截面的剪力

$$V = \beta(g+q)l_n \tag{10-6}$$

式中　α——弯矩系数，按图 10-14（a）采用；

β——剪力系数，按图 10-14（b）采用；

l_0——计算跨度，对于板，当支座为次梁时，取净跨；当支座简支在砖墙上时，端跨取净跨加 1/2 板厚和加 1/2 支承长度，两者取较小者；对于次梁，当支座为主梁时，取净跨；当端支座简支在砖墙上时，端跨取净跨加 1/2 支承长度和 1.025 净跨，两者取较小值（图 10-15）；

l_n——净跨。

应当指出，按塑性内力重分布理论计算超静定结构虽然可以节约钢筋，但在使用阶段钢筋应力较高，构件裂缝和变形均较大。因此，下列结构不应采用这种计算方法，而应采用弹性理论计算：

（1）使用阶段不允许开裂的结构；

（2）结构重要部位的构件，要求可靠度较高的构件（如主梁）；

（3）受动力和疲劳荷载作用的构件；

（4）处于侵蚀性环境中的结构。

---

❶ 计算跨度相差不超过 10%的不等跨连续梁、板，仍可按等跨计算。计算支座负弯矩时，计算跨度应按左右两跨中较大跨度取用。

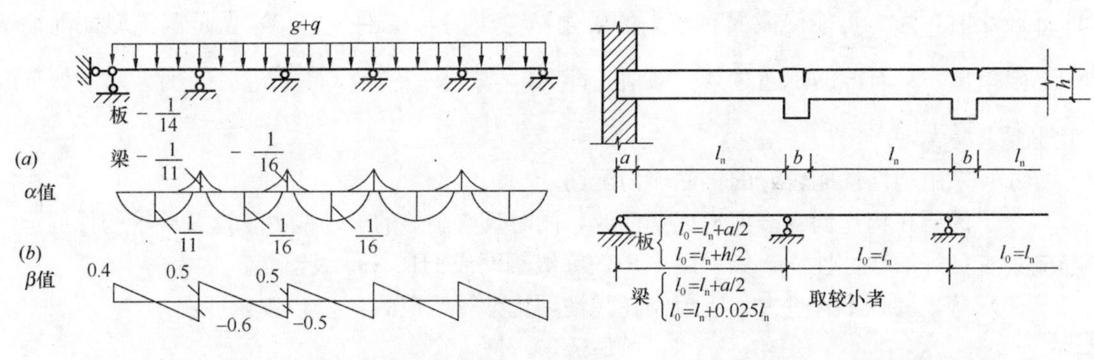

图 10-14　梁、板弯矩系数 α、剪力系数 β 值　　　图 10-15　梁、板计算跨度的取值

§10-5　单向板的计算与构造

10.5.1　单向板的计算步骤

现浇钢筋混凝土单向板的计算，应根据板的用途、材料供应情况、荷载大小和性质，按下述步骤进行：

1. 根据板的刚度、荷载大小和性质确定板的厚度。

板的厚度，对于简支板及连续板，一般取 $l_0/35 \sim l_0/40$；对于悬臂板，一般取 $l_0/10 \sim l_0/12$（其中，l_0 为板的计算跨度）。板的支撑长度，对于简支板及连续板要求不小于板厚，亦不小于 120mm。

2. 根据板的构造及用途确定板的自重及使用荷载（kN/m^2）。

3. 沿板的长边方向切取 1m 宽的板带作为计算单元。

4. 将板看作支承在次梁（或墙）上的连续板（单跨板则视支承情况，按简支板或嵌固板计算），按式（10-5）计算弯矩。

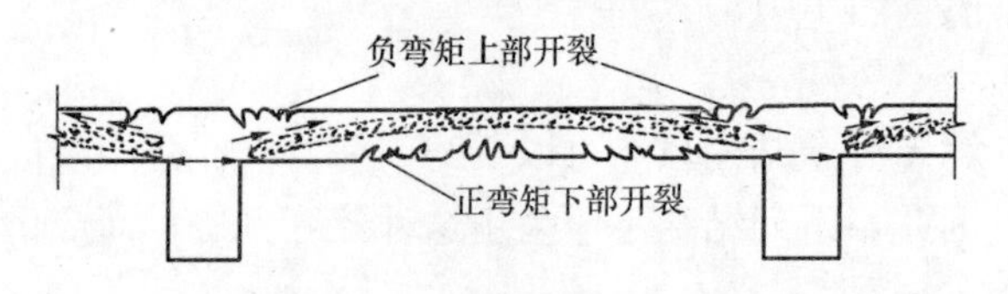

图 10-16　板的轴线形成拱形时考虑板的弯矩折减

对于四周与梁整体相连的板，由于在荷载作用下板的跨中下缘和支座上缘将出现裂缝，这样，使板的实际轴线呈拱形（图 10-16）。因此，板的内力将有所降低，考虑到这种情况，规范规定，对于中间跨跨中截面及中间支座（第一内支座除外）上的弯矩减小 20%。

5. 根据跨中和支座截面的弯矩计算各部分钢筋数量。

在选配钢筋时，应使相邻及支座钢筋的直径和间距相互协调，以利施工。

10.5.2　单向板的构造要求

关于单向板的混凝土强度等级、保护层厚度及板厚等要求，已如前述。下面对板的配筋构造要求加以说明：

1. 板的配筋方式

板内受力钢筋配置方式有两种：

(1) 弯起式配筋

这种配筋方式见图 10-17 (a)。支座承受负弯矩的钢筋由支座两侧的跨中钢筋在距支座边缘 $l_n/6$ 弯起 1/3～2/3 来提供。弯起钢筋的角度为30°。当板厚大于 120mm 时，可采用 45°。弯起钢筋伸过支座边缘的长度 a，理论上应根据包络图确定。当为等跨或跨度相差不超过 20%时，可按下面规定采用：

当 $q/g \leqslant 3$ 时，$a=\dfrac{l_n}{4}$；

当 $q/g > 3$ 时，$a=\dfrac{l_n}{3}$

式中　g、q ——分别为板上的恒载和活载设计值；

l_n ——板的净跨。

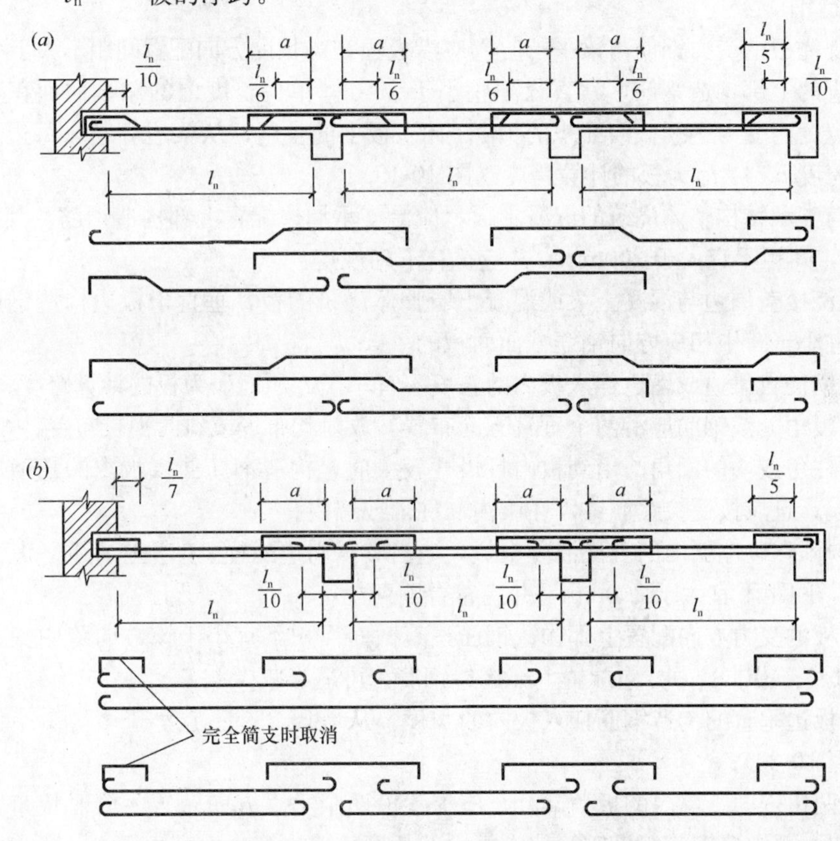

图 10-17　板的配筋方式

(a) 弯起式配筋；(b) 分离式配筋

当弯起钢筋不足以抵抗支座负弯矩时，则应另加补充直筋。

弯起式配筋整体性好，钢筋用量少，但施工较麻烦，目前已较少采用。

(2) 分离式配筋

这种配筋方式（图 10-17b），是在跨中和支座全部采用直筋，单独选配。分离式配筋的优点是：构造简单、施工方便，故其应用广泛，但用钢量比弯起式配筋的多。

2. 受力钢筋的间距

板中受力钢筋的间距，当板厚 $h \leqslant 150$mm 时，不宜大于 200mm；当板厚 $h > 150$mm 时，不宜大于 $1.5h$，且不宜大于 250mm。

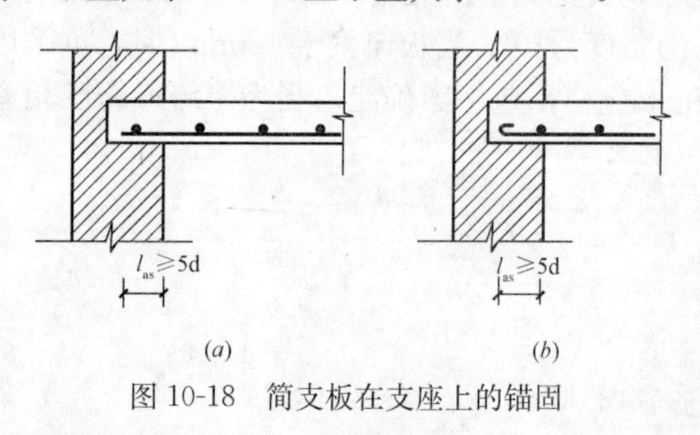

图 10-18　简支板在支座上的锚固

3. 受力钢筋伸入支座的长度

简支板的板底受力钢筋应伸入支座边的长度不应小于 $5d$（d 为受力钢筋直径）且宜伸过支座中心线（图 10-18）。对于光面钢筋，应在受力钢筋末端弯钩（图10-18 b）。连续板的板底受力钢筋应伸过支座中心线，且不应小于 $5d$；当板内温度、收缩应力较大时，伸入支座的长度宜适当增加。

4. 构造钢筋

（1）现浇板的受力钢筋与梁平行时，应沿板边在梁长度方向配置间距不大于 200mm 且与梁垂直的上部构造钢筋，其直径不宜小于 8mm，单位长度内的总截面面积不宜小于板中单位宽度内受力钢筋截面面积的 1/3。伸入板中的长度，从梁边算起，每边不宜小于板的计算跨度 $l_0/4$，l_0 为板的计算跨度（图 10-19）。

（2）与支承结构整体浇筑的混凝土板，应沿支承周边配置上部构造钢筋。其直径不宜小于 8mm，间距不宜大于 200mm，并应符合下列规定：

1）现浇楼盖周边与混凝土梁或混凝土墙整体浇筑的板，垂直于板边构造钢筋的截面面积，不宜小于跨中相应方向钢筋截面面积的 1/3；

2）该钢筋自梁边或墙边伸入板内的长度不宜小于 $l_0/4$，l_0 为板的计算跨度；

3）在板角处该钢筋应沿两个垂直方向布置、放射状布置或斜向平行布置；

4）当柱角或墙的阳角凸出到板内且尺寸较大时，构造钢筋伸入板内的长度应从柱边或墙边算起，且应按受拉钢筋锚固在梁内、柱内或墙内。

（3）嵌固在砌体墙内的现浇混凝土板，应沿支承周边配置上部构造钢筋，其直径不宜小于 8mm，间距不宜大于 200mm，并应符合下列规定：

1）沿板的受力方向配置上部构造钢筋，其截面面积不宜小于该方向跨中受力钢筋截面面积的 1/3；沿非受力方向配置上部构造钢筋，可适当减少；

2）与板边垂直的构造钢筋伸入板内的长度，从墙边算起不宜小于 $l_1/7$，l_1 为板的短边跨度（图 10-20）；

3）在两边嵌固于墙内的板角部分，应配置沿两个垂直方向布置、放射状布置或斜向平行布置的上部构造钢筋；该钢筋伸入板内的长度从墙边算起不宜小于 $l_1/4$，l_1 为板的短边跨度（图 10-20）；

4）单向板应在垂直于受力的方向布置分布钢筋，其截面面积不宜小于受力筋的 15%，且不宜小于该方向板截面积的 15%。分布钢筋的间距不宜大于 250mm，其直径不宜小于 6mm。当集中荷载较大时，分布钢筋的截面面积尚应增加，且间距不宜大于 200mm；

（4）在温度、收缩应力较大的现浇板区域，应在板的未配筋表面双向配置防裂钢筋。配筋率均不应小于 0.1%，间距不宜大于 200mm。防裂钢筋可利用原有钢筋贯通布置，也可另行设置，并与原有钢筋按受拉钢筋的要求搭接或在周边构件中锚固。

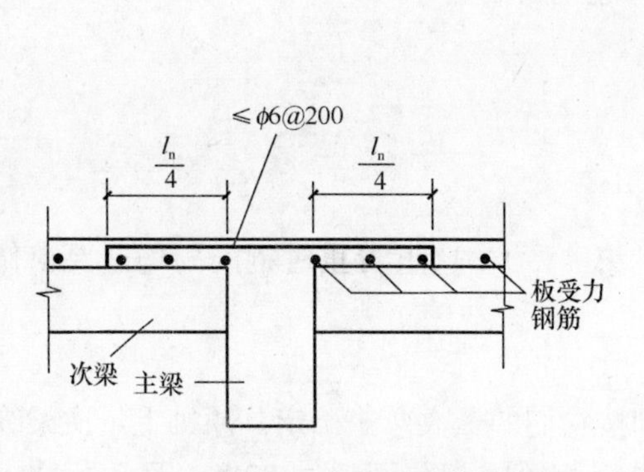

图 10-19 板中与梁垂直的构造钢筋的配置

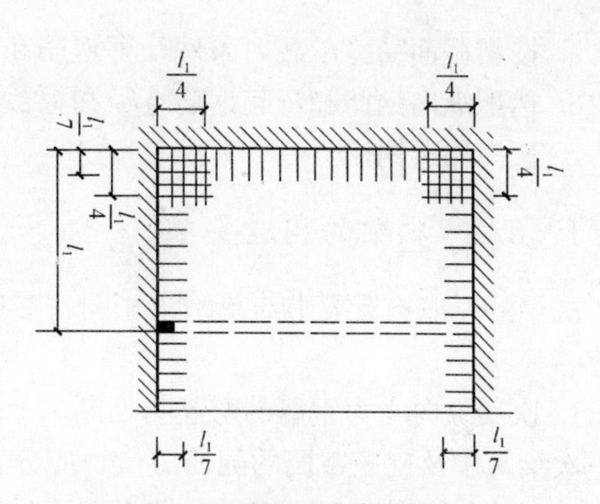

图 10-20 板嵌固在承重砖墙内时板边上部构造的配置图

§10-6 次梁的计算与构造

10.6.1 次梁的计算步骤

1. 选择次梁的截面尺寸

次梁的截面高度通常取其跨度的 1/20～1/15，次梁的宽度一般取梁高的 1/3～1/2。当连续次梁的高度大于跨度的 1/18 时，可不验算其挠度。

2. 确定作用在次梁上的荷载

次梁上的荷载包括两部分：梁的自重和由板传来的荷载。在计算由板传来的荷载时，为了计算简化，可忽略板的连续性，假设次梁两侧板跨上的荷载各有 1/2 传给次梁（图 10-21）。

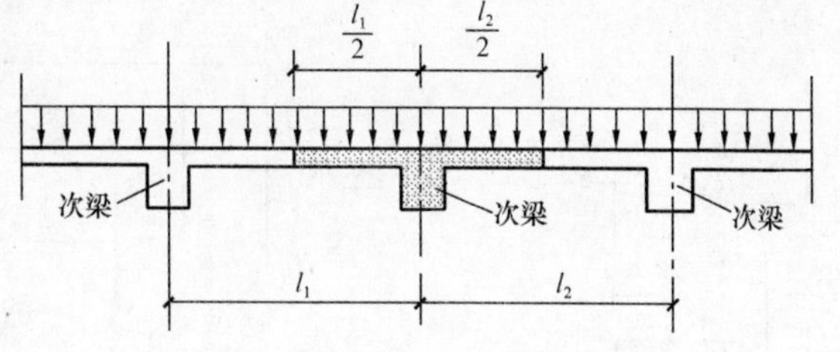

图 10-21 板上荷载传给次梁的计算

3. 计算次梁的内力

次梁一般按内力塑性重分布理论计算。当梁的跨度相等或相差小于 10％时，其内力可按式（10-5）和式（10-6）计算。当跨度相差超过 10％时，则应采用其他方法计算。

4. 按正截面承载力条件计算配筋

计算方法与前相同。但应当注意，次梁跨中应按 T 形截面计算；支座处截面应按矩形截面计算（图 10-22）。

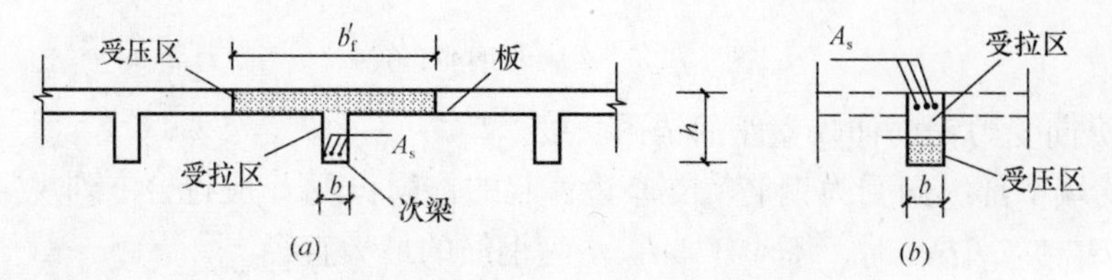

图 10-22 次梁正截面承载力计算时截面类型的确定

（*a*）跨中取 T 形截面；（*b*）支座取矩形截面

5. 按斜截面受剪承载力条件计算箍筋和弯起钢筋用量。

6. 选配纵向钢筋和弯起钢筋直径和根数。

7. 选择构造钢筋。

10.6.2 次梁的构造要求

次梁的一般构造要求与单跨梁相同（参见第 4 章）。这里着重对钢筋的构造要求作些补充。

1. 次梁纵向受力钢筋的弯起与切断

次梁跨中及支座截面的配筋数量，应分别按它们的最大弯矩确定。原则上，次梁纵向受力钢筋按包络图弯起和切断。但当次梁的跨度相等或相差不超过 20%，且活荷载 q 与恒载 g 之比 $q/g \leqslant 3$ 时，可参照图 10-23 所示配筋布置。

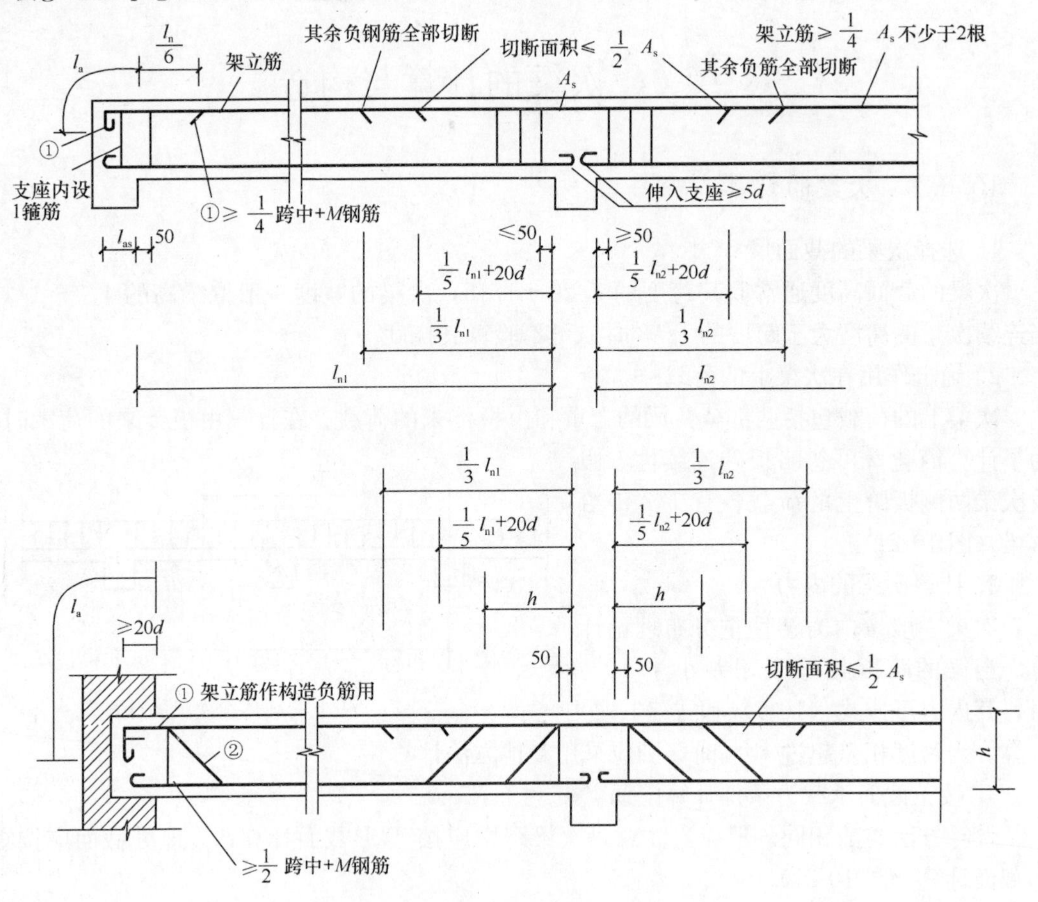

图 10-23 次梁的钢筋布置

2. 次梁纵向受力钢筋伸入支座的锚固长度

梁的简支端下部纵向受力钢筋从支座边算起的锚固长度 l_a 应符合下列规定：

1）当 $V \leqslant 0.7 f_t b h_0$ 时，不小于 $5d$，d 为钢筋的最大直径。

2）当 $V > 0.7 f_t b h_0$ 时，对带肋钢筋不小于 $12d$，对光面钢筋不小于 $15d$，d 为钢筋的最大直径。

3）如纵向受力钢筋伸入梁支座范围内的锚固长度不符合上述要求时，应采取在钢筋上加焊锚固钢板或将钢筋端部焊接在梁端预埋件上等有效措施。

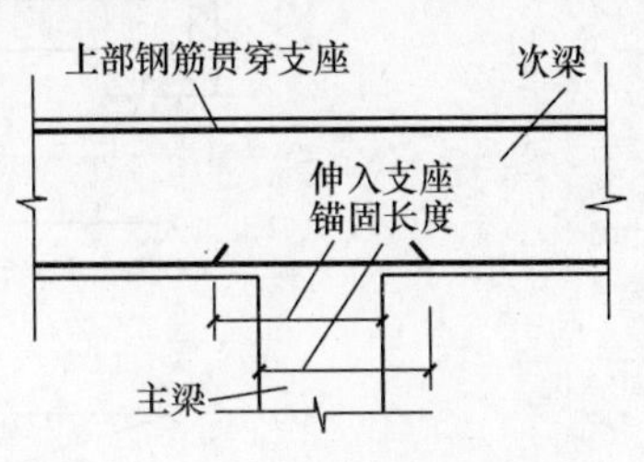

图 10-24　次梁钢筋的锚固

4）支承在砌体结构上的钢筋混凝土独立梁，在纵向受力钢筋的锚固长度范围内应配置不少于两个箍筋，其直径不宜小于 $0.25d$，d 为纵向受力钢筋的最大直径；间距不宜大于 $10d$，d 为纵向受力钢筋的最小直径。

5）对混凝土强度等级为 C25 及其以下的简支梁和连续梁的简支端，当距支座边 $1.5h$ 范围内作用有集中荷载，且 $V \geqslant 0.7 f_t b h_0$ 时，对带肋钢筋宜采取附加锚固措施，或取锚固长度 $l_{as} \geqslant 15d$。

6）次梁下部纵向受力钢筋伸入中间支座（主梁），当计算中不利用其强度时，其伸入长度，带肋钢筋 $l_a \geqslant 12d$，光面钢筋 $l_a \geqslant 15d$（图 10-24）。

§10-7　主梁的计算与构造

10.7.1　主梁的计算步骤

1. 主梁截面尺寸的确定

主梁的截面高度一般取其跨度的 1/12～1/8，梁的宽度取梁高的 1/3～1/2。

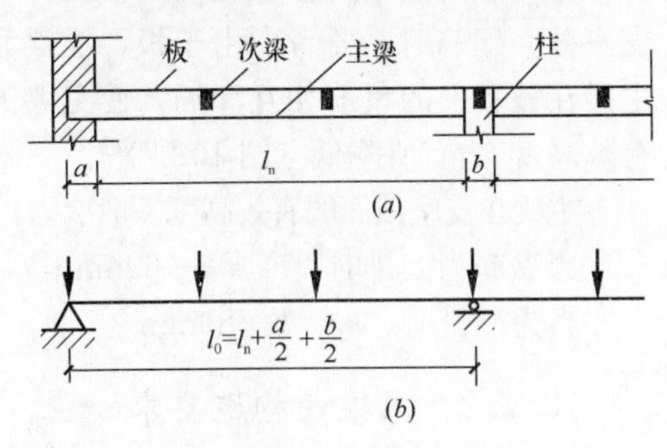

图 10-25　主梁计算简图

（a）实际结构；（b）计算简图

2. 确定主梁上的荷载

主梁除承受自重外，主要承受由次梁传来的集中荷载。在计算由次梁传来的荷载时，不考虑次梁的连续性。由于主梁自重比次梁传来的集中荷载小得多，为了计算简化，所以可以将主梁在次梁支承两侧 1/2 次梁间距范围内的自重按集中荷载考虑，并假定和次梁传来的集中荷载一起作用在次梁的支承处（图 10-25）。

主梁是房屋结构中的主要承重构件，对变形及裂缝的要求条件较高，因此，在计算内力时一般不宜考虑塑性内力重分布，而应按弹性理论计算。

当主梁的跨度相等或相差不超过 10％时，可按式（10-2）计算内力，并绘制包络图。

由于按弹性理论计算主梁内力时，支座最大负弯矩所对应的截面并非危险截面，而柱边截面 b-b 为危险截面。因此，计算支座截面的受弯承载力时，应以 b-b 截面的内力作为依据（图 10-26a）。

截面 b-b 的弯矩可按下式求得：

取支座的一半为隔离体（图 10-26b），根据内力平衡条件求得：

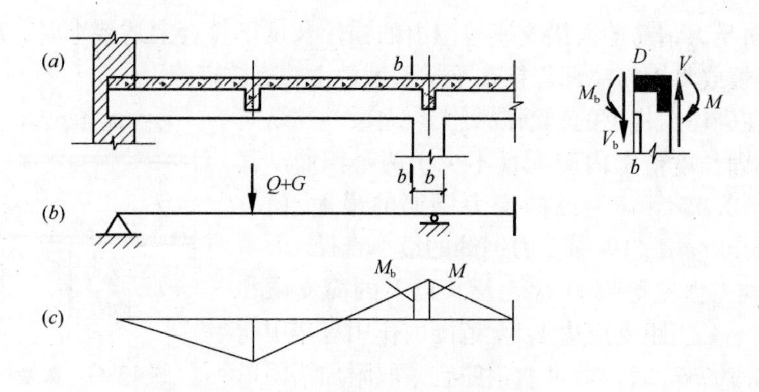

图 10-26　主梁支座处的危险截面

$$\sum M_0 = 0,\ M_b - M + V_b \frac{b}{2} = 0$$

由此，

$$M_b = M - V_b \frac{b}{2} \tag{10-7}$$

式中　M，V_b——支座中心处的弯矩和与 M_b 相应截面的剪力；

b——支座（柱）的宽度。

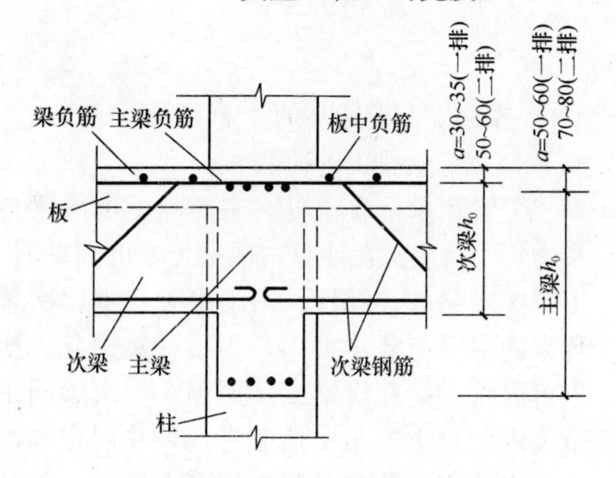

图 10-27　主梁支座处有效高度的计算

3. 截面配筋的计算

纵向受力钢筋，箍筋和弯起钢筋的计算与第 4 章所介绍的方法相同，但在计算支座截面配筋时，要考虑由于板，次梁和主梁在截面上的负筋相互穿插，使主梁的有效高度 h_0 有所降低（图 10-27）[1]。

主梁在支座截面的有效高度一般取为：

当纵筋为一排时，$h_0 = h - 60$mm；

当为两排时，$h_0 = h - 80$mm。

10.7.2　主梁的构造要求

主梁的一般构造要求与次梁相同。参见前述有关次梁的构造规定。现将主梁的一些特殊构造要求叙述如下：

1. 主梁纵向受力钢筋的弯起与切断

钢筋混凝土梁支座负弯矩纵向受拉钢筋不宜在受拉区截断。当必须截断时，应符合下列要求：

1）当 $V \leqslant 0.7 f_t b h_0$ 时，应延伸至按正截面受弯承载力计算不需要该钢筋的截面以外不小于 $20d$ 处截断，且从该钢筋强度充分利用截面伸出的长度不小于 $1.2 l_a$；

2）当 $V > 0.7 f_t b h_0$ 时，应延伸至按正截面受弯承载力计算不需要该钢筋的截面以外不小于 h_0 处且不小于 $20d$ 处截断，并且从该钢筋强度充分利用截面伸出的长度不小于 $1.2 l_a + h_0$。

---

[1] 图 10-27 中主梁支座处有效高度的计算，a 值系考虑楼板上有面层的情形。

2. 附加横向钢筋

次梁在主梁支承处应布置附加横向钢筋（吊筋或箍筋），以承受由次梁传来的集中荷载。附加横向钢筋应布置在长度为 $s=2h_1+3b$ 的范围内（图 10-28）。附加横向钢筋宜优先选用箍筋。

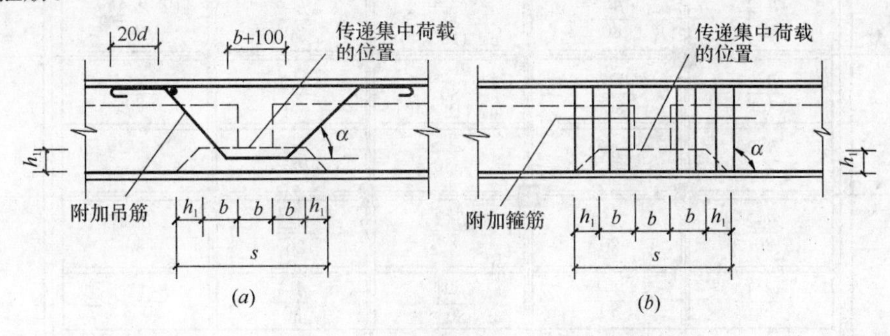

图 10-28　附加横向钢筋构造示意图

（a）吊筋；（b）附加箍筋

所需附加横向钢筋的截面面积按下式确定：

$$F \leqslant 2f_y A_{sb}\sin\alpha + mnf_{yv}A_{sv1} \tag{10-8}$$

式中　F——作用在主梁下部或主梁高度范围内，由次梁传来的集中荷载设计值；

f_y——吊筋抗拉强度设计值；

A_{sb}——吊筋横截面面积；

α——吊筋与梁的轴线夹角；

m——附加箍筋个数；

n——在同一截面内附加箍筋肢数；

f_{yv}——附加箍筋抗拉强度设计值；

A_{sv1}——附加箍筋单肢的截面面积。

3. 鸭筋

由于主梁承受荷载较大，剪力值较高，所以，除箍筋外，还需要配置较多的弯起钢筋才能满足斜截面受剪承载力要求。当跨中受力纵筋弯起数量不足时，通常配置鸭筋来抵抗一部分剪力，以满足要求，如图 10-29 所示。如前所述，为了保证鸭筋工作可靠，不应采用浮筋（参见第 4 章）。

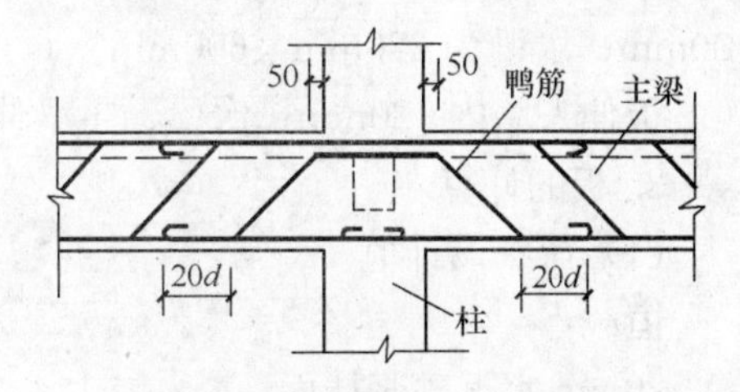

图 10-29　鸭筋构造示意图

§10-8　单向板楼盖计算例题

【例 10-2】　某印刷厂仓库采用现浇钢筋混凝土单向板肋形楼盖。结构平面布置如图 10-30 所示。楼面做法为：20mm 水泥砂浆抹面；60mm 水泥白灰焦渣；20mm 板底抹灰；15mm 梁底、梁侧抹灰。楼面活荷载标准值 15 kN/m^2。梁、板混凝土强度等级为 C20（f_c=9.6N/mm^2）；板采用 HRB300 级钢筋（f_y=270N/mm^2）；梁采用 HRB335 级钢筋（f_y=300N/mm^2）。

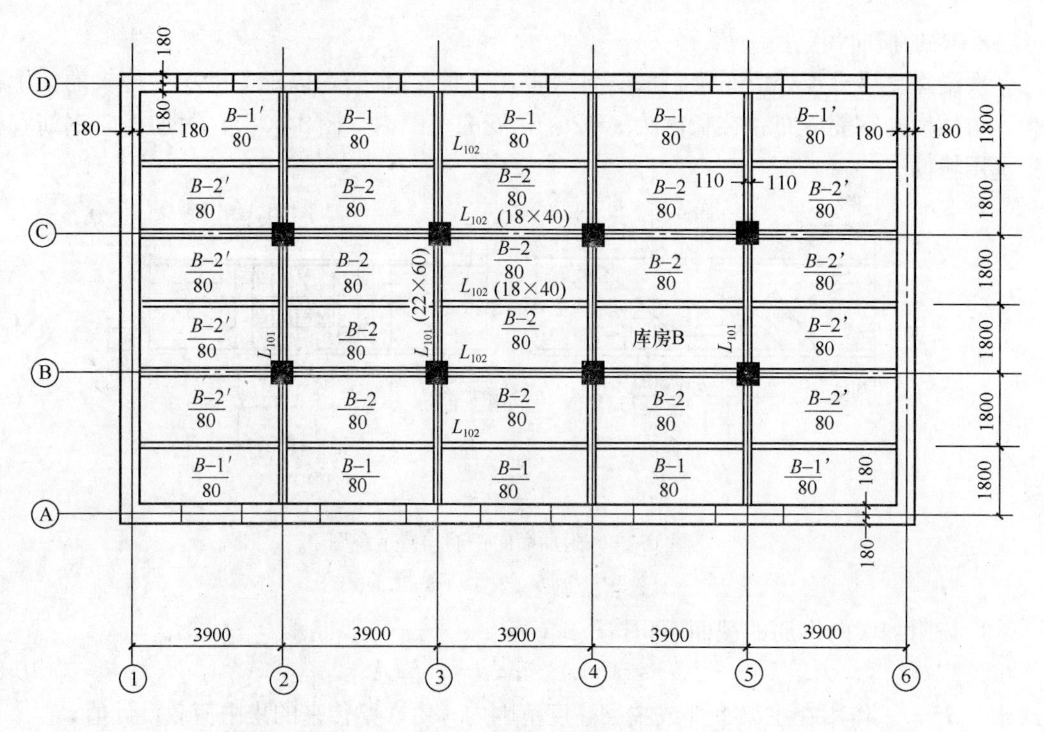

图 10-30 【例 10-2】附图

试设计单向板肋形楼盖。

【解】 1. 结构方案的选择

本工程系印刷厂仓库，用于堆放纸张、书籍，使用荷载较大，按使用要求和房屋平面形状，今采用主次梁肋形楼盖结构体系。柱网尺寸为 3900mm×3600mm；主梁的间距为 3900mm；次梁的间距距为 1800mm；柱的截面尺寸 300mm×300mm。

梁、板截面尺寸选择：板厚为 80mm（工业房屋楼板最小厚度）；次梁为 180mm×400mm；主梁为 220mm×600mm。

板伸入墙内 120mm；次梁、主梁伸入墙内 240mm。

2. 板的计算

(1) 荷载设计值

恒载：

20mm 水泥砂浆抹面	$1.2\times0.02\times20=0.48\text{kN/m}^2$
60mm 水泥白灰焦渣	$1.2\times0.06\times14=1.01\text{kN/m}^2$
80mm 钢筋混凝土楼板	$1.2\times0.08\times25=2.40\text{kN/m}^2$
20mm 板底抹灰	$1.2\times0.02\times17=0.41\text{kN/m}^2$
	$g=4.30\text{kN/m}^2$
活荷载：	$q=1.3$[1]$\times15=19.50\text{kN/m}^2$
	$g+q=33.80\text{kN/m}^2$

[1] 当活荷载标准值大于 4 kN/m²时，活荷载分项系数 $\gamma_Q=1.3$。

（2）弯矩设计值（按内力塑性重分布理论）

板的几何尺寸见图 10-31（a）。因为板的两个边长之比：$n=\frac{l_2}{l_1}=\frac{3900}{1800}=2.17>2$；故按单向板计算。取 1m 宽板带作为计算单元，计算跨度为：

边跨 $$l_0=l_n+\frac{h}{2}=(1800-180-90)+\frac{80}{2}=1570\text{mm}$$

$$<l_n+\frac{a}{2}=(1800-180-90)+\frac{120}{2}=1590\text{mm}$$

取较小者 $$l_0=1570\text{ mm}$$

中间跨 $$l_0=l_n=1800-180=1620\text{mm}$$

边跨与中间跨的计算跨度相差：$\frac{1620-1570}{1570}=0.032<10\%$

故可按等跨连续板计算内力。计算简图见图 10-31（b）。各截面的弯矩设计值计算见表 10-1。

（3）正截面承载力计算

板的截面有效高度 $h_0=h-20=80-20=60\text{mm}$。各截面的配筋计算过程参见表 10-2。

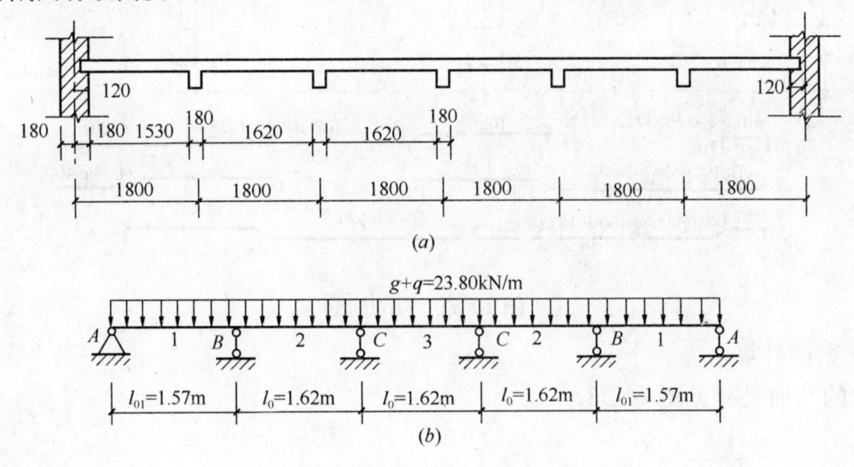

图 10-31 【例 10-2】附图

板的弯矩设计值计算表 **表 10-1**

截　面	边跨跨中	第一内支座	中间跨中	中间支座
弯矩系数 α	$+\frac{1}{11}$	$-\frac{1}{14}$	$+\frac{1}{16}$	$-\frac{1}{16}$
$M=\alpha(g+q)l_0^2$ (kN·m)	$\frac{1}{11}\times23.80\times1.57^2=5.33$	$-\frac{1}{14}\times23.80\times1.62^2=-4.46$	$\frac{1}{16}\times23.80\times1.62^2=3.90$	$-\frac{1}{16}\times23.80\times1.62^2=-3.90$

（4）板的正截面承载力计算

板的截面有效高度 $h_0=h-20=80-20=60\text{mm}$。各截面的配筋计算过程见表 10-2。板的配筋图见图 10-32（括号内的数字为中间区格板的配筋间距）。

板的正截面承载力计算 **表 10-2**

项目	边区格板				中间区格板			
	边跨跨中	第一内支座	中间跨中	中间支座	边跨跨中	第一内支座	中间跨中	中间支座
弯矩折减系数	1.0	1.0	1.0	1.0	1.0	1.0	0.8	0.8
M（kN·m）	5.33	−4.46	3.90	−3.90	5.33	−4.46	0.8×3.90=3.12	−3.12
$\alpha_s=\dfrac{M}{bh_0^2f_c}$	0.154	0.129	0.112	0.112	0.154	0.129	0.0902	0.0902
γ_s	0.916	0.930	0.940	0.940	0.916	0.930	0.952	0.952
$A_s=\dfrac{M}{\gamma_s h_0 f_y}$（mm²）	359	296	256	256	359	296	202	202
选配钢筋	ϕ10@200	ϕ8/10@200	ϕ8@200	ϕ8@200	ϕ10@200	ϕ8/10@200	ϕ8@200	ϕ8@200
实配钢筋面积（mm²）	393	322	251	251	393	322	251	251

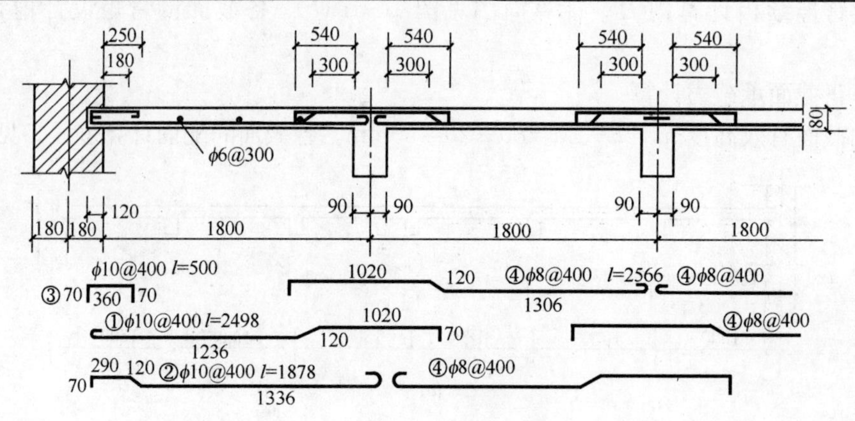

图 10-32 板的配筋

3. 次梁的计算

次梁的几何尺寸见图 10-33。

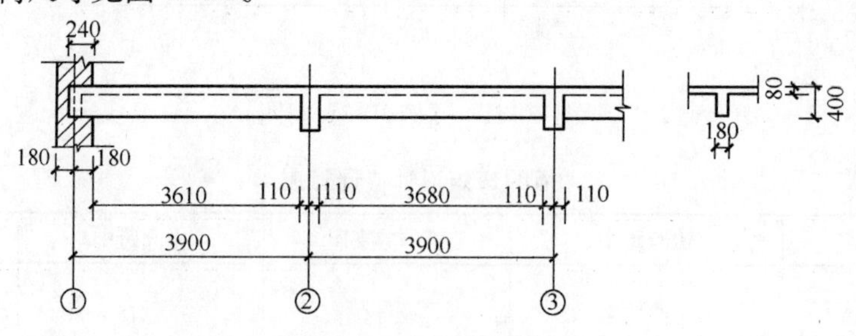

图 10-33 次梁的几何尺寸

（1）荷载设计值

恒载

由板传来 4.30×1.80=7.74kN/m

次梁自重 1.2×0.18×(0.40−0.08)×25=1.73kN/m

梁的抹灰 1.2×[(0.40−0.08)×2+0.18]×0.015×17=0.25kN/m

$$g=9.72\text{kN/m}$$

由板传来活荷载　　$q=19.5\times1.80=35.10\text{kN/m}$

$$g+q=44.82\text{kN/m}$$

（2）内力计算

按塑性内力重分布理论计算次梁的内力

1）弯矩设计值

计算跨度：

边跨　$l_{01}=l_n+\dfrac{a}{2}=(3900-180-110)+\dfrac{240}{2}=3730\text{mm}>1.025l_n=3700\text{mm}$

故边跨的计算跨度取　　$l_{01}=3700\text{mm}$

中间跨　　$l_0=l_n=3900-220=3680\text{mm}$

计算简图如图 10-34 所示。

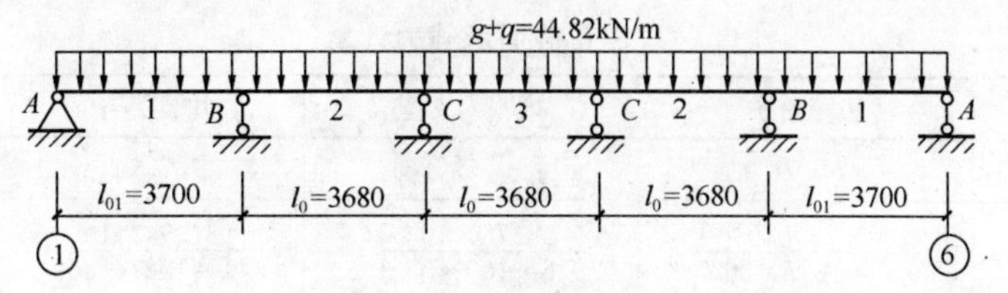

图 10-34　次梁计算简图

由于边跨和中间跨计算跨度相差小于 10%，故可按等跨连续梁计算内力。弯矩设计值计算过程见表 10-3。

次梁弯矩设计值的计算　　**表 10-3**

截　面	边跨跨中	第一内支座	中间跨中	中间支座
弯矩系数 α	$+\frac{1}{11}$	$-\frac{1}{11}$	$+\frac{1}{16}$	$-\frac{1}{16}$
$M=\alpha(g+q)l_0^2$ (kN·m)	$\frac{1}{11}\times44.82\times3.70^2$ $=55.78$	55.78	$\frac{1}{16}\times44.82\times3.68^2$ $=37.94$	−37.94

2）剪力设计值计算

计算跨度取净跨：

边跨　　$l_n=3900-180-110=3610\text{mm}$

中间跨　　$l_n=3900-220=3680\text{mm}$

剪力设计值计算过程见表 10-4。

次梁剪力设计值计算　　**表 10-4**

截　面	边支座	第一内支座（左）	第一内支座（右）	中间支座
剪力系数 β	0.4	0.6	0.5	0.5
$V=\beta(g+q)l_n$ (kN)	$0.4\times44.82\times3.61$ $=64.72$	$0.6\times44.82\times3.61$ $=97.08$	$0.5\times44.82\times3.68$ $=82.47$	82.47

(3) 截面承载力计算

由于本例为现浇钢筋混凝土肋形楼盖，故次梁跨中截面应按 T 形截面计算。根据第 4 章中的规定，T 形截面的翼缘宽度应取下式计算结果中较小者：

$$b'_f=\frac{l}{3}=\frac{3680}{3}=1227\text{mm}$$

$$b'_f=b+s_n=180+1620=1880\text{mm}$$

故取翼缘宽度 $b'_f=1227$mm。

取 $h_0=400-35=365$mm。由于

$$b'_f h'_f f_{cm}\left(h_0-\frac{h'_f}{2}\right)=1227\times80\times11\times\left(365-\frac{80}{2}\right)=350.92\text{kN}\cdot\text{m}>55.78\text{kN}\cdot\text{m}$$

故次梁各跨跨中截面均属于第一类 T 形截面。

因为各支座截面翼缘位于受压区，故该截面应按矩形截面计算。并取 $h_0=365$mm。次梁正截面承载力计算过程见表 10-5。

次梁正截面承载力计算 **表 10-5**

截面	边跨跨中	第一内支座	中间跨中	中间支座
M (kN·m)	55.78	−55.78	37.94	−37.94
$\alpha_s=\frac{M}{f_c bh_0^2}$	$\frac{55.78\times10^6}{9.6\times1227\times365^2}$ =0.0330	$\frac{55.78\times10^6}{9.6\times180\times365^2}$ =0.214	$\frac{37.94\times10^6}{11\times1227\times365^2}$ =0.024	$\frac{37.94\times10^6}{11\times180\times365^2}$ =0.165
ξ		0.24<0.35[①]		0.16<0.35
γ_s	0.984	0.880	0.986	0.909
$A_s=\frac{M}{f_y\gamma_s h_0}$ (mm²)	$\frac{55.78\times10^6}{300\times0.981\times365}$ =501	$\frac{55.78\times10^6}{300\times0.88\times365}$ =560	$\frac{37.94\times10^6}{300\times0.986\times365}$ =339	$\frac{37.94\times10^6}{300\times0.909\times365}$ =369
选配钢筋	2Φ14+1Φ16	1Φ14+2Φ16	3Φ14	3Φ14
实配钢筋面积(mm²)	509	556	461	461

① 《混凝土设计规范》规定考虑内力塑性重分布的截面应满足 $\xi\leqslant0.35$ [见式 (10-3)]。

次梁斜截面受剪承载力计算过程见表 10-6。

次梁斜截面受剪承载力计算 **表 10-6**

截面	边支座	第一内支座（左）	第一内支座（右）	中间支座
V (kN)	64.72	97.08	82.47	82.47
$0.25f_c bh_0$ (N)	0.25×9.6×180×365 =157680>64720	157680>97080	157680>82470	157680>82470
$0.7f_t bh_0$ (N)	0.7×10×180×365 =50589<64720	50589<97080	50589<82470	50589<82470
箍筋肢数，直径	双肢 ϕ6	双肢 ϕ6	双肢 ϕ6	双肢 ϕ6
$A_{sv}=sA_{sv}$ (mm²)	2×28.3=56.6	56.6	56.6	56.6
$s=\frac{f_{yv}A_{sv}h_0}{V-0.7f_t bh_0}$ (mm)	$\frac{270\times56.6\times365}{64720-50589}=394$	$\frac{270\times56.6\times365}{97080-50589}=119$	$\frac{270\times56.6\times365}{82470-50589}=180$	180
实配箍筋间距 (mm)	120	120	150	150

次梁配筋图见图 10-35。

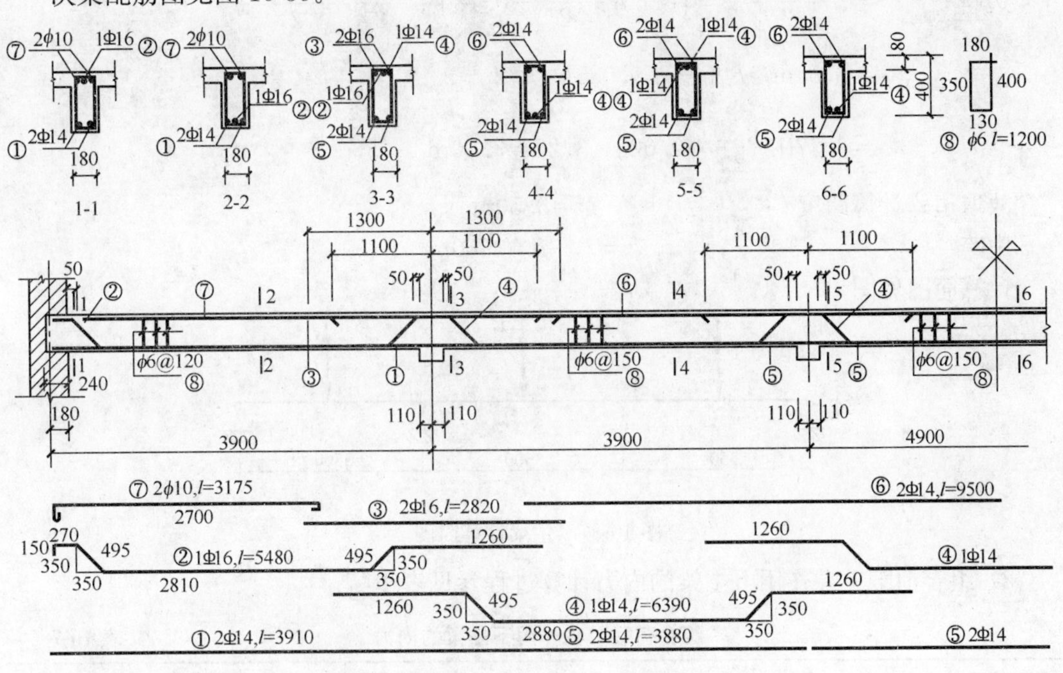

图 10-35 次梁配筋图

4. 主梁的计算

主梁的几何尺寸见图 10-36。

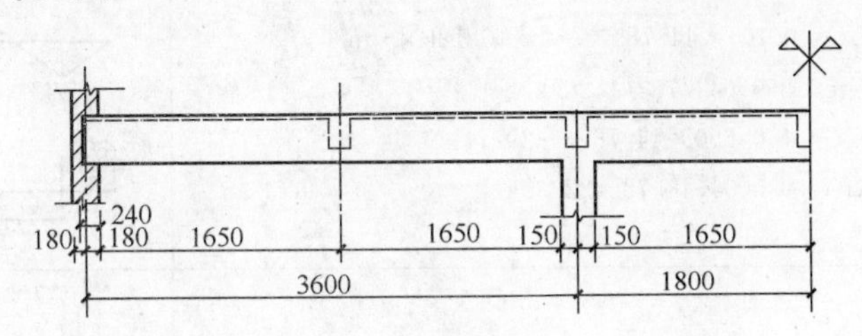

图 10-36 主梁的几何尺寸

(1) 荷载设计值

恒载

由次梁传来 $9.72\times3.90=37.91\text{kN}$

主梁自重(折算成集中荷载) $1.20\times0.22\times(0.60-0.08)\times1.8\times25=6.18\text{kN}$

梁的抹灰重(折算成集中荷载) $1.2\times[(0.60-0.08)\times2+0.22]$

$0.015\times1.80\times17=0.69\text{kN}$

$G=44.78\text{kN}$

活荷载 $Q=35.10\times3.90=136.89\text{kN}$

$G+Q=181.67\text{kN}$

(2) 内力计算

1) 计算跨度

边跨 $\quad l_0=l_n+\frac{b}{2}+\frac{a}{2}=\left(3.60-\frac{0.30}{2}-0.18\right)+\frac{0.30}{2}+\frac{0.24}{2}$

$$=3.54\text{m}>l_0+\frac{b}{2}+0.025l_n$$

$$=3.27+\frac{0.30}{2}+0.025\times3.27=3.50\text{m}$$

故取边跨计算跨度 $\quad l_0=3.50\text{m}$

中跨 $\quad l_0=l_n+b=3.60\text{m}$

计算简图见图 10-37。

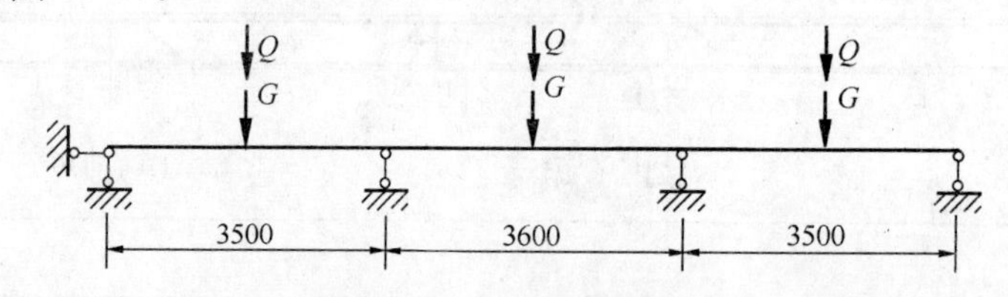

图 10-37 主梁计算简图

2）组合荷载单独作用下主梁的内力计算过程参见表 10-7。

组合荷载单独作用下主梁的内力 **表 10-7**

荷载情况	内力计算	内力图
①	$M_1=KGl_0=0.175\times44.78\times3.50=27.43\text{kN}\cdot\text{m}$ $M_B=KGl_0=-0.150\times44.78\times3.60=-24.18\text{kN}\cdot\text{m}$ $M_2=KGl_0=0.100\times44.78\times3.60=16.12\text{kN}\cdot\text{m}$ $V_A=KG=0.350\times44.78=15.67\text{kN}$ $V_{B左}=K_1G=-0.650\times44.78=-29.11\text{kN}$ $V_{B右}=K_1G=0.500\times44.78=22.39\text{kN}$	G G G 24.18 24.18 27.43 16.12 21.43 15.67 22.39 29.11 ⊕ ⊕ ⊕ ⊖ ⊖ ⊖ 29.11 22.39 15.67
②	$M_1=KQl_0=0.213\times136.89\times3.50=102.05\text{kN}\cdot\text{m}$ $M_B=KQl_0=-0.075\times136.89\times3.60=-36.96\text{kN}\cdot\text{m}$ $M_2=KQl_0=-0.075\times136.89\times3.60=-36.96\text{kN}\cdot\text{m}$ $V_A=K_1Q=0.425\times136.89=58.18\text{kN}$ $V_{B左}=K_1Q=-0.575\times136.89=-78.71\text{kN}$ $V_{B右}=K_1Q=0\times136.89=0$	Q Q 36.96 36.96 102.05 102.05 58.18 78.71 ⊕ ⊕ ⊖ ⊖ 78.71 58.18
③	$M_1=KQl_0=-0.038\times136.89\times3.50=-18.21\text{kN}\cdot\text{m}$ $M_B=KQl_0=-0.075\times136.89\times3.60=-36.96\text{kN}\cdot\text{m}$ $M_2=KQl_0=0.175\times136.89\times3.60=86.24\text{kN}\cdot\text{m}$ $V_A=K_1Q=-0.075\times136.89=-10.27\text{kN}$ $V_{B右}=K_1Q=0.500\times136.89=68.45\text{kN}$ $V_{C左}=K_1Q=-0.500\times136.89=-68.45\text{kN}$	Q 26.96 26.96 86.24 68.45 ⊖ ⊕ ⊖ ⊕ 10.27 68.45 10.27

续表

荷载情况	内力计算	内力图
④	$M_1=0.162\times136.89\times3.50=77.62\text{kN}\cdot\text{m}$ $M_B=-0.175\times136.89\times3.60=-86.24\text{kN}\cdot\text{m}$ $M_2=0.137\times136.89\times3.60=67.51\text{kN}\cdot\text{m}$ $M_C=-0.050\times136.89\times3.60=-24.64\text{kN}\cdot\text{m}$ $V_A=0.325\times136.89=44.49\text{kN}$ $V_{B左}=-0.675\times136.89=-92.40\text{kN}$ $V_{B右}=0.625\times136.89=85.56\text{kN}$ $V_{C左}=-0.375\times136.89=-51.33\text{kN}$ $V_{C右}=0.050\times136.89=6.84\text{kN}$	Q Q 86.24 24.64 77.62 67.51 85.56 44.49 ⊕ ⊕ ⊕ 6.84 ⊖ ⊖ 92.40 1.33

3）绘制内力包络图

以恒载①在各控制截面产生的内力为基础，分别叠加以对各该截面为最不利布置的活载②、③和④所产生的内力，即可得到各截面可能产生的最不利内力。相应的内力图见图10-38。将图10-38三种弯矩图和剪力图分别叠绘在一起，得到弯矩包络图和剪力包络图（图10-39）。

（3）配筋计算

主梁跨中截面按T形截面计算，因为：

$$b'_f=\frac{l_0}{3}=\frac{3.60}{3}=1.20\text{m}<b'_f=b+s_n=3.90\text{m}$$

故取翼缘宽度　$b'_f=1.20\text{m}$。同时，取 $h_0=600-35=565\text{mm}$

判断T形截面类型：

$$b'_f h'_f f_{cm}\left(h_0-\frac{h'_f}{2}\right)=1200\times80\times11\left(565-\frac{80}{2}\right)=554\times10^6\text{N}\cdot\text{mm}$$

$$=554\text{kN}\cdot\text{m}>M_1=129.48\text{kN}\cdot\text{m}$$

故各跨跨中截面均属于第一类T形截面，即均按宽度为 b'_f 的矩形截面计算。

主梁各支座截面均按矩形截面计算，并取 $h_0=h-60=600-60-540\text{mm}$

主梁正截面承载力计算过程见表10-8。斜截面受剪承载力计算过程见表10-9。

主梁正截面承载力计算　　**表10-8**

截　面	边跨跨中	中间支座	中间跨中
M（kN·m）	129.48	110.42	102.36
$V\frac{b}{2}$（kN·m）	—	$107.95\times\frac{0.3}{2}=16.19$	—
$M-V\frac{b}{2}$（kN·m）	—	94.23	—
$\alpha_s=\frac{M}{f_c bh_0^2}$	$\frac{129.48\times10^6}{9.6\times1200\times565^2}=0.0351$	$\frac{94.23\times10^6}{9.6\times220\times540^2}=0.154$	$\frac{102.36\times10^6}{9.6\times1200\times565^2}=0.024$
γ_s	0.981	0.917	0.987
$A_s=\frac{M}{f_y\gamma_s h_0}$（mm²）	$\frac{129.48\times10^6}{300\times0.981\times565}=753$	$\frac{94.23\times10^6}{300\times0.917\times540}=602$	$\frac{102.36\times10^6}{300\times0.987\times565}=592$
选配钢筋	3Φ18	3Φ16	3Φ16
实配钢筋面积	763	603	603

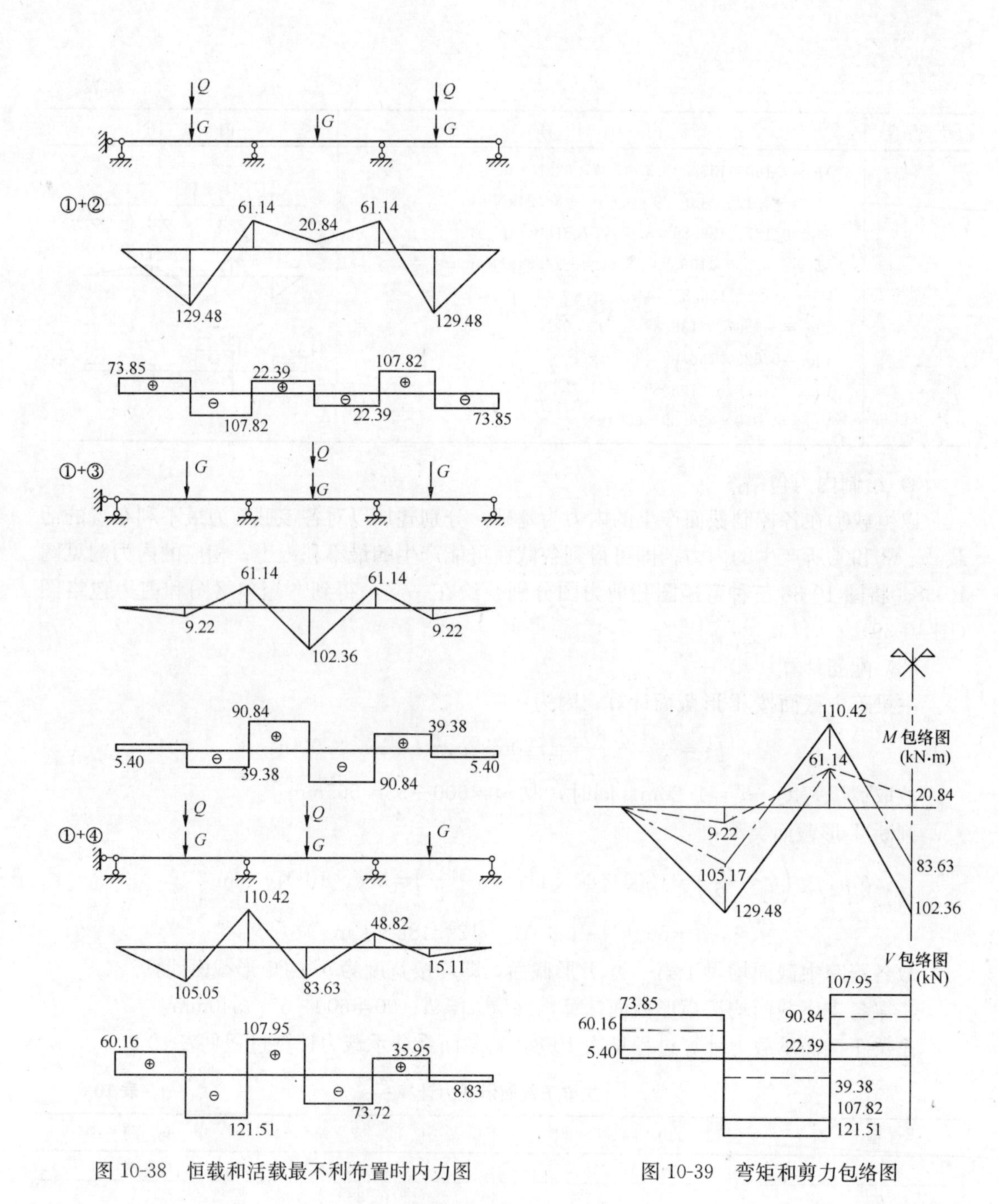

图 10-38　恒载和活载最不利布置时内力图

图 10-39　弯矩和剪力包络图

主梁斜截面受剪承载计算　　表 10-9

截　面	边 支 座	支座 B（左）	支座 B（右）
V（kN）	73.85	121.51	107.95
$0.25f_cbh_0$（N）	0.25×9.6×220×565 =290320>73850	0.25×9.6×220×540 =285120>121510	285120>107950
$0.7f_tbh_0$（N）	0.7×1.1×220×565 =95711>73850	0.7×1.1×220×540 =91476<121510	91476<107950
箍筋肢数直径	双肢 ϕ6	双肢 ϕ6	双肢 ϕ6

续表

截　面	边 支 座	支座 B（左）	支座 B（右）
$A_{sv}=nA_{sv1}$ (mm²)	2×28.3=56.6	56.6	56.6
$s=\frac{f_{yv}A_{sv}h_0}{V-0.7f_tbh_0}$ (mm)	$\frac{270\times56.6\times565}{73850-95711}<0$	$\frac{270\times56.6\times540}{121510-91476}=275$	$\frac{270\times56.6\times540}{107950-91476}=506$
实配箍筋间距 s (mm)	250	250	250

（4）主梁吊筋的计算

由次梁传达室给予主梁集中荷载设计值为：

$$F=G+Q=37.91+136.89=174.80\text{kN}$$

按式（10-9）计算吊筋总截面面积

$$A_{sb}=\frac{F}{2f_y\sin\alpha}=\frac{174800}{2\times300\times0.707}=412\text{mm}^2$$

选 2Φ18（$A_{sb}=509\text{mm}^2$），主梁配筋图见图 10-40。

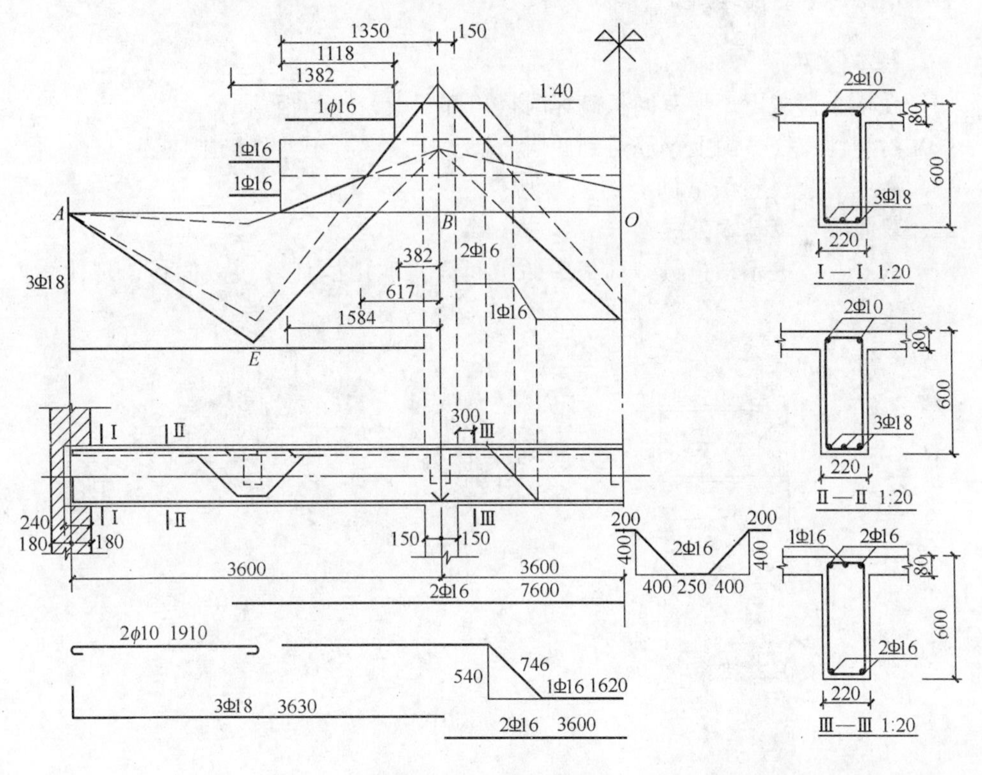

图 10-40　主梁配筋图

§10-9　双向板的计算与构造

在§10-2 曾经指出，当板的四周均有墙或梁支承，且 $l_2/l_1\leqslant2$ 时，则应按双向板设计。双向板的计算也有两种方法：按弹性理论方法计算和按塑性理论方法计算。下面仅介绍在工业与民用建筑中广泛采用的按塑性理论计算方法。

10.9.1 双向板的破坏特征

根据试验研究，在受均布荷载的简支板的矩形双向板中，第一批裂缝首先在板下平行于长边方向的跨中出现，当荷载增加时，裂缝逐渐伸长，并沿45°角向四周扩展（图10-41a）。当裂缝截面的钢筋达到屈服点后，形成塑性铰线，直到塑性铰线将板分成几个块体，并转动成为可变体系时，板就达到承载能力极限状态。

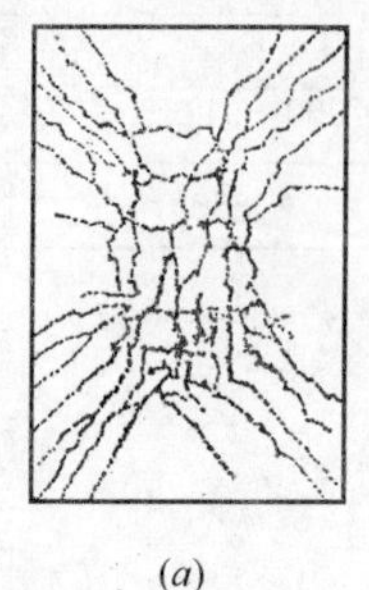

(a)

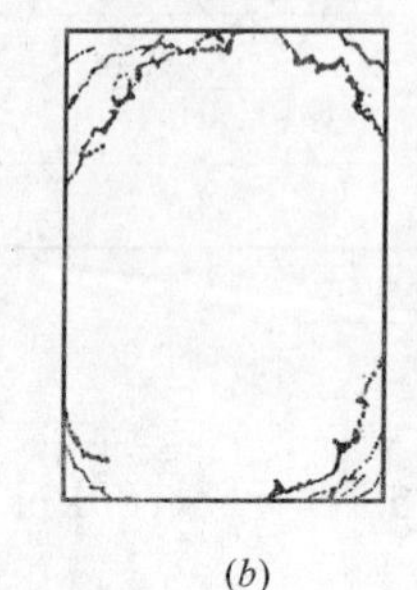

(b)

图10-41 双向板的破坏特征

（a）仰视图；（b）俯视图

当双向板的四周为固定支座或板为连续时，在荷载作用下，在板的上部梁的边缘也出现塑性铰线（图10-41b）。

10.9.2 按塑性理论计算双向板

一、基本假定

（1）在均布荷载下矩形双向板破坏时，角部塑性铰线与板角成45°；

（2）沿塑性铰线截面上钢筋达到屈服点，受压区混凝土达到极限应变；

（3）沿$+M$塑性铰线截面上的剪力为零。

二、双向板计算基本公式

图10-42（a）表示从连续双向板中的中间区格取出的任一块双向板，现建立双向板计算基本公式。

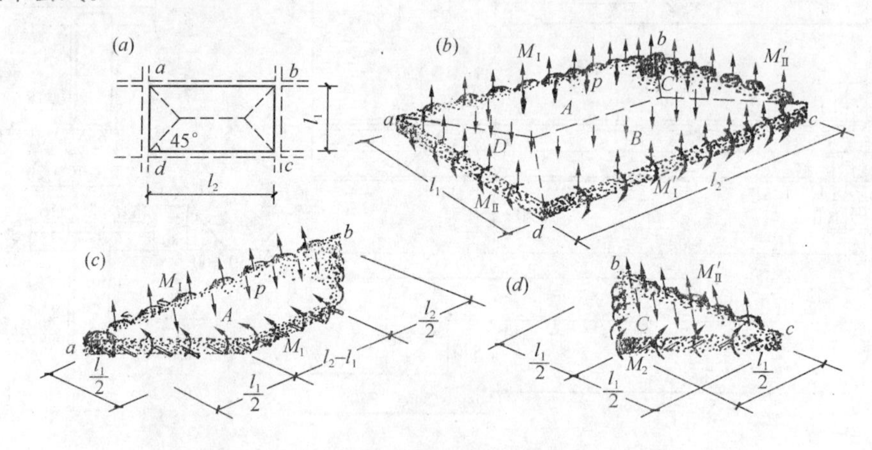

图10-42 双向板的受力分析

该板在均布荷载$p=g+q$作用下破坏时，塑性铰线将板分成A、B、C、D四块（图10-42b）。设沿$+M$塑性铰线截面平行于板的短边方向的总极限弯矩为M_1；平行板的长边方向的总极限弯矩为M_2。沿支座塑性铰线截面上总极限弯矩分别为M_{I}、M'_{I}、M_{II}、M'_{II}（图10-42b）。

下面分别取板块A、B、C、D为隔离体，并研究其平衡。

板块A（图10-42c）：根据$\Sigma M_{ab}=0$，得：

$$M_1+M_{\mathrm{I}}=p\frac{l_1}{2}(l_2-l_1)\times\frac{l_1}{4}+2\left[p\left(\frac{1}{2}\right)\left(\frac{l_1}{2}\right)\left(\frac{l_1}{2}\right)\left(\frac{l_1}{6}\right)\right]=\frac{pl_1^2}{24}(3l_2-2l_1) \tag{a}$$

板块 B：根据 $\Sigma M_{cd}=0$，同样可得：

$$M_1+M'_{\mathrm{I}}=\frac{pl_1^2}{24}(3l_2-2l_1) \tag{b}$$

板块 C（图 10-42d）：根据 $\Sigma M_{bc}=0$，得：

$$M_2+M'_{\mathrm{II}}=p\frac{1}{2}\left(\frac{l_1}{2}\right)l_1\times\frac{l_1}{6}=\frac{pl_1^3}{24} \tag{c}$$

板块 D：根据 $\Sigma M_{ad}=0$，同样可得：

$$M_2+M_{\mathrm{II}}=\frac{pl_1^3}{24} \tag{d}$$

将式（a）～式（d）相加，得：

$$2M_1+2M_2+M_{\mathrm{I}}+M'_{\mathrm{I}}+M_{\mathrm{II}}+M'_{\mathrm{II}}=\frac{pl_1^2}{12}(3l_2-l_1) \tag{10-9}$$

式中 l_1——沿板短边方向的计算跨度；

l_2——沿板长边方向的计算跨度；

M_1——沿$+M$塑性铰线截面平行于板短边方向的总极限弯矩；

M_2——沿$+M$塑性铰线截面平行于板长边方向的总极限弯矩；

M_{I}、M'_{I}——分别为沿板长边 ab 和 cd 支座截面总极限弯矩；

M_{II}、M'_{II}——分别为沿板短边 ad 和 bc 支座截面总极限弯矩。

式（10-9）中的各个弯矩可按下式表示：

$$M_1=f_y\overline{A}_{s1}z_1 \tag{10-10a}$$

$$M_2=f_y\overline{A}_{s2}z_2 \tag{10-10b}$$

$$M_{\mathrm{I}}=f_y\overline{A}_{s\mathrm{I}}z_1 \tag{10-10c}$$

$$M'_{\mathrm{I}}=f_y\overline{A}'_{s\mathrm{I}}z_1 \tag{10-10d}$$

$$M_{\mathrm{II}}=f_y\overline{A}_{s\mathrm{II}}z_1 \tag{10-10e}$$

$$M'_{\mathrm{II}}=f_y\overline{A}'_{s\mathrm{II}}z_1 \tag{10-10f}$$

式中 z_1、z_2——分别为与 A_{s1} 和 A_{s2} 所对应的内力臂，可近似取 $z_1=0.9h_{01}$，$z_2=0.9h_{02}$（图 10-43）；

$\overline{A}_{s1}$、$\overline{A}_{s2}\cdots\overline{A}'_{s\mathrm{II}}$——分别与塑性铰线相交的受拉钢筋的总面积。

式（10-9）为双向板塑性铰线上总极限弯矩所应满足的平衡方程式。它是按塑性理论计算双向板的基本公式。

三、弯起式配筋双向板的计算

为了充分利用钢筋，可将连续板的板底抵抗$+M$的跨中钢筋，距支座 $l_1/4$ 处弯起 1/2，作为抵抗$-M$的钢筋（图 10-44）。这时，将有一部分钢筋不与$+M$塑性铰线相交。于是，与$+M$塑性铰线相交的受拉钢筋的总面积为：

$$\overline{A}_{s1}=A_{s1}\left(l_2-\frac{l_1}{2}\right)+\frac{A_{s1}}{2}\left(2\times\frac{l_1}{4}\right)=A_{s1}\left(l_2-\frac{l_1}{4}\right) \tag{10-11}$$

$$\overline{A}_{s2}=A_{s2}\left(l_1-\frac{l_1}{4}\right)=A_{s2}\frac{3}{4}l_1 \tag{10-12}$$

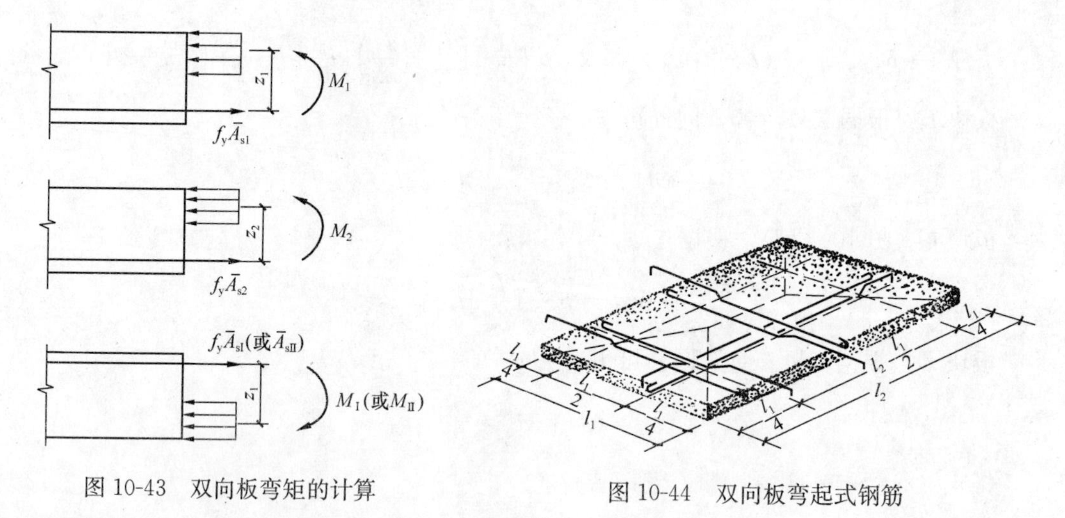

图 10-43　双向板弯矩的计算

图 10-44　双向板弯起式钢筋

式中　A_{s1}、A_{s2}——分别为沿板的长边和短边每米长的跨中钢筋面积。

支座钢筋的总截面面积为：

$$\bar{A}_{sI}=A_{sI}\,l_2 \tag{10-13a}$$

$$\bar{A}'_{sI}=A'_{sI}\,l_2 \tag{10-13b}$$

$$\bar{A}_{sII}=A_{sII}\,l_1 \tag{10-13c}$$

$$\bar{A}'_{sII}=A_{sII}\,l_1 \tag{10-13d}$$

式中　A_{sI}、A'_{sI}、A_{sII}、A'_{sII}——分别为沿板的长边和短边支座每米长的钢筋面积。

计算双向板时，已知板上荷载 p 设计值（kN/m^2）和计算跨度 l_1 和 l_2，需要求出配筋面积。在四边嵌固的情况下，有 4 个未知数，即 A_{s1}、A_{s2}、A_{sI}、A_{sII}，而只有式（10-9）一个方程，显然不可能求解。为此，一般令：

$$\beta=\frac{A_{sI}}{A_{s1}}=\frac{A'_{sI}}{A_{s1}}=\frac{A_{sII}}{A_{s2}}=\frac{A'_{sII}}{A_{s2}}=1.5\sim2.5 \tag{10-14}$$

$$\alpha=\frac{A_{s2}}{A_{s1}}=\frac{1}{n^2} \tag{10-15}$$

$$n=\frac{l_2}{l_1} \tag{10-16}$$

式中　β——支座每延米钢筋面积与相应跨中钢筋面积之比。

将上列公式代入式（10-10a）～式（10-10f），注意到 $z_1=0.9h_{01}$ 和 $z_2=0.9h_{02}$，并近似取 $h_{02}=0.9h_{01}$，同时用 h_0 代替 h_{01}，经整理后得：

$$M_1=A_{s1}f_y\times0.9h_0\left(n-\frac{1}{4}\right)l_1 \tag{10-17a}$$

$$M_2=A_{s1}f_y\times0.9^2h_0\,\frac{3}{4}\alpha l_1 \tag{10-17b}$$

$$M_I=M'_I=A_{s1}f_y\times0.9h_0n\beta l_1 \tag{10-17c}$$

$$M_{II}=M'_{II}=A_{s1}f_y\times0.9h_0\alpha\beta l_1 \tag{10-17d}$$

将式（10-17a）～式（10-17d）代入式（10-9），经整理后，得：

$$A_{s1}=\frac{pl_1^2\ (3n-1)}{21.6f_y h_0[(n-0.25)\ +0.675\alpha+n\beta+\alpha\beta]} \tag{10-18}$$

令
$$k_1=\frac{21.6f_y\ [(n-0.25)+0.675\alpha+n\beta+\alpha\beta]}{3n-1} \tag{10-19}$$

于是
$$A_{s1}=\frac{pl_1^2}{k_1 h_0} \tag{10-20}$$

求出 A_{s1} 后，便可求得：

$$A_{s2}=\alpha A_{s1} \tag{10-21}$$

$$A_{s\mathrm{I}}=A'_{s\mathrm{I}}=\beta A_{s1} \tag{10-22}$$

$$A_{s\mathrm{II}}=A'_{s\mathrm{II}}=\beta A_{s2} \tag{10-23}$$

上面给出了双向板嵌固情形的计算公式。对于板边为其他支承情形的板，也可用类似的方法求得相应公式。

当双向板的支座钢筋 $A_{s\mathrm{I}}$，$A'_{s\mathrm{I}}$，$A_{s\mathrm{II}}$，$A'_{s\mathrm{II}}$ 已知时，则：

$$M_{\mathrm{I}}=A_{s\mathrm{I}}f_y\times 0.9h_0 nl_1 \tag{10-24}$$

$$M'_{\mathrm{I}}=A'_{s\mathrm{I}}f_y\times 0.9h_0 nl_1 \tag{10-25}$$

$$M_{\mathrm{II}}=A_{s\mathrm{II}}f_y\times 0.9h_0 l_1 \tag{10-26}$$

$$M'_{\mathrm{II}}=A'_{s\mathrm{II}}f_y\times 0.9h_0 l_1 \tag{10-27}$$

将（10-24）～式（10-27）和式（10-17a）、式（10-17b）代入式（10-9），则得：

$$A_{s1}f_y\times 0.9h_0 l_1[2(n-0.25)+2\times 0.675\alpha]$$
$$+f_y\times 0.9h_0 l_1(nA_{s\mathrm{I}}+nA'_{s\mathrm{I}}+A_{s\mathrm{II}}+A'_{s\mathrm{II}})=\frac{pl_1^2}{12}(3n-1)l_1 \tag{10-28}$$

由此
$$A_{s1}=\frac{pl_1^2(3n-1)}{21.6h_0 f_y(n-0.25+0.675\alpha)}-\frac{nA_{s\mathrm{I}}+nA'_{s\mathrm{I}}+A_{s\mathrm{II}}+A'_{s\mathrm{II}}}{2n-0.5+1.35\alpha} \tag{10-29}$$

令
$$k_x=\frac{21.6h_0 f_y\ (n-0.25+0.675\alpha)}{3n-1} \tag{10-30}$$

$$k_x^F=2n-0.5+1.35\alpha \tag{10-31}$$

于是
$$A_{s1}=\frac{\gamma\cdot pl_1^2}{k_x h_0}-\frac{nA_{s\mathrm{I}}+nA'_{s\mathrm{I}}+A_{s\mathrm{II}}+A'_{s\mathrm{II}}}{k_x^F} \tag{10-32}$$

$$A_{s2}=\alpha A_{s1} \tag{10-33}$$

不难证明，系数 k_x 表达式可用系数 k_x^F 表示。这样，公式形式会简洁一些，于是：

$$k_x = \frac{10.8 f_y k_x^F}{3n-1} \times 10^{-6} \tag{10-34}$$

不同配筋形式和不同支座条件的 k_x^F（$x=1，2，\cdots，9$）表达式见表 10-10。

式（10-32）是计算双向板的通式。当某边的钢筋已知或简支时，该边应以实际钢筋面积或零代入式中，查表时对于钢筋已知边应按简支边考虑。

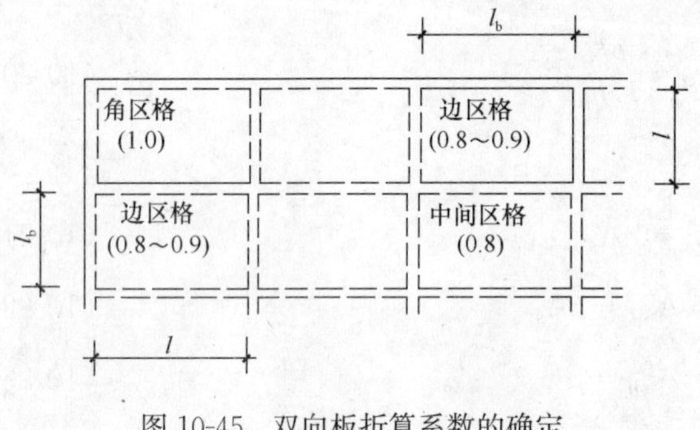

图 10-45　双向板折算系数的确定

应当指出，式中 p 的单位为 kN/m²，l_1 的单位为 m，h_0 的单位为 mm，A_s 的单位为 mm²/m。

式（10-32）第一项分子增加一个系数 γ，它是考虑当双向板四边与梁整浇时内力折减系数。一般按下列规定采用（图 10-45）：

（1）中间区格的跨中截面及中间支座上取 $\gamma=0.8$；

（2）边区格的跨中截面及从楼板边缘算起的第二支座截面：

当 $1.5\leqslant l_b/l\leqslant 2$ 时，取 $\gamma=0.9$；

当 $l_b/l<1.5$ 时，取 $\gamma=0.8$。

式中　l_b——沿板边缘的跨度；

l——垂直板边缘的跨度。

四、分离式配筋双向板的计算

为了施工方便，双向板多采用分离式配筋（图 10-46b），并将跨中钢筋全部伸入支座。其计算公式推导方法与弯起式配筋基本相同。分离式配筋不同支座的 k_x^F（$x=1，2，3，\cdots，9$）表达式见表 10-10。其余计算公式与弯起式配筋的相同。

五、按表格计算双向板的配筋

为了计算方便起见，表 10-11 和表 10-12 分别给出了弯起式配筋和分离式配筋不同支座条件和 $\beta=2$ 时的 k_x 和 k_x^F 系数值，可供计算应用。其中，k_x（$x=1，\cdots，9$）系数值是根据钢筋级别为 HPB300（$f_y=270\text{N/mm}^2$）时计算的；若采用其他级别的钢筋，则 k_x 值应乘以比值 $f_y/270$（f_y 为其他钢筋抗拉强度设计值）。

其余计算公式与前相同。

k_x^F 系数计算公式表　　　　**表 10-10**

支承条件		弯起式配筋	分离式配筋
1	l_2, l_1	$k_1^F=2(n-0.25+0.675\alpha)+2n\beta+2\alpha\beta$	$k_1^F=2n+1.8\alpha+2n\beta+2\alpha\beta$
2	l_2, l_1	$k_2^F=2(n-0.25+0.675\alpha)+n\beta+2\alpha\beta$	$k_2^F=2n+1.8\alpha+n\beta+2\alpha\beta$

续表

支承条件		弯起式配筋	分离式配筋
3	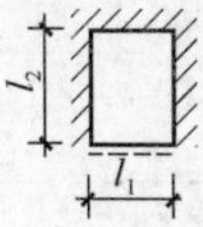	$k_3^F=2(n-0.25+0.675\alpha)+2n\beta+\alpha\beta$	$k_3^F=2n+1.8\alpha+2n\beta+\alpha\beta$
4	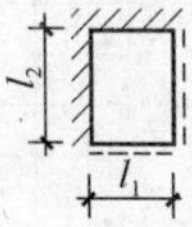	$k_4^F=2(n-0.25+0.675\alpha)+n\beta+\alpha\beta$	$k_4^F=2n+1.8\alpha+n\beta+\alpha\beta$
5	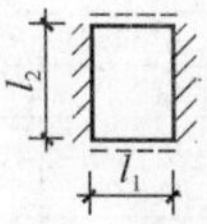	$k_5^F=2(n-0.25+0.675\alpha)+2n\beta$	$k_5^F=2n+1.8\alpha+2n\beta$
6	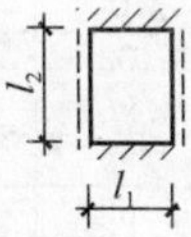	$k_6^F=2(n-0.25+0.675\alpha)+2\alpha\beta$	$k_6^F=2n+1.8\alpha+2\alpha\beta$
7	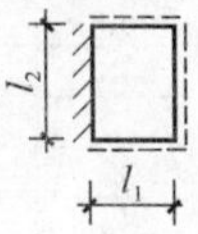	$k_7^F=2(n-0.25+0.675\alpha)+n\beta$	$k_7^F=2n+1.8\alpha+n\beta$
8	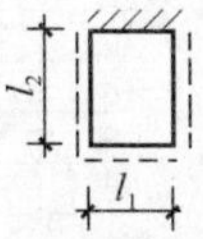	$k_8^F=2(n-0.25+0.675\alpha)+\alpha\beta$	$k_8^F=2n+1.8\alpha+\alpha\beta$
9	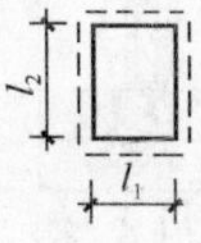	$k_9^F=2(n-0.25+0.675\alpha)$	$k_9^F=2n+1.8\alpha$

在均布荷载作用下双向板按塑性

		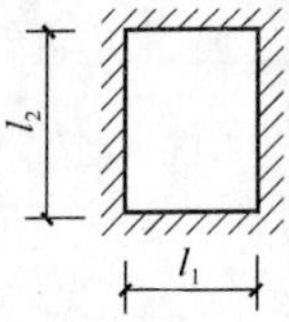		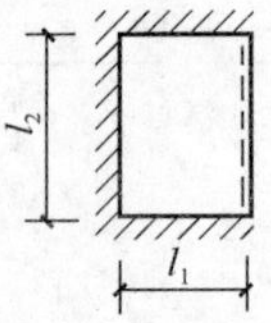		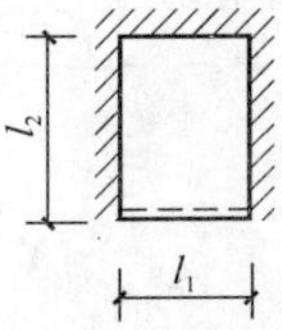		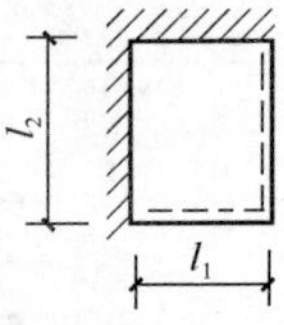	
$n=l_2/l_1$	α	$k_2\times10^{-3}$	k_1^F	$k_2\times10^{-3}$	k_2^F	$k_3\times10^{-3}$	k_3^F	$k_4\times10^{-3}$	k_4^F
1.00	1.000	15.82	—	12.90	8.85	12.90	8.85	9.99	6.85
1.02	0.961	15.23	—	12.35	8.72	12.51	8.84	9.63	6.80
1.04	0.925	14.70	—	11.84	8.61	12.16	8.84	9.29	6.76
1.06	0.889	14.21	—	11.37	8.50	11.83	8.84	8.99	6.72
1.08	0.857	13.76	—	10.94	8.41	11.52	8.85	8.71	6.69
1.10	0.826	13.34	—	10.55	8.32	11.24	8.87	8.46	6.67
1.12	0.797	12.96	—	10.19	8.24	10.99	8.89	8.22	6.65
1.14	0.769	12.60	—	9.85	8.18	10.75	8.92	8.00	6.64
1.16	0.743	12.27	—	9.54	8.12	10.52	8.95	7.80	6.63
1.18	0.718	11.97	—	9.26	8.06	10.32	8.99	7.61	6.63
1.20	0.694	11.68	—	8.99	8.02	10.12	9.03	7.43	6.63
1.22	0.672	11.42	—	8.74	7.97	9.94	9.07	7.26	6.63
1.24	0.650	11.17	—	8.51	7.94	9.78	9.11	7.12	6.64
1.26	0.630	10.94	—	8.30	7.91	9.62	9.17	6.98	6.65
1.28	0.610	10.73	—	8.10	7.89	9.47	9.23	6.84	6.66
1.30	0.592	10.52	—	7.91	7.87	9.33	9.28	6.72	6.68
1.32	0.574	10.33	—	7.73	7.85	9.20	9.34	6.60	6.70
1.34	0.557	10.15	—	7.57	7.84	9.08	9.41	6.49	6.73
1.36	0.541	9.99	—	7.42	7.83	8.97	9.47	6.39	6.75
1.38	0.525	9.83	—	7.14	7.83	8.86	9.54	6.30	6.78
1.40	0.510	9.69	—	7.13	7.83	8.76	9.61	6.21	6.81
1.42	0.496	9.55	—	7.01	7.83	8.66	9.68	6.12	6.84
1.44	0.482	9.42	—	6.89	7.84	8.57	9.76	6.03	6.88
1.46	0.469	9.29	—	6.77	7.85	8.48	9.83	5.96	6.91
1.48	0.457	9.17	—	6.66	7.86	8.40	9.91	5.89	6.95
1.50	0.444	9.06	—	6.56	7.88	8.32	9.99	5.82	6.99
1.52	0.433	8.96	—	6.47	7.90	8.25	10.07	5.76	7.03
1.54	0.422	8.86	—	6.38	7.92	8.18	10.15	5.70	7.07
1.56	0.411	8.76	—	6.29	7.94	8.11	10.24	5.64	7.12
1.58	0.401	8.67	—	6.21	7.96	8.05	10.32	5.58	7.12
1.60	0.391	8.59	—	6.13	7.99	7.99	10.41	5.53	7.21
1.62	0.381	8.51	—	6.06	8.02	7.93	10.50	5.48	7.26
1.64	0.372	8.43	—	5.99	8.05	7.87	10.59	5.43	7.31
1.66	0.363	8.35	—	5.92	8.08	7.82	10.68	5.39	7.36
1.68	0.354	8.28	—	5.86	8.12	7.77	10.77	5.35	7.41
1.70	0.346	8.22	—	5.80	8.15	7.72	10.86	5.31	7.46
1.72	0.338	8.15	—	5.74	8.19	7.68	10.95	5.27	7.51
1.74	0.330	8.09	—	5.69	8.23	7.63	11.05	5.23	7.57
1.76	0.323	8.03	—	5.63	8.27	7.60	11.14	5.19	7.62
1.78	0.316	7.97	—	5.58	8.31	7.55	11.24	5.16	7.68
1.80	0.309	7.92	—	5.53	8.35	7.51	11.33	5.13	7.73
1.82	0.302	7.87	—	5.49	8.40	7.47	11.43	5.09	7.79
1.84	0.295	7.82	—	5.45	8.44	7.44	11.53	5.06	7.85
1.86	0.289	7.77	—	5.40	8.49	7.40	11.63	5.04	7.90
1.88	0.283	7.73	—	5.36	8.53	7.37	11.73	5.01	7.97
1.90	0.277	7.68	—	5.32	8.58	7.34	11.83	4.98	8.03
1.92	0.271	7.64	—	5.29	8.63	7.31	11.93	4.96	8.09
1.94	0.266	7.60	—	5.25	8.68	7.28	12.03	4.93	8.15
1.96	0.260	7.56	—	5.22	8.73	7.25	12.13	4.91	8.21
1.98	0.255	7.52	—	5.19	8.78	7.22	12.23	4.88	8.27
2.00	0.250	7.48	—	5.15	8.84	7.20	12.24	4.86	8.34

注：表中 k_i 系由 HPB300 级钢筋（$f_y=270\text{N/mm}^2$）算出；若采用其他级别钢筋，则 k_i 应乘以比值 $f_y/270$（f_y 为其他钢筋抗拉强度设计值）。

理论计算弯起式配筋系数表 表 10-11

$k_5\times10^{-3}$	k_5^F	$k_6\times10^{-3}$	k_6^F	$k_7\times10^{-3}$	k_7^F	$k_8\times10^{-3}$	k_8^F	$k_9\times10^{-3}$	k_9^F	$n=l_2/l_1$
9.99	6.85	9.99	6.85	7.07	4.85	7.07	4.85	4.16	2.85	1.00
9.79	6.92	9.46	6.68	6.90	4.88	6.74	4.76	4.02	2.84	1.02
9.61	6.99	8.98	6.53	6.75	4.91	6.43	4.68	3.89	2.83	1.04
9.45	7.06	8.54	6.38	6.61	4.94	6.16	4.60	3.77	2.82	1.06
9.29	7.14	8.13	6.25	6.48	4.98	5.90	4.53	3.67	2.82	1.08
9.15	7.22	7.76	6.12	6.36	5.02	5.67	4.47	3.57	2.82	1.10
9.02	7.30	7.42	6.00	6.25	5.06	5.45	4.41	3.48	2.82	1.12
8.89	7.38	7.11	5.90	6.14	5.10	5.25	4.36	3.40	2.82	1.14
8.78	7.46	6.82	5.80	6.05	5.14	5.07	4.31	3.32	2.82	1.16
8.67	7.55	6.55	5.70	5.96	5.19	4.90	4.27	3.25	2.83	1.18
8.57	7.64	6.30	5.62	5.88	5.24	4.74	4.23	3.18	2.84	1.20
8.47	7.73	6.07	5.53	5.80	5.29	4.59	4.19	3.12	2.85	1.22
8.38	7.82	5.85	5.46	5.72	5.34	4.46	4.16	3.06	2.86	1.24
8.30	7.91	5.65	5.39	5.65	5.39	4.33	4.13	3.01	2.87	1.26
8.22	8.00	5.47	5.33	5.59	5.44	4.21	4.10	2.96	2.88	1.28
8.14	8.10	5.29	5.27	5.53	5.50	4.10	4.08	2.91	2.90	1.30
8.87	8.19	5.13	5.21	5.47	5.56	4.00	4.06	2.87	2.91	1.32
8.01	8.29	4.98	5.16	5.42	5.61	3.91	4.04	2.83	2.93	1.34
7.94	8.39	4.84	5.11	5.37	5.67	3.82	4.03	2.79	2.95	1.36
7.88	8.49	4.71	5.07	5.32	5.73	3.73	4.02	2.76	2.96	1.38
7.83	8.59	4.58	5.03	5.28	5.79	3.65	4.01	2.72	2.99	1.40
7.77	8.69	4.47	4.99	5.23	5.85	3.58	4.00	2.69	3.01	1.42
7.72	8.79	4.36	4.96	5.19	5.91	3.51	3.99	2.66	3.03	1.44
7.67	8.89	4.25	4.93	5.15	5.97	3.44	3.99	2.63	3.05	1.46
7.63	9.00	4.16	4.90	5.12	6.03	3.38	4.00	2.61	3.08	1.48
7.58	9.10	4.06	4.88	5.08	6.10	3.32	4.00	2.58	3.10	1.50
7.54	9.20	3.98	4.86	5.05	6.16	3.27	4.00	2.56	3.12	1.52
7.50	9.31	3.90	4.84	5.02	6.23	3.22	4.00	2.54	3.15	1.54
7.46	9.41	3.82	4.82	4.99	6.29	3.17	4.00	2.52	3.17	1.56
7.42	9.52	3.74	4.80	4.96	6.36	3.12	4.00	2.50	3.20	1.58
7.39	9.63	3.68	4.79	4.93	6.42	3.08	4.00	2.48	3.23	1.60
7.35	9.73	3.61	4.78	4.91	6.49	3.03	4.01	2.46	3.25	1.62
7.32	9.84	3.55	4.77	4.88	6.56	2.99	4.03	2.44	3.28	1.64
7.29	9.95	3.49	4.76	4.86	6.63	2.96	4.04	2.43	3.31	1.66
7.26	10.06	3.43	4.75	4.83	6.70	2.92	4.05	2.41	3.33	1.68
7.23	10.17	3.38	4.75	4.81	6.77	2.89	4.06	2.39	3.36	1.70
7.20	10.28	3.33	4.75	4.79	6.84	2.86	4.07	2.38	3.40	1.72
7.18	10.39	3.28	4.75	4.77	6.91	2.82	4.08	2.37	3.43	1.74
7.15	10.50	3.23	4.75	4.75	6.98	2.79	4.10	2.35	3.46	1.76
7.13	10.61	3.19	4.75	4.73	7.05	2.77	4.12	2.34	3.49	1.78
7.10	10.72	3.15	4.75	4.72	7.12	2.74	4.13	2.33	3.52	1.80
7.08	10.83	3.11	4.76	4.70	7.19	2.71	4.15	2.32	3.55	1.82
7.06	10.94	3.07	4.76	4.68	7.26	2.69	4.17	2.31	3.58	1.84
7.04	11.05	3.04	4.77	4.67	7.33	2.67	4.19	2.30	3.61	1.86
7.01	11.16	3.00	4.77	4.65	7.40	2.64	4.20	2.29	3.64	1.88
6.99	11.27	2.97	4.78	4.64	7.47	2.62	4.23	2.28	3.67	1.90
6.98	11.39	2.94	4.79	4.62	7.54	2.60	4.25	2.27	3.71	1.92
6.96	11.50	2.91	4.80	4.61	7.62	2.58	4.27	2.26	3.74	1.94
6.94	11.61	2.88	4.81	4.60	7.69	2.56	4.29	2.25	3.77	1.96
6.92	11.72	2.85	4.82	4.58	7.76	2.55	4.31	2.25	3.80	1.98
6.90	11.84	2.82	4.83	4.57	7.83	2.53	4.34	2.24	3.84	2.00

在均布荷载作用下双向板按塑性

$n=l_2/l_1$	α	$k_2\times10^{-3}$	k_1^F	$k_2\times10^{-3}$	k_2^F	$k_3\times10^{-3}$	k_3^F	$k_4\times10^{-3}$	k_4^F
1.00	1.000	17.20	—	14.29	9.80	14.29	9.80	11.37	7.80
1.02	0.961	16.55	—	13.67	9.65	13.83	9.77	10.95	7.73
1.04	0.925	15.96	—	13.10	9.52	13.42	9.75	10.55	7.67
1.06	0.889	15.41	—	12.58	9.40	13.03	9.74	10.19	7.62
1.08	0.857	14.91	—	12.10	9.29	12.68	9.74	9.86	7.58
1.10	0.826	14.44	—	11.66	9.19	12.35	9.74	9.56	7.54
1.12	0.797	14.02	—	11.25	9.10	12.05	9.75	9.28	7.51
1.14	0.769	13.62	—	10.87	9.02	11.77	9.76	9.02	7.48
1.16	0.743	13.25	—	10.52	8.95	11.50	9.78	8.78	7.46
1.18	0.718	12.91	—	10.20	8.89	11.26	9.81	8.55	7.45
1.20	0.694	12.59	—	9.90	8.83	11.03	9.84	8.34	7.44
1.22	0.672	12.30	—	9.62	8.78	10.82	9.87	8.15	7.43
1.24	0.650	12.02	—	9.36	8.73	10.63	9.91	7.97	7.43
1.26	0.630	11.76	—	9.11	8.69	10.44	9.95	7.79	7.43
1.28	0.610	11.52	—	8.89	8.66	10.27	10.00	7.64	7.44
1.30	0.592	11.29	—	8.68	8.63	10.10	10.05	7.49	7.45
1.32	0.574	11.08	—	8.48	8.61	9.95	10.10	7.35	7.46
1.34	0.557	10.88	—	8.29	8.59	9.81	10.16	7.22	7.48
1.36	0.541	10.69	—	8.12	8.58	9.67	10.21	7.10	7.49
1.38	0.525	10.52	—	7.95	8.57	9.54	10.28	6.98	7.52
1.40	0.510	10.35	—	7.80	8.56	9.42	10.34	6.87	7.54
1.42	0.496	10.19	—	7.65	8.56	9.31	10.41	6.77	7.56
1.44	0.482	10.05	—	7.52	8.56	9.20	10.47	6.67	7.59
1.46	0.469	9.91	—	7.39	8.56	9.10	10.54	6.58	7.62
1.48	0.457	9.77	—	7.26	8.57	9.00	10.61	6.49	7.65
1.50	0.444	9.65	—	7.15	8.58	8.91	10.69	6.41	7.69
1.52	0.433	9.53	—	7.04	8.59	8.82	10.76	6.33	7.73
1.54	0.422	9.41	—	6.93	8.61	8.73	10.84	6.25	7.76
1.56	0.411	9.31	—	6.83	8.62	8.65	10.92	6.18	7.80
1.58	0.401	9.20	—	6.74	8.64	8.58	11.00	6.11	7.84
1.60	0.391	9.11	—	6.65	8.67	8.51	11.08	6.05	7.88
1.62	0.381	9.01	—	6.56	8.69	8.44	11.17	5.99	7.93
1.64	0.372	8.93	—	6.48	8.72	8.37	11.25	5.93	7.97
1.66	0.363	8.84	—	6.41	8.74	8.31	11.34	5.88	8.02
1.68	0.354	8.76	—	6.33	8.77	8.25	11.43	5.82	8.07
1.70	0.346	8.68	—	6.26	8.81	8.19	11.51	5.77	8.11
1.72	0.338	8.61	—	6.20	8.84	8.13	11.60	5.72	8.16
1.74	0.330	8.54	—	6.13	8.88	8.08	11.70	5.68	8.22
1.76	0.323	8.47	—	6.07	8.91	8.03	11.79	5.63	8.27
1.78	0.316	8.41	—	6.01	8.95	7.98	11.88	5.59	8.32
1.80	0.309	8.34	—	5.96	8.99	7.93	11.97	5.55	8.37
1.82	0.302	8.28	—	5.90	9.03	7.89	12.07	5.51	8.43
1.84	0.295	8.23	—	5.85	9.07	7.85	12.16	5.47	8.48
1.86	0.289	8.17	—	5.80	9.12	7.80	12.26	5.44	8.54
1.88	0.283	8.12	—	5.76	9.16	7.76	12.36	5.40	8.60
1.90	0.277	8.07	—	5.72	9.21	7.73	12.45	5.37	8.65
1.92	0.271	8.02	—	5.67	9.25	7.69	12.55	5.34	8.71
1.94	0.266	7.97	—	5.63	9.30	7.65	12.65	5.31	8.77
1.96	0.260	7.93	—	5.59	9.35	7.62	12.75	5.28	8.83
1.98	0.255	7.89	—	5.55	9.40	7.58	12.85	5.25	8.89
2.00	0.250	7.84	—	5.51	9.45	7.55	12.95	5.22	8.95

注：表中 k_i 系由 HPB300 级钢筋（$f_y=270\text{N/mm}^2$）算出，若采用其他级别钢筋，则 k_i 应乘以比值 $f_y/270$（f_y）为其他钢筋抗拉强度设计值）。

理论计算分离式配筋系数表 **表 10-12**

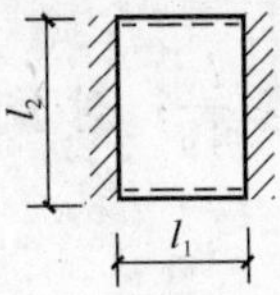 $k_5 \times 10^{-3}$	k_5^F	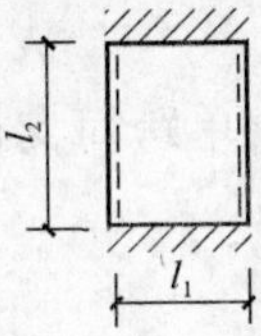 $k_6 \times 10^{-3}$	k_6^F	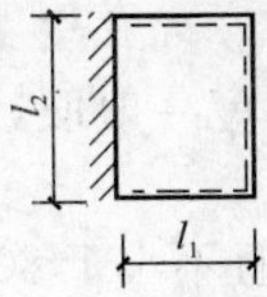 $k_7 \times 10^{-3}$	k_7^F	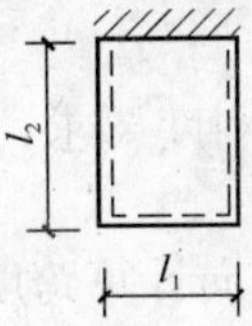 $k_8 \times 10^{-3}$	k_8^F	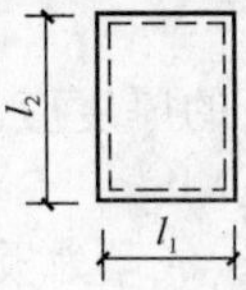 $k_9 \times 10^{-3}$	k_9^F	$n=l_2/l_1$
11.37	7.80	11.37	7.80	8.47	5.80	8.46	5.80	5.54	3.80	1.00
11.11	7.85	10.78	7.61	8.22	5.81	8.06	5.69	5.34	3.77	1.02
10.87	7.90	10.24	7.44	8.01	5.82	7.69	5.59	5.15	3.74	1.04
10.65	7.96	9.74	7.28	7.81	5.84	7.36	5.50	4.98	3.72	1.06
10.44	8.02	9.28	7.13	7.63	5.86	7.05	5.42	4.82	3.70	1.08
10.25	8.09	8.87	6.99	7.46	5.89	6.77	5.34	4.68	3.69	1.10
10.08	8.15	8.48	6.86	7.31	5.91	6.51	5.27	4.54	3.67	1.12
9.91	8.23	8.12	6.74	7.16	5.95	6.27	5.20	4.42	3.67	1.14
9.76	8.30	7.80	6.63	7.03	5.98	6.05	5.14	4.30	3.66	1.16
9.61	8.37	7.49	6.53	6.90	6.01	5.84	5.09	4.19	3.65	1.18
9.48	8.45	7.21	6.43	6.79	6.05	5.65	5.04	4.09	3.65	1.20
9.35	8.53	6.95	6.34	6.68	6.09	5.47	4.99	4.00	3.65	1.22
9.23	8.61	6.70	6.25	6.57	6.13	5.31	4.95	3.91	3.65	1.24
9.12	8.69	6.48	6.17	6.48	6.17	5.15	4.91	3.83	3.65	1.26
9.01	8.78	6.26	6.10	6.39	6.22	5.01	4.88	3.76	3.66	1.28
8.91	8.87	6.07	6.03	6.30	6.27	4.88	4.85	3.69	3.67	1.30
8.82	8.95	5.88	5.97	6.22	6.31	4.75	4.82	3.62	3.67	1.32
8.73	9.04	5.71	5.91	6.14	6.36	4.63	4.80	3.56	3.68	1.34
8.65	9.13	5.54	5.86	6.07	6.41	4.52	4.77	3.50	3.69	1.36
8.57	9.23	5.39	5.81	6.00	6.47	4.42	4.76	3.44	3.71	1.38
8.49	9.32	5.25	5.76	5.94	6.52	4.32	4.74	3.39	3.72	1.40
8.42	9.41	5.11	5.72	5.88	6.57	4.23	4.72	3.34	3.73	1.42
8.35	9.51	4.99	5.68	5.82	6.63	4.14	4.71	3.29	3.75	1.44
8.29	9.60	4.87	5.64	5.77	6.68	4.06	4.70	3.25	3.76	1.46
8.22	9.70	4.75	5.61	5.71	6.74	3.98	4.69	3.21	3.78	1.48
8.16	9.80	4.65	5.58	5.67	6.80	3.91	4.69	3.17	3.80	1.50
8.11	9.90	4.55	5.55	5.62	6.86	3.84	4.68	3.13	3.82	1.52
8.05	10.00	4.45	5.53	5.57	6.92	3.77	4.68	3.09	3.84	1.54
8.00	10.10	4.36	5.50	5.53	6.98	3.71	4.68	3.06	3.86	1.56
7.95	10.20	4.28	5.48	5.49	7.04	3.65	4.68	3.03	3.88	1.58
7.91	10.30	4.19	5.47	5.45	7.10	3.59	4.68	3.00	3.90	1.60
7.86	10.40	4.11	5.45	5.41	7.17	3.54	4.69	2.97	3.93	1.62
7.82	10.51	4.04	5.44	5.38	7.23	3.49	4.69	2.94	3.95	1.64
7.78	10.61	3.97	5.43	5.34	7.29	3.44	4.70	2.91	3.97	1.66
7.74	10.72	3.91	5.42	5.31	7.36	3.40	4.71	2.89	4.00	1.68
7.70	10.82	3.85	5.41	5.28	7.42	3.35	4.72	2.86	4.02	1.70
7.66	10.93	3.79	5.40	5.25	7.49	3.31	4.73	2.84	4.05	1.72
7.62	11.03	5.73	5.39	5.22	7.56	3.27	4.74	2.82	4.07	1.74
7.59	11.14	3.67	5.39	5.19	7.62	3.23	4.75	2.79	4.10	1.76
7.56	11.24	3.62	5.39	5.17	7.69	3.20	4.76	2.77	4.13	1.78
7.53	11.36	3.57	5.39	5.14	7.76	3.16	4.77	2.75	4.16	1.80
7.49	11.46	3.52	5.39	5.12	7.82	3.13	4.78	2.74	4.18	1.82
7.47	11.57	3.48	5.39	5.09	7.89	3.10	4.80	2.72	4.21	1.84
7.44	11.68	3.44	5.40	5.07	7.96	3.07	4.82	2.70	4.24	1.86
7.41	11.79	3.39	5.40	5.05	8.03	3.04	4.84	2.68	4.27	1.88
7.38	11.90	3.35	5.41	5.02	8.10	3.01	4.85	2.67	4.30	1.90
7.36	12.00	3.32	5.41	5.00	8.17	2.98	4.87	2.65	4.32	1.92
7.33	12.12	3.28	5.42	4.98	8.24	2.96	4.89	2.64	4.36	1.94
7.31	12.23	3.24	5.43	4.96	8.31	2.93	4.91	2.62	4.39	1.96
7.28	12.34	3.21	5.44	4.95	8.38	2.91	4.93	2.61	4.42	1.98
7.26	12.45	3.18	5.45	4.93	8.45	2.89	4.95	2.60	4.45	2.00

10.9.3 双向板的构造要求

1. 双向板的厚度应满足刚度要求，其厚度一般取：对于单跨简支板 $h \geqslant \frac{l_0}{45}$；对于多跨连续板 $h \geqslant \frac{l_0}{50}$（$l_0$ 为板的短向计算跨度），且不小于 80mm。

2. 双向板的配筋形式也分为弯起式配筋和分离式配筋。构造要求参见图 10-46。

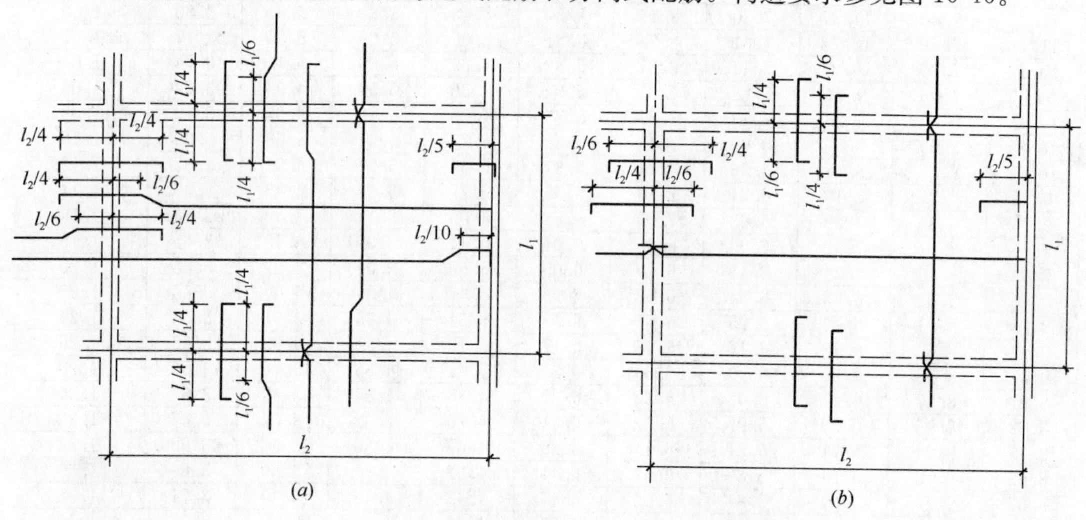

图 10-46 双向板的配筋构造

（a）弯起式配筋；（b）分离式配筋

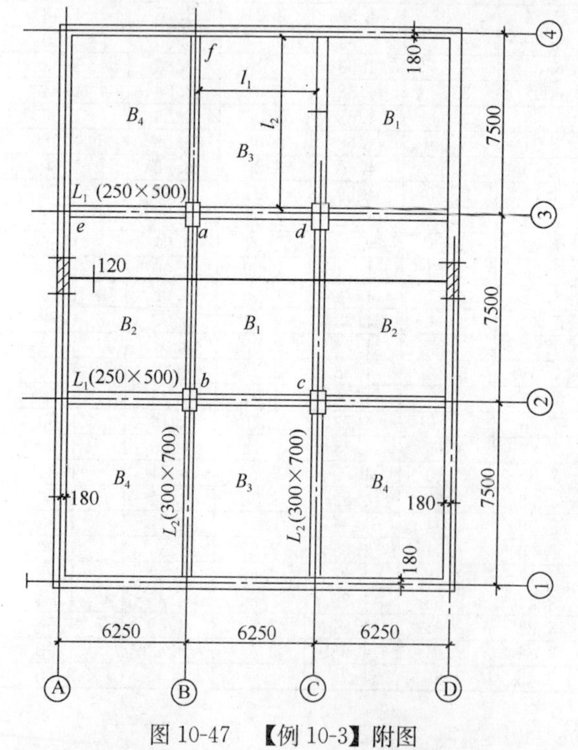

图 10-47 【例 10-3】附图

3. 由于双向板短向跨中弯矩比长向的大，故沿短向的跨中受力钢筋 A_{s1} 应放在沿长向的受力钢筋 A_{s2} 的下面。

【例 10-3】 现浇钢筋混凝土双向板楼盖，承受均布荷载设计值 $p=9.06\text{kN/m}^2$，板厚 $h=120\text{mm}$，混凝土强度等级为 C20，采用 HPB300 级钢筋，钢筋抗拉强设计值 $f_y=270\text{N/mm}^2$。楼盖结构平面图参见图 10-47。双向板采用分离式配筋，取 $\beta=2$。环境类别为一类。试按塑性理论计算双向板的配筋。

【解】 板的有效高度

$h_0=h-20=120-20=100\text{mm}$

（1）计算 B_1 区格板

本区格为四边嵌固的双向板，

计算跨度：

$l_1=6.25-0.30=5.95\text{m}$

$$l_2=7.50-0.25=7.25\text{m}$$

$$n=\frac{l_2}{l_1}=\frac{7.25}{5.95}=1.22 \quad \alpha=\frac{1}{n^2}=\frac{1}{1.22^2}=0.672 \quad \beta=2 \quad \gamma=0.8$$

由表10-10分离式配筋查得，

$$k_1^{\mathrm{F}}=2n+1.8\alpha+2n\beta+2\alpha\beta$$

$$=2\times1.22+1.8\times0.672\times2\times1.22\times2+2\times0.672\times2=11.22$$

$$k_1=\frac{10.8f_y k_x^{\mathrm{F}}}{3n-1}\times10^{-6}=\frac{10.8\times270\times11.22}{3\times1.22-1}\times10^{-6}=12.30\times10^{-3}$$

由表10-12查得，同样$k_1=12.30\times10^{-3}$，说明计算无误。

$$A_{s1}=\frac{\gamma\cdot pl_1^2}{k_x h_0}=\frac{0.8\times9.06\times5.95^2}{12.30\times10^{-3}\times100}=209\text{mm}$$

$$A_{s2}=\alpha A_{s1}=0.672\times209=140\text{mm}^2$$

$$A_{s\mathrm{I}}=A'_{s\mathrm{I}}=\beta A_{s1}=2\times209=418\text{mm}^2$$

$$A_{s\mathrm{II}}=A'_{s\mathrm{II}}=\beta A_{s2}=2\times140=280\text{mm}^2$$

（2）计算B_2区格板

计算跨度：

$$l_1=6.25-\frac{300}{2}-180+\frac{0.12}{2}=5.98\text{m}$$

$$l_2=7.50-0.25=7.25\text{m}$$

$$n=\frac{l_2}{l_1}=\frac{7.25}{5.98}=1.21 \quad \alpha=\frac{1}{n^2}=\frac{1}{1.21^2}=0.683 \quad \beta=2 \quad \gamma=1.0$$

本区格为三边嵌固一长边简支的双向板，但由于长边ab为B_1和B_2区格板的共同支座，它的配筋已知：$A_{s\mathrm{I}}=418\text{mm}^2$，故应按简支考虑。

$$k_6^{\mathrm{F}}=2n+1.8\alpha+2\alpha\beta=2\times1.21+1.8\times0.683+2\times0.683\times2=6.38$$

$$k_6=\frac{10.8f_y k_x^{\mathrm{F}}}{3n-1}\times10^{-6}=\frac{10.8\times270\times6.38}{3\times1.21-1}\times10^{-6}=7.07\times10^{-3}$$

$$A_{s1}=\frac{\gamma\cdot pl_1^2}{k_x h_0}-\frac{nA_{s\mathrm{I}}}{k_6^{\mathrm{F}}}=\frac{1.0\times9.06\times5.98^2}{7.07\times10^{-3}\times100}-\frac{1.21\times418}{6.38}=379\text{mm}^2$$

$$A_{s2}=\alpha A_{s1}=0.683\times379=259\text{mm}^2$$

$$A_{s\mathrm{II}}=A'_{s\mathrm{II}}=\beta A_{s2}=2\times259=518\text{mm}^2$$

（3）计算B_3区格板

计算跨度：

$$l_1=6.25-0.30=5.95\text{m}$$

$$l_2=7.50-\frac{300}{2}-180+\frac{0.12}{2}=7.25\text{m}$$

$$n=\frac{l_2}{l_1}=\frac{7.25}{5.95}=1.22 \qquad \alpha=\frac{1}{n^2}=\frac{1}{1.22^2}=0.672 \quad \beta=2 \quad \gamma=1.0$$

本区格为三边嵌固，一短边简支的双向板，由于短边 ad 为 B_1 和 B_3 区格板的共同支座，它的配筋为已知：$A_{s\text{II}}=280\text{mm}^2$，故应按简支考虑。于是本区格应按两短边简支，两长边嵌固的双向板计算，由表 10-10 分离式配筋查得：

$$k_5^{\text{F}}=2n+1.8\alpha+2n\beta=2\times1.22+1.8\times0.682+2\times1.22\times2=8.55$$

$$k_5=\frac{10.8f_y k_5^{\text{F}}}{3n-1}\times10^{-6}=\frac{10.8\times270\times8.55}{3\times1.22-1}\times10^{-6}=9.37\times10^{-3}$$

$$A_{s1}=\frac{\gamma\cdot Pl_1^2}{k_x h_0}-\frac{A_{s\text{II}}}{k_5^{\text{F}}}=\frac{1.0\times9.06\times5.95^2}{9.37\times10^{-3}\times100}-\frac{280}{8.55}=310\text{mm}^2$$

$$A_{s2}=\alpha A_{s1}=0.672\times310=208\text{mm}^2$$

$$A_{s\text{I}}=A'_{s\text{I}}=\beta A_{s1}=2\times310=620\text{mm}^2$$

（4）计算 B_4 区格板

计算跨度：

$$l_1=6.25-\frac{300}{2}-180+\frac{0.12}{2}=5.98\text{m}$$

$$l_2=7.50-\frac{300}{2}-180+\frac{0.12}{2}=7.25\text{m}$$

$$n=\frac{l_2}{l_1}=\frac{7.25}{5.98}=1.21 \quad \alpha=\frac{1}{n^2}=\frac{1}{1.21^2}=0.683 \quad \beta=2 \quad \gamma=1.0$$

本区格为角区格，是一邻边嵌固，另一邻边简支的双向板，但由于短边支座 ea 和长边支座 af 分别为 B_4 与 B_2 和 B_4 与 B_3 区格板的共同支座，它们的配筋均已知，分别为：$A_{s\text{II}}=518\text{mm}^2$ 和 $A_{s\text{I}}=620\text{mm}^2$，故应按简支考虑。于是本区格应按两四边简支的双向板计算，由表 10-10 分离式配筋查得：

$$k_9^{\text{F}}=2n+1.8\alpha=2\times1.21+1.8\times0.683=3.65$$

$$k_9=\frac{10.8f_y k_x^{\text{F}}}{3n-1}\times10^{-6}=\frac{10.8\times270\times3.65}{3\times1.22-1}\times10^{-6}=4.05\times10^{-3}$$

$$A_{s1}=\frac{\gamma\cdot Pl_1^2}{k_x h_0}-\frac{nA_{s\text{I}}+A_{s\text{II}}}{k_6^{\text{F}}}=\frac{1.0\times9.06\times5.98^2}{4.05\times10^{-3}\times100}-\frac{1.21\times620+518}{3.65}=453\text{mm}^2$$

$$A_{s2}=\alpha A_{s1}=0.683\times453=309\text{mm}^2$$

板的配筋计算结果见表 10-13。

板的配筋计算结果　　　　表 10-13

截面			钢筋计算面积（mm^2）	选配钢筋	实配钢筋面积（mm^2）
跨中	B_1 区格	l_1 方向	209	ϕ8@200	251
		l_2 方向	140	ϕ8@200	251
	B_2 区格	l_1 方向	379	ϕ8@130	387
		l_2 方向	259	ϕ8@180	279
	B_3 区格	l_1 方向	310	ϕ8@160	314
		l_2 方向	208	ϕ8@200	251
	B_4 区格	l_1 方向	453	ϕ8@110	457
		l_2 方向	309	ϕ8@160	314
支座	B_1-B_2		418	ϕ10@180	436
	B_1-B_3		280	ϕ8@160	314
	B_2-B_4		518	ϕ10@150	523
	B_3-B_4		620	ϕ10@120	654

板的配筋图见图 10-48。

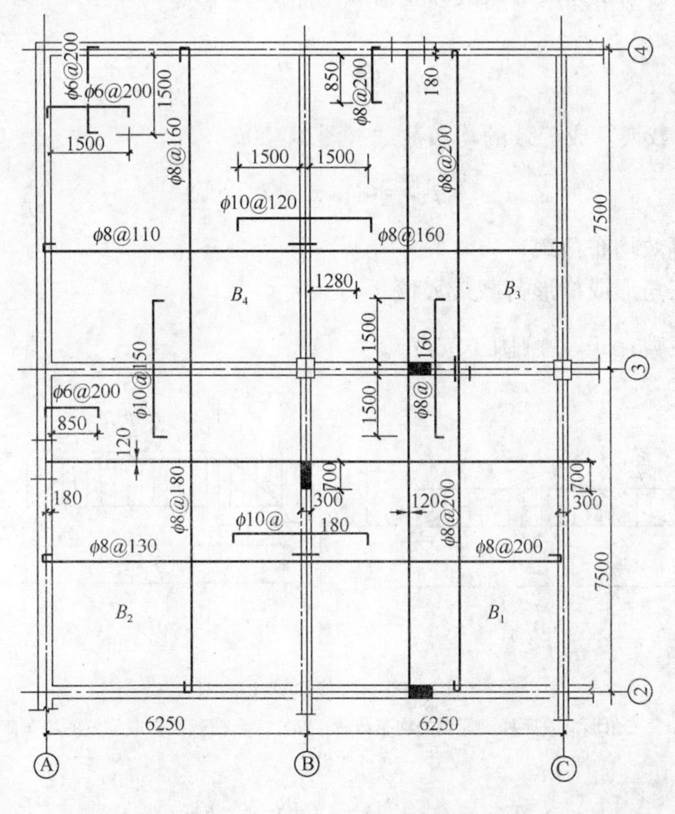

图 10-48　双向板配筋图

10.9.4 双向板楼盖梁的计算

在双向板楼盖中，由于板在两个方向发生弯曲，故板上荷载将沿两个方向传给梁或墙。精确计算板上荷载在各方向的分配是十分困难的，一般按简化方法计算，即在每一区格的四角作45°线，将板分成四个区域，梁上的荷载，即按相邻区域面积比例分配。这样，对双向板长边的梁来说，由板传来的荷载呈梯形分布；而对双向板短边的梁来说，由板传来的荷载呈三角形分布（图10-49）。

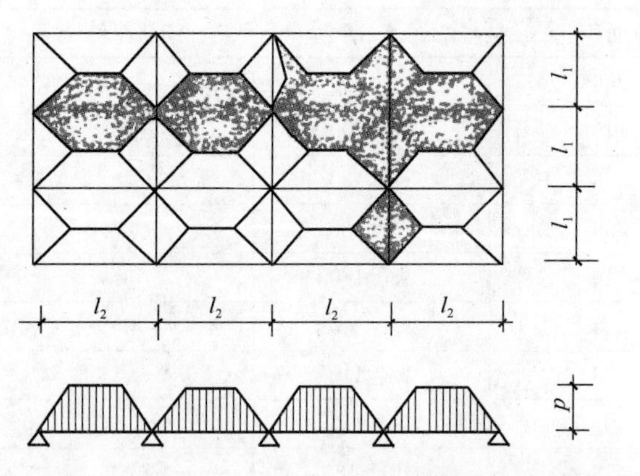

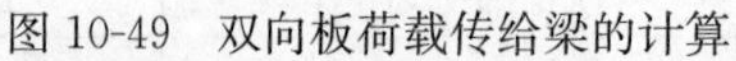

图10-49　双向板荷载传给梁的计算

为了计算简化，对于承受三角形和梯形荷载的连续梁，且其跨度相差不超过10%时，其内力可按支座弯矩相等的条件把它换算成等效的均布荷载p_{eq}。再利用附录D的方法或其他计算方法求得支座弯矩，然后再结合实际荷载，按静力平衡条件求出跨中弯矩。

（1）三角形荷载换算成等效的均布荷载（图10-50*a*）

$$p_{eq}=\frac{5}{8}p \tag{10-35}$$

（2）梯形荷载换算成等效的均布荷载（图10-50*b*）

$$p_{eq}=(1-\alpha^2+\alpha^3)p \tag{10-36}$$

式中　p_{eq}——等效均布荷载；

p——三角形或梯形荷载最大值；

α——系数；$\alpha=\frac{a}{l}$（图10-50*b*）。

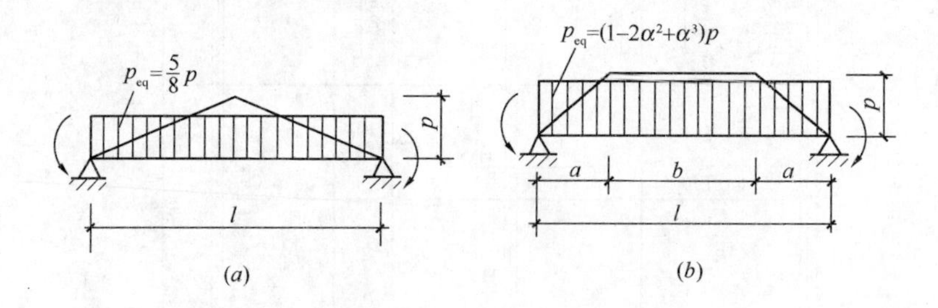

图10-50　荷载换算示意图

（*a*）三角形荷载换算成等效的均布荷载；（*b*）梯形荷载换算成等效的均布荷载

§10-10　楼　梯　计　算

现浇钢筋混凝土楼梯布置灵活，容易满足建筑要求。因此，建筑工程中应用颇为广泛。楼梯按其结构形式分为板式楼梯和梁式楼梯。

10.10.1 板式楼梯

1. 结构布置

板式楼梯由踏步板、平台梁和平台板组成。图 10-51 是典型的两跑板式楼梯的例子。踏步板支承在休息板平台梁 LT_1 和楼层梁 LT_2 上。板式楼梯的优点是模板简单，施工方便，外形轻巧，美观大方。缺点是混凝土和钢材用量较多，结构自重大。一般它多用于踏步板跨度小于 3.00m 的场合。由于板式楼梯具有较多优点，所以，在一些公共建筑中，踏步板跨度虽然较大，但仍获得了广泛的应用。

2. 内力计算

今以图 10-51 为例，说明板式楼梯的计算方法。

(1) 踏步板（TB_1）的计算

图 10-51 (*b*) 为楼梯踏步板及平台梁的纵剖面。踏步板 TB_1 可以简化成两端支承在

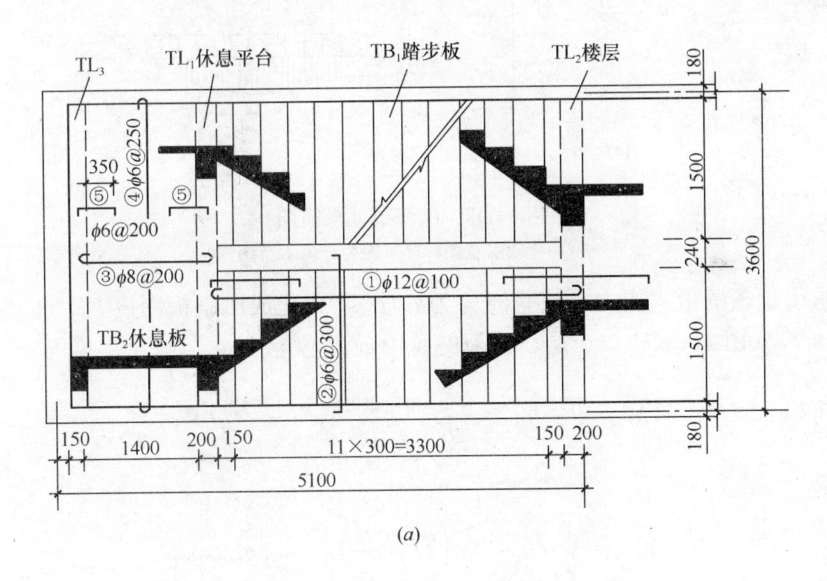

(*a*)

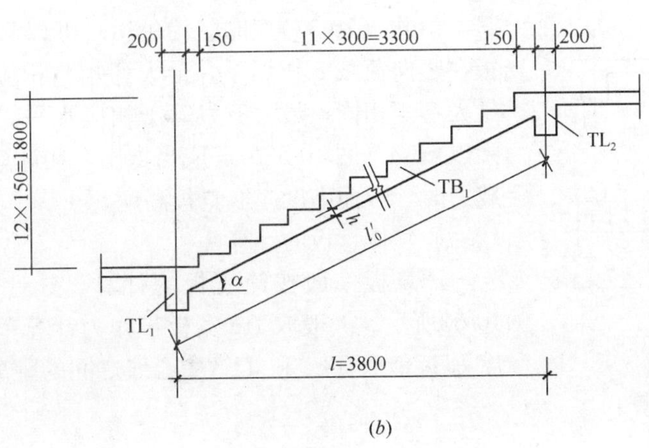

(*b*)

图 10-51　板式楼梯

(*a*) 平面图；(*b*) 剖面图

平台梁 TL_1 和 TL_2 上的简支斜板（图 10-52a）。其计算跨度 l'_0 可以取梁 TL_1 和 TL_2 中线间的斜向距离。作用在斜板上的荷载 p 包括永久荷载和可变荷载，这里的 p 为沿水平投影面每平方米的竖向荷载，单位为 kN/m^2。现取单位板宽 1m 计算，这时作用在斜板上的线荷载为 $q=p\times1$，单位为 kN/m。为了求得斜板的跨中最大弯矩和剪力，现将竖向线荷载的合力 ql_0 分解成两个分力：与斜板方向平行的分力 $ql_0\sin\alpha$ 和与斜板方向垂直的分力 $ql_0\cos\alpha$，其中 α 为斜板与水平线的夹角。前者使斜板受压，对斜板承载力有利，在设计时一般不考虑它的影响；后者对板产生弯矩和剪力。

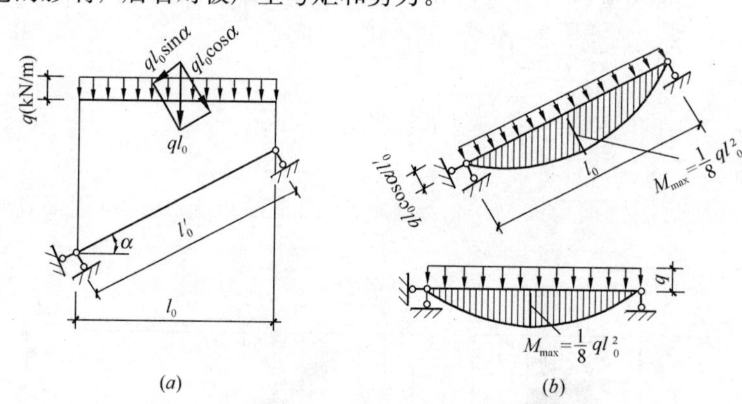

图 10-52　踏步板计算简图

（a）荷载示意图；（b）内力计算示意图

为了求得斜板的最大内力，将垂直分力 $ql_0\cos\alpha$ 再化成沿斜板跨度 l'_0 方向上的线荷载 $q'=ql_0\cos\alpha/l'_0$（图 10-52b）。于是，斜板的跨中最大弯矩：

$$M_{\max}=\frac{1}{8}q'l'^2_0=\frac{1}{8}\left(\frac{ql_0\cos\alpha}{l'_0}\right)l'^2_0=\frac{1}{8}ql_0^2 \quad (10\text{-}37)$$ ❶

最大剪力

$$V_{\max}=\frac{1}{2}q'l'_0=\frac{1}{2}\left(\frac{ql_0\cos\alpha}{l'_0}\right)l'_0=\frac{1}{2}ql_0\cos\alpha \quad (10\text{-}38)$$

由式（10-37）和式（10-38）可以看出，踏步斜板在竖向荷载 q 作用下，最大弯矩与相应的水平梁的最大弯矩相同；最大剪力等于相应水平梁的最大剪力乘以 $\cos\alpha$（图 10-52b）。应当指出，在计算斜板截面承载力时，截面高度应取斜板高度。

（2）休息板的计算

休息板一般按简支板的计算，其计算简图如图 10-53所示。一般取 1m 宽板带作为计算单元。计算跨度 l_0 近似取 TL_3 和 TL_1 中心线之间的距离。

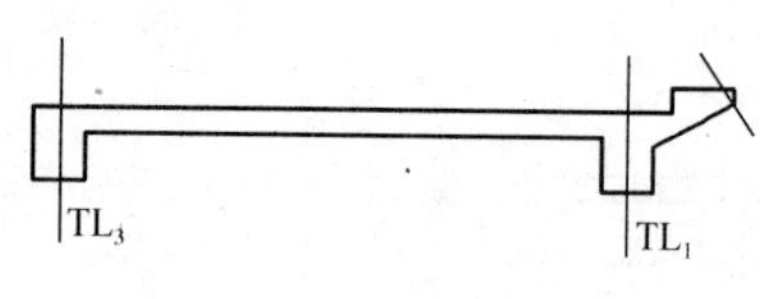

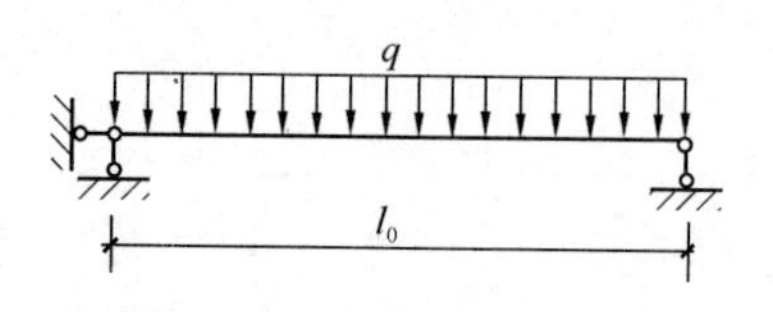

图 10-53　休息板计算简图

最大弯矩按下式计算：

❶ 考虑到平台梁 TL_1、TL_2 对踏步板的部分嵌固作用，踏步板的跨中弯矩也可按 $M_{\max}=\frac{1}{10}ql_0^2$ 计算。

$$M_{max}=\frac{1}{10}ql_0^2 \quad (10\text{-}39)$$

（3）平台梁（TL_1、TT_3）的计算

平台梁的计算方法与单跨梁计算相同，这里不再赘述。

【例 10-4】 某办公楼采用现浇钢筋混凝土板式楼梯。标准层楼梯结构平面布置如图 10-51（a）所示。混凝土强度等级为 C20，采用 HPB300 级钢筋。可变荷载标准值为 2.5kN/m²，踏步板面层采用 20mm 厚水泥砂浆打底地砖地面，其自重 65 kN/m²，轻型金属栏杆。

试计算踏步板及斜梁尺寸及配筋。

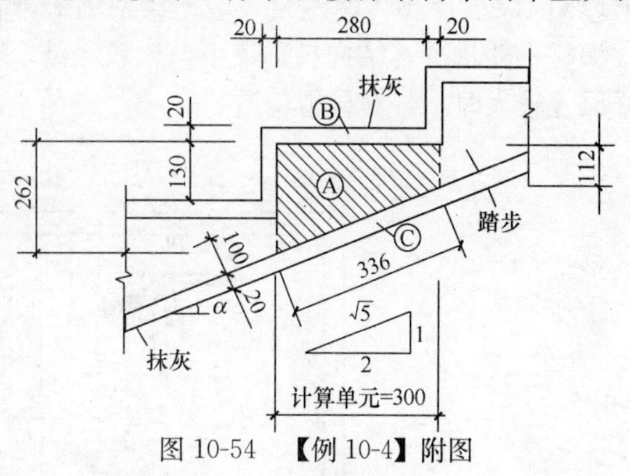

图 10-54 【例 10-4】附图

【解】 （1）荷载设计值

板厚取 $h=\frac{1}{35}l_0=\frac{1}{35}\times 3800\approx$ 100mm，踏步板宽度 1500mm。

取一个踏步作为计算单元，踏步自重（图 10-54Ⓐ部分）

$$\left(\frac{0.112+0.262}{2}\times 0.3\times 1\times 25\right)\times 1.2\times\frac{1}{0.3}=5.610\text{kN/m}$$

踏步地面重（图 10-54Ⓑ部分）

$$(0.30+0.15)\times 1\times 0.65\times 1.2\times\frac{1}{0.3}=1.170\text{kN/m}$$

踏步板底面抹灰重（图 10-54Ⓒ部分）

$$0.336\times 0.02\times 17\times 1.2\div\frac{1}{0.3}=0.457\text{kN/m}$$

栏杆重 $0.10\times 1.2=0.120\text{kN/m}$

活荷载 $2.50\times 1.4=3.50\text{kN/m}$

总的线荷载 $q=10.85\text{kN/m}$

（2）内力设计值

$$M=\frac{1}{10}ql_0^2=\frac{1}{10}\times 10.85\times 3.80^2=15.68\text{kN}\cdot\text{m}$$

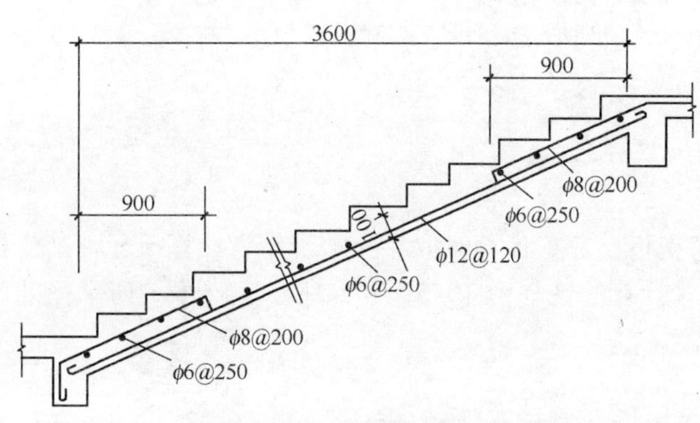

图 10-55 踏步板配筋图

$$\alpha_s=\frac{M}{\alpha_1 f_c bh_0^2}=\frac{15.68\times 10^3}{1\times 9.6\times 1000\times 80^2}=0.255$$

由表查得 $\gamma_s=0.850$

$$A_s=\frac{M}{\gamma_s h_0 f_y}=\frac{15.68\times 10^6}{0.85\times 80\times 270}=854\text{mm}^2$$

选钢筋 $\phi 12$ @ 120（$A_s=942\text{mm}^2$）。踏步板配筋见图 10-55。

10.10.2 梁式楼梯

1. 结构布置

梁式楼梯由踏步板、斜梁和平台梁组成。踏步板支承在斜梁上，而斜梁支承在平台梁上。图 10-56 所示为两跑梁式楼梯典型例子。它的优点是：当楼梯跑长度较大时，比板式楼梯材料耗量少，结构自重较小，比较经济；其缺点是：模板比较复杂，施工不便；当斜梁尺寸较大时，外观显得笨重。

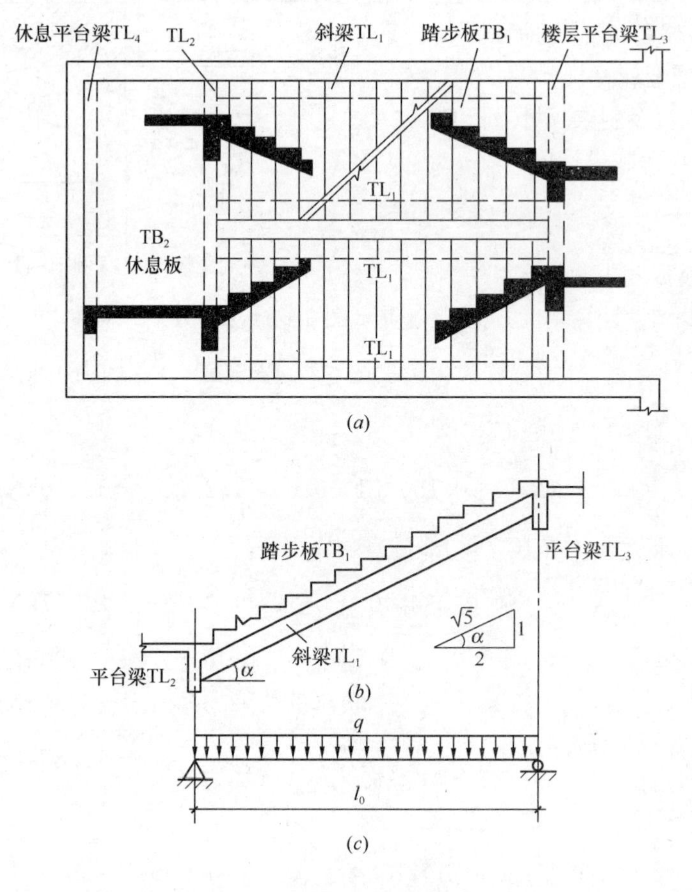

图 10-56 两跑梁式楼梯

(*a*) 平面图；(*b*) 剖面图；(*c*) 斜梁计算简图

2. 内力计算

以图 10-56 为例，说明梁式楼梯的计算方法。

(1) 踏步板（TB_1）的计算

踏步板按支承在斜梁上的单向简支板计算。计算时取一个踏步作为计算单元，踏步板与斜梁的支承关系见图 10-57 (*a*)，其计算简图如图 10-57 (*b*) 所示。踏步板所承受的弯矩较小，其厚度一般取 30～40mm。

(2) 斜梁（TL_1）的计算

斜梁与平台梁 TL_2 和平台梁 TL_3 的支承情况见图 10-56 (*b*)，其计算简图如图 10-56

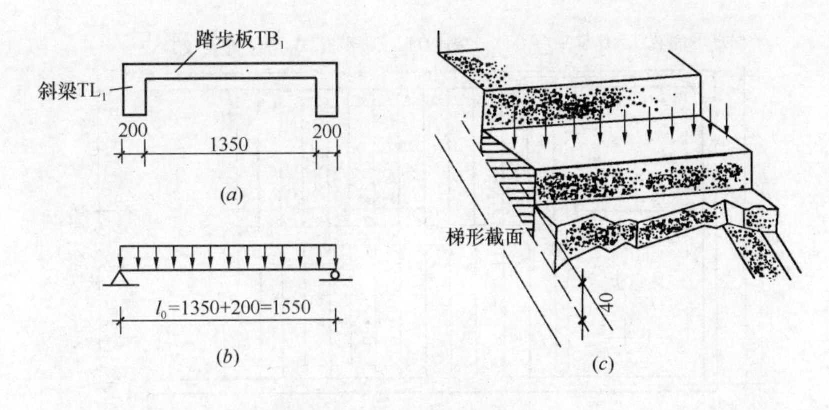

图 10-57 梁式楼梯的计算

(*a*) 踏步板与斜梁的支承关系；(*b*) 踏步板计算简图；(*c*) 踏步板的厚度

(*c*) 所示。斜梁最大内力按下式计算：

$$M_{\max}=\frac{1}{8}ql_0^2$$

$$V_{\max}=\frac{1}{2}ql_0\cos\alpha$$

式中 q——沿梁长作用的线荷载设计值；

l_0——斜梁计算跨度的水平投影。

(3) 休息板 (XB) 的计算

休息板 (XB) 的计算与板式楼梯相同。

(4) 平台梁的计算

平台梁按简支梁计算。

【例 10-5】 某教学楼现浇钢筋混凝土梁式楼梯。其结构平面布置图、纵剖面图如图 10-58 所示。混凝土强度等级为 C25，采用 HPB300 级钢筋。活荷载标准值为 2.5kN/m^2，踏步做法见图 10-59，采用轻金属栏杆。

试设计楼梯踏步和斜梁尺寸及计算配筋。

【解】 1. 踏步板 TB_1 的计算 (图 10-58)

(1) 荷载设计值的计算

以一个踏步作为计算单元。

踏步板的斜板部分厚度取 40mm。

10mm 厚水磨石面层 (含 20mm 厚水泥砂浆打底)

$$(0.30+0.15)\times0.65\times1.2=0.35\text{kN/m}$$

20mm 厚板底抹灰 $\quad 0.02\times0.3\times\frac{\sqrt{5}}{2}\times17\times1.2=0.14\text{kN/m}$

踏步板自重 $\quad \left(\frac{1}{2}\times0.15+0.04\times\frac{\sqrt{5}}{2}\right)\times0.3\times25\times1.2=1.08\text{kN/m}$

活荷载 $\quad 2.5\times0.3\times1.4=1.05\text{kN/m}$

$$q=2.62\text{kN/m}$$

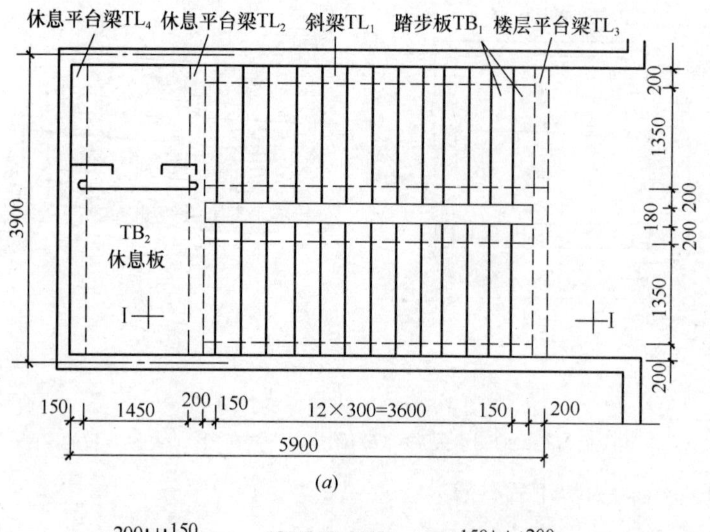

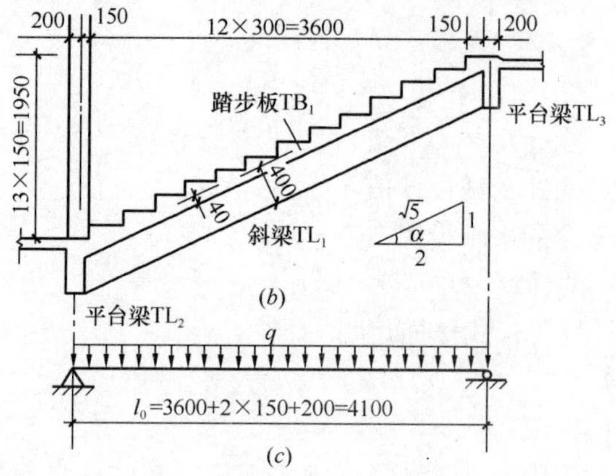

图 10-58 【例 10-5】附图

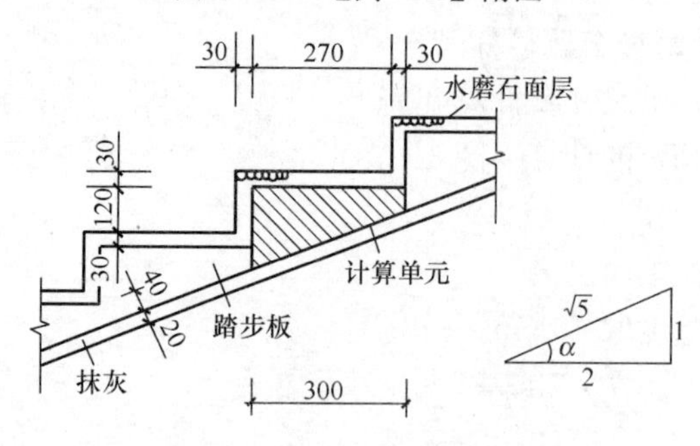

图 10-59 踏步做法

(2) 内力的计算

计算跨度 $l_0 = 1.35 + 0.2 = 1.55\text{m}$

跨中最大弯矩

$$M = \frac{1}{8}ql_0^2 = \frac{1}{8} \times 2.62 \times 1.55^2 = 0.79\text{kN} \cdot \text{m}$$

(3) 正截面承载力计算

$f_c = 11.9\text{N/mm}^2 \qquad f_t = 1.27\text{N/mm}^2 \qquad f_y = 270\text{N/mm}^2$

踏步截面的平均高度

$$h = \frac{1}{2} \times 150 + 40 \times \frac{\sqrt{5}}{2} = 120\text{mm}$$

$$h_0 = 120 - 20 = 100\text{mm}$$

$$\alpha_s = \frac{M}{\alpha_1 f_c b h_0^2} = \frac{0.79 \times 10^6}{1 \times 11.9 \times 300 \times 100^2} = 0.022$$

$$\gamma_s = \frac{1 + \sqrt{1 - 2\alpha_s}}{2} = \frac{1 + \sqrt{1 - 2 \times 0.022}}{2} = 0.989$$

$$A_s = \frac{M}{\gamma_s h_0 f_y} = \frac{0.79 \times 10^6}{0.989 \times 100 \times 270} = 29.58\text{mm}^2$$

按构造要求，梁式楼梯踏步板配筋不应少于 2 根，现选取 2ϕ8（A_s=101mm^2）

2. 斜梁 TL_1的计算

斜梁纵剖面及其计算简图如图 10-58（*b*）、（*c*）所示。设梁高 $h=\frac{1}{10}l_0=\frac{1}{10}\times4100\approx$ 400mm，梁宽 b=200mm。

（1）荷载计算

由踏步板传来荷载

$$2.62\times\left(\frac{1.35}{2}+0.2\right)\times\frac{1}{0.3}=7.64\text{kN/m}$$

梁自重　　$0.20\times（0.40-0.04）\times\frac{\sqrt{5}}{2}\times25\times1.2=2.42\text{kN/m}$

梁侧面和底面抹灰

$$0.02\times（0.2+2\times0.4）\frac{\sqrt{5}}{2}\times17\times1.2=0.46\text{kN/m}$$

金属栏杆　　$0.10\times1.2=0.12\text{kN/m}$

合计　　$q=2.62\text{kN/m}$

（2）内力计算

计算跨度　　$l_0=3.6+2\times0.15+0.2=4.10\text{m}$

最大弯矩　　$M=\frac{1}{8}ql_0^2=\frac{1}{8}\times10.64\times4.10^2=22.36\text{kN}\cdot\text{m}$

最大剪力　　$V=\frac{1}{2}ql_0\cos\theta=\frac{1}{2}\times10.64\times\frac{2}{\sqrt{5}}=19.51\text{kN}$

（3）截面承载力计算

斜梁和踏步板浇筑成整体，故斜梁可按倒 L 形梁计算。

翼缘厚度 h'_f=40mm

翼缘宽度 b'_f 取下列公式计算结果中的较小者：

$$b'_f = \frac{1}{6}l_0 = \frac{1}{6} \times 4100 = 683.3\text{mm}$$

$$b'_f = b + \frac{1}{2}s_n = 200 + \frac{1}{2} \times 1350 = 875\text{mm}$$

取 $b'_f=683.3$

$$h_0=h-35=400-35=365\text{mm}$$

正截面承载力计算

$$\alpha_1 f_c b'_f h'_f\left(h_0-\frac{h'_f}{2}\right)=1\times 11.9\times 683.3\times 40\left(365-\frac{40}{2}\right)$$

$$=112.2\times 10^6\text{N}\cdot\text{mm}>22.36\times 10^6\text{N}\cdot\text{mm}$$

故属于第一类倒 L 形截面

$$\alpha_s=\frac{M}{\alpha_1 f_c b h_0^2}=\frac{22.36\times 10^6}{1\times 11.9\times 683.3\times 365^2}=0.020$$

查表得：

$$\gamma_s=0.980$$

$$A_s=\frac{M}{\gamma_s h_0 f_y}=\frac{22.36\times 10^6}{0.98\times 365\times 270}=232\text{mm}^2$$

选用 $2\phi14$（$A_s=308\text{mm}^2$）。

斜截面承载力计算

$$0.7 f_t b h_0=0.7\times 1.27\times 200\times 365=64897\text{N}>V=19510\text{N}$$

故可按构造配置箍筋。现配 $\phi6@250$。

斜梁配筋见图 10-60。

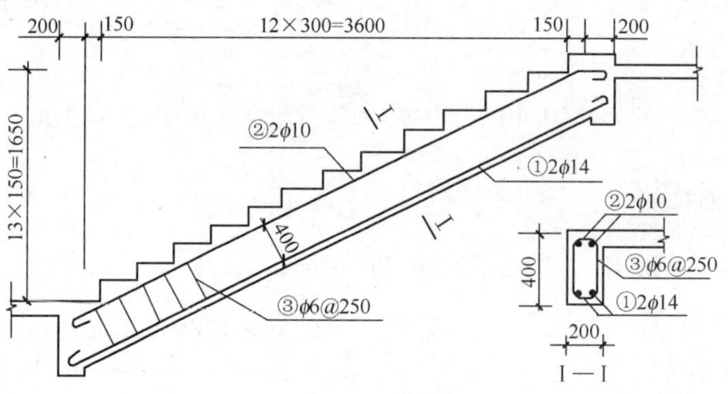

图 10-60　斜梁配筋

小　　结

1. 现浇钢筋混凝土楼盖，又称钢筋混凝土整体楼盖。它整体性好、刚度大、抗震性能好。因此，广泛用于工业与民用建筑中。特别是在地震的高烈度区，已基本取代装配式楼盖。

2. 现浇钢筋混凝土楼盖按结构布置，分为肋形楼盖、井式楼盖和无梁楼盖。肋形楼盖一般是由板、主梁和次梁组成，多用于楼板面积较大，用梁将其分成若干个相对较小的板块（区格），以形成多跨连续板和多跨连续梁。这样的梁、板结构比较经济、合理。井式楼盖是由等截面的梁相交组成的楼盖，井字梁又称为交叉梁系。交叉梁系的布置，可以与楼盖边缘平行，也可以斜交。井式楼盖多用于接近正方形的大厅的楼盖，建筑造型比较美观、大方。无梁楼盖不设置梁，而将楼板直接支承在柱（帽）上。无梁楼盖多用于需要房间净空大、采光、通风良好的建筑，如商场、仓库等。

3. 连续梁（板）的内力计算，分为弹性理论方法和内力塑性重分布方法。前者是将梁（板）看成理想弹性材料，内力可按结构力学方法计算。认为连续梁（板）某一截面达到承载力极限状态时，即认为整个结构破坏。后者则认为对于超静定结构，如钢筋混凝土连续梁（板），由于它存在多余连系，某一截面虽已出现屈服，但梁（板）仍能继续承受荷载，这时，出现屈服的截面形成塑性铰，继续保持所承受的弯矩；只有当梁（板）形成几何可变体系时，整个结构才宣告破坏。因为按内力塑性重分布计算方法计算的结构，在使用阶段裂缝和变形均较大，故对于重要结构，不宜采用这一计算方法。

4. 四边支承板按其长边与短边之比，分为两类：当 $n=\frac{l_2}{l_1}\leqslant 2$ 时，称为双向板；当 $n\geqslant 3$ 称为单向板；当 $2<n<3$ 时，宜按双向板计算，也可按单向板计算。

5. 现浇钢筋混凝土楼梯，常用的类型有板式楼梯和梁式楼梯。前者多用于楼梯跑跨度小于 3m 的场合，而后者多用于楼梯跑跨度较大的场合。

思考题

10-1　什么样是肋形楼盖、井式楼盖和无梁楼盖？它们的应用范围如何？

10-2　简述楼面荷载在板、次梁和主梁间的传递路线。

10-3　什么是单向板、双向板？怎样计算它们的配筋？

10-4　计算钢筋混凝土连续梁（板）内力有哪两种方法？其适用范围如何？

10-5　什么是塑性铰？它与结构力学的普通铰有何区别？

10-6　什么是弯矩包络图？什么是剪力包络图？

10-7　常用的楼梯分为哪两种形式？应用范围怎样？

习题

【10-1】　已知双向板，其平面尺寸及支承情况见图 10-61。板厚 $h=100$mm，板承受总均布荷载设计值 $p=10$kN/m^2（包括恒载和活荷载）。混凝土强度等级为 C25，采用 HRB335 级钢筋。环境类别为一类。试按塑性理论计算板的配筋。

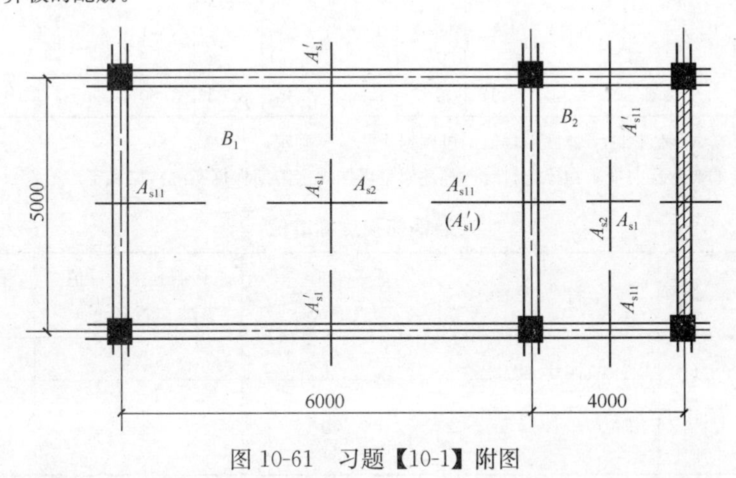

图 10-61　习题【10-1】附图

附录A 《混凝土结构设计规范》(GB 50010—2010) 材料力学指标

混凝土轴心抗压强度标准值 (N/mm^2)　　附表 A-1

强度	混凝土强度等级													
	C15	C20	C25	C30	C35	C40	C45	C50	C55	C60	C65	C70	C75	C80
f_{ck}	10.0	13.4	16.7	20.1	23.4	26.8	29.6	32.4	35.5	38.5	41.5	44.5	47.4	50.2

混凝土轴心抗拉强度标准值 (N/mm^2)　　附表 A-2

强度	混凝土强度等级													
	C15	C20	C25	C30	C35	C40	C45	C50	C55	C60	C65	C70	C75	C80
f_{tk}	1.27	1.54	1.78	2.01	2.20	2.39	2.51	2.64	2.74	2.85	2.93	2.99	3.05	3.11

混凝土轴心抗压强度设计值 (N/mm^2)　　附表 A-3

强度	混凝土强度等级													
	C15	C20	C25	C30	C35	C40	C45	C50	C55	C60	C65	C70	C75	C80
f_c	7.2	9.6	11.9	14.3	16.7	19.1	21.1	23.1	25.3	27.5	29.7	31.8	33.8	35.9

混凝土轴心抗拉强度设计值 (N/mm^2)　　附表 A-4

强度	混凝土强度等级													
	C15	C20	C25	C30	C35	C40	C45	C50	C55	C60	C65	C70	C75	C80
f_t	0.91	1.10	1.27	1.43	1.57	1.71	1.80	1.89	1.96	2.04	2.09	2.14	2.18	2.22

混凝土的弹性模量 ($\times 10^4 N/mm^2$)　　附表 A-5

混凝土强度等级	C15	C20	C25	C30	C35	C40	C45	C50	C55	C60	C65	C70	C75	C80
E_c	2.20	2.55	2.80	3.00	3.15	3.25	3.35	3.45	3.55	3.60	3.65	3.70	3.75	3.80

注：1　当有可靠试验依据时，弹性模量值也可根据实测数据确定；
　　2　当混凝土中掺有大量矿物掺合料时，弹性模量可按规定龄期根据实测数据确定。

普通钢筋强度标准值　　附表 A-6

牌号	符　号	公称直径 d (mm)	屈服强度标准值 f_{yk} (N/mm^2)	极限强度标准值 f_{stk} (N/mm^2)
HPB300	Φ	6～22	300	420
HRB335 HRBF335	Φ $Φ^F$	6～50	335	455

续表

牌号	符　号	公称直径 d（mm）	屈服强度标准值 f_{yk}（N/mm²）	极限强度标准值 f_{stk}（N/mm²）
HRB400 HRBF400 RRB400	Φ Φ^{F} Φ^{R}	6～50	400	540
HRB500 HRBF500	Φ Φ^{F}	6～50	500	630

预应力筋强度标准值（N/mm²）　　**附表 A-7**

种　类		符号	公称直径 d（mm）	屈服强度标准值 f_{pyk}	极限强度标准值 f_{ptk}
中强度预应力钢丝	光面	Φ^{PM}	5、7、9	620	800
	螺旋肋	Φ^{HM}		780	970
				980	1270
预应力螺纹钢筋	螺纹	Φ^{T}	18、25、32、40、50	785	980
				930	1080
				1080	1230
消除应力钢丝	光面	Φ^{P}	5	—	1570
				—	1860
			7	—	1570
	螺旋肋	Φ^{H}	9	—	1470
				—	1570
钢绞线	1×3（三股）	Φ^{S}	8.6、10.8、12.9	—	1570
				—	1860
				—	1960
	1×7（七股）		9.5、12.7、15.2、17.8	—	1720
				—	1860
				—	1960
			21.6	—	1860

注：极限强度标准值为 1960MPa 级的钢绞线作后张预应力配筋时，应有可靠的工程经验。

普通钢筋强度设计值（N/mm²）　　**附表 A-8**

牌　　号	抗拉强度设计值 f_y	抗压强度设计值 f'_y
HPB300	270	270
HRB335、HRBF335	300	300
HRB400、HRBF400、RRB400	360	360
HRB500、HRBF500	435	410

预应力筋强度设计值（N/mm²）　　附表 A-9

种　类	f_{ptk}	抗拉强度设计值 f_{py}	抗压强度设计值 f'_{py}
中强度预应力钢丝	800	510	410
	970	650	
	1270	810	
消除应力钢丝	1470	1040	410
	1570	1110	
	1860	1320	
钢绞线	1570	1110	390
	1720	1220	
	1860	1320	
	1960	1390	
预应力螺纹钢筋	980	650	410
	1080	770	
	1230	900	

注：当预应力筋的强度标准值不符合本表的规定时，其强度设计值应进行相应的比例换算。

钢筋的弹性模量（$\times 10^5$ N/mm²）　　附表 A-10

牌号或种类	弹性模量 E_s
HPB300 钢筋	2.10
HRB335、HRB400、HRB500 钢筋 HRBF335、HRBF400、HRBF500 钢筋 RRB400 钢筋 预应力螺纹钢筋	2.00
消除应力钢丝、中强度预应力钢丝	2.05
钢绞线	1.95

注：必要时可采用实测的弹性模量。

普通钢筋及预应力筋在最大力下的总伸长率限值　　附表 A-11

钢筋品种	普　通　钢　筋			预应力筋
	HPB300	HRB335、HRBF335、HRB400、HRBF400、HRB500、HRBF500	RRB400	
δ_{gt}（%）	10.0	7.5	5.0	3.5

附录B　钢筋公称直径和截面面积

钢筋的公称直径、公称截面面积及理论重量　　附表B-1

公称直径（mm）	不同根数钢筋的公称截面面积（mm^2）									单根钢筋理论重量（kg/m）
	1	2	3	4	5	6	7	8	9	
6	28.3	57	85	113	142	170	198	226	255	0.222
8	50.3	101	151	201	252	302	352	402	453	0.395
10	78.5	157	236	314	393	471	550	628	707	0.617
12	113.1	226	339	452	565	678	791	904	1017	0.888
14	153.9	308	461	615	769	923	1077	1231	1385	1.21
16	201.1	402	603	804	1005	1206	1407	1608	1809	1.58
18	254.5	509	763	1017	1272	1527	1781	2036	2290	2.00（2.11）
20	314.2	628	942	1256	1570	1884	2199	2513	2827	2.47
22	380.1	760	1140	1520	1900	2281	2661	3041	3421	2.98
25	490.9	982	1473	1964	2454	2945	3436	3927	4418	3.85（4.10）
28	615.8	1232	1847	2463	3079	3695	4310	4926	5542	4.83
32	804.2	1609	2413	3217	4021	4826	5630	6434	7238	6.31（6.65）
36	1017.9	2036	3054	4072	5089	6107	7125	8143	9161	7.99
40	1256.6	2513	3770	5027	6283	7540	8796	10053	11310	9.87（10.34）
50	1963.5	3928	5892	7856	9820	11784	13748	15712	17676	15.42（16.28）

注：括号内为预应力螺纹钢筋的数值。

每米板宽内的钢筋截面面积表　　附表B-2

钢筋间距（mm）	当钢筋直径（mm）为下列数值时的钢筋截面面积（mm^2）													
	3	4	5	6	6/8	8	8/10	10	10/12	12	12/14	14	14/16	16
70	101	179	281	404	561	719	920	1121	1369	1616	1908	2199	2536	2872
75	94.3	167	262	377	524	671	859	1047	1277	1508	1780	2053	2367	2681
80	88.4	157	245	354	491	629	805	981	1198	1414	1669	1924	2218	2513
85	83.2	148	231	333	462	592	758	924	1127	1331	1571	1811	2088	2365
90	78.5	140	218	314	437	559	716	872	1064	1257	1484	1710	1972	2234
95	74.5	132	207	298	414	529	678	826	1008	1190	1405	1620	1868	2116
100	70.6	126	196	283	393	503	644	785	958	1131	1335	1539	1775	2011

续表

钢筋间距(mm)	当钢筋直径（mm）为下列数值时的钢筋截面面积（mm²）													
	3	4	5	6	6/8	8	8/10	10	10/12	12	12/14	14	14/16	16
110	64.2	114	178	257	357	457	585	714	871	1028	1214	1399	1614	1828
120	58.9	105	163	236	327	419	537	654	798	942	1112	1283	1480	1676
125	56.5	100	157	226	314	402	515	628	766	905	1068	1232	1420	1608
130	54.4	96.6	151	218	302	387	495	604	737	870	1027	1184	1366	1547
140	50.5	89.7	140	202	281	359	460	561	684	808	954	1100	1268	1436
150	47.1	83.8	131	189	262	335	429	523	639	754	890	1026	1188	1340
160	44.1	78.5	123	177	246	314	403	491	599	707	834	962	1110	1257
170	41.5	73.9	115	166	231	296	379	462	564	665	786	906	1044	1183
180	39.2	69.8	109	157	218	279	358	436	532	628	742	855	985	1117
190	37.2	66.1	103	149	207	265	339	413	504	595	702	810	934	1053
200	35.3	62.8	98.2	141	196	251	322	393	479	565	668	770	888	1005
220	32.1	57.1	89.3	129	178	228	292	357	436	514	607	700	807	914
240	29.4	52.4	81.9	118	164	209	268	327	399	471	556	641	740	838
250	28.3	50.2	78.5	113	157	201	258	314	383	452	534	616	710	804
260	27.2	48.3	75.5	109	151	193	248	302	368	435	514	592	682	773
280	25.2	44.9	70.1	101	140	180	230	281	342	404	477	550	634	718
300	23.6	41.9	65.5	94	131	168	215	262	320	377	445	513	592	670
320	22.1	39.2	61.4	88	123	157	201	245	299	353	417	481	554	628

注：表中钢筋直径中的6/8、8/10等系指两种直径的钢筋间隔放置。

钢 筋 组 合 表 **附表 B-3**

1根				2根		3根		4根	
直径	面积(mm²)	周长(mm)	每米质量(kg/m)	根数及直径	面积(mm²)	根数及直径	面积(mm²)	根数及直径	面积(mm²)
ϕ3	7.1	9.4	0.055	2ϕ10	157	3ϕ12	339	4ϕ12	452
ϕ4	12.6	12.6	0.099	1ϕ10+ϕ12	192	2ϕ12+1ϕ14	380	3ϕ12+1ϕ14	493
ϕ5	19.6	15.7	0.154	2ϕ12	226	1ϕ12+2ϕ14	421	2ϕ12+2ϕ14	534
ϕ5.5	23.8	17.3	0.197	1ϕ12+ϕ14	267	3ϕ14	461	1ϕ12+3ϕ14	575
ϕ6	28.3	18.9	0.222	2ϕ14	308	2ϕ14+1ϕ16	509	4ϕ14	615
ϕ6.5	33.2	20.4	0.260	1ϕ14+ϕ16	355	1ϕ14+2ϕ15	556	3ϕ14+1ϕ16	663
ϕ7	38.5	22.0	0.302	2ϕ16	402	3ϕ16	603	2ϕ14+2ϕ16	710
ϕ8	50.3	25.1	0.395	1ϕ16+ϕ18	456	2ϕ16+1ϕ18	657	1ϕ14+3ϕ16	757
ϕ9	63.6	28.3	0.499	2ϕ18	509	1ϕ16+2ϕ18	710	4ϕ16	804
ϕ10	78.5	31.4	0.617	1ϕ18+ϕ20	569	3ϕ18	763	3ϕ16+1ϕ18	858

续表

1根				2根		3根		4根	
直径	面积(mm²)	周长(mm)	每米质量(kg/m)	根数及直径	面积(mm²)	根数及直径	面积(mm²)	根数及直径	面积(mm²)
ϕ12	113	37.7	0.888	2ϕ20	628	2ϕ18+1ϕ20	823	2ϕ16+2ϕ18	911
ϕ14	154	44.0	1.21	1ϕ20+ϕ22	694	1ϕ18+2ϕ20	883	1ϕ16+3ϕ18	965
ϕ16	201	50.3	1.58	2ϕ22	760	3ϕ20	941	4ϕ18	1017
ϕ18	255	56.5	2.00	1ϕ22+ϕ25	871	2ϕ20+1ϕ22	1009	3ϕ18+1ϕ20	1078
ϕ19	284	59.7	2.23	2ϕ25	982	1ϕ20+2ϕ22	1074	2ϕ18+2ϕ20	1137
ϕ20	321.4	62.8	2.47			3ϕ22	1140	1ϕ18+3ϕ20	1197
ϕ22	380	69.1	2.98			2ϕ22+1ϕ25	1251	4ϕ20	1256
ϕ25	491	78.5	3.85			1ϕ22+2ϕ25	1362	3ϕ20+1ϕ22	1323
ϕ28	615	88.0	4.83			3ϕ25	1473	2ϕ20+2ϕ22	1389
ϕ30	707	94.2	5.55					1ϕ20+3ϕ22	1455
ϕ32	804	101	6.31					4ϕ22	1520
ϕ36	1020	113	7.99					3ϕ22+1ϕ25	1631
ϕ40	1260	126	9.87					2ϕ22+2ϕ25	1742
								1ϕ22+3ϕ25	1853
								4ϕ25	1964

5根		6根		7根		8根	
根数及直径	面积(mm²)	根数及直径	面积(mm²)	根数及直径	面积(mm²)	根数及直径	面积(mm²)
5ϕ12	565	6ϕ12	678	7ϕ12	791	8ϕ12	904
4ϕ12+1ϕ14	606	4ϕ12+2ϕ14	760	5ϕ12+2ϕ14	873	6ϕ12+2ϕ14	986
3ϕ12+2ϕ14	647	3ϕ12+3ϕ14	801	4ϕ12+3ϕ14	914	5ϕ12+3ϕ14	1027
2ϕ12+3ϕ14	688	2ϕ12+4ϕ14	842	3ϕ12+4ϕ14	955	4ϕ12+4ϕ14	1068
1ϕ12+4ϕ14	729	1ϕ12+5ϕ14	883	2ϕ12+5ϕ14	996	3ϕ12+5ϕ14	1109
5ϕ14	769	6ϕ14	923	7ϕ14	1077	2ϕ12+6ϕ14	1150
4ϕ14+1ϕ16	817	4ϕ14+2ϕ16	1018	5ϕ14+2ϕ16	1172	8ϕ14	1231
3ϕ14+2ϕ16	864	3ϕ14+3ϕ16	1065	4ϕ14+3ϕ16	1219	6ϕ14+2ϕ16	1326
2ϕ14+3ϕ16	911	2ϕ14+4ϕ16	1112	3ϕ14+4ϕ16	1266	5ϕ14+3ϕ16	1373
1ϕ14+4ϕ16	958	1ϕ14+5ϕ16	1159	2ϕ14+5ϕ16	1313	4ϕ14+4ϕ16	1420
5ϕ16	1005	6ϕ16	1206	7ϕ16	1407	3ϕ14+5ϕ16	1467
4ϕ16+1ϕ18	1059	4ϕ16+2ϕ18	1313	5ϕ16+2ϕ18	1514	2ϕ14+6ϕ16	1514
3ϕ16+2ϕ18	1112	3ϕ16+3ϕ18	1367	4ϕ16+3ϕ18	1568	8ϕ16	1608
2ϕ16+3ϕ18	1166	2ϕ16+4ϕ18	1420	3ϕ16+4ϕ18	1621	6ϕ16+2ϕ18	1716
1ϕ16+4ϕ18	1219	1ϕ16+5ϕ18	1474	2ϕ16+5ϕ18	1675	5ϕ16+3ϕ18	1769

续表

5根		6根		7根		8根	
根数及直径	面积 (mm^2)	根数及直径	面积 (mm^2)	根数及直径	面积 (mm^2)	根数及直径	面积 (mm^2)
5φ18	1272	6φ18	1526	7φ18	1780	4φ16+4φ18	1822
4φ18+1φ20	1332	4φ18+2φ20	1646	5φ18+2φ20	1901	3φ16+5φ18	1876
3φ18+2φ20	1392	3φ18+3φ20	1706	4φ18+3φ20	1961	2φ16+6φ18	1929
2φ18+3φ20	1452	2φ18+4φ20	1766	3φ18+4φ20	2020	8φ18	2036
1φ18+4φ20	1511	1φ18+5φ20	1826	2φ18+5φ20	2080	6φ18+2φ20	2155
5φ20	1570	6φ20	1884	7φ20	2200	5φ18+3φ20	2215
4φ20+1φ122	1637	4φ20+2φ22	2017	5φ20+2φ22	2331	4φ18+4φ22	2275
3φ20+2φ22	1703	3φ20+3φ22	2083	4φ20+3φ22	2397	3φ18+5φ20	2335
2φ20+3φ22	1769	2φ20+4φ22	2149	3φ20+4φ22	2463	2φ18+6φ20	2304
1φ20+4φ22	1835	1φ20+5φ22	2215	2φ20+5φ22	2529	8φ20	2513
5φ22	1900	6φ22	2281	7φ22	2661	6φ20+2φ22	2646
4φ22+1φ25	2011	4φ22+2φ25	2502	5φ22+2φ25	2882	5φ20+3φ22	2711
3φ22+2φ25	2122	3φ22+3φ25	2613	4φ22+3φ25	2993	4φ20+4φ22	2777
2φ22+3φ25	2233	2φ22+4φ25	2724	3φ22+4φ25	3104	3φ20+5φ22	2843
1φ22+4φ25	2344	1φ22+5φ25	2835	2φ22+5φ25	3215	2φ20+6φ22	2909
5φ25	2454	6φ25	2945	7φ25	3436	8φ22	3041
						6φ22+2φ25	3263
						5φ22+3φ25	3373
						4φ22+4φ25	3484
						3φ22+5φ25	3595
						2φ22+6φ25	3706
						8φ25	3927

钢绞线的公称直径、公称截面面积及理论重量　　附表 B-4

种　类	公称直径 (mm)	公称截面面积 (mm^2)	理论重量 (kg/m)
1×3	8.6	37.7	0.296
	10.8	58.9	0.462
	12.9	84.8	0.666
1×7 标准型	9.5	54.8	0.430
	12.7	98.7	0.775
	15.2	140	1.101
	17.8	191	1.500
	21.6	285	2.237

钢丝的公称直径、公称截面面积及理论重量　　附表 B-5

公称直径 (mm)	公称截面面积 (mm^2)	理论重量 (kg/m)	公称直径 (mm)	公称截面面积 (mm^2)	理论重量 (kg/m)
3.0	7.07	0.055	7.0	38.48	0.302
4.0	12.57	0.099	8.0	50.26	0.394
5.0	19.63	0.154	9.0	63.62	0.499
6.0	28.27	0.222			

附录C 《混凝土结构设计规范》(GB 50010—2010)有关规定

混凝土保护层的最小厚度 c(mm) **附表 C-1**

环境类别	板、墙、壳	梁、柱、杆
一	15	20
二 a	20	25
二 b	25	35
三 a	30	40
三 b	40	50

注:1. 混凝土强度等级不大于 C25 时,表中保护层厚度数值应增加 5mm;

2. 钢筋混凝土基础宜设置混凝土垫层,基础中钢筋的混凝土保护层厚度应从垫层顶面算起,且不应小于 40mm。

纵向受力钢筋的最小配筋百分率 ρ_{min}(%) **附表 C-2**

受力类型			最小配筋百分率
受压构件	全部纵向钢筋	强度等级 500MPa	0.50
		强度等级 400MPa	0.55
		强度等级 300MPa、335MPa	0.60
	一侧纵向钢筋		0.20
受弯构件、偏心受拉、轴心受拉构件一侧的受拉钢筋			0.20 和 $45f_t/f_y$ 中的较大值

注:1. 受压构件全部纵向钢筋最小配筋百分率,当采用 C60 以上强度等级的混凝土时,应按表中规定增加 0.10;

2. 板类受弯构件(不包括悬臂板)的受拉钢筋,当采用强度等级 400MPa、500MPa 的钢筋时,其最小配筋百分率应允许采用 0.15 和 $45f_t/f_y$ 中的较大值;

3. 偏心受拉构件中的受压钢筋,应按受压构件一侧纵向钢筋考虑;

4. 受压构件的全部纵向钢筋和一侧纵向钢筋的配筋率以及轴心受拉构件和小偏心受拉构件一侧受拉钢筋的配筋率,均应按构件的全截面面积计算;

5. 受弯构件、大偏心受拉构件一侧受拉钢筋的配筋率应按全截面面积扣除受压翼缘面积 $(b'_f-b)h'_f$ 后的截面面积计算;

6. 当钢筋沿构件截面周边布置时,"一侧纵向钢筋"系指沿受力方向两个对边中一边布置的纵向钢筋。

受弯构件的挠度限值 **附表 C-3**

构件类型	挠度限值	
吊车梁	手动吊车	$l_0/500$
	电动吊车	$l_0/600$
屋盖、楼盖及楼梯构件	当 $l_0<7$m 时	$l_0/200(l_0/250)$
	当 7m$\leqslant l_0\leqslant$ 9m 时	$l_0/250$ $(l_0/300)$
	当 $l_0>9$m 时	$l_0/300$ $(l_0/400)$

注:1. 表中 l_0 为构件的计算跨度;计算悬臂构件的挠度限值时,其计算跨度 l_0 按实际悬臂长度的 2 倍取用;

2. 表中括号内的数值适用于使用上对挠度有较高要求的构件;

3. 如果构件制作时预先起拱,且使用上也允许,则在验算挠度时,可将计算所得的挠度值减去起拱值;对预应力混凝土构件,尚可减去预加力所产生的反拱值;

4. 构件制作时的起拱值和预加力所产生的反拱值,不宜超过构件在相应荷载组合作用下的计算挠度值。

结构构件的裂缝控制等级及最大裂缝宽度的限值（mm）　　附表 C-4

<table>
<tr><th rowspan="2">环境类别</th><th colspan="2">钢筋混凝土结构</th><th colspan="2">预应力混凝土结构</th></tr>
<tr><th>裂缝控制等级</th><th>w_{lim}</th><th>裂缝控制等级</th><th>w_{lim}</th></tr>
<tr><td>一</td><td rowspan="4">三级</td><td>0.30（0.40）</td><td rowspan="2">三级</td><td>0.20</td></tr>
<tr><td>二 a</td><td rowspan="3">0.20</td><td>0.10</td></tr>
<tr><td>二 b</td><td>二级</td><td>—</td></tr>
<tr><td>三 a、三 b</td><td>一级</td><td>—</td></tr>
</table>

注：1. 对处于年平均相对湿度小于 60％地区一类环境下的受弯构件，其最大裂缝宽度限值可采用括号内的数值；

2. 在一类环境下，对钢筋混凝土屋架、托架及需作疲劳验算的吊车梁，其最大裂缝宽度限值应取为 0.20mm；对钢筋混凝土屋面梁和托梁，其最大裂缝宽度限值应取为 0.30mm；

3. 在一类环境下，对预应力混凝土屋架、托架及双向板体系，应按二级裂缝控制等级进行验算；对一类环境下的预应力混凝土屋面梁、托梁、单向板，应按表中二 a 级环境的要求进行验算；在一类和二 a 类环境下需作疲劳验算的预应力混凝土吊车梁，应按裂缝控制等级不低于二级的构件进行验算；

4. 表中规定的预应力混凝土构件的裂缝控制等级和最大裂缝宽度限值仅适用于正截面的验算；预应力混凝土构件的斜截面裂缝控制验算应符合本规范第 7 章的有关规定；

5. 对于烟囱、筒仓和处于液体压力下的结构，其裂缝控制要求应符合专门标准的有关规定；

6. 对于处于四、五类环境下的结构构件，其裂缝控制要求应符合专门标准的有关规定；

7. 表中的最大裂缝宽度限值为用于验算荷载作用引起的最大裂缝宽度。

截面抵抗矩塑性影响系数基本值 γ_m　　附表 C-5

<table>
<tr><td>项次</td><td>1</td><td>2</td><td colspan="2">3</td><td colspan="2">4</td><td>5</td></tr>
<tr><td rowspan="2">截面形状</td><td rowspan="2">矩形截面</td><td rowspan="2">翼缘位于受压区的 T 形截面</td><td colspan="2">对称 I 形截面或箱形截面</td><td colspan="2">翼缘位于受拉区的倒 T 形截面</td><td rowspan="2">圆形和环形截面</td></tr>
<tr><td>$b_f/b \leqslant 2$、h_f/h 为任意值</td><td>$b_f/b>2$、$h_f/h<0.2$</td><td>$b_f/b \leqslant 2$、h_f/h 为任意值</td><td>$b_f/b>2$、$h_f/h<0.2$</td></tr>
<tr><td>γ_m</td><td>1.55</td><td>1.50</td><td>1.45</td><td>1.35</td><td>1.50</td><td>1.40</td><td>$1.6-0.24r_1/r$</td></tr>
</table>

注：1. 对 $b'_f>b_f$ 的 I 形截面，可按项次 2 与项次 3 之间的数值采用；对 $b'_f<b_f$ 的 I 形截面，可按项次 3 与项次 4 之间的数值采用；

2. 对于箱形截面，b 系指各肋宽度的总和；

3. r_1 为环形截面的内环半径，对圆形截面取 r_1 为零。

附录D 等截面等跨连续梁在常用荷载作用下内力系数表

连续梁跨度数	序号	荷载简图	跨内最大弯矩			支座弯矩	横向剪力				
				M_1	M_2	M_B		V_A	$V_{B左}$	$V_{B右}$	V_C
两跨梁	1	g; A B C; l_0 l_0	k_1	0.070	0.070	−0.125①	k_3	0.375	−0.625②	0.625②	−0.375
	2	q; M_1 M_2	k_2	0.096	−0.025	−0.063	k_4	0.437	−0.563	0.063	0.063
	3	G G	k_1	0.156	0.156	−0.188①	k_3	0.312	−0.688②	0.688②	−0.312
	4	Q	k_2	0.203	0.047	−0.094	k_4	0.406	−0.594	0.094	0.094
	5	G G G G	k_1	0.222	0.222	−0.333①	k_3	0.667	−1.334②	1.334②	−0.667
	6	Q Q	k_2	0.278	−0.056	−0.167	k_4	0.833	−1.167	0.167	0.167

续表

连续梁跨度数	序号	荷载简图	跨内最大弯矩			支座弯矩		横向剪力						
				M_1	M_2	M_B	M_C		V_A	$V_{B左}$	$V_{B右}$	$V_{C左}$	$V_{C右}$	V_D
三跨梁	1	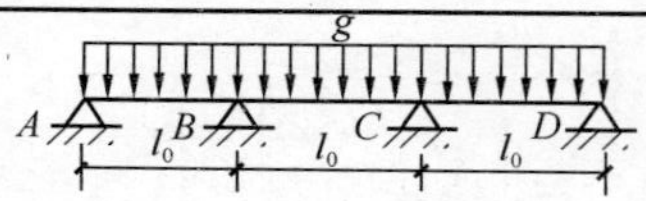 g; A B C D; l_0 l_0 l_0	k_1	0.080	0.025	−0.010	−0.100	k_3	0.400	−0.600	0.500	−0.500	0.600	−0.400
	2	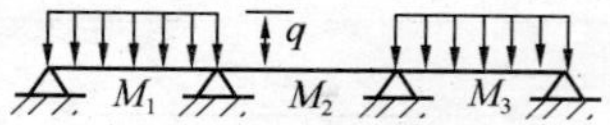 q; M_1 M_2 M_3	k_2	0.101	−0.050	−0.050	−0.050	k_4	0.450	−0.550	0.000	0.000	0.550	−0.450
	3	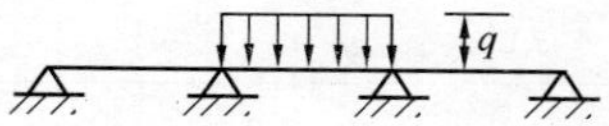 q	k_2	−0.025	0.075	−0.050	−0.050	k_4	−0.050	−0.050	0.500	−0.500	0.050	0.050
	4	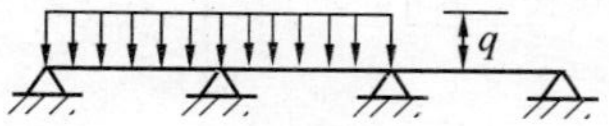 q	k_2	0.073	0.054	−0.117	−0.033	k_4	0.383	−0.617	0.583	−0.417	0.033	0.033
	5	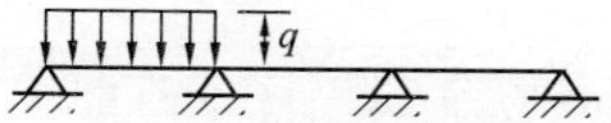 q	k_2	0.094	—	−0.067	−0.017	k_4	0.433	−0.597	0.083	0.083	−0.017	−0.017
	6	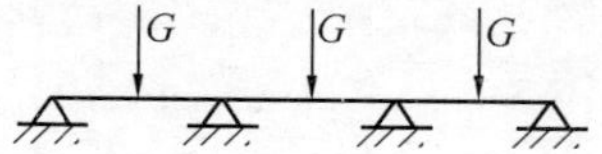 G G G	k_1	0.175	0.100	−0.150	−0.150	k_3	0.350	−0.650	0.500	−0.500	0.650	−0.350
	7	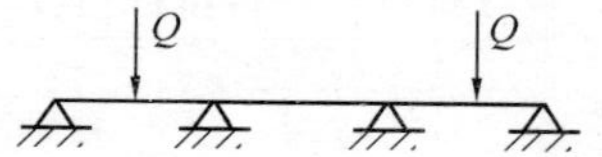 Q Q	k_2	0.213	−0.075	−0.075	−0.075	k_4	0.420	−0.575	0.000	0.000	0.575	−0.425
	8	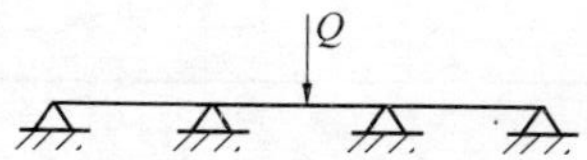 Q	k_2	−0.038	0.175	−0.075	−0.075	k_4	−0.075	−0.075	0.500	−0.500	0.075	0.075
	9	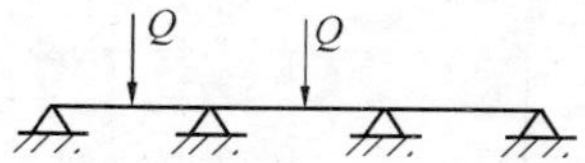 Q Q	k_2	0.162	0.137	−0.175	−0.050	k_4	0.325	−0.675	0.625	−0.375	0.050	0.050
	10	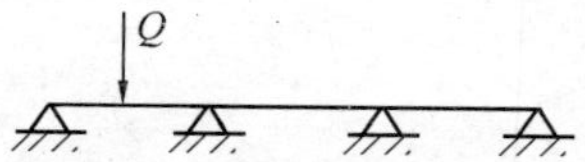 Q	k_2	0.200	—	−0.100	−0.025	k_4	0.400	−0.600	0.125	0.125	−0.025	−0.025

续表

连续梁跨度数	序号	荷载简图	跨内最大弯矩		支座弯矩		横向剪力						
				M_1	M_2	M_B	M_C		V_A	$V_{B左}$	$V_{B右}$	$V_{C左}$	$V_{C右}$	V_D
三跨梁	11		k_1	0.244	0.067	−0.267	−0.267	k_3	0.733	−1.267	1.000	−1.000	1.267	−0.733
	12		k_2	0.289	−0.133	−0.133	−0.133	k_4	0.866	−1.134	0.000	0.000	1.134	−0.866
	13		k_2	−0.044	0.200	−0.133	−0.133	k_4	−0.133	−0.133	1.000	−1.000	0.133	0.133
	14		k_2	0.229	0.170	−0.311	−0.089	k_4	0.689	−1.311	1.222	−0.778	0.089	0.089
	15		k_2	0.274	—	−0.178	−0.044	k_4	0.822	−1.178	0.222	0.222	−0.044	−0.044

连续梁跨度数	序号	荷载简图	跨内最大弯矩					支座弯矩			横向剪力								
				M_1	M_2	M_3	M_4	M_B	M_C	M_D		V_A	$V_{B左}$	$V_{B右}$	$V_{C左}$	$V_{C右}$	$V_{D左}$	$V_{D右}$	V_B
四跨梁	1		k_1	0.077	0.036	0.036	0.077	−0.107	−0.071	−0.107	k_3	0.393	−0.607	0.536	−0.464	0.464	−0.536	0.607	−0.393
	2		k_2	0.100	−0.045	0.081	−0.023	−0.054	−0.036	−0.054	k_4	0.446	−0.554	0.018	0.018	0.482	−0.518	0.054	0.054
	3		k_2	0.072	0.061	—	0.098	−0.121	−0.018	−0.058	k_4	0.380	−0.620	−0.603	−0.397	−0.040	−0.040	0.558	−0.442
	4		k_2	—	0.056	0.056	—	−0.036	−0.107	−0.036	k_4	−0.036	−0.036	0.429	−0.571	0.571	−0.429	0.036	0.036
	5		k_2	0.094	—	—	—	−0.067	−0.018	−0.004	k_4	0.433	−0.567	0.085	0.085	−0.022	−0.022	0.004	0.004

续表

连续梁跨度数	序号	荷载简图		跨内最大弯矩				支座弯矩				横向剪力							
				M_1	M_2	M_3	M_4	M_B	M_C	M_D		V_A	$V_{B左}$	$V_{B右}$	$V_{C左}$	$V_{C右}$	$V_{D左}$	$V_{D右}$	V_B
四跨梁	6	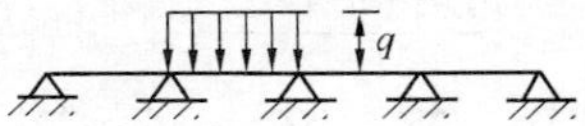	k_2	—	0.074	—	—	−0.049	−0.054	0.013	k_4	0.049	−0.049	0.496	−0.504	0.067	0.067	−0.013	−0.015
	7	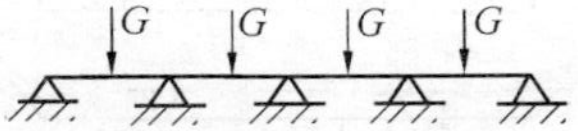	k_1	0.169	0.116	0.116	0.169	−0.161	−0.107	−0.161	k_3	0.339	−0.661	0.558	−0.446	0.446	−0.554	0.661	−0.339
	8	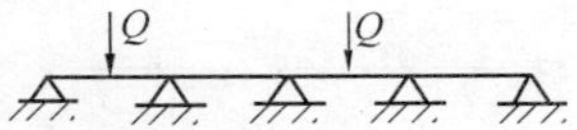	k_2	0.210	−0.067	0.183	−0.040	−0.080	−0.054	−0.080	k_4	0.420	−0.580	0.027	0.027	0.473	−0.527	0.080	0.080
	9	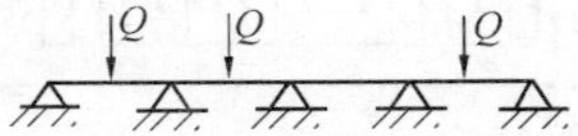	k_2	0.159	0.146	—	0.206	−0.181	−0.027	−0.087	k_4	0.319	−0.681	0.654	−0.346	−0.060	−0.060	0.587	−0.413
	10	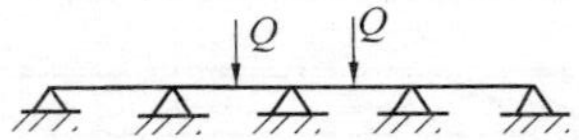	k_2	—	0.142	0.142	—	−0.054	−0.161	−0.054	k_4	−0.054	−0.054	0.393	−0.607	0.607	−0.393	0.054	0.054
	11	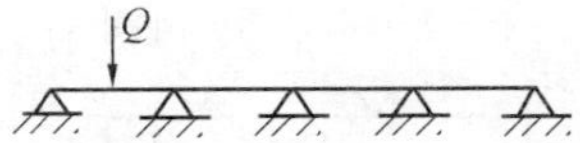	k_2	0.200	—	—	—	−0.100	0.027	−0.007	k_4	0.400	−0.600	0.127	0.127	−0.033	−0.033	0.007	0.007
	12	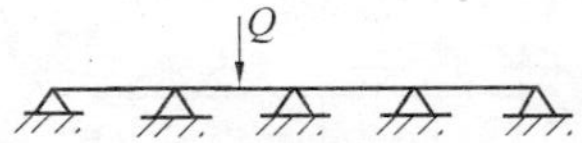	k_2	—	0.173	—	—	−0.074	−0.080	0.020	k_4	−0.074	−0.074	0.493	−0.507	0.100	0.100	−0.020	−0.020
	13	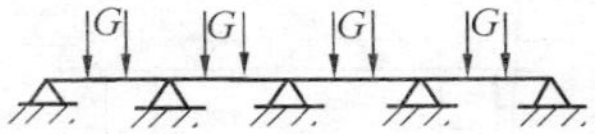	k_1	0.238	0.111	0.111	0.238	−0.286	−0.191	−0.286	k_3	0.714	−1.286	1.095	−0.905	0.905	−1.095	1.286	−0.714
	14	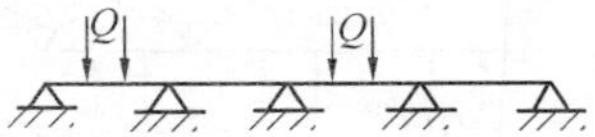	k_2	0.286	−0.111	0.222	−0.048	−0.143	−0.095	−0.143	k_4	0.857	−1.143	0.048	0.048	0.952	−1.048	0.143	0.143
	15	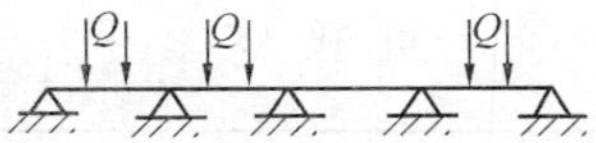	k_2	0.226	0.194	—	0.282	−0.321	−0.048	−0.155	k_4	0.679	−1.321	1.274	−0.726	−0.107	−0.107	1.155	−0.845

续表

连续梁跨度数	序号	荷载简图		跨内最大弯矩				支座弯矩				横向剪力							
				M_1	M_2	M_3	M_4	M_B	M_C	M_D		V_A	$V_{B左}$	$V_{B右}$	$V_{C左}$	$V_{C右}$	$V_{D左}$	$V_{D右}$	V_B
四	16	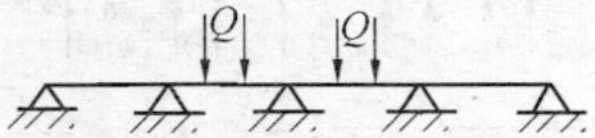	k_2	—	0.175	0.175	—	−0.095	−0.286	−0.095	k_4	−0.095	−0.095	0.810	−1.190	1.190	−0.810	0.095	0.095
跨	17	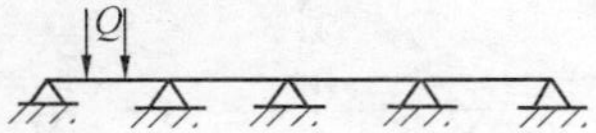	k_2	0.274	—	—	—	−0.178	0.048	−0.012	k_4	0.822	−1.178	0.226	0.226	−0.060	−0.060	0.012	0.012
梁	18	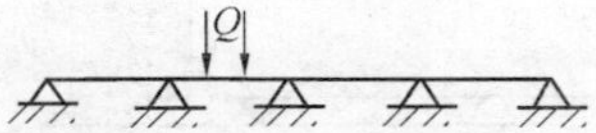	k_2	—	0.198	—	—	−0.131	−0.143	0.036	k_4	−0.131	−0.131	0.988	−1.012	0.178	0.178	−0.036	−0.036

连续梁跨度数	序号	荷载简图		跨内最大弯矩			支座弯矩					横向剪力									
				M_1	M_2	M_3	M_B	M_C	M_D	M_E		V_A	$V_{B左}$	$V_{B右}$	$V_{C左}$	$V_{C右}$	$V_{D左}$	$V_{D右}$	$V_{E左}$	$V_{E右}$	V_F
	1	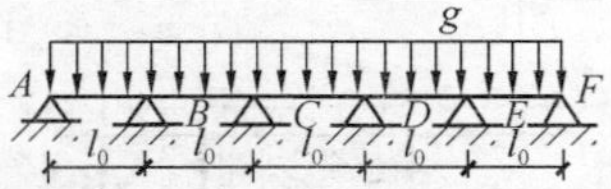	k_1	0.0781	0.0331	0.462	−0.105	−0.079	−0.079	−0.105	k_3	0.394	−0.606	0.526	−0.474	0.500	−0.500	0.474	−0.526	0.606	−0.394
	2	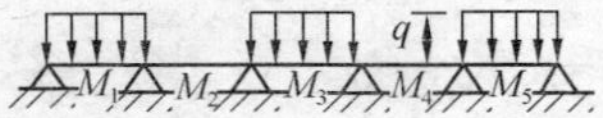	k_2	0.1000	−0.0461	0.855	−0.053	−0.040	−0.040	−0.053	k_4	0.447	−0.553	0.013	0.013	0.500	−0.500	−0.013	−0.013	0.553	−0.447
五	3	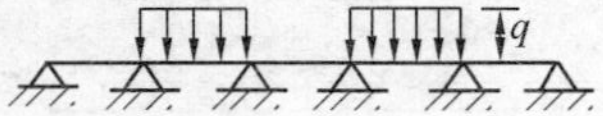	k_2	−0.0263	0.0787	−0.395	−0.053	−0.040	−0.040	−0.053	k_4	−0.053	−0.053	0.513	−0.487	0.000	0.000	0.487	−0.513	0.053	0.053
跨	4	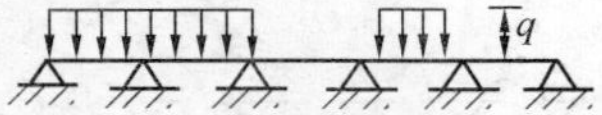	k_2	0.073	0.059③/0.078	—	−0.119	−0.022	−0.044	−0.051	k_4	0.380	−0.620	0.598	−0.402	−0.023	−0.023	0.493	−0.507	0.052	0.052
梁	5	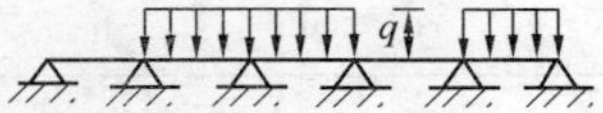	k_2	—④/0.098	0.055	0.064	−0.035	−0.111	−0.020	−0.057	k_4	−0.035	−0.035	0.424	−0.576	0.591	−0.409	−0.037	−0.037	0.557	−0.443
	6	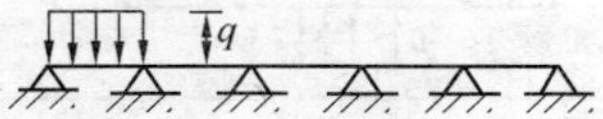	k_2	0.094	—	—	−0.067	0.018	−0.005	0.001	k_4	0.433	−0.567	0.085	0.085	−0.023	−0.023	0.006	0.006	−0.001	−0.001
	7	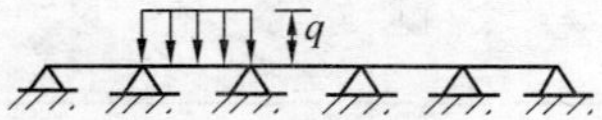	k_2	—	0.074	—	−0.049	−0.054	−0.014	−0.004	k_4	−0.049	−0.049	0.495	−0.505	−0.068	−0.068	−0.018	0.018	0.004	0.004

续表

连续梁跨度数	序号	荷载简图		跨内最大弯矩			支座弯矩					横向剪力									
				M_1	M_2	M_3	M_B	M_C	M_D	M_E		V_A	$V_{B左}$	$V_{B右}$	$V_{C左}$	$V_{C右}$	$V_{D左}$	$V_{D右}$	$V_{E左}$	$V_{E右}$	V_F
五跨梁	8		k_4	—	—	0.072	0.013	−0.053	−0.053	0.013	k_4	0.013	0.013	−0.066	−0.066	0.500	−0.500	0.066	0.066	−0.013	−0.013
五跨梁	9		k_1	0.171	0.112	0.132	−0.158	−0.118	−0.118	−0.158	k_3	0.342	−0.658	0.540	−0.460	0.500	−0.500	0.460	−0.540	0.658	−0.342
五跨梁	10		k_2	0.211	−0.069	0.191	−0.079	−0.059	−0.059	−0.079	k_4	0.421	−0.579	0.020	0.020	0.500	−0.500	−0.020	−0.020	0.579	−0.421
五跨梁	11		k_2	0.039	0.181	−0.059	−0.079	−0.059	−0.059	−0.079	k_4	−0.079	−0.079	0.520	−0.480	0.000	0.000	0.480	−0.520	0.079	0.079
五跨梁	12		k_2	0.160	$\frac{0.144③}{0.178}$	—	−0.179	−0.032	−0.066	−0.077	k_4	0.321	−0.679	0.647	−0.353	−0.034	−0.034	0.489	−0.511	0.077	0.077
五跨梁	13		k_2	$\frac{—④}{0.207}$	0.140	0.151	−0.052	−0.167	−0.031	−0.086	k_4	−0.052	−0.052	0.385	−0.615	0.637	−0.363	−0.056	−0.056	0.586	−0.414
五跨梁	14		k_2	0.200	—	—	−0.100	0.027	−0.007	0.002	k_4	0.400	−0.600	0.127	0.127	−0.034	−0.034	0.009	0.009	−0.002	−0.002
五跨梁	15		k_2	—	0.173	—	−0.073	−0.081	0.022	−0.005	k_4	−0.073	−0.073	0.493	−0.507	0.102	0.102	−0.027	−0.027	0.005	0.005
五跨梁	16		k_2	—	—	0.171	0.020	−0.079	0.079	0.020	k_4	0.020	0.020	−0.099	−0.099	0.500	−0.500	0.099	0.099	−0.020	−0.020
五跨梁	17		k_1	0.240	0.100	0.122	−0.281	−0.211	−0.211	−0.281	k_3	0.719	−1.281	1.070	−0.930	1.000	−1.000	0.930	−1.070	1.281	−0.719
五跨梁	18		k_2	0.287	−0.117	0.228	−0.140	−0.105	−0.105	−0.140	k_4	0.860	−1.140	0.035	0.035	1.000	−1.000	−0.035	−0.035	1.140	−0.860

连续梁跨度数	序号	荷载简图		跨内最大弯矩			支座弯矩					横向剪力									
				M_1	M_2	M_3	M_B	M_C	M_D	M_E		V_A	$V_{B左}$	$V_{B右}$	$V_{C左}$	$V_{C右}$	$V_{D左}$	$V_{D右}$	$V_{E左}$	$V_{E右}$	V_F
五跨梁	19		k_2	−0.047	−0.0216	−0.105	−0.140	−0.105	−0.105	−0.140	k_4	−0.140	−0.140	1.035	−0.965	0.000	0.000	0.965	−1.035	0.140	0.140
	20		k_2	0.227	$\frac{0.189③}{0.209}$	—	−0.319	−0.057	−0.118	−0.137	k_4	0.681	−1.319	1.262	−0.738	−0.061	−0.061	0.981	−1.019	0.137	0.137
	21		k_2	$\frac{—④}{0.282}$	0.172	0.198	−0.093	−0.297	−0.054	−0.153	k_4	−0.093	−0.093	0.796	−1.204	1.243	−0.757	−0.099	−0.099	1.153	−0.847
	22		k_2	0.274	—	—	−0.179	0.048	−0.013	0.003	k_4	0.821	−1.179	0.227	0.227	−0.061	−0.061	0.016	0.016	−0.003	−0.003
	23		k_2	—	0.198	—	−0.131	−0.144	0.038	−0.010	k_4	−0.131	−0.131	0.987	−1.013	0.182	0.182	−0.048	−0.048	0.010	0.010
	24		k_2	—	—	0.193	0.035	−0.140	−0.140	0.035	k_4	0.035	0.035	−0.175	−0.175	1.000	−1.000	0.175	0.175	−0.035	−0.035

① 在两跨都布置活荷载时，系数 k_2 取此处 k_1 数值。

② 在两跨都布置活荷载时，系数 k_4 取此处 k_3 数值。

均布荷载　$M=K_1gl_0^2+K_2ql_0^2$　　$V=K_3gl_0+K_4ql_0$

集中荷载　$M=K_1Gl_0+K_2Ql_0$　　$V=K_3G+K_4Q$

式中　g——单位长度上的均布恒载；

q——单位长度上的均布活荷载；

G——集中恒载；

Q——集中活荷载；

$K_1\sim K_4$——由表中相应栏内查得。

③ 分子及分母分别为 M_2 及 M_4 的弯矩系数。

④ 分子及分母分别为 M_1 及 M_5 的弯矩系数。

附录E 应用编程计算器解题方法和步骤

本课程的特点是：内容多、符号多、计算公式多、构造规定多。为了减轻学生们的课业负担，提高学习效率，可应用编程计算器解题。

编程计算器所用算法语言类似于BASIC语言，表达式写法更接近普通数学公式，对变量不需加以说明即可在程序中应用。因此，它的程序简单、易学，便于调试。内存可达64000字节以上。有的机型还有剪切、复制和粘贴功能。可设置密码，避免误操作使程序意外被删除。计算器之间，计算器与电脑之间可传输数据，并可打印。编程时矩阵可直接赋值、连续进行+、−、×、转置、求逆运算（最大阶数达999×999）。因此，用编程计算器进行矩阵计算比电脑更加方便。

目前，市场上出售的功能较完备的编程计算器，除可用英文大写26个字母、小写字母r和希腊字母θ表示变量外，还可采用List n [m]（其中n，m分别取≤26和≤999的正整数）作为变量。提示符可用大写、小写英文字母、希腊字母和俄文字母表示，并可带下标，编写、调试和识读十分方便。

编者编写了23个主程序和9个子程序（采用CASIO fx −9750Ⅱ机型），基本能满足混凝土基本构件计算的要求。由于篇幅所限，书中对编程方法未能叙述，也未将全部程序编入。现仅以程序中的“对称配筋偏心受压构件计算”为例，说明使用编程计算器解题的具体方法和步骤，并将“对称配筋偏心受压构件计算方框图”及其“计算程序”一并列出，供读者学习参考。

E-1 对称配筋偏心受压构件计算框图

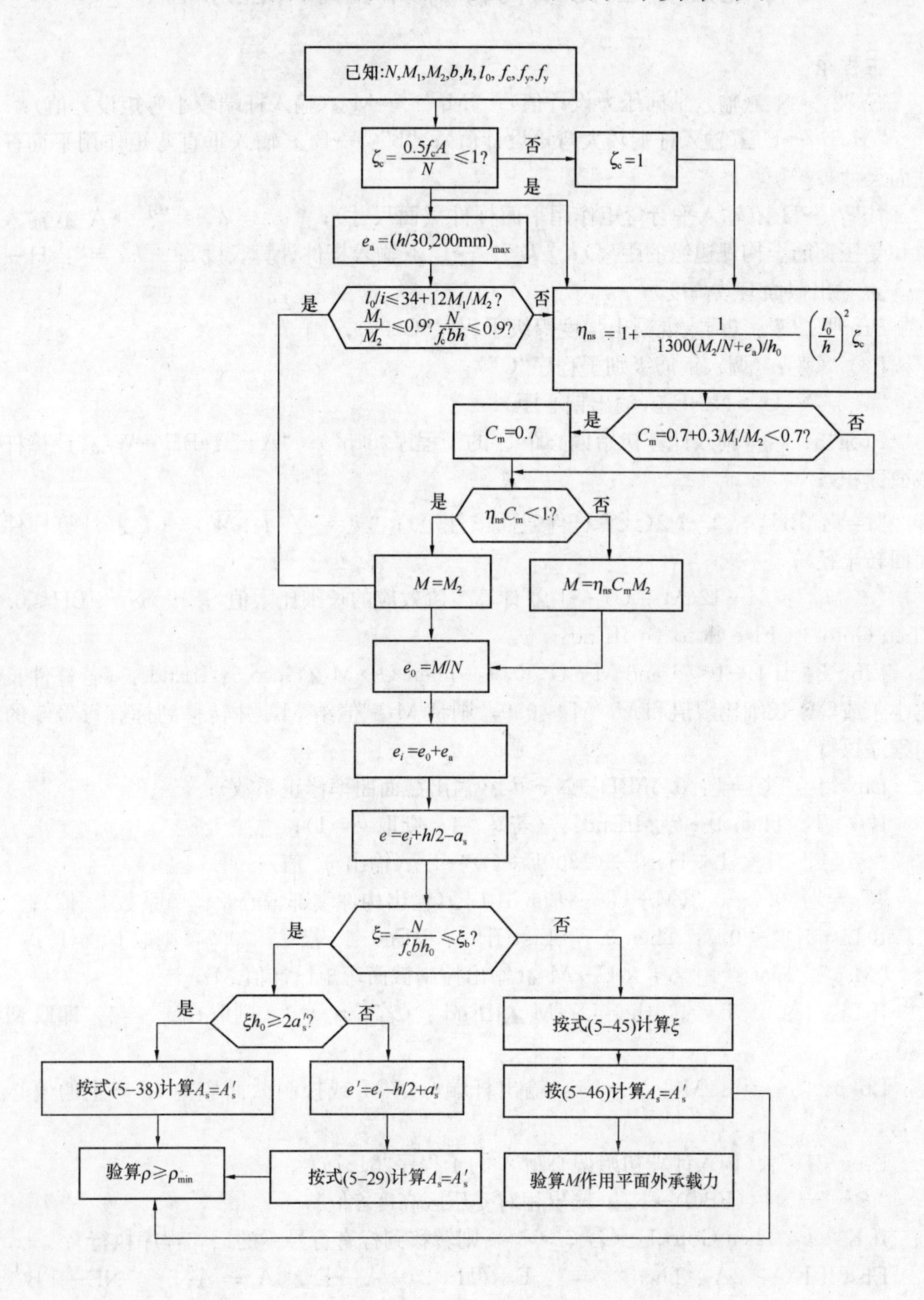

E-2 对称配筋偏心受压构件计算程序（程序名：[N-M]）

主程序：

"N"? →N ◢(输入轴向压力设计值)；"M_1"? →M ◢(输入杆端较小弯矩设计值)；

"M_2"? →U ◢(输入杆端较大弯矩设计值)；"b"? →B ◢(输入垂直弯矩作用平面杆件截面尺寸)；

"h"? →H ◢(输入平行弯矩作用平面杆件截面尺寸)；" $a_s = a'_s =$"? →A ◢(输入受拉和受压钢筋至构件边缘的距离)；" l_0 "? →L ◢(输入杆件计算长度)；" $h_0 =$"：H－A →O ◢(输出截面有效高度)；

Prog"C20"：(调入混凝土强度等级子程序"C20")；

Prog"G"：(调入钢筋级别子程序"G")；

" $e_0 =$"：U÷N→E ◢(输出偏心距)；

Prog"315"：(调入计算初始偏心距 e_i 的子程序"315")；"A="：BH→W ◢(计算杆件截面面积)；

"I="：BH^3÷12→I ◢(计算杆件截面惯性矩)；" $i =$"$\sqrt{(I \div W)} \rightarrow I$ ◢(计算杆件截面回转半径)；

" $i \div l_0$ "：34－12(M÷U) →J ◢(计算二阶效应的长细比限值)；If N÷FBH≤0.9：Then Goto 3：Else Goto 4：IfEnd：

Llb 3：If L÷I≤J and M÷U≤0.9：Then U→M ◢ Goto 5：IfEnd：(若杆件长细比小于或等于长细比限值和 M_1/M_2≤0.9，则将 M_2 赋值给 M，并转移到标有行号 5 的语句程序执行)；

Llb 4：" $\zeta_c =$"：0.5FBH÷N→ θ ◢(输出截面曲率修正系数)；

If θ>1：Then 1→ θ ◢ IfEnd：：(若 θ>1，则取 θ=1)；

" $\eta_{ns} =$"：1+(L÷H)$^2\theta$÷(1300E÷O)→T ◢(输出 η_{ns} 值)；

"C_m="：0.7+0.3(M÷U) →List 1[1]◢(输出构件端部偏心距调节系数 C_m 值)；

If List 1[1]<0.7：Then 0.7→List 1[1]：IfEnd：(若 C_m<0.7，则取 C_m=1)；

"M="：List 1[1]×T×U→M ◢(输出控制截面弯矩设计值 M)

If List 1[1]×T<1：then U→M ◢ IfEnd：(若 C η_{ns}<1，则取 $C_m\eta_{ns}$=1，即取 M=M_2)；

Lbl 5：" $e_0 =$"：M÷N→E ◢(输出杆端弯矩 M_2 或控制截面弯矩 M 产生的偏心距 e_0)；

Prog"315"：(调入计算初始偏心距 e_i 的子程序"315")；

" $\xi =$"：N÷(FBO)→K ◢(输出相对受压区高度 ξ 值)；

If K>X：Then Goto 1：(若 $\xi > \xi_b$ ，则转移到标有行号 1 的语句程序执行)；

Else If KO≥2A：Then "e ="：E+(H÷2)－A →E ◢" $A_s = A'_s$ "：(NE－FBO^{2}K (1－0.5K))÷(Y(O－A)) →A ◢ Goto 2：(若 $\xi h_0 \geq 2a'_s$ ，则输出 e 值；输出 $A_s = A'_s$ 值，并转移到标有行号 2 的语句程序执行)；

Else If KO< $2a'_s$ ：Then " $e' =$ "：E－(H÷2)+A →List 1[2]◢" $A_s = A'_s$ "：(N

List 1[2])

÷(Y(O−A)) →A ◢ Goto 2：(若 $\xi h_0 < 2a'_s$，则输出 e' 值；输出 $A_s = A'_s$ 值，并转移到标有行号 2 的语句程序执行)；

IfEnd：：IfEnd：：IfEnd：：

Lbl 1："e ="：E+(H÷2)−A →E ◢ ξ = (N − XFBO) ÷((N e −0.43FBO²)÷((0.8−X)(O−A)) +FBO) +X→K ◢(输出 e 值和 ξ 值)；

"$A_s = A'_s$"：(NE−K(1−0.5K) FBO²)÷(Y(O−A)) →A ◢(输出 A_s 值和 A'_s 值)；

Lbl 2；"ρ ="：2A÷BH→R ◢(输出配筋率)

If G=2：Then 0.006→T：Else If G=3：Then 0.0055→T：Else If G=4：Then 0.005→T：

IfEnd ：IfEnd ：IfEnd ：(输出最小配筋率)

If R≥T：Then A ◢ Else TBH÷2→A ◢ IfEnd ：(检验最小最小配筋率条件)

Prog"D−As"：(调入选用钢筋直径和要数子程序"D−AS")。

子程序

1. 程序名："C20"

"C"? →C ↵

If C=20：Then "f_c ="：9.6→F ◢"f_t ="：1.1→r ◢"f_{tk} ="：1.54→K ◢"E_c"：2.55 × 10⁴→E ◢

Else If C=25：Then "f_c ="：11.9→F ◢"f_t ="：1.27→r ◢"f_{tk} ="：1.78→K ◢"E_c"：2.80 × 10⁴→E ◢

Else If C=30：Then "f_c ="：14.3→F ◢"f_t ="：1.43→r ◢"f_{tk} ="：2.01→K ◢"E_c"：3.00 × 10⁴→E ◢

Else If C=35：Then "f_c ="：16.7→F ◢"f_t ="：1.57→r ◢"f_{tk} ="：2.20→K ◢"E_c"：3.15 × 10⁴→E ◢

Else If C=40：Then "f_c ="：19.1→F ◢"f_t ="：1.71→r ◢"f_{tk} ="：2.39→K ◢"E_c"：3.25 × 10⁴→E ◢

IfEnd：IfEnd：IfEnd：IfEnd：IfEnd ↵

Return：

2. 程序名："G"

"G"? →G ↵

If G=1：Then "f_y ="：270→Y ◢"ξ_b ="：0.576→X ◢"E_s =" ：2.1 × 10⁵→I ◢

Else If G=2：Then "f_y ="：300→Y ◢"ξ_b ="：0.55→X ◢"E_s =" ：2.0 × 10⁵→I ◢

Else If G=3：Then "f_y ="：360→Y ◢"ξ_b ="：0.518→X ◢"E_s ="：2.0 × 10⁵→I ◢

Else If G=4：Then "f_y ="：435→Y ◢"ξ_b ="：0.482→X ◢"E_s ：="：2.0 × 10⁵→I ◢

IfEnd：IfEnd：IfEnd：IfEnd ↵

Return ↵

3. 程序名："315"

"e_a ="：20→D ◢ "h ÷ 30 = "：H÷30→I ◢

If D>I：Then "e_i ="：D+E→E ◢ Else "e_i ="：I+E→E ◢

```
IfEnd：
Return ↵
```

4. 程序名："D−As"

```
"d="? →D ◢"n="：A÷(πD² ÷4)◢"OK!"
"n1"? →N◢
"d1"? →D◢"A1="：N(πD² ÷4)→r◢A−r→θ◢
"d2="? →D◢
"n2="：θ÷(πD² ÷4)◢
Return ↵
```

E-3 计 算 例 题

【例 E-1】 （即【例 5-4】）钢筋混凝土框架柱，截面尺寸 $b\times h=400\text{mm}\times 450\text{mm}$。柱的计算长度 $l_0=5000\text{mm}$，承受轴向压力设计值 $N=480\text{kN}$，柱端弯矩设计值 $M_1=M_2=350\text{kN}\cdot\text{m}$。$a_s=a'_s=40$ mm，混凝土强度等级为 30（$f_c=14.3\text{N/mm}^2$），采用 HRB400 级钢筋（$f_y=f'_y=360\text{N/mm}^2$），采用对称配筋，试按编程计算器计算纵向钢筋截面面积 $A_s=A'_s$。

【解】 （1）按 MENU 键，再按 9 键，进入程序菜单。

（2）找到计算偏心受压柱计算程序名：N-M，按 EXE。

（3）按屏幕提示输入数据，并操作，计算器输出结果（见附表 E-1）。

【例 E-1】附表 **附表 E-1**

序号	屏幕显示	输入数据	计算结果	单位	说 明
1	$N=?$	480×10^3		N	输入轴向力设计值
2	$M_1=?$	350×10^6		N·mm	输入杆端较小弯矩设计值
3	$M_2=?$	350×10^6		N·mm	输入杆端较大弯矩设计值
4	$b=?$	400		mm	输入截面宽度
5	$h=?$	450		mm	输入截面长度
6	$a_s=a'_s=?$	40		mm	输入钢筋合力点至柱最近边缘的距离
7	$l_0=?$	5000		mm	输入柱的计算高度
8	h_0		410	mm	输出柱截面有效高度
9	$C=?$	30		—	输入混凝土强度等级
10	$G=?$	3		—	输入钢筋 HRB400 级的序号 3
11	e_a		20	mm	输出附加偏心距
12	A		180×10^3	mm^2	输出柱的截面面积
13	I		3037.5×10^6	mm^4	输出柱的截面惯性矩
14	i		129.9	mm	输出柱的截面回转半径
15	$[l_0/i]$		22	—	输出可不考虑二阶效应的长细比限值
16	ζ_c		2.681	—	输出截面曲率修正系数

续表

序号	屏幕显示	输入数据	计算结果	单位	说明
17	η_{ns}		1.052		输出弯矩增大系数
18	e_i		957.5	—	输出初始偏心距
19	C_m		1.0	—	输出构件端截面偏心距调节系数
20	M		368.2×10^6	N. mm	输出控制截面弯矩设计值
21	e_0		767.1	mm	输出弯矩设计值的偏心距
22	e_i		787.1	mm	输出初始偏心距
23	ξ		0.205	—	输出相对受压区高度
24	e		972.1	mm	输出轴向力作用点至受拉钢筋面积重心的偏心距
25	$A_s=A'_s$		2177	mm^2	输出钢筋截面面积
26	$n_1=?$	2		—	选择两种钢筋直径时，输入第1种钢筋根数
27	$d_1=?$	22		mm	输入第1种钢筋直径
28	$d_2=?$	25		mm	输入第2种钢筋直径
29	n_2		2.89	—	输出第2种钢筋根数

注：如不需显示中间结果，可将程序中的中间结果后面的显示符“◢”删除即可。

【例 E-2】 （即【例 5-5】）已知偏心受压柱截面尺寸 $b\times h=400\text{mm}\times600\text{mm}$，$a_s=a'_s=40\text{mm}$，轴向力设计值 $N=2500\text{kN}$，弯矩设计值 $M=80\text{kN. m}$，柱的计算长度 $l_0=6\text{m}$。混凝土强度等级为C20，采用HRB335级钢筋，截面采用对称配筋。试按编程计算器计算纵向钢筋截面面积 $A_s=A'_s$。

【解】 （1）按MENU键，再按9键，进入程序菜单。

（2）找到偏心受压柱的计算程序名：N-M，按EXE。

（3）按屏幕提示输入数据，并操作，计算器输出结果（见附表E-2）。

【例 E-2】附表 **附表 E-2**

序号	屏幕显示	输入数据	计算结果	单位	说明
1	$N=?$	320×10^3，EXE		N	输入轴向压力设计值
2	$M_1=?$	-100×10^6，EXE		N·mm	输入杆端较小弯矩设计值
3	$M_2=?$	300×10^6，EXE		N·mm	输入杆端较大弯矩设计值
4	$b=?$	400，EXE		mm	输入截面宽度
5	$h=?$	450，EXE		mm	输入截面长度
6	$a_s=a'_s=?$	40，EXE		mm	输入钢筋合力点至柱最近边缘的距离
7	$l_0=?$	4000，EXE		mm	输入柱的计算高度
8	h_0		410，EXE	mm	输出截面有效高度
9	C=?	30，EXE		—	输入混凝土强度等级
10	G=?	3，EXE		—	输入钢筋HRB335级的序号2
11	e_0		937.5，EXE	mm	输出轴向压力对截面重心偏心距

续表

序号	屏幕显示	输入数据	计算结果	单位	说　明
12	e_a		20，EXE	mm	输出附加偏心距
13	e_i		957.5，EXE	mm	输出初始偏心距
14	A		180×10^3，EXE	mm^2	输出柱的截面面积
15	I		3037.5×10^6	mm^4	输出柱的截面惯性矩
16	i		129.9	mm	输出柱的截面回转半径
17	$[l_0/i]$		38，EXE	—	输出可不考虑二阶效应的长细比限值
18	ξ		0.136，EXE	—	输出相对受压区高度
19	e'		772.5，EXE	mm	输出轴向力作用点至受压钢筋面积重心的偏心距
20	$A_s=A'_s$		1855.9，EXE	mm^2	输出钢筋截面面积
21	d	25，EXE		mm	输入钢筋直径
22	n		3.78	—	输出钢筋根数

【例 E-3】 （即【例 5-6】）钢筋混凝土框架柱，计算长度 $l_0=6m$，其他条件与【例 E-2】相同。试按编程计算器计算纵向钢筋截面面积 $A_s=A'_s$。

【解】 （1）按 MENU 键，再按 9 键，进入程序菜单。

（2）找到柱的承载力计算程序名：N-M，按 EXE。

（3）按屏幕提示输入数据并操作，计算器输出结果（见附表 E-3）。

【例 E-3】附表　　**附表 E-3**

序号	屏幕显示	输入数据	计算结果	单位	说　明
1	$N=?$	320×10^3，EXE		N	输入轴向压力设计值
2	$M_1=?$	-100×10^6，EXE		N·mm	输入杆端较小弯矩设计值
3	$M_2=?$	300×10^6，EXE		N·mm	输入杆端较大弯矩设计值
4	$b=?$	400，EXE		mm	输入截面宽度
5	$h=?$	450，EXE		mm	输入截面长度
6	$a_s=a'_s=?$	40，EXE		mm	输入钢筋合力点至柱最近边缘的距离
7	$l_0=?$	6000，EXE		mm	输入柱的计算高度
8	h_0		410，EXE	mm	输出柱的有效高度
9	C=?	30，EXE		—	输入混凝土强度等级
10	$G=?$	3，EXE		—	输入钢筋 HRB400 级的序号 3
11	e_0		937.5，EXE	mm	输出轴向压力对截面形心的偏心距
12	e_a		20，EXE	mm	输出附加偏心距
13	e_i		957.5，EXE	mm	输出初始偏心距
14	A		180×10^3，EXE	mm^2	输出柱的截面面积
15	I		3037.5×10^6	mm^4	输出柱的截面惯性矩
16	i		129.9	mm	输出柱的截面回转半径
17	$[l_0/i]$		38，EXE	—	输出可不考虑二阶效应的长细比限值

续表

序号	屏幕显示	输入数据	计算结果	单位	说明
18	ζ_c		4.022	—	输出截面曲率修正系数
19	η_{ns}		1.059	—	输出弯矩增大系数
20	C_m		0.7	—	输出构件端截面偏心距调节系数
21	M		300×10^6	N·mm	输出控制截面弯矩设计值
22	ξ		0.136，EXE	—	输出相对受压区高度
23	e'		772.5，EXE	mm	输出轴向力作用点至受压钢筋面积重心的偏心距
24	$A_s=A'_s$		1855.9，EXE	mm^2	输出钢筋截面面积
25	d	25，EXE		mm	输入钢筋直径
26	n		3.78	—	输出钢筋根数，取$n=4$

附录F 混凝土结构构件计算程序索引

编号	主程序名	子程序名	程序功能说明	章节	页次
1	JIFEN	—	失效概率的计算	§2-4	
2	M1	C20，G，D-AS，JIAN	单筋矩形截面梁和板配筋的计算	§4-5	
3	YUPENG	C20，G，JIAN	雨篷板配筋的计算	§4-5	
4	M2	C20，G	单筋矩形截面梁承载力的验算	§4-5	
5	M3	C20，G，D-AS	双筋矩形截面梁配筋的计算	§4-5	
6	T	C20，G，D-AS	T形截面梁配筋的计算	§4-8	
7	V	C20，G	矩形截面梁箍筋、弯起钢筋的计算	§4-8	
8	N	C20，G，D-AS	矩形截面轴心受压构件配筋的计算	§5-2	
9	N-M	C20，G，D-AS	矩形截面偏心受压构件对称配筋的计算	§5-6	
10	NU-M	C20，G，315，D-AS′	已知矩形截面柱配筋及偏心距，求轴力设计值	§5-3	
11	PXL	C20，G，A，P，P_1	偏心受拉构件配筋的计算	§6-2	
12	MVT	C20，G	弯矩、剪力和扭矩作用下，受扭构件配筋的计算	§7-4	
13	F-W	C20，G	钢筋混凝土梁挠度的计算	§8-2	
14	SB1	SH-1，G	双向板四边嵌固时配筋计算	§10-9	
15	SB2	SH-1，G	双向板一长边简支，其他三边嵌固时配筋计算	§10-9	
16	SB3	SH-1，G	双向板一短边简支，其他三边嵌固时配筋计算	§10-9	
17	SB4	SH-1，G	双向板两邻边简支，其他两边嵌固时配筋计算	§10-9	
18	SB5	SH-1，G	双向板两短边简支，两长边嵌固时配筋计算	§10-9	
19	SB6	SH-1，G	双向板两长边简支，两短边嵌固时配筋计算	§10-9	
20	SB7	SH-1，G	双向板三边简支，一长边嵌固时配筋计算	§10-9	
21	SB8	SH-1，G	双向板三边简支，一短边嵌固时配的计算	§10-9	
22	SB9	SH-1，G	双向板四边简支时配筋计算	§10-9	
23	LOUT1	C20，G，JIAN	钢筋混凝土板式楼梯配筋的计算	§10-10	

参 考 文 献

[1] 建筑结构可靠度设计统一标准(GB 50068—2002). 北京：中国建筑工业出版社，2002.

[2] 混凝土结构设计规范(GB 50010—2010). 北京：中国建筑工业出版社，2011.

[3] 建筑结构荷载规范(GB 50009—0211，2006 年版). 北京：中国建筑工业出版社，2002.

[4] 东南大学，天津大学，同济大学．混凝土结构(上册). 北京：中国建筑工业出版社，2008.

[5] 东南大学，天津大学，同济大学．混凝土结构学习辅导与习题精解．北京：中国建筑工业出版社，2006.

[6] 江见鲸，陆新征，江波．钢筋混凝土基本构件设计(第 2 版). 北京：清华大学出版社，2007.

[7] 梁兴文，史庆轩．混凝土结构设计原理．北京：中国建筑工业出版社，2008.

[8] 滕智明，罗福午，施岚青．钢筋混凝土基本构件．第二版，北京：清华大学出版社，1987.

[9] 蓝宗建主编．混凝土结构设计原理．南京：东南大学出版社，2002.

[10] 王振东，叶英华．混凝土结构设计计算．北京：中国建筑工业出版社，2008.

[11] 刘立新，叶燕华主编．混凝土结构原理．武汉：武汉理工大学出版社，2010.

[12] 夏志斌，姚谏．钢结构——原理与设计．北京：中国建筑工业出版社，2004.

[13] 郭继武，主编．混凝土结构与砌体结构．北京：高等教育出版社，1990.

[14] 郭继武，黎钟主编．建筑结构设计实用手册．北京：高等教育出版社，1991.

[15] 郭继武，龚伟．建筑结构(上册). 北京：中国建筑工业出版社，1997.

[16] 郭继武．混凝土结构基本构件设计与计算．北京：中国建材工业出版社，2010.

[17] 郭继武．结构构件及地基基础计算程序开发和应用．北京：中国建筑工业出版社，2009.

[18] 郭继武．建筑结构：北京：中国建筑工业出版社，2012.